PEARSON

Embedded Linux Primer
A Practical Real-World Approach (2nd Edition)

嵌入式Linux
基础教程

第2版

[美] Christopher Hallinan 著

周鹏 译

人民邮电出版社

北京

图书在版编目（CIP）数据

嵌入式Linux基础教程：第2版／（美）哈利南
（Hallinan,C.）著；周鹏译. — 北京：人民邮电出版
社，2016.4（2023.6重印）
ISBN 978-7-115-40250-9

Ⅰ. ①嵌… Ⅱ. ①哈… ②周… Ⅲ. ①Linux操作系统
—程序设计—教材 Ⅳ. ①TP316.89

中国版本图书馆CIP数据核字(2016)第061558号

版 权 声 明

◆ 著　　　　［美］Christopher Hallinan
　　译　　　　周　鹏
　　责任编辑　傅道坤
　　责任印制　张佳莹　焦志炜

◆ 人民邮电出版社出版发行　　北京市丰台区成寿寺路 11 号
　　邮编　100164　　电子邮件　315@ptpress.com.cn
　　网址　https://www.ptpress.com.cn
　　涿州市京南印刷厂印刷

◆ 开本：800×1000　1/16
　　印张：29.5　　　　　　　　2016 年 4 月第 1 版
　　字数：697 千字　　　　　　2023 年 6 月河北第 15 次印刷
　　著作权合同登记号　图字：01-2011-1848 号

定价：119.80 元
读者服务热线：(010)81055410　印装质量热线：(010)81055316
反盗版热线：(010)81055315

内 容 提 要

　　本书是嵌入式Linux的经典教程，介绍了引导加载程序、系统初始化、文件系统、闪存和内核、应用程序调试技巧等，还讲述了构建Linux系统的工作原理，用于驱动不同架构的配置，Linux内核源码树的特性，如何根据需求配制内核运行时的行为，如何扩展系统功能，用于构建完整嵌入式Linux发行版的常用构建系统，USB子系统和系统配置工具udev等内容。更重要的是，本书阐述了如何修改系统使之满足读者自身的需求，确保读者能够从中学习一些嵌入式工程中非常有用的提示和技巧。

　　本书适合Linux程序员阅读，也可作为高等院校相关专业师生的参考读物。

第 2 版 序

智能手机、PDA、家用路由器、智能电视、智能蓝光播放器以及智能悠悠球……好吧，或许智能悠悠球算不上。不管是用于工作也好，还是消遣也罢，越来越多的家用和办公用品中嵌入了计算机，这些计算机都运行着GNU/Linux。

你也许是一位习惯了在英特尔架构的台式电脑（或笔记本）上工作的GNU/Linux开发人员，或者你有可能是一位嵌入式系统开发人员，习惯于那些更传统的嵌入式或实时操作系统，无论你的背景如何，一旦进入嵌入式Linux开发的世界，多萝西①所说的"托托，我想我们再也回不去堪萨斯了"就会在你身上应验。欢迎来参加这个探险之旅！

多萝西有目标，有一些好朋友，但是没有向导。然而，你的情况要好一些，因为你正拿着一本极好的"野外生存指南"，它能带领你进入嵌入式Linux开发的世界。Christopher Hallinan为你展示了这一切——怎么做，从何处着手，为什么要这样做以及哪些是不用做的。本书将让你免受磨练之苦，带领你轻松而快捷地打造自己的产品。

不必惊讶，本书在这个领域是首屈一指的。第2版更上一层楼，包含了最新的内容，融会了作者更多的经验。

能将本书纳入我们的"开源软件开发系列"，我深感荣幸。但更重要的是，你会为自己感到自豪，因为读了这本书，你会开发出更好的产品。学习愉快！

Arnold Robbins

（著名Linux专家）

---

① 多萝西（Dorothy）是童话故事《绿野仙踪》的主人公。——译者注

第 1 版 序

计算机无处不在！

在过去大约25年中，只要不是与世隔绝的人就肯定不会对此感到惊讶。现在，计算机不仅占据了我们的桌面，进驻了我们的厨房，而且越来越多地进入到我们的生活，即便是在微波炉、电烤箱、移动电话和便携式数字音乐播放器中也出现了它的身影。

选择本书的读者肯定已经了解了不少，但还想学习更多的嵌入式系统知识。

就在不久前，嵌入式系统还不是很强大，它们运行具有特殊目的、专用的操作系统，而这些操作系统与工业标准的系统有很大不同（而且，它们也更难开发）。现在，嵌入式系统即使在功能上不比家用计算机强大，但至少也与其相当（如高端游戏机）。

伴随着这种强大的功能，运行Linux等成熟操作系统的能力也呼之欲出，在嵌入式产品中使用Linux这样的操作系统意义重大。一个庞大的开发者社区更使这一切成为可能。开发环境和部署环境惊人相似，这也让程序员的生活变得更轻松。现在我们既有由虚拟内存系统提供的保护地址空间的安全性，又有多用户、多进程操作系统的能力和灵活性。这真可谓应有尽有了。

出于这个原因，世界上很多公司都选择把Linux放在自己的设备中，如PDA、家庭娱乐系统，甚至——不管你信不信——手机里！

这本书很令我振奋。它为那些想在嵌入式系统中使用Linux的开发人员提供了极好的学习路线指导。本书内容简洁、准确，组织合理，字里行间渗透出Christopher的学问和见解，你不仅能从中得到很多信息和帮助，也能获得阅读的乐趣。

我希望你在学习的同时也能感受到这种乐趣，我自己已经感受到了。

Arnold Robbins

（著名Linux专家）

前　　言

虽然讲Linux的好书很多，但是本书汇集了专门针对嵌入式Linux开发人员的各方面信息和建议。实际上，有关Linux内核、Linux系统管理等方面的优秀书籍已经有很多了。本书也参考了我认为在同类书籍中最好的几本。

本书的很多内容来自实际的问题，有些问题是我作为嵌入式Linux顾问时一些开发工程师提出的，还有些问题是我直接参与商业嵌入式Linux开发时遇到的。

嵌入式Linux会给经验丰富的软件工程师带来一些独特的挑战。首先，那些有多年老式实时操作系统（Real Time Operating System，RTOS）开发经验的工程师会发现，他们的思维习惯很难从旧的环境转换到Linux；其次，经验丰富的应用程序开发人员常常难以理解多种开发环境的相对复杂性。

虽然这是一本面向嵌入式Linux开发初学者的基础教程，但我相信即使是经验丰富的嵌入式Linux开发人员也能从中获益，书中包含了我多年积累的实用建议和技巧。

给实际的嵌入式开发人员的实用建议

本书介绍了嵌入式工程师怎样才能迅速掌握嵌入式Linux环境的新知识。书中没有重点讲解Linux内核原理，而是在讲解内核的章节侧重从项目角度介绍内核。你可以阅读专门介绍内核原理的优秀图书来了解相关知识。你可以从本书学到内核源码树的组织和布局，了解组成内核镜像的二进制组件和加载它们的方法，以及它们在嵌入式系统中的作用。

在本书中，你会学到Linux内核构建系统的工作原理，以及怎样将满足项目需求的具体变化融合到系统中。你会了解到Linux系统初始化的细节，包括内核空间初始化和用户空间初始化。你还能看到很多对嵌入式项目有益的建议和技巧，涵盖引导加载程序、系统初始化、文件系统和闪存，以及高级的内核与应用程序调试技术。第2版中新增了很多内容，很多章节都有更新，比如讲开源构建系统、USB和udev的几章都是新的，而且有相当篇幅探讨如何在嵌入式Linux项目中配置和使用这些复杂的系统。

目标读者

本书需要读者具有一定的C语言编程基础，对局域网和因特网有基本的了解，理解IP地址的概念以及IP地址在简单局域网中的用法，还需要理解十六进制和八进制编码方式以及它们常见的用法。

本书也涉及一些C语言编译和链接中较为深入的概念，因此你要是能粗略复习一下C语言链接器的概念就更好了。同时，了解GNU make操作和语法对于阅读本书也很有帮助。

本书不是什么

本书不是一本详细介绍硬件的指南。硬件设备种类繁多是嵌入式开发者所面临的一大困难。集成了一些外围设备的现代32位处理器，其用户手册动辄就有3000页。没有捷径可走。作为程序员，要想理解硬件设备就必须花费大量时间研读硬件数据手册和参考指南，同时要花费更多的时间针对这些硬件设备编写和测试代码。

这也不是一本讲述Linux内核或内部原理的书。本书不会深入讨论用来实现Linux虚拟内存管理策略和过程的内存管理单元（MMU）。已经有许多关于这个主题的优秀图书了，建议你读一读每章后面的"补充阅读建议"。

排版约定

命令和代码语句使用Courier New字体。用户输入的命令使用加粗的**Courier New**字体。新名词和重要概念使用楷体加以强调。

路径名前面有3个点表示这是大家熟知但未明确指定的顶层目录。上下文不同，顶层目录也会不同，但一般都是指顶层的Linux源码目录。例如，.../arch/powerpc/kernel/setup_32.c指位于Linux源码树体系结构分支中的文件setup_32.c。实际的文件路径有可能是~/sandbox/linux.2.6.33/arch/power/kernel/setup_32.c。

本书结构

第1章简要介绍了促使Linux迅速应用于嵌入式环境的因素，同时也介绍了与嵌入式Linux相关的几个重要标准和组织。

第2章介绍了很多嵌入式Linux相关的概念，这些概念是后续几章的基础。

第3章概述了几种较流行的用于搭建嵌入式Linux系统的处理器和平台，介绍了几款主要处理器厂商的重要产品，涉及所有主要的处理器体系结构。

第4章从另一角度探讨了Linux内核。这里没有重点讲解内核理论或其内部原理，只是介绍了内核的结构、布局和构建结构，目的是使读者从一开始就能以自己的方式学习这个庞大的软件工程项目。更重要的是，要知道哪些内容是必须重点关注的。这一章还详细讲解了内核构建系统。

第5章详细说明了Linux内核的初始化过程：把与体系结构和引导加载程序相关的镜像组件拼接成适合下载到闪存的内核镜像，最终通过嵌入式系统的引导加载程序启动。这一章的知识将帮助你定制Linux内核，使之满足你自己的嵌入式应用的需求。

　　第6章继续详细介绍初始化过程。当Linux内核完成自身的初始化后,应用程序将根据预先确定的方式继续初始化过程。读完这一章,你就具备了定制用户空间应用程序启动顺序的知识。

　　第7章主要介绍引导加载程序及其在嵌入式Linux系统中的作用。这一章以现在流行的开源引导加载程序U-Boot为例说明了移植的概念;还简要介绍了其他几种现在使用的引导加载程序,以便用户有特殊需求时可以有多种选择。

　　第8章介绍了Linux设备驱动程序模型,提供了很多开发设备驱动程序的背景资料,这些资料都在每章结尾的“补充阅读建议”中列出了。

　　第9章列举了目前嵌入式系统中使用的一些流行的文件系统,包括闪存设备上最常用的JFFS2文件系统。这一章还简要介绍了如何创建你自己的文件系统镜像,这也是嵌入式Linux开发人员所面临的一项艰巨任务。

　　第10章介绍了MTD(Memory Technology Device,内存技术设备)子系统。MTD是Linux文件系统和硬件内存设备(尤其是闪存)之间一种非常有效的抽象层。

　　第11章介绍了BusyBox,它是构建小型嵌入式系统最常用的工具。这一章讲述如何根据特殊需求来配置和构建BusyBox,随后介绍了仅使用BusyBox环境完成系统初始化的全过程。附录A列举了最新版本BusyBox提供的命令。

　　第12章详细介绍了典型交叉开发环境的特殊需求。这一章所介绍的一些技术能有效地提高嵌入式开发人员的工作效率,例如强大的NFS根目录挂载开发配置。

　　第13章介绍了一些有用的开发工具。这一章介绍了使用gdb进行调试,包括核心转储分析;并通过示例介绍了strace、ltrace、top和ps,以及内存性能评测工具mtrace和dmalloc。这一章最后介绍了几个更重要的二进制实用工具,如强大的readelf程序。

　　第14章深入探讨了很多Linux内核的调试技术,介绍了内核调试器KGDB的用法,提出了许多gdb和KGDB组合使用的调试技巧。这一章涉及的内容还包括硬件JTAG调试器的用法,以及当内核无法启动时的一些故障分析技巧。

　　第15章把调试环境从内核转移至应用程序。这一章继续完善前两章用到的gdb示例,讲述了多线程和多进程的调试技巧。

　　第16章取代了第1版的第16章(移植Linux)。那一章的内容已经过时了,如果要在现代内核中恰当地讨论其主题,则需要专门写一本书。我觉得你会对新版的第16章有兴趣的,这一章涵盖了常用的构建完整嵌入式Linux发行版的构建系统。我们会介绍OpenEmbedded,它已经在商业和其他开源项目中获得了极大的关注。

　　第17章介绍了嵌入式Linux中一个令人激动的发展:通过PREEMPT_RT选项来配置系统的实时性。这里介绍的特性通过RT选项得以实现,同时还介绍了如何在设计中使用这些特性。这一章也介绍了衡量应用程序配置延时的技巧。

　　第18章以简单易懂的语言描述了USB子系统。我们介绍了一些概念和USB拓扑结构,接着给出几个USB配置的例子。我们会详细分析sysfs和USB的作用,以帮助你理解这个功能强大的系统。我们还会介绍几个有助于理解USB和解决USB故障的工具。

　　第19章解密了udev这个强大的系统配置工具。我们分析udev的默认行为,并以此为基础来理解如何对它进行定制。我们会给出几个实际的例子。对于BusyBox的使用者，我们会考察BusyBox自带的mdev工具。

本书附录包含U-Boot配置命令、BusyBox命令、SDRAM接口注意事项、开源开发者的资源、BDI-2000调试器的配置文件范例。BDI-2000是目前很流行的硬件JTAG调试器。

边看边做

如果你能边看书边在你喜欢的Linux工作站上动手实验，将会从书中得到最大的收获。你可以找一台较旧的x86计算机完成嵌入式系统实验。如果有条件能连接其他体系结构的单板计算机进行实验就更好了。BeagleBorad开发板是一个可以进行实验的物美价廉的平台，书中的好几个例子都基于这个平台。通过学习这个大型代码库（Linux内核）的布局和组织结构，你将获益良多，并且能够在研究内核和边学边做的过程中获得大量的知识和经验。

看一下本书使用的代码并试着理解书中的示例，要使用不同的设置方案、配置选项和不同的硬件设备进行实验。除可获得丰富的知识，还充满了乐趣！如果你也这么想，请登录本书网站www.embeddedlinuxprimer.com免费注册一个账号，添加些内容和评论，在这个逐步壮大的Linux社区中分享你自己的成功故事和解决方案。你分享的内容会帮助其他人学习。这是一项不断完善的工作，你的参与会使其成为一个有价值的社区资源。

GPL 版权声明

本书使用的部分开源代码的版权归很多个人或公司所有。复制代码遵循了GPL，即GNU公共许可。

第 2 版致谢

首先，我必须感谢高级策划编辑Debra Williams Cauley，他指导有方，经验丰富，而且很有耐心。没有他，本书就不会出版。

非常感谢我的评审团队：Robert P.J. Day、Sandy Terrace、Kurt Lloyd、Jon Masters和丛书编辑Arnold Robbins。他们对本书质量提升所做的贡献，让我难以言表。

还要感谢Mark A. Yoder教授和他的嵌入式Linux课程，他在课堂上使用了本书的手稿，全面检验了这些内容。

特别感谢飞思卡尔半导体公司提供了硬件平台，书中的很多例子都基于这个平台。如果没有Kalpesh Gala帮忙安排，我就享受不到这样的支持。

还要感谢Embedded Planet和Tim Van de Walle，他们也提供了硬件平台供本书使用。

本书撰写过程中，有几个人给予了我很大帮助，他们提出建议并解答我的问题：Cedric Hommbourger、Klaas van Gend、George Davis、Sven-Thorsten Dietrich、Jason Wessels和Dave Anders（排名没有先后次序）。

我还想感谢这本书的制作团队，我的日程安排不够准确给他们添了麻烦。他们是Alexandra Maurer、Michael Thurston、Jovana San Nicolas Shirley、Gayle Johnson、Heather McNeill、Tricia Bronkella和Sarah Kearns。

出版本书是个很大的项目，有无数人提供了帮助，他们及时回答问题，跟我在交谈中提出想法。这些人太多了，无法一一列举。但他们对我有意或无意的帮助都是我真心感激的。

在本书第1版中，我特别感谢了Cary Dillman，因为每当写完一章，她就会不辞劳苦地审读。她现在是我心爱的妻子了。在第2版的写作过程中，Cary继续支持我，给了我必要的灵感、耐心，作出了不少牺牲。

第 1 版致谢

我由衷地敬佩开源软件工程师的崇高精神，深深地折服于我们社区中远远超过我的天才们。在本书的撰写过程中，我向Linux和开源社区的很多人提出了大量问题，大多数问题都能很快得到回答，而且还经常获得鼓励。我要向Linux和开源社区中帮我解答问题的朋友致以真挚的谢意（排名不分先后）：

Dan Malek为第2章的部分内容提供了创作灵感。

Dan Kegel和Daniel Jacobowitz耐心地帮我解答了关于工具链的问题。

Scott Anderson 提供了第14章中gdb宏的最初思想。

Brad Dixon不断用他所掌握的知识挑战和扩展我的技术洞察力。

George Davis帮我解答了ARM的问题。

Jim Lewis为我提供了关于MTD的意见和建议。

Cal Erickson帮我解答了关于gdb用法的问题。

John Twomey就第3章内容给出了建议。

Lee Revell、Sven-Thorsten Dietrich和Daniel Walker就实时Linux的内容提供了建议。

非常感谢AMCC、Embedded Planet、Ultimate Solutions和United Electronic Industries公司，它们提供了示例硬件。感谢我的公司Monta Vista Software，因为写这本书偶尔会从工作中分点儿心，而且公司还为某些示例提供了软件支持。在创作过程中，还有很多人贡献了他们的想法，并给予我鼓励和支持，我也非常感激！

我要诚挚地感谢最初审阅本书的团队，他们迅速阅读了每一章，提供了极好的反馈、意见和想法。谢谢Arnold Robbins、Sandy Terrace、Kurt Lloyd和Rob Farber。还要感谢Arnold教给我这个写作新手撰写技术图书的规则。虽然我已经努力减少错误，但错误肯定还会存在，这都得归咎于我。

感谢Mark L.Taub使本书得以完成，感谢他的鼓励和无限的耐心。还要感谢制作团队，包括Kristy Hart、Jennifer Cramer、Krista Hansing和Cheryl Lenser。

最后，把最特别、最衷心的感谢献给Cary Dillman，在我撰写本书时她阅读了每一章，整个创作过程中都有她的不断鼓励和重要的贡献。

目　录

第 1 章

入　门

1

很多老牌嵌入式操作系统公司纷纷抛弃专有嵌入式操作系统，而这一举动一般都会在公司内部引发不少争论。出于各方面的考虑，许多产品都采用Linux作为其操作系统，这些产品的种类繁多，超出了Linux占据传统优势的服务器领域。手机、DVD播放器、电子游戏机、数码相机、网络交换机和无线网络设备都在使用嵌入式系统。在你家里或汽车里多半也会有Linux的身影。Linux已经成为很多设备的嵌入式操作系统，包括机顶盒、高清电视、蓝光DVD播放器、汽车的信息娱乐中心和很多其他日常使用的电器。

1.1　为什么选择 Linux

凭借经济和技术方面的诸多优势，Linux正被越来越多的嵌入式设备所使用。几乎在所有的市场和技术领域都能发现这种趋势。Linux已经被很多重要的嵌入式产品所采用，包括遍布世界的公共电话交换网、全球数据网络、手机、无线基站控制器，以及管理这些无线蜂窝网络的通信基础设施。Linux在众多领域都取得了成功，包括汽车车载设备、消费电子产品（比如游戏机和PDA）、打印机、企业级交换机和路由器以及其他很多产品。全世界内置Linux操作系统的手机数以亿计。Linux在嵌入式系统市场的占有率越来越高，目前来看这一趋势还将继续。

以下是嵌入式Linux增长的几个原因。

❑ Linux支持的硬件设备种类繁多，可能超过其他任何一种操作系统。

❑ Linux支持非常多的应用程序和网络协议。

❑ Linux的扩展性很好，从小型的消费电子产品到大型、笨重的电信级交换机和路由器都可以采用Linux。

- 和传统的专有嵌入式操作系统不同，部署Linux不需要缴纳专利费。
- Linux吸引了为数众多的活跃的开发者，能很快支持新的硬件架构、平台和设备。
- 越来越多的硬件和软件厂商，包括几乎所有的顶级芯片制造商和独立软件开发商，现在都支持Linux。

出于这些原因，我们看到Linux正加速渗透到众多的日常用品之中，范围涵盖了从高清电视到手机等多种产品。

1.2   嵌入式 Linux 现状

Linux在嵌入式领域已经取得了长足的进步，这一点并不让人感到惊讶。实际上，阅读本书就已表明Linux已经影响了你的生活。嵌入式Linux的市场规模难以估量，因为很多公司仍然在继续打造它们自己的嵌入式Linux发行版。

LinuxDevice.com是一个广受欢迎的新闻和资讯门户网站（它由Rick Lehrbaum创建，现在属于Ziff Davis），这个网站每年会开展一次嵌入式Linux的市场调查。其最近的调查报告显示，Linux已经成为占据主导地位的嵌入式操作系统，每年都有数千种新产品使用Linux。实际上，有超过半数的调查对象表示他们在嵌入式产品设计中使用了Linux。报告同时显示，仅有大约八分之一的调查对象使用排名第二的操作系统，而那些曾经统治嵌入式市场的商业操作系统的使用率还不到十分之一。即使你有理由怀疑这些调查结果，但没有人能够忽视现今嵌入式Linux市场的蓬勃生机。

1.3   开源和 GPL

Linux是开源软件，这是促使Linux广泛使用的一个重要因素。如果你想了解更多开源运动的历史和文化，请看Eric S. Raymod的书（见本章末尾），该书引人入胜且富有见地。

Linux内核基于GNU GPL[①]（General Public License，通用公共许可证）的条款进行授权，这导致了一个常见的误区：Linux是免费的。事实上，GNU GPL第3版[②]的第2段声明："当我们谈论自由软件时，我们指的是自由，而不是指价格上的免费。"大多数的职业开发经理都同意：你可以免费下载Linux，但是在一个嵌入式平台上开发和部署任何操作系统都是有代价的（这个代价通常很大）。在这方面，Linux并不例外。

GPL非常简短且通俗易懂。这里列出了它的一些重要特点。

- 许可证是自我存续的。
- 许可证给予用户运行程序的自由。
- 许可证给予用户研究和修改源代码的权利。
- 许可证允许许用户分发原来的代码以及他所做的修改。

---

① See http://www.gnu.org/licenses/gpl.html for complete text of the license.
② 目前Linux内核源码仍采用GNU GPL第2版。——编者注

□ 许可证有病毒的特性。也就是说，如果你把GPL软件分发给某个人，GPL会给予他和你相同的权利。

如果软件是基于GPL条款发布的，它必须永远附带这个许可证[①]。即使代码被大幅改动（这是许可证允许甚至是鼓励的），GPL要求改动后的代码也必须以相同的许可证发布。这样做的目的是为了保证软件的自由使用，包括修改后的软件（或通常所说的派生软件）的自由使用。

不管软件是如何获取的，GPL允许无限制地分发该软件，而无须支付任何专利费或按件收取的许可费。这并不意味着软件厂商不能够对GPL软件收费——收费是合理和普遍的商业行为。这表明一旦拥有GPL软件，你可以修改和重新分发这个软件，不管这个软件是否被修改过。然而GPL规定，软件的修改者如果决定发布修改后的软件，则必须以GPL的条款发布。无论以什么形式发布派生软件，比如交付给客户，都必须遵守这个规定。

免费和自由

在讨论开源软件的自由特性（free nature）时，常常会提及两个流行的短语："free as in freedom"和"free as in beer"（本书作者非常喜欢后者）。[②]GPL的存在保证了软件的自由。它确保了你使用、学习和修改这个软件的自由。它也确保了当你分发修改后的代码给某个人时，他同样也获得这些自由。这个概念已经被广泛接受和理解。

很多人对Linux存在一个误解，那就是Linux是免费的。你可以免费获得Linux，你也可以花几分钟的时间下载一个Linux内核。然而，正如任何一个职业开发经理所理解的，在产品设计中使用任何软件都是有一定代价的。这些代价包括软件的获取、整合、修改、维护和支持。除此之外，你还需要花费其他费用，从而获得和维护一个配置正确的工具链、程序库、应用程序以及和你选择的硬件架构兼容的专用交叉开发工具。很快你会发现，为了开发和部署嵌入式Linux系统，配置其所需的软件工具和开发环境并不是件轻松的事情。

1.4 标准及相关组织

在Linux不断获得桌面、企业和嵌入式等细分市场份额的同时，为推动用户使用和接受Linux，一些新标准和新组织也应运而生。本节介绍一些读者应该了解的标准。

1.4.1 Linux 标准基础

对于一个Linux发行版的维护者来说，也许关系最紧密的标准莫过于Linux标准基础（Linux Standard Base，LSB）。LSB的目标是建立一套设计良好的标准，以提升应用程序在不同Linux发行版之间的互操作性。目前，LSB的标准涵盖了好几种硬件架构，包括IA32/64、32位和64位Power

---

① 如果所有的版权持有人能够达成一致的话，理论上，这个软件可以基于新的许可证发布。实际上，出现这种情况的可能性很小，特别是对于那些由数千人共同参与开发的大型软件。
② 前一个短语中free的意思是自由，后一个短语中free的意思是免费。——译者注

架构，以及AMD64等。标准分为核心部分和单独的硬件架构部分。

LSB规定了Linux发行版的公共属性，包括目标文件的格式、标准库的接口、命令和实用工具的最小集合以及它们的行为、文件系统布局、系统初始化等。

通过本章末尾的网址可以了解有关LSB的详细信息。

1.4.2　Linux 基金会

据其网站所述，Linux基金会是"一个致力于促进Linux发展的非营利组织"。Linux基金会赞助Linux创始人Linus Torvalds的工作。Linux基金会还赞助了几个工作组，帮助他们制定标准和参与开发针对很多重要Linux平台的新功能。接下来的两节介绍一些由该组织发起的项目。

1.4.3　电信级 Linux

世界上很多大型的网络和通信设备制造商都在开发或销售采用Linux操作系统的电信级设备。电信级设备的重要特征包括高可靠性、高可用性和快速的可服务性。这些厂商设计的产品采用冗余可热交换的架构、具备容错和集群化特点，并且常常具有实时性能。

Linux基金会的电信级Linux工作组制定了一个规范，其中定义了电信级设备必须满足的一组需求。这个规范的当前版本涵盖了7个功能领域。

- □ 可用性——这类需求用于提供增强的可用性，包括在线维护操作、冗余备份和状态监测。
- □ 集群——这类需求用于提升设备的冗余服务性能，例如集群成员的管理和数据检查点的设置。
- □ 可服务性——这类需求适用于远程服务和维护，例如SNMP和对风扇及电源的诊断监测。
- □ 性能——这类需求定义了性能和可扩展性、对称多处理能力、延时等。
- □ 标准——这类需求定义了符合CGL规范的设备应当遵循的标准。
- □ 硬件——这类需求与高可用性硬件相关，例如刀片服务器和硬件管理接口。
- □ 安全——这类需求用于提升整个系统的安全性并且保护系统免受各种外部威胁。

1.4.4　移动 Linux 计划：Moblin

全球市场上已经有几款基于嵌入式Linux设计和生产的手机。据各方报道，市面上已有上亿部手机采用Linux作为操作系统平台。唯一可以肯定的是这个数量还在继续增加。原本由专有实时操作系统统治的阵地，有望成为Linux发展最为迅猛的细分市场。Linux已整装待发，吹响了进军商业嵌入式应用领域的号角。

Linux基金会赞助了一个原名为移动Linux计划（Mobile Linux Initiative）的工作组，这个工作组现在叫做Moblin。据Linux基金会的网站介绍，这个工作组的目标是推动Linux在移动设备中的使用，包括下一代手机和其他融合语音/数据的便携设备。这个工作组关注的领域包括开发工具、I/O和网络、内存管理、多媒体、性能、电源管理、安全和存储。Moblin的网址是http://moblin.org。你可以尝试某个Moblin版本，例如Fedora/Moblin（网址为http://fedoraproject.org/wiki/Features/

FedoraMoblin）或者Ubuntu Moblin remix，作者的Dell Mini 10上网本上就安装了后面这个版本。

嵌入式Linux的版图还在不断扩张。在准备这一版的内容时，Moblin项目和Maemo项目已经合并成MeeGo。可以从http://meego.com/了解MeeGo的更多信息，甚至可以下载一个MeeGo镜像试验一下。

1.4.5　服务可用性论坛

如果你正致力于打造需要具备高可靠性、可用性和可服务性（Reliability、Availability、Serviceability， RAS）的产品，你就应该知道服务可用性论坛（SA Forum）。这个组织定义了一组公共接口用于电信设备和其他商业设备的系统管理。这个组织的网址是www.saforum.org。

1.5　小结

嵌入式Linux已经取得了胜利。实际上，你的汽车或家中很可能就有嵌入式Linux设备。这一章仔细考察了下列现象的产生原因。

- ❏ 采用Linux的嵌入式产品开发者和生产厂商不断增加。
- ❏ Linux在嵌入式设备中的使用率继续以令人激动的速度增长。
- ❏ 很多因素推动了Linux在嵌入式市场的增长。
- ❏ 几个标准和相关的组织正影响着嵌入式Linux的发展。

补充阅读建议

The Cathedral and the Bazaar（《大教堂与市集》），Eric S. Raymond，O'Reilly Media公司，2001。

Linux 标准基础项目
http://www.linuxfoundation.org/collaborate/workgroups/lsb

Linux 基金会
http://www.linuxfoundation.org/

第 2 章

综　　述

本章内容
- ❑ 嵌入与非嵌入
- ❑ 剖析嵌入式系统
- ❑ 存储
- ❑ 嵌入式Linux发行版
- ❑ 小结

通常，理解特定任务的最佳途径是从全局角度认识它。很多基本概念都会给嵌入式系统开发的新手带来挑战。这一章将带领你观摩一个典型的嵌入式系统及其开发环境，重点介绍那些让开发这类系统变得独特和富有挑战的概念和组件。

2.1　嵌入与非嵌入

嵌入式系统具有一些关键属性。你可能不会认为桌面PC是一个嵌入式系统。但在远程数据中心运行的桌面PC很可能就是嵌入式系统，这个平台完成至关重要的监控和报警任务。而且假设这个数据中心是无人值守的，那我们对这个硬件平台的需求就不一样了。例如，如果断电后接着电力恢复，你会希望该硬件平台在没有操作人员干预的情况下继续执行它的任务。

嵌入式系统的种类很多，形状大小各异，大到多机架数据存储中心或网络动力站，小到MP3播放器或手机。下面列出嵌入式系统的一些常见特性。

- ❑ 包含一个处理引擎，比如通用微处理器。
- ❑ 一般是针对某种具体的应用或目的而设计的。
- ❑ 包含一个简单的用户界面（或没有用户界面），比如汽车引擎的点火控制器。
- ❑ 通常资源有限。例如只有很少的内存，并且没有硬盘驱动器。
- ❑ 可能会受到供电的限制，比如需要使用电池。
- ❑ 一般不会用做通用的计算平台。
- ❑ 一般都内置了应用程序，用户不能选择。
- ❑ 出厂时软硬件已经预先集成好了。

❑ 常常是针对无人值守的应用环境。

与传统的桌面PC相比，嵌入式系统的资源很有限。嵌入式系统常常只有很少的内存，小容量的硬盘驱动器（或是没有硬盘驱动器），有时还没有外部的网络连接。常常可以看到，一个系统仅有的用户界面就是一个串行端口加上几个发光二极管。诸如此类的问题会给嵌入式开发者带来挑战。

BIOS 和引导加载程序的对比

桌面电脑刚加电时，一个叫做BIOS的软件程序立刻获得了处理器的控制权。（历史上，BIOS是Basic Input/Output Software的缩写，但现在这个单词已经有了自身的含义，因为其完成的功能比以前复杂多了。）BIOS可能实际存储在一块闪存中（稍后会介绍闪存），便于升级BIOS程序。

BIOS是一个复杂的系统配置软件，它拥有硬件架构的底层信息。大多数人都不清楚BIOS涉及的硬件范围和功能，但它是桌面电脑的重要组成部分。当电脑加电时，BIOS首先获得处理器的控制权。它的主要任务是初始化硬件，特别是内存子系统，并且从PC的硬盘驱动器中加载操作系统。

在典型的嵌入式系统中（假设这个系统不是工业标准的x86 PC硬件平台），引导加载程序（bootloader）完成与BIOS相同的功能。对于定制嵌入式系统，你必须在开发计划中预留出时间，开发针对具体硬件板卡的引导加载程序。幸运的是，有几个很好的开源引导加载程序可供选择，你可以按照项目需求进行定制。这些内容将在第7章介绍。

下面列出一些引导加载程序在系统加电时完成的重要任务。

❑ 初始化关键的硬件，比如SDRAM控制器、I/O控制器和图形控制器。

❑ 初始化系统内存，并准备将控制权移交给操作系统。

❑ 为外设控制器分配必要的系统资源，比如内存和中断电路。

❑ 提供一个定位和加载操作系统镜像的机制。

❑ 加载操作系统，并将控制权移交给它，同时传递必要的启动信息。这些信息可能包括内存总容量、时钟频率、串行端口速率和其他与底层硬件相关的配置数据。

这里只是简单概括了在通常的嵌入式系统中引导加载程序所完成的任务。需要记住的是：如果你的嵌入式系统基于定制的硬件平台，这些引导加载程序的功能必须由你，也就是系统的设计者来提供。如果你的嵌入式系统基于商用现货（Commercial Off-The-Shelf，COTS），比如ATCA机架[①]，那么其引导加载程序（通常还有Linux内核）一般就包含在硬件板卡中了。第7章将会更深入地讨论引导加载程序。

2.2　剖析嵌入式系统

图2-1是一个典型嵌入式系统的框图。这个例子很简单，描述了一个系统的高层硬件架构，

---

① ATCA平台会在第3章介绍。

无线接入点设备可能就是采用这种硬件构架。这个系统架构以一个32位的RISC处理器为中心，系统中的闪存用于存储非易失性程序和数据，主存储器是SDRAM（同步动态随机存储器），其容量可以从几兆至几百兆字节，视应用而定。一个通常由电池供电的实时时钟模块记录着当前时间（包括日期）。这个例子里面包含以太网和USB接口，也包含串行端口，利用串行端口可基于RS-232标准访问控制台。802.11芯片组或模块实现了无线调制解调器的功能。

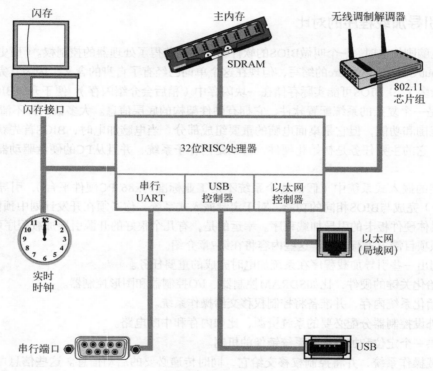

图2-1　嵌入式系统

通常，嵌入式系统的处理器完成很多功能，不仅仅是处理传统的核心指令流。图2-1中的假想处理器包含集成的串行接口UART、集成的USB和以太网控制器。很多处理器都包含集成在处理器中的外设，有时这些处理器被称为片上系统（SOC，System On Chip）。第3章会考察几个集成处理器的例子。

2.2.1　典型的嵌入式 Linux 开发环境

嵌入式Linux开发新手经常提出的一个问题，就是开发之前需要准备些什么。为了回答这个问题，图2-2展示了一个典型的嵌入式Linux开发环境。

图中展示了一个主机开发系统，其中运行你最喜欢的桌面Linux发行版，比如Red Hat、SUSE或Ubuntu Linux。嵌入式Linux目标板通过一根RS-232串行端口线与开发主机相连。目标板的以太网接口插接到本地以太网集线器或交换机上，开发主机也通过以太网连接到上面。开发主机包含开发工具和程序以及目标文件，通常这些都可从一个嵌入式Linux发行版中获得。

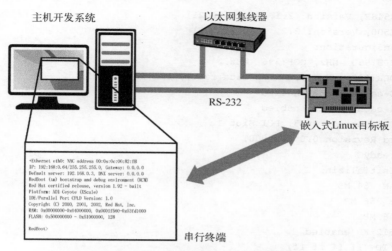

图2-2 典型的嵌入式Linux开发环境

在这个例子中，主机和嵌入式Linux目标板主要通过一个遵循RS-232标准的串行端口连接。主机上运行的串行端口终端程序用于和目标板通信。minicom是最常用的串行端口通信应用程序之一，几乎所有的桌面Linux发行版中都有这个应用程序①。本书使用screen作为串行端口通信程序，这个程序可以取代minicom的功能，而且更灵活，特别是在trace捕捉方面。对于系统启动或解决故障时串行端口线上的垃圾信息，screen也更加宽容。为了在USB转串行端口线上使用screen，可以在主机终端调用它并指定速率：

```
$ screen /dev/ttyUSB0 115200
```

2.2.2 启动目标板

第一次加电时，目标板上的引导加载程序立即获得处理器的控制权。该程序执行一些非常底层的硬件初始化，包括处理器和内存的设置，初始化UART用于控制串行端口，以及初始化以太网控制器。代码清单2-1显示了目标板加电后从串行端口接收到的字符。在这个例子中，我们选择了飞思卡尔半导体公司的目标板PowerQUICC III MPC8548 可配置开发系统（Configurable Development System，CDS）。这个开发系统包含了PowerQUICC III MPC8548处理器。这个目标板从飞思卡尔出厂时就预装了U-Boot引导加载程序。

---

① 你也许需要在自己的发行版上安装minicom。例如，在Ubuntu上，可以使用命令sudo apt-get install minicom来安装minicom。

代码清单2-1　引导加载程序从串行端口输出的初始信息

```
U-Boot 2009.01 (May 20 2009 - 09:45:35)


CPU:    8548E, Version: 2.1, (0x80390021)
Core:   E500, Version: 2.2, (0x80210022)
Clock Configuration:
        CPU:990  MHz, CCB:396  MHz,
        DDR:198  MHz (396 MT/s data rate), LBC:49.500 MHz
L1:     D-cache 32 kB enabled
        I-cache 32 kB enabled
Board: CDS Version 0x13, PCI Slot 1
CPU Board Revision 0.0 (0x0000)
I2C:    ready
DRAM:   Initializing
    SDRAM: 64 MB
    DDR: 256 MB
FLASH: 16 MB
L2:     512 KB enabled
Invalid ID (ff ff ff ff)
    PCI: 64 bit, unknown MHz, async, host, external-arbiter
              Scanning PCI bus 00
PCI on bus 00 - 02

    PCIE connected to slot as Root Complex (base address e000a000)
PCIE on bus 3 - 3
In:     serial
Out:    serial
Err:    serial
Net:    eTSEC0, eTSEC1, eTSEC2, eTSEC3
=>
```

当MPC8548CDS目标板加电时，U-Boot执行一些底层的硬件初始化，包括配置串行端口，然后打印标题行，见代码清单2-1中显示的第一行。接着显示了CPU和核心（Core）的型号及版本，接下来是描述时钟配置和缓存配置的数据，再后面是一串文字描述了这个目标板。

初始的硬件配置完成后，U-Boot根据其静态设置来配置其他硬件子系统。这里，我们看到U-Boot配置了I2C、DRAM、闪存（FLASH）、2级缓存（L2 cache）、PCI和网络子系统。最后U-Boot等待来自串行端口控制台的输入，显示为命令行提示符"=>"。

2.2.3　引导内核

现在U-Boot已经初始化了硬件、串行端口和以太网接口，在其短暂但有益的生命中还剩一件工作：加载并引导Linux内核。所有的引导加载程序都提供了命令用于加载和执行操作系统镜像。

代码清单2-2显示了使用U-Boot手动加载并引导Linux内核的一种常用方法。

代码清单2-2 加载Linux内核

```
=> tftp 600000 uImage
Speed: 1000, full duplex
Using eTSEC0 device
TFTP from server 192.168.0.103; our IP address is 192.168.0.18
Filename 'uImage'.
Load address: 0x600000
Loading: #################################################################
         ##########################################################
done
Bytes transferred = 1838553 (1c0dd9 hex)
=> tftp c00000 dtb
Speed: 1000, full duplex
Using eTSEC0 device
TFTP from server 192.168.0.103; our IP address is 192.168.0.18
Filename 'dtb'.
Load address: 0xc00000
Loading: ##
done
Bytes transferred = 16384 (4000 hex)
=> bootm 600000 - c00000
## Booting kernel from Legacy Image at 00600000 ...
   Image Name:    MontaVista Linux 6/2.6.27/freesc
   Image Type:    PowerPC Linux Kernel Image (gzip compressed)
   Data Size:     1838489 Bytes =  1.8 MB
   Load Address: 00000000
   Entry Point:  00000000
   Verifying Checksum ... OK
## Flattened Device Tree blob at 00c00000
   Booting using the fdt blob at 0xc00000
   Uncompressing Kernel Image ... OK
   Loading Device Tree to 007f9000, end 007fffff ... OK
Using MPC85xx CDS machine description
Memory CAM mapping: CAM0=256Mb, CAM1=0Mb, CAM2=0Mb residual: 0Mb

...

< 为简洁起见, 这里省略了很多Linux内核的引导消息>
...

freescale-8548cds login:  <<--- Linux登录命令提示符
```

代码清单2-2开头的tftp命令指示U-Boot使用TFTP[①]协议将内核镜像uImage通过网络加载到内存。在这个例子中，内核镜像存放于开发工作站（通常，这个开发工作站就是通过串行端口与目标板相连的那台主机）。执行tftp命令时，需要传入一个地址参数，这个地址用于指定内核镜像将要被加载到的目标板内存的物理地址。读者现在不用担心这些细节，第7章将会详细介绍U-Boot。

第2次执行tftp命令加载了一个目标板配置文件，称为设备树（device tree），这个文件还有其他的名字，包括扁平设备树（flat device tree）和设备树二进制文件（device tree binary）或dtb。你将在第7章了解到这个文件的更多信息。现在，你只要知道这个文件与具体目标板相关，包含了内核所需的用于引导目标板的信息就足够了。这些信息包括内存大小、时钟速率、板载设备、总线和闪存布局。

接着，执行bootm（从内存镜像引导）命令来让U-Boot引导刚才加载至内存的内核，起始地址就是在tftp命令中指定的地址。在这个使用bootm命令的例子中，我们让U-Boot加载放在地址0x600000处的内核，并将加载到地址0xc00000处的设备树二进制文件（dtb）传给内核。bootm命令会将控制权移交给Linux内核。假设内核配置正确，这个命令的结果是引导Linux内核直至在目标板上出现控制台命令行提示符，如同登录提示符所示。

注意bootm命令为U-Boot敲响了丧钟。这是一个重要的概念。与桌面PC的BIOS不同，大多数的嵌入式系统都采用这样一种架构：当Linux内核掌握控制权时，引导加载程序就不复存在了。Linux内核会要求收回那些之前被引导加载程序所占用的内存和系统资源。将控制权交回给引导加载程序的唯一方法就是重启目标板。

最后还需要注意一点。在代码清单2-2的串行端口输出中，下面这行之前的信息（包含这一行）都是由U-Boot引导加载程序产生的：

```
Loading Device Tree to 007f9000, end 007fffff ... OK
```

其余引导信息是由Linux内核产生的。对于这一点，我们在后续章节还要详细说明，但我们需要注意U-Boot是在哪儿离开的以及Linux内核是在哪儿取得控制权的。

2.2.4　内核初始化：概述

当Linux内核开始执行时，它会在其相当复杂的引导过程中输出大量状态消息。在当前讨论的这个例子中，在显示登录提示符之前，Linux内核大约显示了200行printk[②]打印信息（代码清单中省略了这些打印行以便讨论的重点更加清晰）。代码清单2-3再现了登录提示符之前的最后几行输出。这个练习的目的不是要深入到内核初始化的细节中去（第5章会讲述这方面的内容），而是要对正在发生的事情，以及对嵌入式系统中引导Linux内核需要哪些组件有一个概览。

---

① 我们会在第12章介绍这些协议和相关服务器程序。
② printk()是一个内核函数，负责将消息打印到系统控制台上。

代码清单2-3　Linux内核加载的最后几行引导消息

```
...
Looking up port of RPC 100005/1 on 192.168.0.9
VFS: Mounted root (nfs filesystem).
Freeing unused kernel memory: 152k init
INIT: version 2.86 booting
...

freescale-8548cds login:
```

　　Linux在串行端口终端上显示登录提示符之前，会挂载一个根文件系统。在代码清单2-3中，Linux通过一系列必要步骤，从一个NFS[①]服务器来远程（通过以太网）挂载其根文件系统，这个NFS服务器程序运行于IP地址为192.168.0.9的主机之上。通常这个主机就是你的开发工作站。根文件系统包含构成整个Linux系统的应用程序、系统库和工具软件。

　　重申一下这里讨论的重点：Linux必须有一个文件系统。很多老式的嵌入式操作系统不需要文件系统，因此那些从老式嵌入式操作系统迁移到嵌入式Linux系统的工程师往往会感到惊讶。一个文件系统由一组预定义的系统目录和文件组成，这些目录和文件按照特定的布局存储在硬盘或其他存储介质上，而Linux内核可以挂载这些介质作为其根文件系统。

　　注意Linux也可以从其他设备挂载根文件系统。最常见的情况当然是挂载一个硬盘分区作为根文件系统，就像笔记本或工作站中的Linux系统所做的那样。实际上，当你将嵌入式Linux小玩意带出房门或远离开发环境时，NFS就没什么用处了。然而，在读这本书的过程中，你会逐渐体会到在开发环境中挂载NFS根文件系统带来的威力和灵活性。

2.2.5　第一个用户空间进程：`init`

　　继续探讨其他内容之前，还有一个重点需要强调一下。请注意代码清单2-3中的这一行：

```
INIT: version 2.86 booting
```

　　直到这时，内核都是自己在执行代码，它在一个称为内核上下文（kernel context）的环境中完成大量的初始化工作。在这个运行状态下，内核拥有所有的系统内存并且全权控制所有的系统资源。内核能够访问所有的物理内存和所有的I/O子系统。它在内核虚拟地址空间中执行代码，使用一个由内核自己创建和支配的栈。

　　当内核完成其内部初始化并挂载了根文件系统后，默认会执行一个名为init的应用程序。内核一启动init，它随即进入用户空间（user space）或用户空间上下文运行。在这个运行状态下，用户空间进程对系统的访问是受限的，必须使用内核系统调用（system call）来请求内核服务，比如设备和文件I/O。这些用户空间进程或程序，运行在一个由内核随机[②]选择和管理的虚拟内存空间中。在处理器中专门的内存管理硬件的协助下，内核为用户空间进程完成虚拟地址到物理地

[①] 我们会在第12章中介绍NFS和其他相关服务器程序。

[②] 实际上，这并不是随机的，但是对于这里讨论的内容，也可能是这样。我们会在后面详细讨论这个主题。

址的转换。这种架构的最大好处是某个进程中的错误不会破坏其他进程的内存空间。这是老式嵌入式系统的一个普遍缺陷，会产生那些最难查找的故障。

对这些概念不熟悉也不用惊慌。本节的目标只是提纲挈领地作个介绍，在此基础上，你会在阅读本书的过程中逐步获得更加深入的理解。后续章节将详细解释这些概念。

2.3　存储

嵌入式Linux开发的一大挑战性源自大多数嵌入式系统的物理资源非常有限。虽然你的台式电脑会拥有酷睿2双核处理器和500 GB大小的硬盘，但很难找到拥有如此巨大硬盘容量的嵌入式系统。多数情况下，硬盘通常被更小和更便宜的非易失性存储设备所取代。硬盘不仅笨重，包含旋转部件，对物理震动敏感，并且要求提供多种供电电压，因此并不适合用在许多嵌入式系统中。

2.3.1　闪存

几乎所有人都对消费电子设备，比如数码相机和PDA（这两者都是很好的嵌入式系统的例子）中广泛使用的Compact Flash卡和SD卡很熟悉。这些基于闪存技术的模块可以看做是固态硬盘，它们能够在很小的空间内存储许多兆甚至几吉字节的数据。它们内部没有活动的部件，相对坚固，只需一种供电电压。

生产闪存的厂家有好几家。闪存的类型多种多样，电气规格、物理封装形式以及容量各有不同。只拥有小到4 MB或8 MB非易失性存储容量的嵌入式系统并不罕见。嵌入式Linux系统对存储容量的典型需求是16 MB~256 MB。越来越多的嵌入式Linux系统拥有数吉字节的非易失性存储空间。

闪存可以在软件的控制下写入和擦除数据。采用旋转硬盘驱动器技术的普通硬盘仍然是最快的可写入存储媒介。虽然和普通硬盘相比，闪存的写入和擦除仍然相当慢，但与以前相比，其写入和擦除速度已经有了显著提高。了解硬盘驱动器和闪存技术的根本区别才能正确地使用相应技术。

闪存的存储空间被分割成相对较大的可擦除单元，称为擦除块（erase block）。闪存的一个显著特征就是闪存中的数据写入和擦除的方式。在典型的NOR型[①]闪存芯片中，数据可以在软件的控制下，使用直接向某个存储单元地址写入的简单方法将其从二进制1改为二进制0。然而，要将数据从0改回1，则要擦除整个擦除块，在擦除时需要向闪存芯片写入一串特别的控制指令序列。

典型的NOR型闪存包含多个擦除块。例如，一个4 MB容量的闪存芯片可能包含64个擦除块，每块大小为64 KB。市面上也有擦除块大小不一致的闪存，以便灵活存放数据。这种闪存常常被称为引导块（boot block）或引导扇区（boot sector）闪存。通常，引导加载程序存储在较小的块中，内核和其他必要的数据则存放在更大的块中。图2-3说明了一个典型的顶部引导（top boot）闪存芯片的块大小布局。

---

① 闪存技术有很多种。NOR型闪存是小型嵌入式系统中最常用的一种闪存。

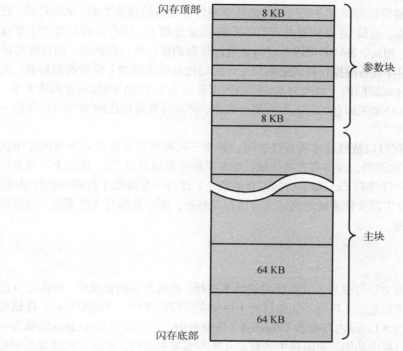

图2-3 引导块闪存的架构

为了修改存储在闪存阵列中的数据，必须完全擦除待修改数据所在的块。即使只修改某个块中的一个字节，都必须擦除并重新写入整个块[①]。相比于传统硬盘的扇区，闪存的块大小相对较大。相对而言，一个典型的高性能硬盘的可写扇区大小为512 B或1024 B。结果显而易见：更新闪存中的数据所耗费的写入时间会是硬盘驱动器的很多倍，部分原因就是每次更新数据时都有相对大量的数据需要被擦除和写回。在最坏的情况下，一个写周期会耗费几秒钟的时间。

关于闪存，另一个需要考虑的限制是存储单元的写寿命（write lifetime）。NOR型闪存存储单元的可写入次数是有限制的，超出次数限制后写入就会失败。虽然这个次数的数值比较大（典型的写入次数限制是每块100 000次），但不难想象一个设计很差的闪存存储算法（甚至是一个软件故障）会迅速毁坏闪存设备。显然，应该避免配置你的系统日志输出到闪存。

2.3.2 NAND型闪存

NAND型闪存使用一种相对较新的闪存技术。当NAND型闪存投放市场时，前一节介绍的传统闪存就被称为了NOR型闪存。它们之间的区别与闪存存储单元的内部架构有关。NAND型闪存设备通过提供更小的块尺寸改进了传统（NOR型）闪存的一些限制，它可以更快更有效地进行写操作，同时大大提高了闪存阵列的使用效率。

---

① 记住，你可以一次将一个字节从1改成0，但如果想将某个比特从0改回1，则必须擦除整个块。

NOR型闪存为微处理器提供的接口方式与很多微处理器外围设备的做法类似。也就是说,它们有并行的数据和地址总线,直接①连接到微处理器的数据/地址总线上。闪存阵列的每个字节或字(word)可以随机寻址。相反,NAND型闪存设备是通过复杂的接口串行访问的,而且这些接口因厂商而异。NAND型闪存设备的操作模式更类似于传统的硬盘驱动器加上附带的控制器。数据是以串行突发(burst)方式访问的,每次突发访问的数据量远远小于NAND型闪存的块大小。相比于NOR型闪存,虽然NAND型闪存的写入时间要少很多,但其写寿命却比NOR型闪存高出一个数量级。

总的来说,NOR型闪存可以被微处理器直接访问,甚至于代码可以直接在NOR型闪存中执行。(然而,因为性能方面的原因,很少有人这样做,除非系统资源极其匮乏。)实际上,很多处理器都不能像对待DRAM一样缓存(cache)访问闪存的指令。这进一步降低了代码的执行速度。相反,NAND型闪存更适合于以文件系统的格式大容量存储数据,而不是撇开文件系统,直接存储二进制可执行代码和数据。

2.3.3 闪存的用途

有多种闪存布局和使用方法可供嵌入式系统的设计者选择。在最简单的系统中,资源没有过度受限,可以将原始的二进制数据(可能是压缩过的)存储在闪存设备中。系统引导时,存储在闪存中的文件系统镜像被读入Linux内存磁盘(ramdisk)块设备中。这个块设备由Linux挂载为一个文件系统,并且只能从内存中访问。当闪存中的数据几乎不需要更新时,这种方式通常是很好的选择。相比于内存磁盘的容量,需要更新的数据量是很少的。但是,当系统重启或断电时,对内存磁盘中文件的修改会丢失,务必牢记这一点。

图2-4说明了一个简单嵌入式系统中的典型闪存组织结构。在这个系统中,动态数据对非易失性存储的需求很少且更新不频繁。

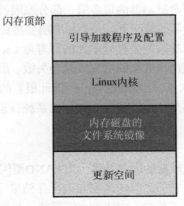

闪存顶部

引导加载程序及配置

Linux内核

内存磁盘的
文件系统镜像

更新空间

图2-4 典型的闪存布局

---

① 这里的直接是逻辑上的概念。实际的电路有可能会包含总线缓存(bus buffer)或桥接(bridge)设备等。

2

　　引导加载程序通常存放在闪存阵列的顶部或底部。引导加载程序之后的存储空间被分配给Linux内核和内存磁盘文件系统镜像[1]，这个镜像中包含了根文件系统。一般来说，Linux内核和ramdisk文件系统镜像都被压缩过，并由引导加载程序在系统引导时解压。

　　可以在闪存中专门开辟一小块区域，或者使用其他类型的非易失性存储设备[2]来存放那些重启或掉电后仍需保留的动态数据。对于需要保存配置数据的嵌入式系统，这种方式很常见。例如，针对消费者市场的无线接入点设备可能采用这种方式。

2.3.4　闪存文件系统

　　刚才描述的简单闪存布局策略有局限性，但可以通过使用闪存文件系统来克服。闪存文件系统以类似于硬盘驱动器组织数据的方式来管理闪存设备中的数据。早期针对闪存设备的文件系统包含简单的块设备层，这个块设备层模拟了普通硬盘驱动器的扇区布局，扇区大小为512 B。这些简单的模拟层允许以文件格式而不是无格式的大容量存储方式来访问数据，但是它们有一些性能上的局限。

　　对闪存文件系统的一个主要改进就是引入了耗损均衡（wear leveling）算法。如前所述，闪存块的写寿命是有限的。耗损均衡算法用来将写操作均匀分布到闪存的各个物理擦除块上，以延长闪存芯片的寿命。

　　闪存架构带来的另一个限制是系统掉电或意外关机后存在数据丢失的风险。闪存的块尺寸相对较大，而写入的文件的平均大小相对于块尺寸通常小很多。从前面的内容我们知道闪存块必须一次写入一整块。因此，为了写入一个8 KB的小文件，必须擦除和重写整个闪存块，而这个块的大小可能是64 KB或128 KB；在最坏的情况下，这个写入会花费几秒钟才能完成。这极大增加了系统掉电后丢失数据的风险。

　　目前比较受欢迎的一种闪存文件系统是JFFS2，或称为第二代日志闪存文件系统（Journaling Flash File System 2）。这个文件系统有很多重要特性，旨在提升整体性能、延长闪存寿命并降低系统掉电时数据丢失的风险。最新的JFFS2文件系统的最重要改进包括完善耗损均衡、压缩和解压缩（将更多的数据挤进有限的闪存空间），以及对Linux硬连接（hard link）的支持。相关主题将在第9章和第10章详细讲述。在第10章中，我们会讨论内存技术设备（Memory Technology Device, MTD）子系统。

2.3.5　内存空间

　　老式嵌入式操作系统通常将系统内存看做一大块线性地址空间，并进行管理。也就说，微处理器的地址空间的下限是0，上限是其物理地址范围的顶部。举例来说，如果一个微处理器有24条物理地址线，其内存范围的上限就是16 MB。因此，其地址范围可以用十六进制表示为从0x00000000到0x00ffffff。硬件设计常常将DRAM放置在这个地址范围的底部，并将闪存放置在顶

---

① 我们会在第9章详细介绍内存磁盘文件系统。
② 如果只需存储少量数据，可以选择实时时钟模块或串行EEPROM作为非易失性存储设备。

部。位于DRAM顶部和闪存底部之间的那些未使用的地址范围常常被分配给板上的各种外围设备芯片，用于对它们进行寻址。这种设计方法一般是由所选择的微处理器决定的。图2-5显示了一个简单嵌入式系统中的典型内存布局。

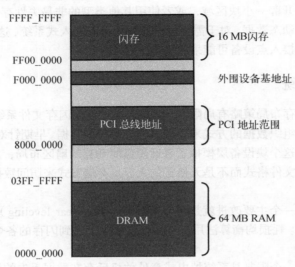

图2-5　典型的嵌入式系统内存布局

在基于老式操作系统的嵌入式设备中，操作系统和所有的任务[1]具有相同的权限，能够访问系统的所有资源。某个进程中的一个故障可能会改写系统中任意一块内存的内容，这块内存可能属于这个进程本身、操作系统、其他任务，甚至是地址空间中的一个硬件寄存器。虽然这种内存管理方式有个最大的优点：简单，但它会导致一些很难诊断的故障。

高性能的微处理器中都包含一个复杂的硬件引擎，称为内存管理单元（Memory Management Unit，MMU）。MMU的作用是使操作系统能够在很大程度上管理和控制地址空间，包括操作系统自身的地址空间和分配给进程的地址空间。这种控制主要体现为两种形式：**访问权限控制**（access right）和**内存地址转换**（memory translation）。访问权限控制允许操作系统将特定的内存访问权分配给特定的进程。内存地址转换允许操作系统将其地址空间虚拟化，从而带来很多好处。

Linux内核利用这些硬件MMU实现了一个虚拟内存操作系统。虚拟内存所带来的最大的一个好处是，它可以让系统的内存看起来比实际的物理内存多，这样能够更加有效地利用物理内存。其他的好处是，内核在为任务或进程分配系统内存时，可以指定这块内存的访问权限，从而防止某个进程错误地访问属于另一个进程或内核自身的内存或其他资源。

下一节将更详细地讨论MMU的工作原理。复杂的虚拟内存系统的内容超出了本书的范围[2]。实际上，我们会从嵌入式系统开发者的角度来考查虚拟内存系统。

---

① 在这里的讨论中，"任务"这个词代表任何一个执行线程，而不考虑生成、管理和调度它的机制。
② 有很多优秀书籍详细讲述了虚拟内存系统。请参考本章最后一节中的推荐书目。

2.3.6 执行上下文

系统引导时，Linux最先要完成一项琐碎工作，即配置处理器中的硬件MMU以及相应的数据结构，并使之能够进行地址转换。这一步完成后，内核运行于自己的虚拟内存空间中，这个空间称为内核空间。在当前的Linux内核版本中，这个虚拟内存空间的起始地址是由内核开发者选择的，其默认值为0xC0000000①。对于大多数硬件架构，这是个可以配置的参数②。在内核符号表中，可以看到内核符号的链接地址都是以0xC0xxxxxx开头的。所以，当内核在内核空间中执行代码时，处理器的指令指针（程序计数器）所包含的值都在这个范围之内。

Linux中有两个明显分隔开的运行上下文，由线程③的执行环境所决定。那些完全在内核中执行的线程被认为运行在内核上下文中，而应用程序运行在用户空间上下文中。用户空间进程只能访问它自己拥有的内存，如果它要访问文件或设备I/O等特权资源，则必须使用内核系统调用。下面举个例子，让你更好地理解这一点。

假设一个应用程序打开一个文件并读取其中的内容，如图2-6所示。对读函数的调用是从用户空间开始的，由应用程序调用C库中的read()函数。接着，C库向内核发起一个读请求。这个读请求造成一次上下文的切换，从用户程序切换到内核，以服务这个请求并读取文件中的数据。在内核中，这个读请求最终转变成对硬盘驱动器的访问，从包含文件内容的扇区中读取相应数据。

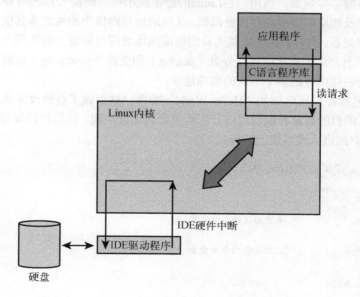

图2-6 简单的文件读请求

---

① 对于32位CPU而言，内核空间的地址范围是从0xC0000000到0xFFFFFFFF。——译者注
② 不过，一般不需要修改。
③ "线程"这个词的含义在这里比较宽泛，代表任意一个指令流的序列。

通常，这个对硬盘驱动器的读请求是以异步的形式发往硬件自身的。也就是说，处理器将这个请求发给硬件，并不会等待其完成请求。硬件收到请求后读取数据，当数据准备好的时候，通过中断的方式来告知处理器读请求已经完成了。等待数据的应用程序会阻塞在一个等待队列中，直到有数据可用。当硬盘准备好数据时，它将向处理器发送一个硬件中断（这里只是描述了一个简化的过程）。当内核接收到这个硬件中断时，它会挂起正在执行中的任何进程，并从硬盘驱动器中读取应用程序所等待的数据。

下面对我们的讨论做一个概括，我们学习了两个通用的执行上下文——用户空间和内核空间。当应用程序执行系统调用，造成上下文的切换而进入内核时，内核会代表这个进程执行内核代码。你会经常听到，这种情况称为内核运行于进程上下文中。相反，处理IDE驱动器的中断处理程序（ISR）也是内核代码，但在运行时并不代表任何特定的进程。这种情况通常被称为内核运行于中断上下文中。

内核运行于中断上下文中时会受到一些限制，包括中断处理程序不能够阻塞（睡眠）或调用任何可能造成阻塞的内核函数。如果想要更多地了解这些概念，请阅读本章末尾的参考文献。

2.3.7 进程虚拟内存

一个进程产生时——例如，当用户在Linux的命令提示符后面输入ls的时候——内核就会为这个进程分配内存及相应的虚拟内存地址范围。这些地址与内核中的地址或其他正在运行的进程的地址没有固定的关系。此外，这些进程所看到的虚拟地址跟目标板上的物理内存的地址也没有直接的关系。实际上，由于系统中存在分页（paging）和交换（swapping）机制，一个进程在其生命周期中常常会占用内存的多个不同的物理地址。

代码清单2-4是程序员所熟知的"Hello World"程序，这里做了点修改来说明刚刚讨论的一些概念。这个例子的目的是解释说明内核分配给进程的地址空间。这段代码编译后，在一个拥有256 MB DRAM内存的嵌入式系统上运行。

代码清单2-4　嵌入式风格的Hello World

```
#include <stdio.h>

int bss_var;          /* 未初始化的全局变量 */

int data_var = 1;     /* 已初始化的全局变量 */

int main(int argc, char **argv)
{
  void *stack_var;              /*栈上的局部变量*/

  stack_var = (void *)main;    /* 不要让编译器*/
                               /* 将它优化掉 */

  printf("Hello, World! Main is executing at %p\n", stack_var);
```

```
    printf("This address (%p) is in our stack frame\n", &stack_var);

    /* bss段包含未初始化的数据 */
    printf("This address (%p) is in our bss section\n", &bss_var);

    /* data段包含已初始化的数据 */
    printf("This address (%p) is in our data section\n", &data_var);

    return 0;
}
```

代码清单2-5显示了运行编译后的程序hello时，控制台输出的信息。注意，hello进程认为它的运行地址位于高地址内存的某个地方，刚好超过256 MB的边界（0x10000418）。还需注意，栈的地址大概处于32位地址空间一半的地方，远远超过了内存的大小256 MB（0x7ff8ebb0）。怎么会这样呢？在这种系统中，DRAM通常是一块连续的内存。乍一看，我们几乎有将近2 GB的DRAM可以使用。这些虚拟地址是由内核分配的，并且有嵌入式目标板上的256 MB的物理内存在背后支持。

代码清单2-5   Hello的输出

```
root@192.168.4.9:~# ./hello
Hello, World! Main is executing at 0x10000418
This address (0x7ff8ebb0) is in our stack frame
This address (0x10010a1c) is in our bss section
This address (0x10010a18) is in our data section
root@192.168.4.9:~#
```

虚拟内存系统的一个特点是当可用的物理内存的数量低于某个指定的阈值时，内核可以将内存页面交换到大容量存储媒介中，通常是硬盘驱动器。内核检查正在使用中的内存区域，并判断哪些区域最近使用得最少，然后将这些内存区域交换到磁盘中，并释放这些内存区域给当前进程使用。嵌入式系统的开发者常常会因为性能原因或资源限制而禁用嵌入式系统中的交换功能。多数情况下，使用慢速且写寿命有限的闪存设备作为交换设备是很不明智的。如果没有交换设备可用，就必须仔细地设计应用程序，使其能够运行在有限的物理内存中。

2.3.8　交叉开发环境

开发嵌入式系统应用和设备驱动之前，需要一套工具（编译器、实用工具等）来生成适合目标系统的二进制可执行文件。考虑一个在桌面PC上编写的简单应用，比如传统的"Hello World"。你在电脑上编写好代码后，会使用电脑操作系统自带的编译器（通常是GNU的gcc编译器）来编译代码，以生成一个可执行的二进制镜像文件。这个可执行文件的格式与编译代码的电脑兼容，可以在该电脑上运行。这被称为本地（native）编译。也就是说，使用本机系统中的编译器生成可以在本机上运行的程序。

需要注意的是，本地编译并不意味着我们就能知道用于编译和运行程序的系统架构。其实，如果你有一个可以在目标板上运行的工具链，就可以在目标板上本地编译生成适合此目标板架构的应用程序。实际上，要对一个新的嵌入式内核和定制单板进行压力测试，一个好办法就是在上面反复编译Linux内核。

在交叉开发环境中开发软件要求编译器运行于开发主机上，但生成的二进制可执行文件的格式与开发主机不兼容，不能在上面运行。这类工具存在的主要原因是，在资源（一般指内存大小和CPU性能）受限的嵌入式系统上本地开发和编译代码常常是不现实或不可能的。

这种开发方式隐藏着很多陷阱，嵌入式开发的新手稍不留神就会中招。当编译一个程序时，编译器一般都知道怎样找到所需要的头文件和正确编译代码必需的程序库。为了说明这些概念，我们再看一下"Hello World"。代码清单2-4中的示例代码是使用下面的命令行进行编译的：

```
gcc -Wall -o hello hello.c
```

在代码清单2-4中，我们看到这个程序代码包含了一个头文件stdio.h。这个文件和我们在gcc命令行中指定的文件hello.c不在同一个目录中。那么，编译器是如何找到它的呢？另外，函数printf()也不是在文件hello.c中定义的。因此，编译hello.c后，它会包含一个对此符号的未解析的引用（unresolved reference）。链接器在链接时是怎样解析这个引用的呢？

编译器使用一些默认的搜索路径来定位头文件。在代码中引用某个头文件时，编译器在默认的几个搜索路径中查找这个文件。类似地，链接器也是以这种方式来解析对外部符号printf()的引用。链接器知道默认在C库（libc-*）中搜索未解析的引用，并且知道在系统中的哪些位置可以找到这些程序库。再说明一下，这种默认行为是内置于工具链中的。

现在假设你为某个采用Power架构的嵌入式系统编写应用程序。显然，你需要一个交叉编译器，用于生成兼容Power架构处理器的二进制可执行文件。如果你使用交叉编译器，并采用类似的编译命令来编译前面的hello.c程序，在解析对外部符号printf()的引用时，链接器很可能会意外地将二进制可执行文件链接到一个x86版本的C库。当然，由于生成的可执行程序混合了Power架构和x86二进制指令，如果运行这个错误的混合体[①]，其结果是可以预见的，那就是系统崩溃！

摆脱这个困境的方法是指引交叉编译器在非标准路径中进行查找，以使用针对目标架构的头文件和程序库。我们将在第12章中详细讨论这个主题。这个例子旨在说明两种开发环境的区别，即本地开发环境和嵌入式系统所需的交叉编译开发环境。这只是交叉开发环境复杂性的一个方面。交叉调试中也会出现相同的问题和解决方案，从第14章开始，你会了解到这些内容。正确地搭建交叉开发环境对于成功至关重要，你将在第12章中看到，这不仅仅涉及编译器，还包括其他很多内容。

2.4　嵌入式 Linux 发行版

到底什么是Linux发行版？Linux内核完成系统引导后，它会找到并挂载一个根文件系统。一旦合适的根文件系统被成功挂载，启动脚本会启动很多系统需要的程序和实用工具。这些程序一

---

①实际上，这可能都不会编译或链接成功，更不用说运行了。我们只是想说明这个问题。

般会调用其他程序来完成具体的任务，例如生成一个登录shell、初始化网络设备接口和运行用户的应用程序。每一个程序都有一些必须由系统中其他成员来满足的具体需求（一般称为依赖关系）。大多数的Linux应用程序都依赖一个或多个系统程序库。还有一些程序需要配置文件和日志文件，诸如此类。总的来说，即使一个小型的嵌入式Linux系统也需要很多文件，这些文件分布在根文件系统的合适的目录中。

完整的桌面Linux系统的根文件系统中包含数千个文件。这些文件来自软件包（package），而软件包通常按照功能来组合文件。软件包由一个包管理器负责安装和管理。红帽公司（Red Hat）的rpm就是一个流行的包管理器，它广泛用于Linux系统中安装、删除和更新软件包。如果你的工作站采用了红帽公司的Linux操作系统，包括Fedora系列，你可以使用命令rpm -qa来列出系统中已安装的所有软件包。如果你使用的是基于Debian的发行版，例如Ubuntu，使用命令dpkg -l即可获得同样的效果。

一个软件包可以包含很多文件，事实上，有的软件包中包含了数百个文件。一个完整的Linux发行版会包含几百个甚至几千个软件包。下面列出一些嵌入式Linux发行版中可能存在的软件包，并说明它们的功能。

- ❑ initscripts包含了基本的系统启动和关闭脚本。
- ❑ apache实现了流行的Apache web服务器。
- ❑ telnet-server包含了实现远程登录服务器（telnet server）功能的必要文件，允许你远程登录到嵌入式目标上。
- ❑ glibc实现了标准C程序库。
- ❑ busybox包含了很多命令行工具的精简版本，这些工具都是UNIX/Linux系统中的常用工具[①]。

这就是Linux发行版的作用。一个典型的Linux发行版包含好几张光盘的内容，其中装满了有用的应用程序、程序库、实用工具和文档等。当Linux发行版安装好之后，用户就可以使用功能完备的系统了，这个系统基于一组默认的配置合理的选项，这些选项也可以根据具体需要进行调整。你可能熟悉某个流行的桌面Linux发行版，比如Red Hat或Ubuntu。

针对嵌入式目标的Linux发行版与一般的桌面发行版之间有很多不同之处。首先，嵌入式发行版中的二进制可执行程序是不能在PC上运行的，它们是针对嵌入式系统所使用的硬件架构和处理器而开发的。（当然，如果你的嵌入式系统使用和PC一样的x86架构，情况可能会有所不同。）桌面Linux发行版通常包含很多面向普通桌面用户的图形用户界面（GUI）工具，例如花哨的图形时钟、计算器、个人时间管理工具和电子邮件客户端等。嵌入式Linux发行版往往会省略这类应用程序，而是更多地提供面向开发者的专用工具，如内存分析工具和远程调试工具等。

另外，嵌入式发行版中一般会包含交叉开发工具，而不是本地开发工具。例如gcc工具链，它运行于采用x86架构的桌面PC，但是会生成可以运行于目标系统的二进制代码，而这个目标系统的架构一般不是x86。这个工具链中的很多其他工具也都是按照类似的方式进行配置的：它们运行于开发主机（通常是一台x86架构的PC），但生成针对其他架构（例如ARM或Power）的目标文件。

---

① 这个软件包非常重要，我们会用单独一章（第11章）专门讲述它。

2.4.1 商业 Linux 发行版

有好几个厂商提供商业嵌入式Linux发行版。嵌入式Linux的领导厂商已经在此行业经营多年了。获得关于这些厂商的信息还是相对容易些的。在互联网上快速搜索 "嵌入式Linux发行版"（embedded Linux distributions），就会获得不少这方面的信息。关于此类信息，一个比较有用的网址是http://elinux.org/Embedded_Linux_Distributions。

2.4.2 打造自己的 Linux 发行版

你可以自己组装嵌入式项目所需的所有元件。但要知道这样做的风险，以及是否值得为此付出。如果你纯粹出于兴趣而专注于嵌入式Linux，比如参与一个兴趣小组或大学里的项目，自己做是个不错的选择。然而，如果是做项目你就需要斟酌了，将项目所需的所有工具和实用程序组装在一起，并保证它们之间能够兼容是需要花费大量时间的。

新手需要一个工具链。gcc和binutils都可以从www.fsf.org及遍布世界的镜像网站获得。在一个项目中，这两个工具都是编译内核和用户空间应用程序所必需的。这些工具主要是以源码的方式发布的，所以你必须自行编译，以适合特定的交叉开发环境。在获得这些实用程序的最新 "稳定版" 源码后，你通常还需要对这些源码打补丁，特别是当这些程序用于非x86/IA32架构的系统时。这些补丁程序一般都和基本的软件包存放在同一位置。你所面对的挑战就是找到那些合适的补丁程序，以满足特定问题或架构的需要。

准备好工具链以后，你还需要下载和编译很多应用程序软件包，以及它们所依赖的软件包。这是一个不小的挑战，因为很多软件包即使发展到今天也不便于交叉编译。很多软件包都是在x86环境下开发的，如果转换到其他环境下，仍然会出现编译等类似问题。

挑战并未到此结束，你也许想搭建一个全能的开发环境，包含很多工具，比如图形化调试器、内存分析工具、系统跟踪和性能分析工具等。从这里的讨论你可以看到，搭建你自己的嵌入式Linux发行版是一项相当艰巨的任务。

2.5 小结

本章简要介绍了很多主题。现在，你可以以恰当的视角来审视后续内容了。在后面的章节中，这种认识会得到扩展，帮助你掌握必要的技能和知识，确保你在今后的嵌入式项目中获得成功。

- ❑ 嵌入式系统有一些共性。通常它们的资源有限，用户界面比较简单或者根本不存在，并且它们一般是为特定目的而设计的。
- ❑ 引导加载程序是嵌入式系统的一个重要组成部分。如果你的嵌入式系统采用的硬件是一块定制的板卡，你必须在设计中提供适合此硬件平台的引导加载程序。通常，这项工作是通过移植现有的引导加载程序来完成的。
- ❑ 成功引导一个定制的板卡需要多个软件组件，包括引导加载程序、内核和文件系统镜像。
- ❑ 闪存作为存储媒介被广泛应用于嵌入式Linux系统中。这一章介绍了闪存的概念，第9章和第10章将会在此基础之上做进一步扩展。

- 应用程序，也称为进程，拥有内核分配给它的虚拟内存空间。应用程序运行在用户空间。
- 一个功能齐全、配置得当的交叉开发环境对于开发者来说至关重要。第12章将专门讲述这个重要的主题。
- 你需要一个嵌入式Linux发行版来着手进行嵌入式系统的开发。嵌入式发行版包含很多针对你的目标硬件架构编译和优化的软件和工具。

补充阅读建议

《Linux内核设计与实现（原书第3版）》，Robert Love，机械工业出版社，2011年1月出版。

《深入理解Linux内核（第3版）》，Daniel P. Bovet，Marco Cesati，中国电力出版社，2007年9月出版。

《深入理解Linux虚拟内存管理》，Bruce Perens，北京航空航天大学出版社，2006年5月出版。

第 3 章

处理器基础

本章内容
- 独立处理器
- 集成处理器：片上系统
- 其他架构
- 硬件平台
- 小结

本章介绍一些处理器的基本信息，帮助读者了解众多的嵌入式处理器。我们将考察市面上的几种处理器以及它们的特性。首先关注的是功能最为强大的处理器——独立处理器，但它们需要配备外部芯片组才能构成一个完整的系统。接着会介绍几款Linux支持的集成处理器。最后看一下目前仍在使用的一些通用硬件平台。

对于特定的嵌入式设计，有很多嵌入式处理器可供选择。本章将讨论的范围限定在那些包含硬件内存管理单元的处理器，当然，这些处理器都是Linux支持的。Linux在其软件架构方面最基本的设计理念是它被设计成一个虚拟内存操作系统[1]。如果你在一个不带MMU的处理器上使用Linux，将不能使用内核一个极具价值的架构特性，这种情况本书不讨论。

3.1 独立处理器

独立处理器是指那些专注于指令处理功能的处理器。与集成处理器相比，独立处理器需要额外的支持电路来完成其基本操作。在大多数情况下，这意味着处理器周围需要配备一个芯片组或一个定制的逻辑芯片，以实现一些增强功能，包括DRAM控制器、系统总线寻址配置以及外围设备（比如键盘控制器和串行端口）。独立处理器一般会提供最强的整体CPU性能。

很多在嵌入式系统中广泛使用的处理器都同时有32位和64位两种实现版本[2]，如IBM的Power架构970/970FX处理器、英特尔的奔腾M处理器和飞思卡尔的MPC74xx主机处理器等。另外，英特尔的凌动（Atom）系列处理器在嵌入式应用领域也已觅得一席之地。

---

[1] Linux支持一些不包含MMU的处理器，但这不是Linux的主流应用。
[2] 32位和64位指的是处理器内部主要部件，比如执行单元、寄存器和地址总线的数据宽度。

下面的几节会介绍一些主流独立处理器厂商的产品。这些处理器能够很好地支持Linux，并在很多嵌入式Linux设计中得到了应用。

3.1.1 IBM 970FX

IBM 970FX处理器核心是一款高性能的64位独立处理器。970FX采用了超标量（superscalar）架构，意味着这个处理器核心可以同时进行多条指令的处理，包括取指令、发送指令和获取指令的结果，它是通过流水线架构实现的，在理想情况下提供了同时执行多条指令流的能力。IBM 970FX包含多达25级的流水线，具体数量是由指令流以及其中所包含的操作决定的。

下面列出970FX的一些关键特性。

- □ 实现了64位版本的Power架构。
- □ 采用深度流水线设计，面向有超高性能计算要求的应用程序。
- □ 静态和动态电源管理特性。
- □ 多种睡眠模式，以减少电量使用和延长电池寿命。
- □ 可动态调节的时钟频率，支持低功耗模式。
- □ 针对高性能、低延时的存储管理进行优化。

IBM 970FX已经集成到很多高端刀片服务器和计算平台中，包括IBM自己的刀片服务器（Blade Server）平台。

3.1.2 英特尔奔腾M

x86无疑是目前最流行的架构，其32位和64位版本的处理器都已经在嵌入式设备中得到了广泛应用。通常情况下，这些设备采用的硬件平台都是基于各种商业现货（Commercial Off-The-Shelf，COTS）来实现的。众多的生产厂商提供采用IA32/64架构的单板计算机和完整平台，尺寸规格也各不相同。3.2节将讨论一些目前使用较多的平台。

英特尔的奔腾M处理器已经用在大量笔记本电脑中，并且也已在嵌入式设备中占有一席之地。和IBM 970FX处理器一样，奔腾M也采用了超标量架构。该处理器具备如下特别适合嵌入式应用的特性。

- □ 奔腾M基于流行的x86架构，因此得到大量软硬件厂商的广泛支持。
- □ 它的功耗低于其他x86处理器。
- □ 高级电源管理特性使其具备低功耗运行模式和多种睡眠模式。
- □ 可动态调节的时钟频率，提高了电池供电时的待机（standby）时间。
- □ 片上温度监测系统使芯片在过热条件下自动转到低功耗模式，以减少电量消耗。
- □ 设计了多种频率和电压操作点（可动态选择），以增加便携式设备的电池寿命。

这其中的很多特性对于嵌入式应用来说特别有用。嵌入式设备往往需要便于携带，或使用电池供电。由于其出色的电源和温度管理特性，奔腾M在这类应用中享有盛誉。

3.1.3　英特尔凌动 ™

英特尔凌动™系列处理器在上网本和很多嵌入式系统中取得了成功。英特尔凌动™家族的处理器功耗较低，并且二进制兼容老式的32位英特尔处理器，所以可以运行大量的现成软件。就像本节介绍的其他独立处理器一样，凌动™处理器需要有芯片组的配合才能构建一个完整的解决方案。N270和Z5XX系列处理器已广泛使用于低功耗产品中。笔者的戴尔Mini 10上网本就使用了英特尔凌动™Z530处理器，本书的部分手稿就是用它完成的。

如果想要了解关于英特尔凌动™处理器的更多信息，可以访问本章最后一节中提供的相关网址。

3.1.4　飞思卡尔 MPC7448

飞思卡尔MPC7448包含了所谓的第4代Power架构核心，一般被称为G4[①]。这种高性能的32位处理器一般用于网络和电信设备中。有几个厂家生产符合ATCA规范的刀片式单板，并在其中使用了MPC7748或类似的其他飞思卡尔独立处理器。ATCA是一个工业标准的平台规范，3.4节将会考察这些平台。

由于下面列出的这些高级特性，MPC7448已经在多种信号处理和网络设备领域得到了应用。

❑ 运行于1.5 GHz或更高的时钟频率。
❑ 1 MB板载2级缓存。
❑ 高级的电源管理能力，包括多种睡眠模式。
❑ 高级的AltiVec矢量执行单元（vector-execution unit）。
❑ 可进行低压配置。

MPC7448包含一个称为AltiVec的技术，飞思卡尔的这项技术使处理器可以进行快速的算法计算和其他数据处理应用。AltiVec单元中的寄存器组包含了32个超宽（128位）寄存器。每个AltiVec寄存器中的值都可以被看做是一个矢量，这个矢量包含多个成员。AltiVec定义了一组指令来有效地处理这些向量数据，而且这个处理流程是和核心CPU的指令处理流程并行的。AltiVec定义的操作包括数值计算（比如sum-across, multiply-sum），同步数据分发（store），和数据采集（load）等指令。

程序员们已经利用AltiVec硬件来大幅提高一些软件运算的速度，这些运算在信号处理和网络设备领域很常见。运算的例子包括快速傅里叶变换、数字信号处理（比如滤波操作）、MPEG视频编解码和加密协议（比如DES、MD5和SHA1）的快速数据生成。

飞思卡尔独立处理器产品线的其他芯片包括MPC7410、MPC7445、MPC7447、MPC745x和MPC7xx家族系列。

3.1.5　配套芯片组

我们刚刚介绍的单独处理器都需要连接支撑逻辑芯片才能访问外设，这些外设包括系统主内存（DRAM）、ROM或闪存、系统总线（比如PCI）和其他外设，比如键盘控制器、串行端口和IDE

[①]飞思卡尔的文档中现已将G4核心称为e600核心。

接口，诸如此类。支撑逻辑芯片的功能一般由配套的芯片组来完成，而这个芯片组很可能是专门为某个系列的处理器设计的。

举例来说，奔腾M的配套芯片组为855GM。855GM芯片组包含了图形（Graphics）和内存（Memory）系统的主要接口，这也是名称中GM后缀的由来。855GM作为奔腾M的配套芯片组使用进行了优化。图3-1显示了在这种硬件设计中处理器和芯片组的关系。

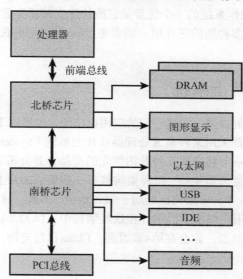

图3-1　处理器和芯片组的关系

注意描述这些芯片组时常用的一些术语。英特尔855GM是我们通常所说的北桥芯片的例子，因为这个芯片直接和处理器的高速前端总线（Front-Side Bus，FSB）相连。类似地，另外一个提供I/O和PCI总线连接的配套芯片被称为南桥芯片，这个名字来源于它在系统架构中的位置。这些硬件架构中的南桥芯片（实际上是一个I/O控制器）负责提供像图3-1中显示的那些外设接口，包括以太网、USB、IDE、音频、键盘和鼠标控制器。

Power架构的独立处理器也有其配套的芯片组，Tundra Tsi110 主桥（Host Bridge）就是这样一款产品。Tsi110芯片支持飞思卡尔MPC74xx和IBM PPC750xx系列处理器。这些处理器可以使用Tundra芯片来提供对下列这些外设的直接访问接口。

❑ 双数据速率（Dual Data Rate，DDR）DRAM，集成内存控制器。

❑ 以太网（Tundra提供4个吉比特以太网端口）。

❑ PCI Express（支持2个PCI Express端口）。

❑ PCI/X（PCI 2.3、PCI-X和Compact PCI[cPCI]）。

❑ 串行端口。

❑ I²C。

❑ 可编程的中断控制器。

❑ 并行端口。

芯片组的生产厂商有很多，包括威盛科技（VIA Technologies）、Marvell、Tundra（现在属于IDT）、英伟达（nVidia）、英特尔等。Marvell和Tundra主要服务于Power架构市场，而其他厂家则专注于英特尔架构。基于英特尔x86架构、IBM或飞思卡尔Power架构的处理器，都需要配备配套芯片组，以建立和系统设备之间的接口。

采用Linux作为嵌入式操作系统的一个优势是它能快速支持新型芯片组。Linux目前支持上面提到的这些芯片组以及其他多种类的芯片组。请参考Linux源代码和配置工具，以了解你所选择的芯片组。

3.2   集成处理器：片上系统

前一节着重讨论了独立处理器。虽然它们的应用很广泛，包括用于一些高负载处理引擎，但是大多数的小型嵌入式系统都采用某种集成处理器或片上系统（System On Chip，SOC）。可供选择的片上系统种类很多，这一节将考察几种业内领先的产品，并分析它们各自的特性。

市场上存在几种主要的处理器架构，每种架构都有一些集成的片上系统产品。在很多网络和电信相关的嵌入式应用领域，Power架构已经居于领先地位，另外，MIPS架构也已经主导低端消费类设备市场[①]。ARM架构用在很多手机中。在这些架构中，IA32/64架构代表了嵌入式Linux系统中广泛使用的主要架构。然而，你会在第4章看到，Linux目前支持20多种硬件架构。

3.2.1   Power 架构

Power架构是个新名词，用来代表一系列的技术和产品，而它们都符合某种版本的Power架构的指令集架构。很多优秀的文档详细描述了Power架构。请参考本章的最后一节，并以此为起点开始了解这个架构。

Power架构处理器已经应用于各种嵌入式产品。从汽车电子设备、消费电子产品和网络设备到最大的数据和电信交换机，Power架构都得到了应用，它是嵌入式领域最为流行和成功的架构之一。因为这个架构广受欢迎，市场上出现了大批针对Power架构的硬件和软件方案提供商。

3.2.2   飞思卡尔 Power 架构

飞思卡尔半导体公司生产多种型号的集成外设的Power架构处理器。飞思卡尔的Power架构处理器已经在网络设备这个细分市场中取得了巨大成功。这个系列的处理器在各种网络设备中都广受欢迎，包括从低端到高端的多种产品。

无论按照什么评价标准，飞思卡尔都可以说已经在嵌入式市场取得了巨大成功。这个成功的部分原因可以追溯到久负盛名的68K系列处理器，如今，这些产品仍然以Coldfire处理器的形式占据一部分市场份额。再近一些，飞思卡尔以其PowerQUICC产品线而获得成功。PowerQUICC架

[①]这只代表作者的观点，基于市场观察，并不是科学数据。

构进入市场已经有超过10年的历史了。它基于一个集成了QUICC引擎（在飞思卡尔的文档中，这也被称为通信处理器模块或CPM，CPM代表Communication Processor Module）的特定版本的Power架构核心。QUICC引擎是一个独立的RISC处理器，它的设计初衷是减轻主Power架构核心的负担，将那些与通信处理相关的工作分离出来，这样的话，Power架构核心就可以更多地关注系统的控制和管理。QUICC引擎是一个复杂但极为灵活的通信外设控制器。

发展至今，PowerQUICC系列产品包含5个大的系列。虽然有些过时了，PowerQUICC I系列（8xx）仍在出货。PowerQUICC II（82xx）还是相当流行，PowerQUICC II Pro（83xx）也挺受欢迎。PowerQUICC III（85xx）在网络设备和其他电信设备领域备受推崇。

新的QorIQ系列处理器由PowerQUICC III发展而来，它采用了高性能的e500核心，同时有单核和多核的实现版本。QorIQ处理器有望成为多核处理引擎市场的领导者，它强大的特性使其适合于高速网络设备和其他商业及工业方面的应用。

3.2.3 飞思卡尔 PowerQUICC I

PowerQUICC I家族包含原来的基于Power架构实现的PowerQUICC处理器，由MPC8xx系列处理器组成。这些集成处理器运行在50~133 MHz的时钟频率上，它们的特点是拥有一个Power架构的8xx核心。PowerQUICC I家族的处理器用于ATM和以太网的边缘设备中，比如面向SOHO市场的路由器、家庭网关、ADSL和有线调制解调器等。

CPM或QUICC引擎包含两个独特强大的通信控制器。串行通信控制器（Serial Communication Controller，SCC）是一个灵活的串行接口，它可以实现很多基于串行方式进行通信的协议，包括以太网、HDLC/SDLC、AppleTalk、同步和异步UART、IrDA和其他的比特流数据。

串行管理控制器（Serial Management Controller，SMC）模块实现了一些类似的串行通信协议。包括对ISDN、串行UART、和SPI协议的支持。

结合使用这些SCC和SMC，你可以设计出灵活的I/O组合方案。内部的时分多路复用器甚至允许这些接口实现一些通道化的通信协议，比如T1和E1接口。

表3-1总结了PowerQUICC I产品线中的一小部分产品。

表3-1 飞思卡尔PowerQUICC I系列产品特性

特　　征	MPC850	MPC860	MPC875	MPC885
核心	PPC 8xx	PPC 8xx	PPC 8xx	PPC 8xx
时钟频率	高达80 MHz	高达80 MHz	高达133 MHz	高达133 MHz
DRAM控制器	是	是	是	是
USB	是	否	是	是
SPI控制器	是	是	是	是
I²C控制器	是	是	是	是
SCC控制器	2	4	1	3
SMC控制器	2	2	1	1

（续）

特　征	MPC850	MPC860	MPC875	MPC885
安全引擎	否	否	是	是
专用快速以太网控制器	否	否	2	2

3.2.4　飞思卡尔 PowerQUICC II

飞思卡尔Power架构产品线的下一代产品是PowerQUICC II。PowerQUICC II集成了公司自家的G2 Power架构核心，这个核心源自603e嵌入式Power架构核心。这些集成通信处理器运行于133~145 MHz的时钟频率，特点是包含多个10/100 Mbit/s的以太网接口、安全引擎，并支持ATM和PCI等。PowerQUICC II包括MPC82xx系列产品。

PowerQUICC II在QUICC引擎中添加了两个新型的控制器。FCC是一个全双工快速串行通信控制器。FCC支持高速通信，比如100 Mbit/s的以太网和速率高达45 Mbit/s的T3/E3。MCC是一个多通道控制器，能够处理128 KB或64 KB的通道化数据。

表3-2总结了一些PowerQUICC II处理器的重要特性。

表3-2　飞思卡尔PowerQUICC II系列产品特性

特　征	MPC8250	MPC8260	MPC8272	MPC8280
核心	G2/603e	G2/603e	G2/603e	G2/603e
时钟频率	150~200 MHz	100~300 MHz	266~400 MHz	266~400 MHz
DRAM控制器	是	是	是	是
USB	否	否	是	通过SCC4
SPI控制器	是	是	是	是
I^2C控制器	是	是	是	是
SCC控制器	4	4	3	4
SMC控制器	2	2	2	2
FCC控制器	3	3	2	3
MCC控制器	1	2	0	2

3.2.5　PowerQUICC II Pro

PowerQUICC Pro家族处理器运行于266~677 MHz的时钟频率，特点是支持吉比特以太网、DDR SDRAM控制器、PCI、高速USB、安全加速等。这就是MPC83xx系列处理器。PowerQUICC II和PowerQUICC II pro家族处理器适用于多种设备，包括局域网和广域网交换机、集线器和网关、PBX系统和很多其他具有类似复杂度和性能要求的系统。

在PowerQUICC II Pro家族成员中，有3个成员不包含QUICC引擎，还有两个成员基于升级版的QUICC引擎。MPC8358E和MPC8360E都增加了一种新型的通用通信控制器（Universal Communications Controller，UCC），这个控制器支持多种协议。

表3-3总结了一些PowerQUICC II Pro家族处理器的重要特性。

表3-3　飞思卡尔PowerQUICC II Pro系列产品特性

特　征	MPC8343E	MPC8347E	MPC8349E	MPC8360E
核心	e300	e300	e300	e300
时钟频率	266~400 MHz	266~667 MHz	400~667 MHz	266~667 MHz
DRAM控制器	Y-DDR	Y-DDR	Y-DDR	Y-DDR
USB	是	2	2	是
SPI控制器	是	是	是	是
I^2C控制器	2	2	2	2
以太网10/100/1000	2	2	2	通过UCC
UART	2	2	2	2
PCI控制器	是	是	是	是
安全引擎	是	是	是	是
MCC	0	0	0	1
UCC	0	0	0	8

3.2.6　飞思卡尔 PowerQUICC III

　　PowerQUICC家族的最高端系列就是PowerQUICC III系列处理器。这些处理器的时钟频率在600 MHz至1.5 GHz之间。它们基于e500核心并且支持吉比特以太网、DDR SDRAM、 RapidIO、PCI、PCI/X、ATM和HDLC等。这个家族涵盖了MPC85xx产品线。这些处理器已在高端产品中得到应用，包括无线基站控制器、光纤边缘交换机和中心局交换机等类似设备。

　　表3-4总结了一些PowerQUICC III家族处理器的特性。

表3-4　飞思卡尔PowerQUICC III系列产品特性

特　征	MPC8540	MPC8548E	MPC8555E	MPC8560
核心	e500	e500	e500	e500
时钟频率	高达1.0 GHz	高达1.5 GHz	高达1.0 GHz	高达1.0 GHz
DRAM控制器	Y-DDR	Y-DDR	Y-DDR	Y-DDR
USB	否	否	通过SCC	否
SPI控制器	否	否	是	是
I^2C控制器	是	是	是	是
以太网10/100	2	通过吉比特以太网	通过SCC	通过SCC
吉比特以太网	2	4	2	2
UART	2	2	2	通过SCC
PCI控制器	PCI/PCI-X	PCI/PCI-X	PCI	PCI/PCI-X
RapidIO	是	是	否	是

（续）

特　　征	MPC8540	MPC8548E	MPC8555E	MPC8560
安全引擎	否	是	是	否
SCC	—	—	3	4
FCC	—	—	2	3
SMC	—	—	2	0
MCC	—	—	0	2

3.2.7   飞思卡尔 QorIQ™

QorIQ，读音为"core eye queue"，是飞思卡尔基于Power架构的最新技术。QorIQ家族的很多芯片都是基于e500和e500mc核心的多核处理器。目前，飞思卡尔在其官方网站[①]上描述了QorIQ家族的3个平台。相关信息总结如下。

P1系列包括P1011/P1020和P1013/P1022。这些处理器内含e500 Power架构核心，并且集成了一套专用外设，以面向网络、通信和控制面板等应用。它们有一个或两个核心，而且功耗相当低，大概3.5瓦特。表3-5总结了P1系列处理器的主要特性。

表3-5   飞思卡尔QorIQ P1系列产品特性

特　　征	P1011	P1020	P1013	P1022
核心	e500	e500	e500	e500
时钟频率	高达800 MHz	高达800 MHz	高达1055 MHz	高达1055 MHz
核心数量	1	2	1	2
USB	2.0	2.0	2.0	2.0
SPI控制器	是	是	是	是
I²C控制器	是	是	是	是
以太网	3个吉比特以太网	3个吉比特以太网	2个吉比特以太网	2个吉比特以太网
DUART	2	2	2	2
PCI	2个PCI Express	2个PCI Express	3个PCI Express	3个PCI Express
SATA	—	—	2个SATA	2个SATA
安全引擎	是	是	是	是
SD/MMC	是	是	是	是

P2系列包括P2010和P2020。这个系列的处理器同样包含一个或两个核心。它们的性能比P1系列处理器更强，核心时钟频率可以达到1.2 GHz，并且它们的片上缓存容量更大。P2系列的典型功耗为6瓦特左右。表3-6总结了P2系列处理器的主要特性。

表3-6   飞思卡尔QorIQ P2系列产品特性

特　　征	P2010	P2020

---

① www.freescale.com/QorIQ.

核心	e500	e500
核心频率	高达1.2 GHz	高达1.2 GHz
核心数量	1	2
USB	2.0	2.0
SPI控制器	是	是
I²C控制器	是	是
以太网	3个吉比特以太网	3个吉比特以太网
DUART	2	2
PCI	3个PCI Express	3个PCI Express
串行RapidIO	两个SRIO	两个SRIO
安全引擎	可选	可选
SD/MMC	是	是

　　P4系列包括P4040和P4080。这个系列的处理器最多可以包含8个核心，并且它们基于专门针对多核处理器优化了的e500核心，称为e500mc。这些核心包含了对管理程序、私有背部缓存（private back-side cache）的硬件支持，并支持浮点运算。这个家族拥有一项独特技术，称为数据路径加速架构（Data Path Acceleration Architecture，DPAA），是针对超高速数据面应用而开发的。这个系列的处理器同时也包含了增强的调试和追踪功能。表3-7总结了P4系列处理器的主要特性。

表3-7　飞思卡尔QorIQ P4系列产品特性

特　征	P4040	P4080
核心	e500mc	e500mc
核心频率	高达1.5 GHz	高达1.5 GHz
核心数量	4	8
USB	两个2.0	两个2.0
SPI控制器	是	是
I²C控制器	是	是
以太网	8个10/100/1000	8个10/100/1000
10吉比特以太网	2	—
DUART	2	2
PCI	3个PCI Express V2	3个PCI Express V2
串行RapidIO	2	2
安全引擎	是	是
SD/MMC	是	是

3.2.8　AMCC Power 架构

　　本书后面章节中的一些例子是基于AMCC Power架构的400EP嵌入式处理器。440EP是一个流行的集成嵌入式处理器，应用于很多网络和通信设备。下面列出440EP的一些特性：

□ 片上双数据速率（Dual Data Rate，DDR）SDRAM控制器；
□ 集成的NAND闪存控制器；
□ PCI总线接口；
□ 双10/100 Mbit/s以太网端口；
□ 片上USB 2.0接口；
□ 多至4个用户可配置的串行端口；
□ 双I^{2}C控制器；
□ 可编程中断控制器；
□ 串行外设接口（Serial Peripheral Interface，SPI）控制器；
□ 可编程时钟；
□ JTAG调试接口。

这实际上是一个完整的片上系统。图3-2是一个框图，描述了AMCC Power架构的440EP嵌入式处理器。加上内存芯片和物理I/O设备，我们只需少数几个接口电路，就可以围绕这个集成微处理器搭建一个高端嵌入式系统。

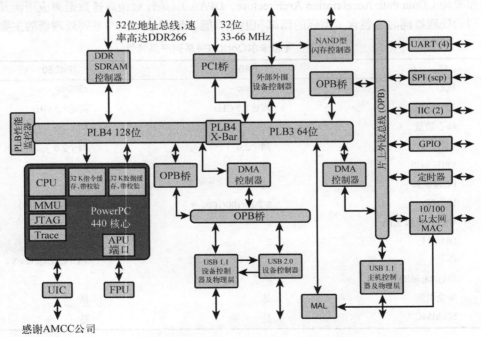

图3-2　AMCC PPC 440EP 嵌入式处理器

很多厂家都会向开发者提供参考硬件平台，以帮助他们深入研究处理器或其他硬件的功能。第14章和第15章中的例子都是在AMCC 的Yosemite板上运行的，图3-2就是AMCC公司提供的参考平台，其中包含了一个440EP处理器。

Power架构包括大量不同配置的处理器产品。如图3-2所示，AMCC 440EP处理器包含了足够的针对普通产品的I/O接口，使用时只需要很少额外电路。这个处理器包含了一个片上浮点计算单元（Floating-Point Unit，FPU），因此很适合用于以下这些产品：联网图像处理系统、通用工业控制和网络设备。

AMCC的Power架构产品线包含几种不同的配置，都采用两个久经考验的处理器核心。基于405核心的处理器产品有2种配置：集成或不集成以太网控制器。所有采用405核心的处理器都集成了SDRAM控制器、2个串行UART、针对底层板上管理通信的I²C、通用I/O引脚和集成时钟。基于AMCC 405核心的集成处理器广泛应用于那些不需要硬件FPU的产品，可节省开支并保证一定的性能。

AMCC生产的基于440核心的处理器产品进一步提升了性能等级，并增加了一些外设。在我们的例子中使用的440EP处理器包含一个硬件FPU。440GX增加了两个3速10/100/1000 Mbit/s以太网接口（除了有两个10/100 Mbit/s以太网端口之外）和针对高性能网络应用的TCP/IP硬件加速功能。440SP增加了面向RAID 5/6应用的硬件加速功能。所有这些处理器都有成熟的Linux支持。表3-8总结了AMCC 405xx系列处理器产品的特性。

表3-8　AMCC Power架构405xx系列产品特性

特　　征	405CR	405EP	405GP	405GPr
核心	PPC 405	PPC 405	PPC 405	PPC 405
核心频率	133~266 MHz	133~333 MHz	133~266 MHz	266~400 MHz
DRAM控制器	SDRAM/133	SDRAM/133	SDRAM/133	SDRAM/133
以太网10/100	否	2	2	1
GPIO引线	23	32	24	24
UART	2	2	2	2
DMA控制器	4通道	4通道	4通道	4通道
I²C控制器	是	是	是	是
PCI主机控制器	否	是	是	是
中断控制器	是	是	是	是

表3-9总结了AMCC 440xx家族处理器产品的特性。

表3-9　AMCC Power架构440xx系列产品特性

特　　征	440EP	440EP	440GX	440SP
核心	PPC 440	PPC 440	PPC 440	PPC 440
核心频率	333~667 MHz	400~500 MHz	533~800 MHz	533~667 MHz

（续）

特　　征	440EP	440EP	440GX	440SP

DRAM控制器	DDR	DDR	DDR	DDR
以太网10/100	否	2	2	通过吉比特以太网
吉比特以太网	否	否	2	1
GPIO引线	64	32	32	32
UART	4	2	2	3
DMA控制器	4通道	4通道	4通道	3通道
I²C控制器	2	2	2	2
PCI主机控制器	是	PCI-X	PCI-X	3PCI-X
SPI控制器	是	否	否	否
中断控制器	是	是	是	是

3.2.9　MIPS

基于MIPS架构的32位处理器已经有超过20年的销售历史了，这一点也许会让你感到惊讶。早在1981年，斯坦福大学的John Hennessey博士[1]领导的工程团队设计了MIPS架构，之后他又创建了MIPS计算机系统公司。这家公司已经演变成为如今的MIPS科技公司，主要从事MIPS架构和核心的设计及后续的授权。

MIPS核心已经被授权给多家公司，其中有些公司已经成为嵌入式处理器市场的中坚力量。MIPS是一个精简指令集计算（Reduced Instruction Set Computing，RISC）架构，同时有32位和64位的实现版本，并且在很多流行的产品中得到应用。从高端设备到消费类电子产品，随处可见MIPS处理器的身影。大家都知道，很多流行和知名的消费电子产品也都采用了MIPS处理器，包括索尼的高清电视、Linksys的无线接入点设备和广受欢迎的索尼PlayStation游戏机。

MIPS科技的网站上列出了73家获得授权的公司，它们都制造采用MIPS处理器核心的产品。其中有家喻户晓的索尼、德州仪器、思科旗下的Scientific Atlanta（一家领先的生产有线电视机顶盒的厂商）、摩托罗拉等。这些公司中，规模最大，同时也是最成功的当属Broadcom公司。

3.2.10　Broadcom MIPS

Broadcom是业内领先的SOC（片上系统）解决方案供应商。主要面向有线电视机顶盒、有线调制解调器高清电视、无线网络、吉比特以太网和VoIP（Voice over IP）等产品市场。在这些产品领域，Broadcom公司的SOC芯片很流行。我们之前提到过，在你家里也许就运行着Linux的产品，只是你自己可能还不知道。如果你注意一下，很可能会发现Linux可能就跑在Braodcom基于MIPS的SOC芯片上。

在2000年，Broadcom收购了SiByte公司，并开始销售其通信处理器产品。这些处理器有单核、双核和四核等不同配置。Broadcom仍称它们为SiByte处理器。

---

[1] John Hennessey和David Patterson合著的《计算机体系结构：量化研究方法（第5版）》已由人民邮电出版社出版。

——编者注

　　单核SiByte处理器包括BCM1122和BCM1125H。它们都基于MIPS64核心，并运行在400~900 MHz的时钟频率上。它们包含了片上外设控制器，比如DDR SDRAM控制器，10/100 Mbit/s以太网，和PCI主机控制器。这两款芯片都包含了SMBus串行配置接口、PCMCIA和两个用于串行端口连接的UART。BCM1125H还包含了一个3速10/100/1000 Mbit/s的以太网控制器。这些处理器的一大特性就是它们的功耗很低。这两款芯片运行在400 MHz的时钟频率上时，功耗大约为4瓦特。

　　双核SiByte处理器包括BCM1250、BCM1255和BCM1280。它们同样基于MIPS64核心，运行在从600 MHz（BCM1250）到1.2 GHz（BCM1255和BCM1280）的时钟频率上。这些双核芯片集成了外设控制器，比如DDR SDRAM控制器，各种组合的吉比特以太网控制器，64位PCI-X接口，和SMBus、PCMCIA以及多个UART接口。像单核处理器一样，这些双核处理器也有低功耗的特点。例如，BCM1225运行在1 GHz的时钟频率上时，其功耗为13瓦特。

　　四核SiByte处理器包括BCM1455和BCM1480通信处理器。和其他的SiByte处理器一样，它们也是基于MIPS64核心。这些核心可以运行在800 MHz~1.2 GHz的时钟频率上。这些SOC芯片集成了DDR SDRAM控制器、4个单独的吉比特以太网MAC控制器和64位PCI主机控制器。它们还包含SMBus、PCMCIA和4个串行UART。

　　表3-10总结了Broadcom SiByte处理器的一些特性。

表3-10　Broadcom SiByte处理器特性

特　　征	BCM1125H	BCM1250	BCM1280	BCM1480
核心	SB-1 MIPS64	双核SB-1 MIPS64	双核SB-1 MIPS64	四核SB-1 MIPS64
核心频率	400~900 MHz	600~1000 MHz	800~1200 MHz	800~1200 MHz
DRAM控制器	Y-DDR	Y-DDR	Y-DDR	Y-DDR
串行接口	2~55 Mbit/s	2~55 Mbit/s	4个UART	4个UART
SMBus接口	2	2	2	2
PCMCIA	是	是	是	是
吉比特以太网（10/100/100 Mbit/s）	2	3	4	4
PCI控制器	是	是	PCI/PCI-X	PCI/PCI-X
安全引擎	否	否	否	—
高速I/O（HyperTransport）	1	1	3	3

3.2.11　其他 MIPS

　　我们之前提到过，根据MIPS科技公司网站的授权网页（www.mips.com/content/Licensees/ProductCatalog/licensees）显示，目前有将近100家公司获得了MIPS的授权。遗憾的是，这里无法一一列出。在MIPS科技公司的网站上搜索一番，你可以找到一些有关各家MIPS处理器厂商的有用信息。

例如，ATI科技公司在其Xilleon系列机顶盒芯片组中使用了MIPS核心。Cavium Networks的Octeon系列产品使用了基于MIPS64核心的多种多核处理器。集成设备科技（Integrated Device Technology，IDT）公司拥有一系列称为Interprise的集成通信处理器，这些处理器都是基于MIPS架构的。PMC-Sierra、NEC、东芝和其他一些公司也都生产基于MIPS的集成处理器。所有这些处理器都得到了Linux的良好支持。

3.2.12　ARM

ARM架构已经在消费电子市场上占据了巨大的市场份额。很多流行的随处可见的产品都使用了ARM处理器。一些众所周知的例子包括索尼的PSP（PlayStation Portable）、苹果的iPhone、黑莓的Storm手机、TomTom的GO 300 GPS和摩托罗拉的Droid手机。根据ARM Corporate Backgrounder（www.arm.com/miscPDFs/3822.pdf），世界上大部分数字手机都采用了包含ARM核心的处理器。

ARM架构由ARM控股有限公司开发，并授权给全球的半导体厂商。很多世界领先的半导体厂商都获得了ARM技术的授权，并生产基于ARM核心的集成处理器。

3.2.13　德州仪器 ARM

德州仪器（Texas Instruments，TI）在其DaVinci、OMAP和其他系列集成处理器中使用了ARM核心。这些处理器包含很多集成外设，是针对消费电子产品的单芯片解决方案，目标产品包括手机、PDA和类似的多媒体平台。除了一些集成处理器中常见的接口，比如UART和I²C，OMAP处理器还包含了很多特殊用途的接口，包括：

- LCD显示屏和背光控制器；
- 蜂鸣器驱动；
- 相机接口；
- MMC/SD卡控制器；
- 电池管理硬件；
- USB主从接口；
- 无线调制解调器接口逻辑；
- 集成的2D或3D图形加速器；
- 集成的安全加速器；
- S-Video输出；
- IrDA控制器；
- 针对直接TV（PAL/NTSC）视频输出的DAC；
- 针对音视频处理的集成DSP（Digital Signal Processor，数字信号处理器）。

市面上很多受欢迎的手机和PDA设备都采用了德州仪器的OMAP平台。这些处理器都是基于ARM核心的，Linux提供了完善的支持。表3-11比较了德州仪器最新的几款ARM处理器。

表3-11 德州仪器ARM处理器特性

特 征	OMAP-L138	DaVinci6467	OMAP3515/03	OMAP3530
核心	ARM926EJ-S	ARM926EJ-S	ARM Cortex A8	ARM Cortex A8
时钟频率	300 MHz	高达365 MHz	高达720 MHz	550 MHz
DRAM控制器	DDR2	DDR2	DDR2	是
板载DSP	300 MHz C674x	300 MHz C64X+	—	C64X+ 视频/图像加速器子系统
UART	3	3	3	3
USB	USB 1.1 host USB 2.0 OTG	USB 2.0 host USB 2.0 client	USB 2.0 host USB 2.0 client	USB 2.0 host USB 2.0 client
I^2C控制器/总线	2	1	是	是
MMC-SD接口	2	—	是	是
相机接口	参见视频端口	参见视频端口	是	是
视频端口	2进，2出	2进，2出	S-Video或CVBS	S-Video或CVBS
视频加速硬件	—	两个高清视频图像协处理器	POWERVR SGX显示控制器	图像视频加速器（IVA 2+）
音频编解码器	AC97[①]接口	AC97接口	通过DSP	通过DSP
LCD控制器	是	是	是	是
显示控制器	LCD控制器和视频输入/输出	LCD控制器和视频输入/输出	双输出3层显示处理器	双输出3层显示处理器

BeagleBoard开发板

如果接触过一段时间的嵌入式Linux，你肯定会听说过BeagleBoard开发板。它之所以受欢迎，是因为价格低，容易买到，并且有广泛的社区支持。BeagleBoard开发板支持流行的U-Boot引导加载程序，从而方便了内核的集成。BeagleBoard开发板基于德州仪器OMAP3530处理器。它可以外接键盘和显示器，可以插SD卡用于内核和根文件系统。它还包含一个用于控制台的串行连接，以及一个双模USB 2.0端口。

BeagleBoard开发板是一个可用于实验和学习的优秀平台，同样也是一个完美的开发平台，可用于多种OMAP相关的开发项目中。BeagleBoard开发板的唯一缺点是它缺少以太网端口。幸运的是，这个问题被一家名叫Tin Can Tools的公司解决了。它开发了一个配套使用的板卡，称为BeagleBuddy Zippy以太网复合板。除了增加了一个以太网端口，这块板卡还增加了SD/MMC接口，电池供电的实时时钟，I^2C扩展接口和串行端口。你可以在以下网址了解更多相关信息：www.tincantools.com/product.php?productid=16147&cat=255&page=1。

3.2.14 飞思卡尔 ARM

---

① 这些芯片内部支持与AC97音频流的连接。除此以外，要知道芯片中集成的DSP可以实现多种音视频编解码器。

ARM架构有不少竞争对手，而这些竞争架构的领先厂商都已获得ARM技术的授权生产ARM处理器，这就更表明了ARM架构的成功。作为一个典型的例子，飞思卡尔半导体已经获得ARM技术的授权，生产其i.MX系列应用处理器。这些流行的基于ARM的集成处理器已经广泛应用于各种多媒体消费电子产品中，比如便携式游戏平台、PDA和手机。

目前，飞思卡尔的ARM产品线包括9大应用处理器家族。其范围覆盖了从i.MX21直至i.MX51系列的所有产品。所有的i.MX产品都可以在这个网址中找到：www.freescale.com/webapp/sps/site/homepage.jsp?code=IMX_HOME。

i.MX21的特点是采用了ARM9核心，而i.MX31采用了ARM11核心。与德州仪器的同类产品一样，这些SOC芯片也包含了很多集成外设，以满足便携式多媒体消费电子设备的需要。i.MX21/31包含了以下这些集成接口：

- 图形加速器；
- MPEG-4编码器；
- 键盘和LCD控制器；
- 相机接口；
- 音频复用器；
- IrDA红外I/O；
- SD/MMC接口；
- 多个外部I/O接口，比如PCMCIA、USB、DRAM控制器，以及用于串行端口连接的UART。

i.MX35系列处理器可用于汽车电子、消费电子和工业应用领域。它们采用ARM11核心，运行在532 MHz的时钟频率上，并像i.MX21/31一样集成了很多外设。这里列出一些i.MX35集成的外设：

- LCD控制器（除了i.MX351）；
- OpenVG图形加速器（i.MX356/7）；
- 高速以太网控制器；
- CAN总线控制器；
- USB 2.0 host和USB OTG（On The Go）加PHY（物理层）；
- SD/MMC接口；
- I^2C控制器；
- UART、SPI、和SSI/I^2S。

i.MX37系列系列处理器目前只包含一款i.MX37应用处理器。它非常适合于便携式多媒体应用。i.MX37的特点是使用了ARM1176JZF-S ARM核心；包含了一个图像处理单元；并集成了H.264、VC-1、MPEG-2和MPEG-4解码器。它具备所有的常用外设接口，包括SD/MMC、USB、UART、音频输入输出、GPIO、键盘控制器等。更多关于这款处理器的信息可以从以下网址获得：www.freescale.com/webapp/sps/site/taxonomy.jsp?code=IMX37_FAMILY。

i.MX51系列处理器目前有5款产品，从i.MX512到i.MX516。根据飞思卡尔对i.MX51的总结介绍，这些处理器的目标市场是消费电子、工业和汽车电子应用。它们的特点是CPU的时钟频率可达到600 MHZ至800 MHz。这些芯片，和它们的同系列产品一样，集成度很高。它们集成了各种硬件加速器，比如视频加速器、硬件编解码器和安全加速器。这些处理器也都包含了常见的I/O接口，包括USB、以太网、视频输入输出、SD/MMC和UART。

3.2.15 其他 ARM 处理器

有超过100家半导体公司正在开发基于ARM技术的集成处理器产品——太多了，我们就不在这里一一列出了。很多厂家提供专用应用处理器，以服务一些纵向市场，比如手机市场、存储区域网络、网络处理、汽车市场等。这些公司包括Altera、PMC-Sierra、三星电子、飞利浦半导体、富士通等。可以访问ARM技术的网站www.arm.com以获取更多有关ARM授权的相关信息。

3.3 其他架构

我们已经介绍了一些在嵌入式Linux系统中得到广泛使用的主要架构。然而，为了全面了解情况，你应该知道一些Linux支持的其他架构。最新报告显示，Linux支持的架构超过20多种（子目录）。

举例来说，Linux源码树中包含了针对Sun公司的Sparc处理器和Tensilica公司的Xtensa处理器的移植代码。花几分钟的时间看一下Linux内核代码的架构分支，就可以了解Linux已经被移植到了哪些架构上。不过，需要注意的是，在任何一个特定版本的Linux内核代码中，有可能不是所有这些架构都会得到支持。你基本上可以确定那些主流架构会一直得到支持，但如果想要确认这一点，唯一的办法就是关注Linux社区的开发动态或咨询你最中意的嵌入式Linux供应商。附录D中包含了一系列资源供你参考，帮助你紧跟Linux开发的步伐。

3.4 硬件平台

通用硬件参考平台的想法算不上新颖。PC/104和VMEbus就是这样两个硬件平台，它们在嵌入式市场中经受住了时间的考验。最近较为成功的平台包括CompactPCI及其衍生平台。

3.4.1 CompactPCI

CompactPCI（cPCI）硬件平台采用了PCI的电气标准和Eurocard的物理结构规范。cPCI具有以下通用特性：

- 板卡是垂直安装的，高度为3U或6U；
- 包含了插入和弹出板卡的锁卡系统；
- 支持前面板或后面板上的I/O连接；
- 高密度背板连接器；
- 具有交错电源针脚以支持热交换；
- 得到很多厂商的支持；

□ 与标准的PCI芯片组兼容。

你可以访问PICMG的网站（PCI Industrial Computer Manufactures Group，PCI工业计算机制造商联盟），并浏览有关cPCI的网页，从中了解其架构和规范，具体的网址是www.pcimg.org/compactpci.stm。

3.4.2　ATCA

cPCI获得成功后，ATCA（Advanced Telecommunications Computing Architecture，高级电信计算架构）成为其"继任者"，它是指那些围绕PICMG 3.x系列规范而设计的架构和平台。很多顶级硬件生产厂商都在生产或开发新的基于ATCA的平台。ATCA平台主要应用于运营商级的电信交换和传输设备，以及高端数据中心使用的服务器和存储设备。

ATCA平台正引领业界潮流，让大家抛弃内部专有的软硬件平台。电信和网络市场上的很多大型设备制造商都已逐步远离定制和封闭的硬件平台。这一趋势在软件平台领域也很明显，涵盖操作系统和所谓的中间件，比如具备高可用性的协议栈解决方案。引发这种趋势的两大原因是机构的精简和产品上市时间的压力。

ATCA是由几个PICMG规范定义的，表3-12对此做了总结。

表3-12　ATCA PICMG 3.x 规范汇总

规　范	描　述
PICMG 3.0	机械规范，包括器件互连、电源、冷却系统和基础系统管理
PICMG 3.1	以太网和光纤通道的交换结构接口
PICMG 3.2	Infiniband交换结构接口
PICMG 3.3	StarFabric接口
PICMG 3.4	PCI Express接口
PICMG 3.5	RapidIO接口

本节描述的平台与嵌入式Linux息息相关，任何关于嵌入式Linux平台的讨论都会涉及这些内容。特别是有了ATCA后，业界正快步迈向COTS技术。在这种行业趋势中，ATCA和Linux都扮演了重要的角色。

3.5　小结

□ Linux支持很多种独立处理器。得到最广泛支持的是IA32/IA64架构和Power架构。这些独立处理器是构建超高性能计算引擎的重要部件。这一章介绍了英特尔、IBM和飞思卡尔公司生产的一些独立处理器。

□ 集成处理器，又叫片上系统（SOC），统治了整个嵌入式Linux领域。很多厂家都生产集成处理器，这些产品基于几种流行的架构，并在嵌入式Linux设计中得到广泛应用。这一章介绍了其中几个最流行的架构和生产厂商。

❑ 大型系统正逐步放弃专用的硬件和软件平台，并转向基于商业现货的解决方案，这渐渐
成为一种流行趋势。嵌入式Linux系统中广泛使用的2种流行平台是cPCI和ATCA。

补充阅读建议

"PowerPC 32位架构参考手册"
Programming Environments Manual for 32-Bit Implementations of the PowerPC Architecture—Revision 2，飞思卡尔半导体公司。
www.freescale.com/files/product/doc/MPCFPE32B.pdf

"PowerPC 64位架构参考手册"
Programming Environments Manual for 64-Bit Microprocessors—Version 3.0，IBM公司。
https://www-01.ibm.com/chips/techlib/techlib.nsf/techdocs/F7E732FF811F783187256FDD004D3797/$.le/pem_64bit_v3.0.2005jul15.pdf

Power架构的简单总结
A Developer's Guide to the POWER Architecture，Brett Olsson（处理器架构师），IBM公司；Anthony Marsala（软件工程师）IBM公司。
http://www-128.ibm.com/developerworks/linux/library/l-powarch

英特尔XScale概述
www.intel.com/design/intelxscale/

英特尔凌动处理器概述
www.intel.com/design/intarch/atom/index.htm

Power.org主页
www.power.org/home

BeagleBoard资源
www.beagleboard.org

第 4 章

Linux内核：不同的视角

4

本章内容

- ❑ 背景知识
- ❑ Linux内核构造
- ❑ 内核构建系统
- ❑ 内核配置
- ❑ 内核文档
- ❑ 获得定制的Linux内核
- ❑ 小结

如果你想了解内核的内部原理，市面上有很多关于内核设计和运作的优秀书籍可供参考。我们会在本节以及其他一些章节中提到其中部分书籍。然而，很少有书籍从项目的角度去考察内核的组织和结构。如果你想添加一些代码，并且要得到内核的支持，在哪儿添加比较合适呢？怎样知道哪些文件对于你的架构重要？

乍看上去，理解Linux内核并针对某个具体的平台或应用配置Linux几乎不可能。在最近的Linux内核版本中，Linux内核源码树中包含了28 000[1]多个文件，代码行数在1000万至1100万[2]之间，具体数目取决于你如何计算实际的代码行数[3]。而且这仅仅是个开始。你还需要一些工具程序（显然，其中最重要的是编译器）和一个根文件系统（包含很多Linux应用程序）才能构建出一个有用的系统。

这一章首先介绍Linux内核及其源码的组织结构。接着，我们考察内核镜像的各个组成部分，并讨论内核源码树的规划布局。之后，我们会深入研究内核构建系统的细节，并介绍内核配置及构建系统中的一些重要文件。本章的最后部分会讨论一个完整的嵌入式Linux系统所需的组件。

4.1 背景知识

Linus Torvalds编写了最初的Linux的原始版本，当时他还只是芬兰赫尔辛基大学的学生。他

---

① 有趣的是，这比本书第1版出版期间多出了8000多个文件。

② 这比本书第1版出版期间的代码行数多出了400万行。

③ 大体上包括头文件、C语言源文件、汇编语言源文件、makefile和Kconfig文件的行数；脚本文件不包含在内。

的工作始于1991年8月，当时他在comp.os.minix新闻组上发布了以下这条著名的通告：

> 来自：torvalds@klaava.Helsinki.FI (Linus Benedict Torvalds)
> 新闻组：comp.os.minix
> 主题：你最想在minix中看到什么？
> 概述：我新编写了个操作系统，对它进行一个小小的民意测验
> 消息ID：<1991Aug25.205708.9541@klaava.Helsinki.FI>
> 日期：1991年8月25日，20:57:08 GMT
> 组织：赫尔辛基大学
>
> 各位minix操作系统的使用者：
> 　　大家好！我正在编写一个针对386（486）AT 系列电脑的免费操作系统（只是个人爱好而已，不会像GNU那样庞大和专业）。我从4月份开始酝酿这个计划，现在已做好准备。我希望得到大家关于minix优缺点的任何反馈意见，因为我的操作系统和它有些类似（出于实际考虑，它们的文件系统使用了相同的物理布局，诸如此类）。
> 　　我刚刚把bash(1.08)和gcc(1.40)移植到这个系统上，看起来它们可以正常运行。这意味着，几个月内我就可以获得一个实用的系统了。我想知道大家想要些什么样的特性。欢迎任何建议，但是我不敢保证会实现它们:-)
> 　　　　　　　　　　Linus (torvalds@kruuna.helsinki.fi)
> 　　顺便说一下，是的——它没有包含任何minix的代码，但拥有一个多线程的文件系统。它不具备可移植性（利用了386处理器的任务调度功能等），可能永远只会支持AT型的硬盘，因为我只有这种硬盘:-(。

从初始版本开始，Linux已经成长为一个成熟的操作系统，它稳定、可靠，并且包含了一些高端特性，足以与最好的商业操作系统抗衡。有人估计，因特网上有超过一半的Web服务器都运行Linux。众所周知，在线搜索巨人Google就是使用一大批廉价PC来实现其受欢迎的搜索引擎的，这些PC运行带有容错功能的Linux。

4.1.1 内核版本

你可以从很多地方获得Linux内核源码和相关软件。你家附近的书店里也许会有讲述Linux的书，这些书附带的光盘中有各种版本的Linux源码。你也可以从网站下载内核本身，甚至完整的Linux发行版。Linux内核的官方网站是www.kernel.org。你会常常听到主线（mainline）代码或主线内核这样的词，它们指的就是网站kernel.org上提供下载的源码树。

很长时间以来，人们使用的Linux版本都一直是2.6。在开发的早期阶段，开发人员选择了一种编号系统来区分两种内核代码树，一种是针对开发和实验的非稳定版本，另一种是可供生产和使用的稳定版本。这种编号命名方式包含主版本号、次版本号和序列号。在2.6版本之前，次版本号是偶数，表示稳定版本；次版本号是奇数，则表示它是一个开发版本。例如：

- Linux 2.4.*x*——稳定内核版本；
- Linux 2.5.*x*——实验（开发）版本；
- Linux 2.6.*x*——稳定内核版本。

目前，Linux 2.6内核没有单独的开发分支。所有新的特性、改进和错误修正都是通过一系列开发人员的层层检验和过滤，而最终合入到由Andrew Morton和Linus Torvalds维护的顶层Linux源码树中。

很容易可以判断出你使用的内核版本。内核源码树的顶层目录中包含一个makefile[①]文件，这

---

① 我们很快就会介绍内核构建系统和makefile。

个文件的开始几行详细说明了内核的版本号。对于2.6.30的内核发布版本，这几行的内容如下：

```
VERSION = 2
PATCHLEVEL = 6
SUBLEVEL = 30
EXTRAVERSION =
NAME=Man-Eating Seals of Antiquity
```

在这个makefile文件的后面，以上宏会用来定义一个描述内核版本号的宏，就像这样：

```
KERNELVERSION=$(VERSION).$(PATCHLEVEL).$(SUBLEVEL)$(EXTRAVERSION)
```

在内核构建系统的很多地方都使用这个宏来表示内核版本。在最近的内核中，这个宏的使用范围已经缩小，仅限于脚本目录中的几个地方了。它已经被一个更完整的描述字符串KERNELRELEASE所取代。这个字符串不仅包含了内核版本号，还包含了一个与源码版本控制工具git有关的标记，这是Linux内核采用的源码版本控制系统。

内核源码树里有好几个地方都用到了KERNELRELEASE。这个宏也被编译进了内核镜像，这样，从控制台就可以查询它的值了。在一个运行Linux的系统中，在命令行提示符后输入以下命令，就可以查询到内核的发布信息：

```
$ cat/proc/version
Linux version 2.6.13 (chris@pluto) (gcc version 4.0.0 (DENX ELDK 4.0
4.0.0)) #2 Thu Feb 16 19:30:13 EST 2006
```

关于内核版本，还有最后一点需要注意：可在你自己的内核项目中自定义EXTRAVERSION字段、便于记录和跟踪内核版本号。例如，如果你正在开发一些新的内核特性，可以像以下这样设置EXTRAVERSION：

```
EXTRAVERSION=-foo
```

随后，当你使用命令cat /proc/version时，你会看到Linux version 2.6.13-foo，而这会帮助你区分出自己内核的开发版本。

4.1.2 内核源码库

Linux内核源码的官方站点是www.kernel.org。在这个网站上，你可以找到Linux内核的当前和历史版本以及数量众多的代码补丁。主FTP下载站点位于ftp.kernel.org，其中包含了众多的子目录，甚至可以找到古老的Linux 1.0版本的代码。kernel.org主要关注当前Linux内核的开发活动。

如果从kernel.org上下载一个最近的Linux内核代码，你会在源码树中找到与硬件架构相关的文件，其中包含了20多个不同的架构和子架构。而其他几个开发源码树只支持一些主流架构。造成这种情况的原因之一是：内核的开发人员众多，改动也很大。如果每个架构的所有开发人员都将代码补丁提交到同一个源码树中，代码的维护者将会被大量的代码改动和补丁所淹没，他们就没有时间来开发新的特性了。任何一个参与内核开发的人都会告诉你，他们已经很忙了！

除了kernel.org上的主线内核代码，还有一些其他的公共源码树存在，它们一般是针对某个特定的架构而开发的。例如，专注于MIPS架构的开发人员可以从www.linux-mips.org上找到合适的内核代码。通常，针对某个架构的代码开发完成后，代码改动最终会被提交到主线内核的维护者那里。大多数架构的开发人员都会尽力与主线内核同步，从而与最新的开发进度保持一致。然而，在主线内核中找到合适的补丁并非总是轻而易举的事情。实际上，任何时候，针对某个架构的内核代码与主线内核代码之间都是有差异的。

如果你想知道如何找到适用于特定应用的内核代码，最佳途径就是获取最新的稳定版Linux源码树。检查一下代码是否支持你使用的处理器，并搜索Linux内核邮件列表（mailing list），从中寻找与你的应用相关的所有代码补丁和问题。同样也找一下你最感兴趣的邮件列表，并在其中搜索一番。

附录D中列出了几个不错的参考站点，从中可以找到内核源码库和邮件列表等相关信息。

4.1.3 使用 git 下载内核代码

下载最新Linux内核代码的最简便的方法是使用git。Linux内核社区选定这个工具程序作为内核源码的版本管理系统。大多数主流Linux桌面发行版都带有git。例如，在Ubuntu[①]中，可以输入以下命令，将git安装到你的桌面PC或笔记本上：

```
$ sudo apt-get install git-core②
```

当你的系统中安装好git后，可以使用命令git clone来克隆一个git源码树：

```
$ git clone
git://git.kernel.org/pub/scm/linux/kernel/git/torvalds/linux-2.6.git linux-2.6
```

这条命令的执行结果是创建一个名为linux-2.6的子目录，位于你所输入命令的当前目录中。这个子目录中包含了一个克隆自kernel.org的内核源码树。有很多专门用于学习git的教程和网站。你可以登录Jeff Garzik的网站，从以下教程开始学习：http://linux.yyz.us/git-howto.html。

4.2 Linux 内核的构造

接下来的几个章节探讨Linux内核的布局、组织和构造。在具备了这些知识之后，你再去研究这个庞大而复杂的源代码库时，就会感觉容易很多。随着时间的推移，源码树的组织结构已经有了显著的改进，特别是架构分支中的代码能够支持众多的架构和机器类型。

4.2.1 顶层源码目录

在这本书中，我们常常会提到顶层源码目录。这时，我们指的是内核源码树的最高一层目录。在一台电脑上，它可能存放于任意位置，但如果这台电脑是一个桌面Linux工作站，则它通常处于/usr/src/linux-*x.y.z*，其中*x.y.z*代表内核的版本号。本书使用简短的.../来代表顶层内核源码目录。

---

① 参考你的Linux发行版的相关文档，查看如何在系统中安装git。

② 注意一下，在你的发行版中，这可能指的是别的软件包。不幸的是，git这个名字和另一个软件包（GNU Interactive Tool）的名字是相同的。

顶层源码目录包含以下列出的子目录。（为清晰和简洁起见，我们省略了非目录项和那些用于源码控制的目录。）

```
arch/             firmware/   kernel/    scripts/
block/            fs/         lib/       security/
crypto/           include/    mm/        sound/
Documentation/    init/       net/       usr/
drivers/          ipc/        samples/   virt/
```

这些目录中的大多数都另外包含了几层子目录，在其中存放源码、makefile和配置文件。到目前为止，Linux内核源码树的最大分支位于.../drivers目录。在这个目录中，你可以找到Linux支持众多硬件设备的驱动代码，支持的设备包括各种以太网卡，USB控制器等。你可能已经猜到了，.../arch子目录是第二大分支，其中包含的代码文件支持20多种处理器架构。

顶层Linux子目录中还有一些其他文件，包括顶层makefile，一个隐藏的配置文件（.config文件，我们将在4.3.1节介绍），以及与内核构建无关的信息性文件。最后，介绍两个重要的构建目标（build target）文件：System.map和vmlinux，内核构建成功后，在顶层源码目录中会生成这两个文件，其中vmlinux是内核主体（kernel proper）。下一节会讲述这两个文件。

4.2.2　编译内核

Liunx内核代码庞大而复杂，理解这些代码是一项令人生畏的工作。它的代码量太大了，以至于不能简单地通过"走查"代码的方法来理解代码的含义。内核的多线程和抢占（preemption）特性使得代码分析更加复杂。实际上，即使是找出内核的入口点（进入内核时执行的第一行代码）都不容易。有一种方法可以帮助我们理解大的二进制镜像的结构，那就是考察它的构建成员。

内核构建系统在成功构建内核后，会生成一些公共文件以及一个或多个与具体架构相关的二进制模块。无论采用什么架构，构建内核后总是会生成公共文件。有两个重要的公共文件是System.map和vmlinux。前一个文件有助于调试内核，并且非常有趣。它包含了一个人类可读的内核符号的列表以及它们各自的地址。后一个文件是一个与具体架构相关的可执行文件，而且符合ELF格式。这个文件是由顶层内核makefile文件针对具体架构生成的。如果在编译内核时包含了用于调试的符号信息，这些信息会保存在vmlinux镜像中。实际上，虽然它是一个ELF格式的可执行文件，这个文件几乎从不直接用于引导系统，很快你就会看到这一点。

代码清单4-1中显示了内核构建时的一部分输出信息，其中，我们将内核代码的目标架构配置为ARM XScale，并执行make命令进行构建。内核代码是针对ADI Engineering公司的Coyote参考板进行配置的，这块参考板上使用了基于ARM核心的英特尔IXP425网络处理器，配置内核代码的命令为：

```
$ make ARCH=arm CROSS_COMPILE=xscale_be- ixp4xx_defconfig
```

这个命令并没有构建内核；它只是将内核源码树的架构配置为XScale，为后面的内核构建做准备。这个命令基于文件ixp4xx_defconfig中的默认值生成一个默认配置文件（.config文件），用于内核构建。在4.3节中，我们还会详细讲述内核代码的配置过程。

针对我们这里的讨论内容，代码清单4-1中只显示了所有输出信息的最前面和最后面几行。

代码清单4-1 内核构建时的输出信息

```
$ make ARCH=arm CROSS_COMPILE=xscale_be- zImage
  CHK      include/linux/version.h
  UPD      include/linux/version.h
  Generating include/asm-arm/mach-types.h
  CHK      include/linux/utsrelease.h
  UPD      include/linux/utsrelease.h
  SYMLINK include/asm -> include/asm-arm
  CC       kernel/bounds.s
  GEN      include/linux/bounds.h
  CC       arch/arm/kernel/asm-offsets.s
  .
  .
  . <这里省略了数百行输出信息>
  .
  LD       vmlinux
  SYSMAP   System.map
  SYSMAP   .tmp_System.map
  OBJCOPY arch/arm/boot/Image
  Kernel: arch/arm/boot/Image is ready
  AS       arch/arm/boot/compressed/head.o
  GZIP     arch/arm/boot/compressed/piggy.gz
  AS       arch/arm/boot/compressed/piggy.o
  CC       arch/arm/boot/compressed/misc.o
  AS       arch/arm/boot/compressed/head-xscale.o
  AS       arch/arm/boot/compressed/big-endian.o
  LD       arch/arm/boot/compressed/vmlinux
  OBJCOPY arch/arm/boot/zImage
  Kernel: arch/arm/boot/zImage is ready
  ...
```

我们从构建命令的具体调用方式开始讨论。命令行中同时指定了目标架构（ARCH=arm）和工具链[①]（CROSS_COMPILE=xscale_be-）。这就强制make使用XScale工具链[②]来构建内核镜像，并使用内核源码树的arm分支来编译生成镜像中与架构相关的部分。我们同时也指定了一个目标文件，称为zImage。很多架构都使用zImage来命名构建出的目标文件，在第5章中，我们会介绍它。如今，主流内核在构建时会自动生成合适的默认目标文件，因此，你可能不需要在命令行中指定zImage或其他目标了。

接下来，你可能会注意到，构建过程中每个步骤所使用的实际命令都被隐藏了，取而代之的是一些简写的符号。这样做的目的是使构建输出信息更加清晰，从而使开发人员将更多注意力集

---

① 当然，你的工具链的前缀可能和这里的不同。

② 实际上，这只是在makefile文件中的CC、LD和AR等名称前加上CROSS_COMPILE的值。

中在构建过程中出现的问题上，特别是编译器的告警信息。在构建早期的内核源码时，每一个编译或链接命令都将信息逐字逐句地输出到控制台上，通常每一步都会有好几行输出。这样带来的问题是输出信息过多，开发者会迷失在一堆杂乱无章的信息中，忽略编译器的告警信息。显然，新的构建系统在这方面做了改进，因为构建过程的异常情况很容易被发现。如果你希望或是需要查看完整的构建步骤，可以在make命令行中定义V=1而使其输出详细的信息：

```
$ make ARCH=arm CROSS_COMPILE=xscale_be- V=1 zImage
```

为清晰起见，我们已经在代码清单4-1中省略了大部分编译和链接步骤。（这个构建包含了1000多个独立的编译、链接和其他命令。如果列出所有这些命令，会占用大量篇幅。）当构建和编译生成所有的中间文件及程序库之后，它们被组合到一个大的ELF文件中，这个文件就是我们的构建目标，称为vmlinux。虽然它与具体的架构有关，但vmlinux是一个公共目标。所有Linux支持的架构在构建时都会生成这个文件，并且它位于顶层源码目录中，很容易找到。

4.2.3　内核主体：vmlinux

注意代码清单4-1中的以下这一行：

```
LD vmlinux
```

vmlinux文件就是实际的内核主体（kernel proper）。它是一个完全独立的单一ELF镜像。也就是说，vmlinux这个二进制文件不包含任何未解析的外部引用。当有合适的环境（通过一个用于引导Linux内核的引导加载程序）可以执行它时，它会引导硬件单板并在上面运行，生成功能完备的内核。（实际上，我们很少直接使用ELF目标文件vmlinux，而是使用它的压缩形式。压缩文件可由代码清单4-1中的最后几个步骤生成。关于这一点，我们很快还会详细说明。）

有这样一条哲理：理解一个系统之前你必须先理解它的组成部分，照此说法，我们先来看一下vmlinux内核对象的内部构造。代码清单4-2显示了构建过程的链接阶段所使用的命令，ELF对象vmlinux就是在这个阶段生成的。我们调整了代码清单4-2的格式，将其分成很多行（我们使用了UNIX系统里的续行符"\"），这样看起来会更加清晰可读。但如果没有这些续行符，这就是在代码清单4-1的构建过程中，链接生成vmlinux时所产生的输出信息。如果你是手动输入命令来构建内核的话，这会是你在命令行中使用的链接命令。

代码清单4-2　链接阶段：vmlinux

```
$ xscale_be-ld -EB  -p --no-undefined -X  -o vmlinux \
-T arch/arm/kernel/vmlinux.lds        \
arch/arm/kernel/head.o                \
arch/arm/kernel/init_task.o           \
init/built-in.o                       \
--start-group                         \
  usr/built-in.o                      \
  arch/arm/kernel/built-in.o          \
  arch/arm/mm/built-in.o              \
```

```
    arch/arm/common/built-in.o          \
    arch/arm/mach-ixp4xx/built-in.o \
    arch/arm/nwfpe/built-in.o           \
    kernel/built-in.o                   \
    mm/built-in.o                       \
    fs/built-in.o                       \
    ipc/built-in.o                      \
    security/built-in.o                 \
    crypto/built-in.o                   \
    block/built-in.o                    \
    arch/arm/lib/lib.a                  \
    lib/lib.a                           \
    arch/arm/lib/built-in.o             \
    lib/built-in.o                      \
    drivers/built-in.o                  \
    sound/built-in.o                    \
    firmware/built-in.o                 \
    net/built-in.o                      \
--end-group                             \
.tmp_kallsyms2.o
```

4.2.4　内核镜像的组成部分

从代码清单4-2可知vmlinux镜像是由多个二进制镜像组合生成的。现在，理解其中每个成员的作用并不重要。重要的是理解这个内核镜像的顶层结构，看它是由哪些成员组成的。在代码清单4-2中，链接命令第一行指定了输出文件（-o vmlinux）。第二行指定了链接器脚本文件（-T vmlinux.lds），这个文件详细规定了如何链接生成内核二进制镜像[①]。

代码清单4-2中从第三行开始指定了多个对象模块，是它们组成了最终的二进制镜像。注意其中指定的第一个对象为head.o。此对象是由.../arch/arm/kernel/head.S文件汇编生成的，这是一个与具体架构相关的，用汇编语言编写的源文件，用于完成非常底层的内核初始化。如果你想寻找内核执行的第一行代码，从这个文件开始搜索是很明智的，因为，经过这个链接阶段，head.o会最终成为内核镜像的第一部分。我们会在第5章详细考察内核的初始化过程。

接下来的对象init_task.o，用于建立内核所需的初始的线程和进程结构。在这个对象之后，是很多对象模块的集合，而且每个模块都有个共同的名字：built-in.o。然而，你会注意到这些built-in.o对象是由内核源码树的不同部分编译生成的，built-in.o对象名之前的不同文件路径说明了这一点。内核镜像中会包含这些二进制对象。一幅示意图也许会更清楚地说明这里描述的内容。

图4-1显示了vmlinux镜像是由哪些二进制对象所组成的。它包含了链接阶段的每一行所包

---

① 链接器脚本文件使用特殊的语法。详细信息可以从GNU链接器的相关文档中获得。

含的内容。考虑到空间有限，图中各个部分的大小并不成比例，但依然可以看出这些成员之间的相对大小。有些成员很小。比如，sound和firmware都各只占8 B，因为它们是空的对象文件。（sound被编译成模块，而且这次构建中不包含firmware。）

也许你并不会感到惊讶，3个最大的二进制成员分别是由文件系统代码、网络代码和内置设备驱动程序代码编译生成的。如果你将内核代码和架构相关内核代码编译出的对象放在一起，它们合起来就成为了第二大二进制组件。这个成员中包含了调度器、进程及线程管理、定时器管理和其他核心的内核功能。当然，内核也会包含一些与具体架构相关的功能，比如底层的上下文切换、硬件层中断和定时器的处理、处理器异常的处理等。这些内容在.../arch/arm/kernel中可以找到。

需要牢记的是，我们是在分析一个具体的内核构建的例子。在这个特定的例子中，我们构建了一个具体针对ARM XScale架构的内核，更确切地说，是针对ADI Engineering公司参考板上的英特尔IXP425网络处理器。我们可以看到，在图4-1中，与具体机器相关的二进制成员是arch/arm/mach-ixp4xx。内核镜像中包含了与具体架构相关的部分，这个部分是由架构和机器类型（处理器/参考板）决定的，类型不同，生成的二进制成员就不同，从而最终的vmlinux镜像的组成也会略有差别。明白了一个例子后，其他架构的情况就很容易理解了。

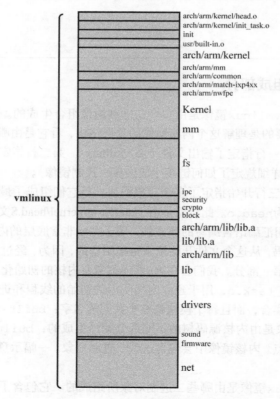

图4-1   vmlinux镜像的组成成员

为了帮助你理解内核源码树的功能划分，表4-1列出了图4-1中的每个成员，并描述了组成vmlinux镜像的每个二进制组件。

表4-1 vmlinux镜像的成员

成　员	描　述
arch/arm/kernel/head.o	内核中与具体架构相关的启动代码
arch/arm/kernel/init_task.o	内核所需的初始的线程和任务结构体
init/built-in.o	主要的内核初始化代码，请参考第5章
usr/built-in.o	内置的initramfs镜像，请参考第6章
arch/arm/kernel/built-in.o	与具体架构相关的内核代码
arch/arm/mm/built-in.o	与具体架构相关的内存管理代码
arch/arm/common/built-in.o	与具体架构相关的通用代码，因架构而异
arch/arm/mach-ixp4xx/built-in.o	与具体机器相关的代码，主要用于初始化
arch/arm/nwfpe/built-in.o	与具体架构相关的浮点运算模拟（floating-point emulation）代码
kernel/built-in.o	内核自身的通用部分
mm/built-in.o	内存管理代码的通用部分
fs/built-in.o	文件系统代码
ipc/built-in.o	进程间通信，比如SysV IPC
security/built-in.o	Linux安全组件
crypto/built-in.o	加密API
block/built-in.o	内核块设备层的核心代码
arch/arm/lib/lib.a	与具体架构相关的通用程序库，因架构而异
lib/lib.a	通用的内核辅助函数
arch/arm/lib/built-in.o	与具体架构相关的辅助函数
lib/built-in.o	通用的程序库函数
drivers/built-in.o	所有的内置驱动，不包含可加载的模块
sound/built-in.o	声音驱动
firmware/built-in.o	驱动固件对象
net/built-in.o	Linux网络
.tmp_kallsyms2.o	内核符号表

当我们谈论内核主体时，指的就是vmlinux镜像文件（处于顶层内核源码目录中）。正如前面所说的，很少有平台直接使用它来引导系统。主要是因为我们引导系统所使用的镜像一般都是经过压缩的，引导加载程序至少要能够解压这个镜像。很多平台都需要不同类型的接入点以便实现代码解压。我们会在第5章中了解到，对于不同的架构、机器类型、引导加载程序和引导需求，这个镜像文件会有不同的组成方式。

4.2.5   子目录的布局

现在，你已经知道了内核镜像的组成部分，让我们来看一个具有代表性的内核子目录。代码清单4-3中显示了mach-ix-p4xx子目录的详细内容。这个子目录处于内核源码树的.../arch/arm分支中，而此分支包含了与ARM架构相关的代码。

代码清单4-3   内核子目录

```
$ ls -l ./arch/arm/mach-ixp4xx
total 204
-rw-r--r-- 1 chris chris  1817 2009-11-19 17:12 avila-pci.c
-rw-r--r-- 1 chris chris  4610 2009-11-19 17:12 avila-setup.c
-rw-r--r-- 1 chris chris 11812 2009-11-19 17:12 common.c
-rw-r--r-- 1 chris chris 12979 2009-11-19 17:12 common-pci.c
-rw-r--r-- 1 chris chris  1459 2009-11-19 17:12 coyote-pci.c
-rw-r--r-- 1 chris chris  3158 2009-11-19 17:12 coyote-setup.c
-rw-r--r-- 1 chris chris  1898 2009-11-19 17:12 dsmg600-pci.c
-rw-r--r-- 1 chris chris  7030 2009-11-19 17:12 dsmg600-setup.c
-rw-r--r-- 1 chris chris  1625 2009-11-19 17:12 fsg-pci.c
-rw-r--r-- 1 chris chris  6622 2009-11-19 17:12 fsg-setup.c
-rw-r--r-- 1 chris chris  1490 2009-11-19 17:12 gateway7001-pci.c
-rw-r--r-- 1 chris chris  2646 2009-11-19 17:12 gateway7001-setup.c
-rw-r--r-- 1 chris chris 12280 2009-11-19 17:12 goramo_mlr.c
-rw-r--r-- 1 chris chris  2623 2009-11-19 17:12 gtwx5715-pci.c
-rw-r--r-- 1 chris chris  3935 2009-11-19 17:12 gtwx5715-setup.c
drwxr-xr-x 3 chris chris  4096 2009-11-19 17:12 include
-rw-r--r-- 1 chris chris  1794 2009-11-19 17:12 ixdp425-pci.c
-rw-r--r-- 1 chris chris  7430 2009-11-19 17:12 ixdp425-setup.c
-rw-r--r-- 1 chris chris  1354 2009-11-19 17:12 ixdpg425-pci.c
-rw-r--r-- 1 chris chris 21560 2009-11-19 17:12 ixp4xx_npe.c
-rw-r--r-- 1 chris chris  9350 2009-11-19 17:12 ixp4xx_qmgr.c
-rw-r--r-- 1 chris chris  6422 2009-11-19 17:12 Kconfig
-rw-r--r-- 1 chris chris  1319 2009-11-19 17:12 Makefile
-rw-r--r-- 1 chris chris    57 2009-11-19 17:12 Makefile.boot
-rw-r--r-- 1 chris chris  1751 2009-11-19 17:12 nas100d-pci.c
-rw-r--r-- 1 chris chris  7764 2009-11-19 17:12 nas100d-setup.c
-rw-r--r-- 1 chris chris  1561 2009-11-19 17:12 nslu2-pci.c
-rw-r--r-- 1 chris chris  6732 2009-11-19 17:12 nslu2-setup.c
-rw-r--r-- 1 chris chris  1468 2009-11-19 17:12 wg302v2-pci.c
-rw-r--r-- 1 chris chris  2585 2009-11-19 17:12 wg302v2-setup.c
```

代码清单4-3显示的目录内容中，有两个文件很常见，可以在很多内核子目录中看到，它们是Makefile和Kconfig。这两个文件推动内核的配置和构建过程。让我们看看它们是如何工作的。

4.3 内核构建系统

Linux内核的配置和构建系统相当复杂,如果把它看成一个软件项目,那么它包含了超过1000万行代码! 本节介绍内核构建系统的基础知识,以帮助那些需要定制构建环境的开发人员。

对于最近的内核版本,其内核源码树中包含了1200多个makefile[①]文件。(在本书的第1版中,这个数字是800。内核从2.6.10版本发展至今,其makefile文件的数量增加了50%!)这听起来是一个相当大的数字了,但如果你理解了构建系统的结构和运作原理,可能就不会这么觉得了。自从Linux 2.4以来(或者更早),Linux的内核构建系统已经有了显著的更新。如果你熟悉早期的内核构建系统,我们确信你会发现新的Kbuild系统改进非常大。

4.3.1 .config 文件

我们在前面介绍过,.config文件用于构建Linux内核镜像的配置蓝图。在一个Linux项目初期,你很可能会花费大量精力来创建适于你的嵌入式平台的配置。有几种编辑器,既有基于文本的,也有基于图形界面的,专门用于编辑内核配置文件。使用这些编辑器生成的配置会被写入到一个名为.config的配置文件中,这个文件位于顶层Linux源码目录,并用于内核构建。

你也许已经花了大量的时间来完善内核配置,因此,保护好配置文件很重要。有几个make命令会删除配置文件而不给出任何警告。最常见的就是make distclean。这个make目标的设计初衷是让内核源码树回到原始的、未配置的状态。这包括删除源码树中所有的配置数据,当然也会删除原先的.config文件。

你也许知道,在Linux文件系统中,如果一个文件的文件名以点号(.)开头,那么它就是一个隐藏文件。不幸的是,.config这么重要的文件是个隐藏文件,这让很多开发者尝尽了苦头。如果你在没有备份.config文件的情况下就执行make distclean或make mrproper命令,你就会体会到我们的痛苦。(已经提醒过你了——记得备份.config文件!)

.config文件是一组格式定义简单的文件。代码清单4-4显示了一个.config文件的片段,这个文件来自最近的Linux内核版本。

代码清单4-4 Linux 2.6内核的.config文件片段

```
...
# USB support
#
CONFIG_USB=m
# CONFIG_USB_DEBUG is not set

# Miscellaneous USB options
#
CONFIG_USB_DEVICEFS=y
# CONFIG_USB_BANDWIDTH is not set
```

---

① 注意,并非所有的makefile都直接参与了内核的构建。例如,有的makefile用于生成文档。

```
# CONFIG_USB_DYNAMIC_MINORS is not set

# USB Host Controller Drivers
#
CONFIG_USB_EHCI_HCD=m
# CONFIG_USB_EHCI_SPLIT_ISO is not set
# CONFIG_USB_EHCI_ROOT_HUB_TT is not set
CONFIG_USB_OHCI_HCD=m
CONFIG_USB_UHCI_HCD=m
...
```

要理解.config文件，你需要理解Linux内核的一个重要特征。Linux采用单体（monolithic）内核结构。也就是说，整个内核是由代码编译并静态链接生成的，是一个单一的可执行文件。然而，也可以编译一组源码文件，并通过增量链接①的方式生成一个对象模块，它可以动态加载到运行的内核中。内核一般通过这种方式来支持大多数常见的设备驱动程序。在Linux中，它们被称为可加载模块，也常被统称为设备驱动程序。当内核启动完成后，可以使用特定应用程序将可加载模块动态安装到运行的内核中。

掌握了这些知识后，我们再回头看一下代码清单4-4。这个配置文件（.config）片段中显示了关于USB子系统的配置。第一个配置选项，CONFIG_USB=m，说明这个内核配置中包含了USB子系统，并且它会被编译成一个可动态加载的模块（=m）。当内核启动完成后，我们可以使用工具加载它。这个选项的另一个值是=y，在这种情况下，USB模块会被编译和静态链接到内核镜像中，成为它的一部分。在这种情况下，USB子系统会被最终编译到.../drivers/built-in.o中，这是个复合二进制对象，代码清单4-2和图4-1中都可以看到它。细心的读者会发现，如果一个设备驱动程序被配置成可加载的模块，它的代码不会被编译到内核主体中，而是被编译成一个独立的可加载的模块，并在内核启动完成后被安装到运行的内核中。

注意代码清单4-4中的CONFIG_USB_DEVICEFS=y声明。这个配置选项所表示的含义稍有不同。在这种情况下，USB_DEVICEFS（配置选项一般采用这种缩写方式）并不代表一个独立的模块，而是指一个可以在USB驱动中启用或禁止的特性。这个选项并不一定会合成被编译到内核主体中（=y）的模块。相反，它能启用一个或多个特性，这些特性作为额外的对象模块被编译到USB设备驱动程序这个总的模块中。通常，通过配置编辑器中的帮助文本，或是配置编辑器中显示的配置选项之间的层次结构，我们可以更清楚地看出这种差别。

4.3.2 配置编辑器

早期的内核使用一种简单的、基于命令行的脚本来配置内核。这种方法很麻烦，即使对于早期的内核也是这样，那时配置参数比现在少很多。如今，内核仍然支持这种命令行式的配置方法，

---

① 增量式链接技术用于生成一个对象模块，目的是将它再次链接到另一个对象中。这样的话，在增量式链接之后，未解析的符号保持原样，不会产生错误信息——这些符号将在下一个链接阶段得到解析。

但使用起来不方便，至少是很繁琐。使用这种方式配置一个最近的内核，你需要在命令行中回答超过900个问题。对于脚本中的每个问题，你都需要输入你的选择，并按回车。更糟糕的是，如果你犯一个错误，就不能备份配置；你必须从头开始。如果你在第899个问题上犯了错误，这就太让人沮丧了。

在某些情况下，如在一个没有图形显示的嵌入式系统上构建内核，使用命令行方式的配置工具不可避免，但本书作者会竭尽全力找个方法避开它。

内核配置子系统包含几个配置目标，用于make命令。实际上，最新的内核版本包含了11个这样的配置目标。我们在这里一一列出，并概述其作用，其中的文本说明来自命令make help的输出信息：

- ❏ config——使用基于命令行的程序来更新当前配置；
- ❏ menuconfig——使用基于菜单的程序来更新当前配置；
- ❏ xconfig——使用基于QT的前端更新当前配置；
- ❏ gconfig——使用基于GTK的前端更新当前配置；
- ❏ oldconfig ——以现有的.config文件为基础来更新当前配置；
- ❏ silentoldconfig ——与oldconfig相同，但不输出任何信息；
- ❏ randconfig ——创建新的配置文件，其中包括所有配置选项的随机答案；
- ❏ defconfig——创建新的配置文件，其中包括所有配置选项的默认答案；
- ❏ allmodconfig——创建新的配置文件，尽可能地将选项配置成模块；
- ❏ allyesconfig——创建新的配置文件，将所有选项配置成yes；
- ❏ allnoconfig——创建新的配置文件，将所有选项配置成no，即最小化的配置。

这些配置目标都位于makefile文件中，由make命令使用。开始的4个配置目标会启动一种配置编辑器程序，如前所述。由于篇幅的原因，在本章及后续章节，我们将讨论重点放在基于GTK的前端图形界面程序上。你也可以使用其他的配置编辑器达到同样的效果。

在命令行中，进入顶层内核目录[①]，并输入命令make gconfig，你就可以启动这个配置编辑器。图4-2显示了gconfig运行时展现在开发者面前的顶层配置菜单。从这里开始，你可以访问每个可用的配置参数，并生成一个定制的内核配置。

当你退出配置编辑器时，它会提示你是否保存修改。如果选择保存修改，全局配置文件.config就会被更新（如果不存在，则会被创建）。我们在前面介绍过，顶层makefile会使用这个.config文件来构建内核。

大多数内核软件模块也通过.config文件间接地读取配置内容，原理如下。在构建过程中，构建系统会处理这个.config文件，并生成一个名为autoconf.h的C语言头文件，放在目录.../include/linux中，这个文件是自动生成的。尽量不要直接修改这个文件，因为当配置有变动并且新的构建开始后，你所做的修改就丢失了。很多内核源文件直接使用预处理指令#include来包含这个文件。代码清单4-5显示了这个头文件中与USB相关的一部分内容。内核构建文件在

---

① 我们前面说过，你可以任选一个配置编辑器，比如make xconfig或make menuconfig。

每条内核编译命令行中都包含了这个autoconf.h文件，具体是使用了编译命令gcc的-include选项，如下所示：

```
gcc ... -include include/linux/autoconf.h ... <somefile.c>
```

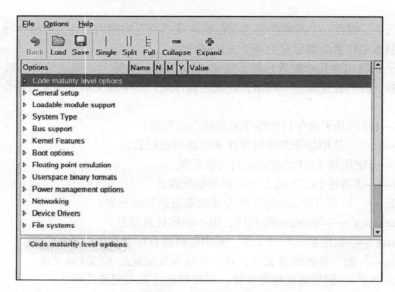

图4-2   顶层内核配置

各个内核模块就是通过这种方式来访问内核配置的。

代码清单4-5   Linux autoconf.h

```
$cat include/linux/autoconf.h | grep CONFIG_USB
#define CONFIG_USB_ARCH_HAS_EHCI 1
#define CONFIG_USB_HID 1
#define CONFIG_USB_EHCI_BIG_ENDIAN_DESC 1
#define CONFIG_USB_ARCH_HAS_OHCI 1
#define CONFIG_USB_EHCI_BIG_ENDIAN_MMIO 1
#define CONFIG_USB_STORAGE 1
#define CONFIG_USB_SUPPORT 1
#define CONFIG_USB_EHCI_HCD 1
#define CONFIG_USB_DEVICEFS 1
#define CONFIG_USB_OHCI_HCD 1
#define CONFIG_USB_UHCI_HCD 1
#define CONFIG_USB_OHCI_LITTLE_ENDIAN 1
#define CONFIG_USB_ARCH_HAS_HCD 1
#define CONFIG_USB 1
```

如果你还没有尝试过的话，不妨进入顶层源码目录，执行命令make gconfig，并尝试使用这个配置工具，从中了解Linux开发人员用到的大量配置选项。只要不保存所做的修改，当你退出配置编辑器时，这些修改就会丢失，所以你可以随意研究，而不用担心这会修改你的内核配置①。很多配置参数都包含了有用的说明文本，可以增强你对各种配置选项的理解。

4.3.3 Makefile 目标

在顶层Linux源码目录中输入命令make help，它会显示一长串从源码树中生成的目标列表。最常见的使用make的方式是不指定目标。在这种情况下，它会生成内核ELF文件vmlinux和针对所选架构的默认二进制镜像（例如，x86架构的bzImage）。使用make时，如果不指定目标，它也会编译所有由配置文件指定的设备驱动程序模块（内核可加载模块）。

很多架构和机器类型都需要一个二进制镜像目标，而这个目标与具体使用的架构和引导加载程序有关。比较常见的这类目标是zImage。对于很多架构来说，这就是默认的二进制镜像目标，可以被加载到目标嵌入式系统中并运行。新手常犯的一个错误就是将bzImage指定为make的目标。然而，bzImage目标是针对x86/PC架构的。有一个常见的错误观点，认为bzImage是指经过压缩工具bzip2压缩过的镜像，其实不然，bzImage是指大（big）的zImage。在这里，我们不打算讨论老式PC架构的具体细节，你只要知道bzImage只适用于PC兼容机就足够了，这些机器中包含了工业标准的PC型BIOS。

代码清单4-6中显示了在最新的Linux内核代码中执行make help时的输出信息。从这个代码清单可以看出，有很多目标可以使用。代码清单中列出了每个目标，并简要介绍了作用。需要特别注意的是，即使是help目标（在执行命令make help时，我们指定了help为make的目标）也是与具体架构相关的。如果你在执行make help时指定了不同的架构，其输出的代码清单也会不同。代码清单4-6显示了指定ARM架构时的输出信息，你可以从命令行中看到如何指定这个架构。

代码清单4-6 Makefile目标

```
$ make ARCH=arm help
cleaning targets:
  clean           - Remove most generated files but keep the config and
                      enough build support to build external modules
  mrproper        - Remove all generated files + config + various backup files
  distclean       - mrproper + remove editor backup and patch files

configuration targets:
  config          - Update current config utilising a line-oriented program
  menuconfig      - Update current config utilising a menu based program
  xconfig         - Update current config utilising a QT based front-end
  gconfig         - Update current config utilising a GTK based front-end
  oldconfig       - Update current config utilising a provided .config as base
  silentoldconfig - Same as oldconfig, but quietly
```

----
① 不过，最好还是先备份一下原来的.config文件。

```
    randconfig      - New config with random answer to all options
    defconfig       - New config with default answer to all options
    allmodconfig    - New config selecting modules when possible
    allyesconfig    - New config where all options are accepted with yes
    allnoconfig     - New config where all options are answered with no

Other generic targets:
    all             - Build all targets marked with [*]
  * vmlinux         - Build the bare kernel
  * modules         - Build all modules
    modules_install - Install all modules to INSTALL_MOD_PATH (default: /)
    firmware_install- Install all firmware to INSTALL_FW_PATH
                      (default: $(INSTALL_MOD_PATH)/lib/firmware)
    dir/            - Build all files in dir and below
    dir/file.[ois]  - Build specified target only
    dir/file.ko     - Build module including final link
    modules_prepare - Set up for building external modules
    tags/TAGS       - Generate tags file for editors
    cscope          - Generate cscope index
    kernelrelease   - Output the release version string
    kernelversion   - Output the version stored in Makefile
    headers_install - Install sanitised kernel headers to INSTALL_HDR_PATH
                      (default: /home/chris/temp/linux-2.6/usr)

Static analysers
    checkstack      - Generate a list of stack hogs
    namespacecheck  - Name space analysis on compiled kernel
    versioncheck    - Sanity check on version.h usage
     includecheck   - Check for duplicate included header files
    export_report   - List the usages of all exported symbols
    headers_check   - Sanity check on exported headers
    headerdep       - Detect inclusion cycles in headers

Kernel packaging:
    rpm-pkg         - Build both source and binary RPM kernel packages
    binrpm-pkg      - Build only the binary kernel package
    deb-pkg         - Build the kernel as an deb package
    tar-pkg         - Build the kernel as an uncompressed tarball
    targz-pkg       - Build the kernel as a gzip compressed tarball
    tarbz2-pkg      - Build the kernel as a bzip2 compressed tarball

Documentation targets:
 Linux kernel internal documentation in different formats:
    htmldocs        - HTML
```

```
    pdfdocs        - PDF
    psdocs         - Postscript
    xmldocs        - XML DocBook
    mandocs        - man pages
    installmandocs - install man pages generated by mandocs
    cleandocs      - clean all generated DocBook files

Architecture specific targets (arm):
*  zImage         - Compressed kernel image (arch/arm/boot/zImage)
   Image          - Uncompressed kernel image (arch/arm/boot/Image)
*  xipImage       - XIP kernel image, if configured (arch/arm/boot/xipImage)
   uImage         - U-Boot wrapped zImage
   bootpImage     - Combined zImage and initial RAM disk
                    (supply initrd image via make variable INITRD=<path>)
   install        - Install uncompressed kernel
   zinstall       - Install compressed kernel
                    Install using (your) ~/bin/installkernel or
                    (distribution) /sbin/installkernel or
                    install to $(INSTALL_PATH) and run lilo

   acs5k_defconfig           - Build for acs5k
   acs5k_tiny_defconfig      - Build for acs5k_tiny
   afeb9260_defconfig        - Build for afeb9260
   am200epdkit_defconfig     - Build for am200epdkit
   ams_delta_defconfig       - Build for ams_delta
   assabet_defconfig         - Build for assabet
   at91cap9adk_defconfig     - Build for at91cap9adk
   at91rm9200dk_defconfig    - Build for at91rm9200dk
   at91rm9200ek_defconfig    - Build for at91rm9200ek
   at91sam9260ek_defconfig   - Build for at91sam9260ek
   at91sam9261ek_defconfig   - Build for at91sam9261ek
   at91sam9263ek_defconfig   - Build for at91sam9263ek
   at91sam9g20ek_defconfig   - Build for at91sam9g20ek
   at91sam9rlek_defconfig    - Build for at91sam9rlek
   ateb9200_defconfig        - Build for ateb9200
   badge4_defconfig          - Build for badge4
   cam60_defconfig           - Build for cam60
   carmeva_defconfig         - Build for carmeva
   cerfcube_defconfig        - Build for cerfcube
   cm_x2xx_defconfig         - Build for cm_x2xx
   cm_x300_defconfig         - Build for cm_x300
   colibri_pxa270_defconfig  - Build for colibri_pxa270
   colibri_pxa300_defconfig  - Build for colibri_pxa300
   collie_defconfig          - Build for collie
```

```
corgi_defconfig           - Build for corgi
csb337_defconfig          - Build for csb337
csb637_defconfig          - Build for csb637
davinci_all_defconfig     - Build for davinci_all
ebsa110_defconfig         - Build for ebsa110
ecbat91_defconfig         - Build for ecbat91
edb7211_defconfig         - Build for edb7211
em_x270_defconfig         - Build for em_x270
ep93xx_defconfig          - Build for ep93xx
eseries_pxa_defconfig     - Build for eseries_pxa
ezx_defconfig             - Build for ezx
footbridge_defconfig      - Build for footbridge
fortunet_defconfig        - Build for fortunet
h3600_defconfig           - Build for h3600
h5000_defconfig           - Build for h5000
h7201_defconfig           - Build for h7201
h7202_defconfig           - Build for h7202
hackkit_defconfig         - Build for hackkit
integrator_defconfig      - Build for integrator
iop13xx_defconfig         - Build for iop13xx
iop32x_defconfig          - Build for iop32x
iop33x_defconfig          - Build for iop33x
ixp2000_defconfig         - Build for ixp2000
ixp23xx_defconfig         - Build for ixp23xx
ixp4xx_defconfig          - Build for ixp4xx
jornada720_defconfig      - Build for jornada720
kafa_defconfig            - Build for kafa
kb9202_defconfig          - Build for kb9202
kirkwood_defconfig        - Build for kirkwood
ks8695_defconfig          - Build for ks8695
lart_defconfig            - Build for lart
littleton_defconfig       - Build for littleton
loki_defconfig            - Build for loki
lpd270_defconfig          - Build for lpd270
lpd7a400_defconfig        - Build for lpd7a400
lpd7a404_defconfig        - Build for lpd7a404
lubbock_defconfig         - Build for lubbock
lusl7200_defconfig        - Build for lusl7200
magician_defconfig        - Build for magician
mainstone_defconfig       - Build for mainstone
msm_defconfig             - Build for msm
mv78xx0_defconfig         - Build for mv78xx0
mx1ads_defconfig          - Build for mx1ads
```

4

```
mx1_defconfig              - Build for mx1
mx27_defconfig             - Build for mx27
mx31pdk_defconfig          - Build for mx31pdk
mx3_defconfig              - Build for mx3
n770_defconfig             - Build for n770
neocore926_defconfig       - Build for neocore926
neponset_defconfig         - Build for neponset
netwinder_defconfig        - Build for netwinder
netx_defconfig             - Build for netx
ns9xxx_defconfig           - Build for ns9xxx
omap_2430sdp_defconfig     - Build for omap_2430sdp
omap_3430sdp_defconfig     - Build for omap_3430sdp
omap3_beagle_defconfig     - Build for omap3_beagle
omap3_pandora_defconfig    - Build for omap3_pandora
omap_apollon_2420_defconfig - Build for omap_apollon_2420
omap_generic_1510_defconfig - Build for omap_generic_1510
omap_generic_1610_defconfig - Build for omap_generic_1610
omap_generic_1710_defconfig - Build for omap_generic_1710
omap_generic_2420_defconfig - Build for omap_generic_2420
omap_h2_1610_defconfig     - Build for omap_h2_1610
omap_h4_2420_defconfig     - Build for omap_h4_2420
omap_innovator_1510_defconfig - Build for omap_innovator_1510
omap_innovator_1610_defconfig - Build for omap_innovator_1610
omap_ldp_defconfig         - Build for omap_ldp
omap_osk_5912_defconfig    - Build for omap_osk_5912
omap_perseus2_730_defconfig - Build for omap_perseus2_730
onearm_defconfig           - Build for onearm
orion5x_defconfig          - Build for orion5x
overo_defconfig            - Build for overo
palmte_defconfig           - Build for palmte
palmtt_defconfig           - Build for palmtt
palmz71_defconfig          - Build for palmz71
palmz72_defconfig          - Build for palmz72
pcm027_defconfig           - Build for pcm027
picotux200_defconfig       - Build for picotux200
pleb_defconfig             - Build for pleb
pnx4008_defconfig          - Build for pnx4008
pxa168_defconfig           - Build for pxa168
pxa255-idp_defconfig       - Build for pxa255-idp
pxa910_defconfig           - Build for pxa910
qil-a9260_defconfig        - Build for qil-a9260
realview_defconfig         - Build for realview
realview-smp_defconfig     - Build for realview-smp
rpc_defconfig              - Build for rpc
rx51_defconfig             - Build for rx51
s3c2410_defconfig          - Build for s3c2410
s3c6400_defconfig          - Build for s3c6400
```

```
sam9_19260_defconfig      - Build for sam9_19260
shannon_defconfig         - Build for shannon
shark_defconfig           - Build for shark
simpad_defconfig          - Build for simpad
spitz_defconfig           - Build for spitz
sx1_defconfig             - Build for sx1
tct_hammer_defconfig      - Build for tct_hammer
trizeps4_defconfig        - Build for trizeps4
usb-a9260_defconfig       - Build for usb-a9260
usb-a9263_defconfig       - Build for usb-a9263
versatile_defconfig       - Build for versatile
viper_defconfig           - Build for viper
w90p910_defconfig         - Build for w90p910
yl9200_defconfig          - Build for yl9200
zylonite_defconfig        - Build for zylonite

make V=0|1 [targets] 0 => quiet build (default), 1 => verbose build
make V=2   [targets] 2 => give reason for rebuild of target
make O=dir [targets] Locate all output files in "dir", including .config
make C=1   [targets] Check all c source with $CHECK (sparse by default)
make C=2   [targets] Force check of all c source with $CHECK

Execute "make" or "make all" to build all targets marked with [*]
For further info see the ./README file
```

这里列出的目标中可能有许多你永远都用不上。然而，知道有这些目标存在是有好处的。在代码清单4-6中，目标前有个星号（*），表示此目标会默认构建。同样注意一下代码清单中很多以_defconfig结尾的目标（*_defconfig），它们都代表了默认配置。回想一下，在4.2.2节中，我们预先配置原始内核源码树时所使用的命令：执行make命令，并同时指定架构和默认配置。那里使用的默认配置是ixp4xx_defconfig，而我们可以在上面的代码清单中找到这个ARM目标。如果你想找到针对某个内核版本和架构的所有默认配置，这是个不错的方法。

4.4　内核配置

差不多有300个内核子目录都包含了名为Kconfig（或者是个带扩展名的类似名称，比如Kconfig.ext）的文件。这个文件用于配置其所在目录的源码的特性。Kconfig中的每个配置参数都有附带的帮助文本，配置子系统会解析Kconifg的内容，并提示用户做出配置选择。

配置工具（比如前面介绍的gconf）会读取各个子目录中的Kconfig文件，首先读取的是arch子目录中的Kconfig文件。它是在Kconfig的makefile①中读取的，这个makefile包含了与下列内容类

---

① 这个makefile文件位于内核源码树中，具体路径位为.../scripts/kconfig/Makefile。——译者注

似的相关条目：

```
ifdef KBUILD_KCONFIG
Kconfig := $(KBUILD_KCONFIG)
else
Kconfig := arch/$(SRCARCH)/Kconfig
endif
...
gconfig: $(obj)/gconf
        $< $(Kconfig)
```

根据你选择的具体架构，gconf会读取该架构对应的Kconfig文件，并将其内容作为顶层配置定义。Kconfig文件中包含了很多类似这样的指令行：

```
source  "drivers/pci/Kconfig"
```

这条指令告诉配置编辑器，从内核源码树的其他位置读取另一个Kconfig文件。每种架构都包含很多这样的Kconfig文件；这些Kconfig组合起来成为一个完整的配置集合，当用户配置内核时，配置集合会以菜单的形式展现在用户面前。每个Kconfig文件都可以随意指定处于源码树其他位置的Kconfig文件。配置工具——这里是gconf——会递归读取所有这些链接在一起的Kconfig文件，并相应地构造出配置时所用的菜单结构。

代码清单4-7是一个树状结构视图，其中列出了与ARM架构相关的部分Kconfig文件。这个例子使用了最新的Linux 2.6源码树，其内核配置是由473个不同的Kconfig文件定义的。为了节省篇幅和表达清晰，代码清单中省略了其中大多数文件，目的是显示出整体的结构。如果将它们全部列出，需要占用好几页纸。

代码清单4-7 针对ARM架构的部分Kconfig文件

```
arch/arm/Kconfig <<<<<< (顶层 Kconfig)
  |-> init/Kconfig
  | ...
  |-> arch/arm/mach-iop3xx/Kconfig
  |-> arch/arm/mach-ixp4xx/Kconfig
  | ...
  |-> net/Kconfig
  |   |--> net/ipv4/Kconfig
  |   |    |--> net/ipv4/ipvs/Kconfig
  | ...
  |-> drivers/pci/Kconfig
  | ...
  |-> drivers/usb/Kconfig
  |   |--> drivers/usb/core/Kconfig
  |   |--> drivers/usb/host/Kconfig
  | ...
  |-> lib/Kconfig
```

看一下代码清单4-7，.../arch/arm/Kconfig这个文件会包含像这样的一行：

```
source "net/Kconfig"
```

net/Kconfig文件会包含像这样的一行：

```
source "net/ipv4/Kconfig"
```

还可以看到其他诸如此类的情况。

正如我们在前面所提到的，这些Kconfig文件组合在一起决定了配置的菜单结构和配置选项，当用户配置内核时会看到它们。图4-3显示了一个使用配置工具（gconf）的例子，其中配置的内核是针对ARM架构的。

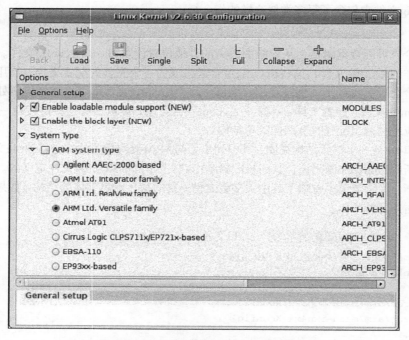

图4-3　使用gconf配置内核时的屏幕显示

4.4.1　定制配置选项

很多嵌入式开发人员都需要在Linux内核中添加一些特性，以支持特别的定制硬件。使用我们刚刚介绍的配置管理系统，可以更方便地定制和添加特性。快速地浏览一个典型的Kconfig文件，就可以从中看出配置脚本语言的结构。举例来说，假设你有两个硬件平台，它们都基于IXP425网络处理器，你的工程团队分别称呼它们为Vega和Constellation。每块板卡上都有特定的硬件设备，而这些设备必须在内核引导早期得到初始化。让我们看看添加这些配置选项是多么容易，而后在内核配置时，开发者会看到这些新添加的选项。代码清单4-8显示了ARM架构的顶层Kconfig

文件的一个片段。

代码清单4-8   .../arch/arm/Kconfig的一个片段

```
source "init/Kconfig"

menu "System Type"

choice
        prompt "ARM system type"
        default ARCH_RPC

config ARCH_CLPS7500
        bool "Cirrus-CL-PS7500FE"

config ARCH_CLPS711X
        bool "CLPS711x/EP721x-based"

...

source "arch/arm/mach-ixp4xx/Kconfig"
```

在这个Kconfig文件片段中，可以看到这里定义了一个名为System Type的菜单项。在ARM system type提示之后有一系列与ARM架构相关的选择项。文件的最后通过source指令包含了具体与IXP4xx相关的一些Kconfig定义。你可以在arch/arm/mach-ixp4xx/Kconfig中添加定制的配置开关。代码清单4-9显示了后面这个文件的一个片段。同样，为了提高可读性，同时也为了方便，我们省略了不相关的内容，用省略号表示。

代码清单4-9   .../arch/arm/mach-ixp4xx/Kconfig的一个片段

```
menu "Intel IXP4xx Implementation Options"

comment "IXP4xx Platforms"

config ARCH_AVILA
        bool "Avila"
        help
          Say 'Y' here if you want your kernel to support...

config ARCH_ADI_COYOTE
        bool "Coyote"
        help
          Say 'Y' here if you want your kernel to support
          the ADI Engineering Coyote...
```

```
# (这里是我们新添加的定制选项)
config ARCH_VEGA
        bool "Vega"
        help
          Select this option for "Vega" hardware support

config ARCH_CONSTELLATION
        bool "Constellation"
        help
          Select this option for "Constellation"
          hardware support
...
```

图4-4显示了运行gconf工具时（通过命令make ARCH=arm gconfig）所看到的修改结果。做了这些简单的修改之后，配置编辑器现在就包含了针对新的硬件平台的两个选项[①]。过一会儿，你就会了解到如何在源码树中使用这些配置信息，从而有条件地选择那些支持新板卡的对象。

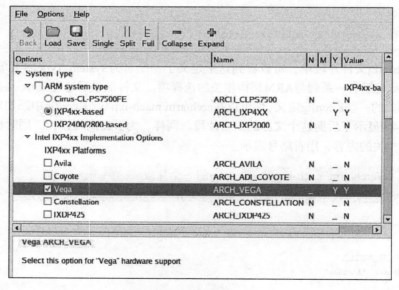

图4-4　定制配置选项

在配置编辑器（在这个例子中是gconf）运行起来后，如果你选择支持两个定制硬件平台中的一个，那么.config文件中就会包含对应这些新选项的宏定义。同所有的内核配置选项一样，每个宏定义都是以CONFIG_开头，以表示这是个内核配置选项。结果是.config文件中定义了两个新的配置选项，并记录了它们的状态。代码清单4-10中显示了新的.config文件，其中包含了新添加

---

①为了让图片能够适合纸张的大小，我们去除了很多ARM system type和Intel IXP4xx Implementation Options下的选项。

的配置选项。

代码清单4-10　定制的.config文件的一个片段

```
...
#
# IXP4xx Platforms
#
# CONFIG_ARCH_AVILA is not set
# CONFIG_ARCH_ADI_COYOTE is not set
CONFIG_ARCH_VEGA=y
# CONFIG_ARCH_CONSTELLATION is not set
# CONFIG_ARCH_IXDP425 is not set
# CONFIG_ARCH_PRPMC1100 is not set
...
```

注意一下与Vega和Constellation硬件平台相关的两个新配置选项。如图4-4所示，选择支持Vega，在.config文件中，可以看到一个新的CONFIG_选项（CONFIG_ARCH_VEGA）被选中，它代表Vega板，并且它的值被设置为y。同样也注意到，文件中还有一个与Constellation相关的CONFIG_选项，但它未被选中。

4.4.2　内核 Makefile

在构建内核时，makefile会扫描配置文件，并根据其内容决定需要进入哪些目录和编译哪些源文件。在前面的例子中，我们想对两个定制硬件平台（Vega和Constellation）添加支持，为了完成这个任务，我们来看一下相关的makefile，它会读取配置文件并根据其中的定制选项而采取行动。

因为在这个例子中你是在处理与硬件相关的选项，现假设有两个硬件设置模块，分别称为vega_setup.c和constellation_setup.c，代表了两块定制硬件板。我们已经将这两个C源文件放在了内核源码树的.../arch/arm/mach-ixp4xx子目录中。代码清单4-11显示了这个目录中的makefile的完整内容，这个makefile来自一个最新的内核版本。

代码清单4-11　.../arch/arm/mach-ixp4xx内核子目录中的Makefile

```
#
# Makefile for the linux kernel.
#

obj-y    += common.o common-pci.o

obj-$(CONFIG_ARCH_IXDP4XX)    += ixdp425-pci.o ixdp425-setup.o
obj-$(CONFIG_MACH_IXDPG425)   += ixdpg425-pci.o coyote-setup.o
obj-$(CONFIG_ARCH_ADI_COYOTE) += coyote-pci.o coyote-setup.o
obj-$(CONFIG_MACH_GTWX5715)   += gtwx5715-pci.o gtwx5715-setup.o
```

这个makefile之简单也许会让你感到惊讶。而仅仅为此，内核构建系统的开发人员就已经做了大量的工作。对于只是想在内核中为定制硬件添加支持的普通开发人员，内核构建系统的良好设计让这类定制工作很容易[①]。

看一下这个makefile，我们的目的是基于配置选项有条件地引入新的硬件设置函数，而我们该如何做到这一点是显而易见的。只需将下面两行加到makefile的末尾就大功告成了：

```
obj-$(CONFIG_ARCH_VEGA)        += vega_setup.o
obj-$(CONFIG_ARCH_CONSTELLATION)    += costellation_setup.o
```

完成这些步骤后，我们的工作就完成了。我们在内核中简单地添加了一些设置函数，以支持具体的定制硬件。采用类似方法，你应该能够自行修改内核的配置/构建系统了。

4.5　内核文档

Linux源码树中包含了很多信息。然而，将它们都阅读一遍有些难度，因为.../Documentation目录包含了大约1300个文档，分布在118个子目录中。阅读这些资料时你需要注意一点：因为内核开发和发布的速度很快，这些文档可能很快就过时了。尽管如此，它们常常会为你提供一个良好的起点，你可以从中了解有关某个内核子系统或概念的基本知识。

另外，不要忽视了Linux文档项目（Linux Documentation Project），其主页是www.tldp.org，从这个网站上你可以找到某个文档或man page[②]的最新版本。对于我们前面讨论的内核构建系统，内核源码树中也有有关文档，位于子目录.../Documentation/kbuild中。

如果不提一下Google，任何关于内核文档的讨论都是不完整的。在不久的将来，Google会以动词的形式出现在Merriam-Webster词典中！在学习过程中，你会碰到不少困难，并且想提问一些问题，这时你应当使用Google进行搜索，因为这些困难和问题很有可能已经被别人解决或回答了。花一些时间让自己熟练从因特网中搜索问题的答案。你会发现很多邮件列表以及资讯中心，其中包含了有关你的具体项目或问题的有价值的信息。附录D中列出了很多有用的开源资源。

4.6　获得定制的 Linux 内核

一般来说，你可以从3个途径获得针对你的硬件平台的嵌入式Linux内核：购买一个合适的商业嵌入式Linux发行版；下载一个免费的嵌入式发行版，而它适于你的架构和处理器并支持你的特定硬件平台；找一个和你的应用最相近的开源Linux内核，并自行移植。

虽然将一个开源内核移植到你的定制硬件板卡上并不一定很困难，但需要投入大量的管理和开发资源。采用这种方式，你可以获取免费软件，但是，正如我们在第1章中所讨论的，要在开发项目中部署Linux根本不会是免费的。即使对于一个功能很少的小型系统，你也需要很多其他工具和软件，而不仅仅是Linux内核。

---

① 实际上，内核构建系统是很复杂的，但这个复杂性被巧妙地隐藏起来了，一般的开发人员不需要关心。
② 你可以认为内核特性的更新速度总是快于文档的，所以应当将这些文档作为指南而不是无可争议的事实。

还需要做些什么

本章将重点放在了Linux内核本身的布局和构造上。你可能已经发现了，对于一个基于Linux的嵌入式系统来说，Linux内核只是其中一个很小的组件。除了Linux内核之外，你还需要以下工具和软件，用来开发、测试和发布嵌入式Linux产品：

- 引导加载程序，你需要将它移植到特定硬件平台上，并做相应的配置；
- 适合于你所选架构的交叉编译器和相关的工具链；
- 文件系统，其中包含很多软件包——主要是二进制可执行文件和程序库，而且它们是针对本地硬件架构和处理器而编译的；
- 设备驱动程序，内核通过它们访问硬件板卡上的定制设备；
- 开发环境，包括主机上的工具和软件；
- Linux内核源码树，并且适合于特定的处理器和硬件板卡。

这些就是一个嵌入式Linux发行版所包含的组件。

4.7 小结

这一章介绍了内核构建系统以及如何修改这个构建系统，以增加对定制硬件的支持。我们并没有讨论有关Linux内核的理论和运行原理，其他优秀图书自会探讨这些内容。在这里，我们只是讨论了如何构建内核以及内核镜像是由哪些成员组成的。内核是一个庞大的软件项目，如果你不想在学习它时失去方向感，关键的一点就是将它划分成一个个小的，容易理解的部分。

- Linux内核已经有差不多20年的历史了，它已经成为主流操作系统，支持许多硬件架构。
- Linux内核开源软件的主页是www.kernel.org。其中包含了几乎所有版本的内核，最早的可以追溯到Linux 1.0。
- 有好几种内核配置编辑器可供使用。我们选择了其中一种，并研究了它的工作原理以及如何修改它的菜单和菜单项。对于所有带图形界面的配置前端程序，这些概念都是通用的。
- 内核源码树中有一个文档目录，其中包含很多有用的内核文档。这对于我们理解和掌握内核的概念和运作很有帮助。
- 这一章的结尾部分介绍了一些获得嵌入式Linux发行版的途径。

补充阅读建议

"Linux内核指导"
www.linuxdocs.org/HOWTOs/Kernel-HOWTO.html

内核Kbuild文档，Linux内核源码树。
.../Documentation/kbuild/*

Linux文档项目

www.tldp.org

Tool Interface Standard (TIS) Executable and Linking Format (ELF) Specification, Version 1.2，TIS 委员会，1995年5月出版。

http://refspecs.freestandards.org/elf/elf.pdf

Linux内核源码树

.../Documentation/kbuild/makefiles.txt

Linux内核源码树

.../Documentation/kbuild/kconfig-language.txt

《Linux内核设计与实现（原书第3版）》，Robert Love，机械工业出版社，2011年1月出版。

第 5 章

内核初始化

本章内容
- ❏ 合成内核镜像：Piggy 及其他
- ❏ 初始化时的控制流
- ❏ 内核命令行的处理
- ❏ 子系统初始化
- ❏ init 线程
- ❏ 小结

嵌入式Linux系统加电后，接着会发生一系列复杂的事情。经过大约几十秒，Linux内核就处于工作状态了，并且会执行很多应用程序，具体由系统初始化脚本指定。这期间的大部分工作都是由系统配置管理的，并且处于嵌入式开发者的控制之下。本章讨论Linux内核的初始化。我们会仔细分析内核初始化的机制和流程。接着讲述Linux内核命令行以及如何使用它来定制Linux的启动环境。了解这些知识之后，你就能够定制和管理系统的初始化流程，满足特定嵌入式系统的需求。

5.1 合成内核镜像：Piggy 及其他

系统加电时，嵌入式系统中的引导加载程序首先获得处理器的控制权。当它完成一些底层的硬件初始化后，会将控制权转交给Linux内核。在系统的开发阶段，为了方便开发，这个过程可能需要开发人员手动参与（例如，引导加载程序可以与用户交互，提示用户输入加载或引导命令，并按用户的指示继续执行），而当系统开发完成，并投入生产后，这个过程一般是自动完成的。第7章会专门论述这个主题，我们将详细的讨论留到那个章节。

第4章研究了组成Linux内核镜像的成员。回想一下内核的构建过程，不管采用哪种架构，构建时都会生成一些通用文件，其中之一就是名为vmlinux的ELF二进制文件。这个二进制文件就是单体内核（monolithic kernel）本身，我们也称它为内核主体。实际上，当我们在内核的链接阶段研究vmlinux的构成时，我们就指出如何找到内核执行的第一行代码。对于大多数架构来说，这行代码可以在一个名为head.S（或类似的名字）的汇编语言源文件中找到。在内核代码的Power

架构（powerpc）分支中，可以找到好几个版本的head.S，这取决于具体的处理器类型。例如，AMCC 440系列处理器使用名为head_4xx.S的文件来完成初始化。

有些架构和引导加载程序可以直接引导vmlinux内核镜像。例如，那些基于Power架构并使用U-Boot引导加载程序的平台通常可以直接引导vmlinux镜像[①]（将其格式从ELF转换成二进制之后，你很快就会看到）。对于其他架构和引导加载程序的组合，可能还需要一些额外的功能来建立合适的上下文，并提供必要的工具以加载和引导内核。

代码清单5-1显示了内核构建过程中的最后一些详细步骤，这次构建采用的硬件平台基于ADI Engineering公司的Coyote参考平台，而这个平台包含英特尔的IXP425网络处理器。代码清单使用了内核构建系统的简洁输出形式，这也是默认的形式。我们在第4章中指出，这些简写符号很有用，帮助我们更容易地发现构建过程中出现的错误和警告。

代码清单5-1　最后的内核构建步骤：ARM/IXP425 (Coyote)

```
$ make ARCH=arm CROSS_COMPILE=xscale_be- zImage
...    < 为了表达清晰，这里省略了很多构建步骤>
  LD      vmlinux
  SYSMAP  System.map
  SYSMAP  .tmp_System.map
  OBJCOPY arch/arm/boot/Image
  Kernel: arch/arm/boot/Image is ready
  AS      arch/arm/boot/compressed/head.o
  GZIP    arch/arm/boot/compressed/piggy.gz
  AS      arch/arm/boot/compressed/piggy.o
  CC      arch/arm/boot/compressed/misc.o
  AS      arch/arm/boot/compressed/head-xscale.o
  AS      arch/arm/boot/compressed/big-endian.o
  LD      arch/arm/boot/compressed/vmlinux
  OBJCOPY arch/arm/boot/zImage
  Kernel: arch/arm/boot/zImage is ready
```

在代码清单5-1的第3行中，构建系统链接生成了vmlinux镜像（内核主体）。之后，构建系统处理了很多其他对象模块。其中包括head.o、piggy.o[②]以及与具体架构相关的head-xscale.o等。（代码清单中每行开头的简写符号或标签表明了这一行的具体动作。例如，AS表明构建系统调用了汇编器[③]，GZIP表明是在进行压缩，等等。）一般来说，这些对象模块都是和具体架构相关的（这个例子中是ARM/XScale），并且包含了一些底层函数，用于在特定架构上引导内核。表5-1详细描述了代码清单5-1中的各个组件。

---

① 除非引导时间很重要，内核镜像几乎都是以压缩的形式存储的。在这种情况下，镜像可能会被称为uImage，它是一个压缩后的vmlinux文件加上一个U-Boot头部，请参考第7章。

② Piggy一开始是用来描述piggyback的，在这里，二进制内核镜像依附到启动加载程序，以生成合成的内核镜像。

③ 汇编器的英文是assembler，AS是其简写。——译者注

表5-1 ARM/XScale 底层与具体架构相关的对象

组 件	描 述
vmlinux	ELF格式的内核主体，包含符号、注释、调试信息（如果编译时使用了-g选项）和与架构相关的部分
System.map	基于文本的内核符号表，针对vmlinux模块
.tmp_System.map	生成这个文件只是为了对System.map进行完好性检查；否则，不会用于最后的构建镜像中
Image	二进制内核模块，去除了符号、标记和注释
head.o	与ARM相关的启动代码，对所有的ARM处理器通用。引导加载程序会将控制权交给这个对象
piggy.gz	经过gzip压缩的Image文件
piggy.o	将文件piggy.gz进行汇编后生成的对象[①]，这样它就可以和下一个对象misc.o链接在一起了
misc.o	其中包含了用于解压内核镜像piggy.gz的函数，另外，我们在一些架构上常会看到的引导消息“Uncompressing Linux ...Done”也是由它产生的
head-xscale.o	专门针对XScale处理器家族的处理器初始化
big-endian.o	这是个汇编语言编写的小程序，用于将XScale处理器转换到大端字节序模式
vmlinux	合成内核镜像。遗憾的是，这个名字选的不好，它和内核主体的名字重复了；这两者并不一样，这个二进制镜像是由内核主体和表格中的对象链接生成的。具体请看文中的解释
zImage	最终的合成内核镜像，由引导加载程序加载。请看下文的分析

让我们来看一张示意图，以帮助你理解镜像的结构以及下面要讨论的内容。图5-1显示了镜像的组成成员，以及在内核构建过程中它们如何改变形态，直至最终生成了一个可引导的内核镜像。下面的几节详细描述这些成员和流程。

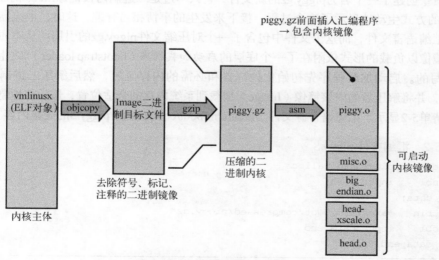

图5-1 合成内核镜像的结构

---

① piggy.gz包含在arch/arm/boot/compressed/piggy.S汇编语言源文件中，汇编器通过汇编piggy.S来生成piggy.o。
　　　　　　　　　　　　　　　　　　　　　　　　　　　　　　　　　　　　　——译者注

5.1.1   **Image** 对象

当内核ELF文件vmlinux构建成功之后，内核构建系统继续处理表5-1中列出的目标。Image对象是由vmlinux对象生成的。去除掉ELF文件vlinnux中的冗余段（标记和注释），并去掉所有可能存在的调试符号，就是Image了。下面这条命令用于该用途：

```
xscale_be-objcopy -O binary -R .note -R .note.gnu.build-id -R .comment -S
 vmlinux arch/arm/boot/Image
```

其中的-O选项指示objcopy生成一个二进制文件；-R选项删除ELF文件中的.note、.note.gnu.build-id和.comment这3个段；-S选项用于去除调试符号。注意，objcopy以ELF的镜像vmlinux为输入，生成名为Image的目标二进制文件。总而言之，Image只不过是将内核主体从ELF转换成二进制形式，并去除了调试信息和前面提到的.note*和.comment段。

5.1.2   与具体架构相关的对象

按照构建次序，接下来会编译很多小模块，包括几个由汇编语言源文件编译的对象（head.o[①]、head-xscale.o等），它们完成底层具体和架构及处理器相关的一些任务。表5-1中概述了这些对象。特别需要注意的是创建piggy.o对象的流程。首先使用gzip命令对Image文件（二进制内核镜像）进行压缩：

```
cat Image | gzip -f -9 > piggy.gz
```

这个命令创建了一个名为piggy.gz的新文件，它只不过是二进制内核镜像Image的压缩版。图5-1以图形的方式生动地显示了这个过程。接下来发生的事情相当有趣。这时，汇编器汇编名为piggy.S的汇编语言文件，而这个文件中包含了一个对压缩文件piggy.gz的引用。从本质上说，二进制内核镜像以负载的形式依附在了一个底层的启动加载程序（bootstrap loader）[②]之上，采用汇编语言编写的。启动加载程序先初始化处理器和必需的内存区域，然后解压二进制内核镜像（piggy.gz），并将解压后的内核镜像（Image）加载到系统内存的合适位置，最后将控制权转交给它。代码清单5-2显示了汇编语言源文件.../arch/arm/boot/compressed/piggy.S的完整内容。

代码清单5-2   汇编文件 piggy.S

```
    .section .piggydata,#alloc
    .globl    input_data
input_data:
    .incbin   "arch/arm/boot/compressed/piggy.gz"
    .globl    input_data_end
input_data_end:
```

---

① 这里的head.o是由arch/arm/boot/compressed/head.S编译而来的，我们前面提到vmlinux的最前面部分也是一个
　　head.o，它是由arch/arm/kernel/head.S编译而来的，两者有所不同。——译者注
② 注意不要将它与引导加载程序（bootloader）混淆，可以将启动加载程序看做是第2阶段的加载程序，而将引导加
　　载程序本身看做是第1阶段的加载程序。

这个汇编语言源文件虽然很简短，但其中包含了不易被发现的复杂内容。汇编器汇编这个文件并生成一个ELF格式的镜像piggy.o，该镜像包含一个名为.piggydata的段，这个文件的作用是将压缩后的二进制内核镜像（piggy.gz）放到这个段中，成为其内容。该文件通过汇编器的预处理指令.incbin将piggy.gz包含进来，.incbin类似于C语言中的#include文件指令，只不过它包含的是二进制数据。总之，该汇编语言文件的作用是将压缩的二进制内核镜像（piggy.gz）放进另一个镜像[1]（piggy.o）中。注意文件中的两个标签——input_data和input_data_end。启动加载程序利用它们来确定包含的内核镜像的边界。

5.1.3　启动加载程序

不要将它与引导加载程序混淆，很多架构都使用启动加载程序（第2阶段加载程序）将Linux内核镜像加载到内存中。有些启动加载程序会对内核镜像进行校验和检查，而大多数启动加载程序会解压并重新部署内核镜像。引导加载程序和启动加载程序之间的区别也很简单：当硬件单板加电时，引导加载程序获得其控制权，根本不依赖于内核。相反，启动加载程序的主要作用是作为裸机引导加载程序和Linux内核之间的粘合剂。启动加载程序负责提供合适的上下文让内核运行于其中，并且执行必要的步骤以解压和重新部署内核二进制镜像。这类似于PC架构中的主加载程序和次加载程序的概念。

图5-2清晰地解释了这个概念。启动加载程序与内核镜像拼接在一起，用于加载。

图5-2　针对ARM XScale的合成内核镜像

在我们研究的这个例子中，启动加载程序包含了图5-2中显示的二进制镜像。这个启动加载程序完成以下功能：

□ 底层的、用汇编语言实现的处理器初始化，这包括支持处理器内部指令和数据缓存、禁止中断并建立C语言运行环境。这部分功能由head.o和head-xscale.o完成。

---

[1] 原文中说放在启动加载程序中，其实是放在了piggy.o中。——译者注

□ 解压和重新部署镜像，这部分功能由misc.o完成。

□ 其他与处理器相关的初始化，比如big-endian.o，将特定处理器的字节序设置为大端
  字节序。

值得注意的是，我们这里研究的细节专门针对ARM/XScale架构的内核实现。每种架构的具
体细节都不同，虽然概念类似。使用与此类似的分析方法，可以了解你自己所用架构的需求。

5.1.4   引导消息

也许你见过在一台PC工作站上引导（启动）某种桌面Linux发行版（如Red Hat或SUSE Linux）
的情景。在PC自身的BIOS消息之后，你会看到很多由Linux输出的控制台消息，表明它正在初始
化各个内核子系统。实际上，引导信息中的大部分都与架构及机器类型无关。在早期的引导消息
中，有两条比较有趣，它们分别是内核版本字符串和内核命令行，我们很快就会介绍。在嵌入式
系统上启动Linux时的情况与PC工作站类似，代码清单5-3显示了在ADI Engineering公司的Coyote
参考平台上启动Linux时的一些内核引导信息，该参考平台以英特尔XScale IXP425处理器为基础。
我们在代码清单中添加了行号，便于引用。

代码清单5-3   IPX425上的Linux引导信息

```
 1   Using base address 0x01000000 and length 0x001ce114

 2   Uncompressing Linux....... done, booting the kernel.

 3   Linux version 2.6.32-07500-g8bea867 (chris@brutus2) (gcc version 4.2.0
20070126 (prerelease) (MontaVista 4.2.0-3.0.0.0702771 2007-03-10)) #12 Wed Dec 16
23:07:01 EST 2009

 4   CPU: XScale-IXP42x Family [690541c1] revision 1 (ARMv5TE), cr=000039ff

 5   CPU: VIVT data cache, VIVT instruction cache

 6   Machine: ADI Engineering Coyote

 7   Memory policy: ECC disabled, Data cache writeback

 8   Built 1 zonelists in Zone order, mobility grouping on.  Total pages: 16256

 9   Kernel command line: console=ttyS0,115200 root=/dev/nfs ip=dhcp

10   PID hash table entries: 256 (order: -2, 1024 bytes)

11   Dentry cache hash table entries: 8192 (order: 3, 32768 bytes)

12   Inode-cache hash table entries: 4096 (order: 2, 16384 bytes)

13   Memory: 64MB = 64MB total

14   Memory: 61108KB available (3332K code, 199K data, 120K init, 0K highmem)

15   SLUB: Genslabs=11, HWalign=32, Order=0-3, MinObjects=0, CPUs=1, Nodes=1

16   Hierarchical RCU implementation.

17   RCU-based detection of stalled CPUs is enabled.

18   NR_IRQS:64

19   Calibrating delay loop... 532.48 BogoMIPS (lpj=2662400)

20   Mount-cache hash table entries: 512

21   CPU: Testing write buffer coherency: ok

22   NET: Registered protocol family 16

23   IXP4xx: Using 16MiB expansion bus window size

24   PCI: IXP4xx is host
```

```
25  PCI: IXP4xx Using direct access for memory space
26  PCI: bus0: Fast back to back transfers enabled
27  SCSI subsystem initialized
28  usbcore: registered new interface driver usbfs
29  usbcore: registered new interface driver hub
30  usbcore: registered new device driver usb
31  NET: Registered protocol family 8
32  NET: Registered protocol family 20
33  NET: Registered protocol family 2
34  IXP4xx Queue Manager initialized.
35  NetWinder Floating Point Emulator V0.97 (double precision)
36  JFFS2 version 2.2. (NAND) (c) 2001-2006 Red Hat, Inc.
37  io scheduler noop registered
38  io scheduler deadline registered
39  io scheduler cfq registered (default)
40  Serial: 8250/16550 driver, 2 ports, IRQ sharing disabled
41  serial8250.0: ttyS0 at MMIO 0xc8001000 (irq = 13) is a XScale
42  console [ttyS0] enabled
43  Uniform Multi-Platform E-IDE driver
44  ide-gd driver 1.18
45  IXP4XX-Flash.0: Found 1 x16 devices at 0x0 in 16-bit bank
46   Intel/Sharp Extended Query Table at 0x0031
47   Intel/Sharp Extended Query Table at 0x0031
48  Using buffer write method
49  Searching for RedBoot partition table in IXP4XX-Flash.0 at offset 0xfe0000
50  5 RedBoot partitions found on MTD device IXP4XX-Flash.0
51  Creating 5 MTD partitions on "IXP4XX-Flash.0":
52  0x000000000000-0x000000060000 : "RedBoot"
53  0x000000100000-0x000000260000 : "MyKernel"
54  0x000000300000-0x000000900000 : "RootFS"
55  0x000000fc0000-0x000000fc1000 : "RedBoot config"
56  0x000000fe0000-0x000001000000 : "FIS directory"
57  e100: Intel(R) PRO/100 Network Driver, 3.5.24-k2-NAPI
58  e100: Copyright(c) 1999-2006 Intel Corporation
59  ehci_hcd: USB 2.0 'Enhanced' Host Controller (EHCI) Driver
60  ohci_hcd: USB 1.1 'Open' Host Controller (OHCI) Driver
61  uhci_hcd: USB Universal Host Controller Interface driver
62  Initializing USB Mass Storage driver...
63  usbcore: registered new interface driver usb-storage
64  USB Mass Storage support registered.
65  IXP4xx Watchdog Timer: heartbeat 60 sec
66  usbcore: registered new interface driver usbhid
67  usbhid: USB HID core driver
68  TCP cubic registered
```

```
69  NET: Registered protocol family 17
70  XScale DSP coprocessor detected.
71  drivers/rtc/hctosys.c: unable to open rtc device (rtc0)
72  e100 0000:00:0f.0: firmware: using built-in firmware e100/d101m_ucode.bin
73  e100: eth0 NIC Link is Up 100 Mbps Full Duplex
74  IP-Config: Complete:
75      device=eth0, addr=192.168.0.29, mask=255.255.255.0, gw=255.255.255.255,
76      host=coyote1, domain=, nis-domain=(none),
77      bootserver=192.168.0.103, rootserver=192.168.0.103, rootpath=
78  Looking up port of RPC 100003/2 on 192.168.0.103
79  Looking up port of RPC 100005/1 on 192.168.0.103
80  VFS: Mounted root (nfs filesystem) on device 0:11.
81  Freeing init memory: 120K
82  INIT: version 2.86 booting
83  ... <some userland init messages omitted>
84  coyote1 login:
```

正如代码清单5-3中所显示的，内核会在系统启动时输出很多有用的信息。我们在下面几节中详细研究这些输出信息。第1行是由板卡上的引导加载程序Redboot产生的。第2行是由我们在前面介绍过的启动加载程序产生的。这行消息具体是由源文件.../arch/arm/boot/compressed/misc.c中的函数decompress_kernel()产生的。我们在前面提到过，由misc.c编译生成的misc.o负责内核镜像的解压。

代码清单5-3中的第3行就是所谓的内核版本字符串。这是内核本身输出的第一行信息。内核在进入函数start_kernel()（这个函数在源文件.../init/main.c中）之后，首先执行的几行代码中包括下面这行：

```
printk(KERN_NOTICE "%s", linux_banner);
```

这行代码输出了我们刚刚提到的内核版本字符串，也就是代码清单5-3中的第3行。这个版本字符串中包含了很多与内核镜像有关的信息：

❑ 内核版本，Linux版本2.6.32-07500-g8bea867[①]；

❑ 编译内核时使用的用户名/机器名（chris@brutus2）；

❑ 工具链信息：gcc版本4.2.0，由MontaVista Software提供；

❑ 构建号（#12）；

❑ 编译内核镜像时的日期和时间。

这些信息在开发过程和后期生产中都有用。在以上所列信息中，除了构建号之外，其他信息的含义都一目了然。构建号仅仅是一个工具，开发人员将它加在版本字符串中，以表示在这次构建和上次构建之间，除了日期和时间不同以外，还有些更显著的变化。开发人员一般使用这种方法来自动跟踪构建轨迹。可以看到，在这个例子中，这次构建是一系列构建中的第12次，而代码

[①] 2.6.32之后的数字是一个标签，来自内核构建系统中的版本字符串；它们和这里讨论的内容不相关。4.1.1节解释了这个机制。

清单5-3第3行中的#12表明了这一点。构建号保存在名为.version的隐藏文件中，这个文件位于Linux内核源码顶层目录。构建号会由构建脚本.../scripts/mkversion自动递增。简而言之，它是一个数字的字符串标签，当内核代码有重大变化并重新编译时会自动递增。注意，执行make mrproper时，这个值会重置为#1。

5.2 初始化时的控制流

现在你已经理解了合成内核镜像的组成结构及其成员，让我们研究一下一个完整的启动周期（从引导加载程序到内核）中的控制流。正如我们在第2章中所讨论的，引导加载程序是一种底层软件，存储在系统的非易失性内存（闪存或ROM）中。当系统加电时它立刻获得控制权。它通常体积很小，包含一些简单的函数，主要用于底层的初始化、操作系统镜像的加载和系统诊断。它可能会包含读写内存的函数，以检查和修改内存的内容。它也可能会包含底层的板卡自检程序，包括检测内存和I/O设备。最后，引导加载程序还包含了一些处理逻辑，用于将控制权转交给另一个程序，一般是操作系统，比如Linux。

我们在本章的例子中使用了基于ARM XScale的参考平台，其中包含了名为Redboot的引导加载程序。当系统第一次加电时，这个引导加载程序开始执行，然后会加载操作系统。当引导加载程序部署并加载了操作系统镜像（这个镜像可能存储在本地的闪存中，硬盘驱动器中，或通过局域网或其他设备）之后，就将控制权转交给那个镜像。

对于这个特定的XScale平台，引导加载程序将控制权转交给启动加载程序的head.o模块，如图5-3所示。

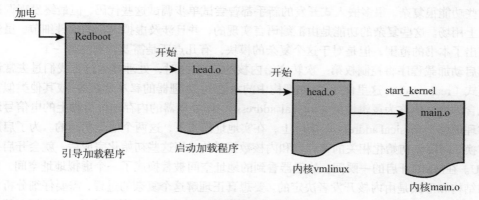

图5-3 ARM引导时的控制流

我们前面讨论过，处于内核镜像之前的启动加载程序有个很重要的任务：创建合适的环境，解压并重新部署内核，并将控制权转交给它。从启动加载程序直接将控制权转交给内核主体中一个模块，对于大多数架构，这个模块的名称都是head.o。不幸的是，由于历史和人为原因，启动加载程序和内核主体都包含了一个名为head.o的模块，这会让嵌入式Linux的开发新手感到困惑。启动加载程序中的head.o模块改名为kernel_bootstrap_loader_head.o也许更加合适，但我怀疑内核开发者不会接受这个改变。实际上，最新的Linux 2.6源码树中包含了超过25个名为head.S的源文件和差不多70个名为head*.S的源文件。这也是你需要了解内核源码树的另一个原因。

图5-3以图形化的方式显示了控制流。当启动加载程序完成它的工作后，将控制权转交给内核主体的head.o，之后再转到文件main.c中的函数start_kernel()。

5.2.1 内核入口：head.o

内核开发人员的意图是想让head.o这个与架构相关的模块通用化，不依赖于任何机器[1]类型。这个模块是由汇编语言源文件head.S生成的，它的具体路径是.../arch/<ARCH>/kernel/head.S，其中<ARCH>替换成具体的架构名称。本章中的例子基于ARM/XScale架构，我们已经都看到了，<ARCH>=arm。

head.o模块完成与架构和CPU相关的初始化，为内核主体的执行做好准备。与CPU相关的初始化工作尽可能地做到了在同系列处理器中通用。与机器相关的初始化工作是在别处完成的，很快你就会看到。head.o还要执行下列底层任务：

☐ 检查处理器和架构的有效性；
☐ 创建初始的页表（page table）表项；
☐ 启用处理器的内存管理单元（MMU）；
☐ 进行错误检测并报告；
☐ 跳转到内核主体的起始位置，也就是文件main.c中的函数start_kernel()。

这些功能很复杂。很多嵌入式开发的新手都曾尝试单步调试这些代码，但最终发现调试器并不能派上用场。这些复杂的功能是由汇编语言实现的，并且涉及虚拟内存的硬件细节，虽然相关讨论超出了本书的范围，但是对于这个复杂的模块，有几点还是需要特别注意一下。

当启动加载程序将控制权第一次转交给内核的head.o时，处理器运行于我们过去常说的实地址模式（real mode，这里使用了x86架构中的术语）。处理器的程序计数器[2]或其他类似寄存器中所包含的地址值称为逻辑地址（logical address），而处理器的内存地址引脚上的电信号地址值称为物理地址（physical address）。实际上，在实地址模式下，这两个值是相同的。为了启用内存地址转换，需要先初始化相关的寄存器和内核数据结构，当这些初始化完成后，就会开启处理器的MMU。在MMU开启的一瞬间，处理器看到的地址空间被替换成了一个虚拟地址空间，而这个空间的结构和形式是由内核开发者决定的。要想真正理解这个复杂的过程，需要仔细分析汇编语言源代码的逻辑流程，并且非常清楚CPU中的硬件地址转换机制。简而言之，当MMU的功能开启时，物理地址被替换成了逻辑地址。这就是为什么调试器不能像调试普通代码一样单步调试这段代码的原因。

第二点需要注意的是，在内核引导过程的早期阶段，地址的映射范围是有限的。很多开发者

---

[1] 这里的机器指的是具体的硬件平台。
[2] 一般称为指令指针（Instruction Pointer），是寄存器中记录了下一条机器指令的内存地址。

都曾尝试修改head.o以适应特定平台[1]，但因为这个限制的存在而犯错。一个典型的场景如下，假设你有一个硬件设备，而你需要在系统引导的早期阶段加载一个固件（firmware）。一种解决方案是将必需的固件静态编译到内核镜像中，然后使用一个指针引用它，并将它下载到你的设备中。然而，由于是在内核引导的早期阶段，其地址映射存在限制，很有可能固件镜像所处的位置超出了这个范围。当代码执行时，它会产生一个页面错误（page fault），因为这时你想访问一个内存区域，但处理器内部还没有建立起对应这块区域的有效映射。更糟糕的是，在早期阶段，页面错误处理程序还没有安装到位，所以最终结果会是莫名其妙的系统崩溃。在系统引导的早期阶段，有一点非常确定，不会有任何错误消息能够帮助你找到问题所在。

明智的做法是考虑尽可能推迟所有定制硬件的初始化工作，直到内核完成引导之后。用这种方式，你可以使用众所周知的设备驱动程序模型来访问定制硬件，而不是去修改复杂很多的汇编语言启动代码。这一层级的代码使用了很多技巧，而它们都没有说明文档可供参考。这方面最常见的一个例子就是解决硬件上的一些错误，而这些错误可能有文档说明，也可能没有。如果你必须修改汇编语言早期启动代码，你需要在开发时间、费用和复杂度等方面付出更高的代价。硬件和软件工程师应该在硬件开发的早期阶段讨论这些现实问题，此时往往硬件设计的一个小的改动就能够节省大量的软件开发时间。

在虚拟内存环境中，开发人员会面临一些约束，认识到这一点很重要。很多有经验的嵌入式开发人员都不太熟悉这种环境，我们刚刚提到的那个场景只不过是一个小的示例，如果你是一位对虚拟内存架构不太了解的开发人员，会碰到很多类似的陷阱。几乎所有主流的32位或更高位微处理器都包含了内存管理的硬件单元，用于实现虚拟内存架构。虚拟内存机器有一个显著优点，它能够帮助不同团队的开发人员编写大型复杂的应用程序，同时保护其他软件模块和内核本身，使它们不受编程错误的影响。

5.2.2　内核启动：main.c

内核自身的head.o模块完成的最后一个任务就是将控制权转交给一个由C语言编写的，负责内核启动的源文件。我们会在本章剩余部分花大量篇幅来介绍这个重要的文件。

每个架构的head.o模块在转交控制权时会使用不同的方法，汇编语言的语法也不同，但它们的代码结构是类似的。对于ARM架构，如下所示，非常简单：

```
b       start_kernel [2]
```

对于Power架构，大致如下：

```
lis     r4,start_kernel@h
ori     r4,r4,start_kernel@l
lis     r3,MSR_KERNEL@h
ori     r3,r3,MSR_KERNEL@l
```

[1] 不建议修改定制平台中的head.S，一般都会有其他更好的办法。

[2] 主流Linux内核将一部分公共代码分离出来放到了head-common.S中，然后使用include指令将它集成到head.S中。函数start_kernel()就是在这里被调用的。

```
mtspr    SRR0,r4
mtspr    SRR1,r3
rfi
```

在这里，我们就不深究汇编语言语法的具体细节了，这两个例子的结果是一样的。控制权从内核的第一个对象模块（head.o）转交至C语言函数start_kernel()，这个函数位于文件.../init/main.c中，内核从这里开始了它新的生命旅程。

任何想深入理解Linux内核的人都应该仔细研究main.c文件，研究它是由哪些部分组成的，以及这些成员是如何初始化或实例化的。汇编语言之后的大部分Linux内核启动工作都是由main.c来完成的，从初始化第一个内核线程开始，直到挂载根文件系统并执行最初的用户空间Linux应用程序。

函数start_kernel()目前是main.c中最大的一个函数。大多数Linux内核初始化工作都是在这个函数中完成的。此处的目的是要突出那些在嵌入式系统开发环境中有用的部分。再说一遍，如果想更系统地理解Linux内核，花时间研究一下main.c是个很好的方法。

5.2.3   架构设置

.../init/main.c中的函数start_kernel()在其执行的开始阶段会调用setup_arch()，而这个函数是在文件.../arch/arm/kernel/setup.c中定义的。该函数接受一个参数——一个指向内核命令行的指针（我们在前面介绍过内核命令行，在下一节还会详细讲述）：

```
setup_arch(&command_line);
```

该语句调用一个与具体架构相关的设置函数，Linux内核支持的每种主要架构都提供了这个函数，它负责完成那些对某种架构通用的初始化工作。函数setup_arch()会调用其他识别具体CPU的函数，并提供了一种机制，用于调用高层特定CPU的初始化函数。setup_processor()是这方面的一个例子，由setup_arch()直接调用，位于文件.../arch/arm/kernel/setup.c中。这个函数会验证CPU的ID和版本，并调用特定CPU的初始化函数，同时会在系统引导时向控制台打印几行相关信息。

我们可以在代码清单5-3中找到类似的打印信息，具体是第4行至第6行的内容，为了便于查看，下面重新列出了这几行：

```
4   CPU: XScale-IXP42x Family [690541c1] revision 1 (ARMv5TE), cr=000039ff
5   CPU: VIVT data cache, VIVT instruction cache
6   Machine: ADI Engineering Coyote
```

在这里，你可以看到CPU类型、ID字符串和版本，这些信息都是从处理器核心直接读取的。接着是处理器缓存和机器类型的详细信息。在这个例子中，基于IXP425的Coyote参考板上包含了一个XScale-IXP42x版本1的处理器，它采用ARMv5TE架构，并包含VIVT（virtually indexed，virtually tagged）型的数据和指令缓存。

架构设置函数最后的工作中有一项是完成那些依赖于机器类型的初始化。不同架构采用的机制有所不同。对于ARM架构，可以在.../arch/arm/mach-*系列目录中找到与具体机器相关的初始化代码文件，具体的文件取决于机器类型。MIPS架构同样也包含很多目录，具体与它支持的硬件平台有关。对于Power架构，其platforms目录包含了特定机器的代码文件。

5.3　内核命令行的处理

在设置了架构之后，main.c开始执行一些通用的早期内核初始化工作，并显示内核命令行。为了便于查看，这里重新列出了代码清单5-3中第9行的内容：

```
Kernel command line: console=ttyS0,115200 root=/dev/nfs ip=dhcp
```

在这个简单的例子中，命令行中的console=ttyS0指示内核在串行端口设备ttyS0（一般是第一个串行端口）上打开一个控制台，波特率为115 200bit/s。命令行中的ip=dhcp指示内核从一个DHCP服务器获取其初始IP地址，而root=/dev/nfs则是让内核通过NFS协议来挂载一个根文件系统。（我们将在第12章中介绍DHCP，并在第9章和第12章中介绍NFS，现在只讨论内核的命令行机制。）

Linux一般是由一个引导加载程序（或启动加载程序）启动的，它会向内核传递一系列参数，这些参数称为内核命令行。虽然你不会真正地使用shell[1]命令行来启动内核，但很多引导加载程序都可以使用这种大家熟悉的形式向内核传递参数。在有些平台上，引导加载程序不能识别Linux，这时可以在编译的时候定义内核命令行，并硬编码到内核的二进制镜像中。在其他平台上（比如一个运行Red Hat Linux的桌面PC），用户可以修改命令行的内容，而不需要重新编译内核。这时，bootsrap loader（对于桌面PC，这是指Grub或Lilo）从一个配置文件生成内核命令行，并在系统引导时将它传递给内核。这些命令行参数相当于一种引导机制，用于设置一些必需的初始配置，以正确引导特定的机器。

Linux内核中定义了大量的命令行参数。内核源码的.../Documentation子目录中有一个名为kernel-parameters.txt的文件，其中按照字典顺序列出了所有的内核命令行参数。回忆一下我们之前关于内核文档的一个警告：内核的变化远远快于它的文档。使用这个文件作为指南，而不是权威参考。虽然这个文件中记录了上百个不同的内核命令行参数，但这个列表不一定是完整的。因此，你必须直接参考源代码。

内核命令行参数使用的基本语法规则很简单，从代码清单5-3中的第9行就可以明显看出来。内核命令行参数有几种不同的形式，可以是单个单词，一个键/值对，或是key=value1, value2,...这种一个键和多个值的形式。这些参数是由其使用者具体进行处理的。命令行是全局可访问的，并且可以由很多模块处理。我们前面说过，mian.c中的函数start_kernel()在调用函数setup_arch()时会传入内核命令行作为函数的参数，这也是唯一的参数。通过这个调用，与架构相关的参数和配置就被传递给了那些与架构和机器相关的代码。

设备驱动程序的编写者和内核开发人员都可以添加额外的内核命令行参数，以满足自身的具体需要。下面让我们来看看这个机制。遗憾的是，在使用和处理命令行的过程中会涉及一些复杂的内容。首先，原来的机制已弃用，取而代之的是一个更加健壮的实现机制。另外，为了完全理

---

① shell是一种命令行形式的人机界面，Linux系统上常用的shell是Bash。——译者注

解这个机制，你需要理解复杂的链接器脚本文件[①]。

__setup 宏

考虑一下如何指定控制台设备，这可以作为一个使用内核命令行参数的例子。我们希望在系统引导过程的早期阶段初始化控制台，以便我们可以在引导过程中将消息输出到这个目的设备上。初始化工作是由一个名为printk.o的内核对象完成的。这个模块的C语言源文件位于.../kernel/printk.c。控制台的初始化函数名为console_setup()，并且这个函数只有一个参数，就是内核命令行。

现在的面临的问题是如何以一种模块化和通用的方式传递配置参数，我们在内核命令行中指定了控制台相关的参数，但要将它们传递给需要此数据的相关设置函数和驱动程序。实际上，问题还要更复杂一些，因为一般情况下，命令行参数在较早的时候就会用到，在模块使用它们之前（或就在此时）。内核命令行主要是在main.c中处理的，但其中的启动代码不可能知道对应于每个内核命令行参数的目标处理函数，因为这样的参数有上百个。我们需要的是一种灵活和通用的机制，用于将内核命令行参数传递给它们的使用者。

文件.../include/linux/init.h中定义了一个特殊的宏，用于将内核命令行字符串的一部分同某个函数关联起来，而这个函数会处理字符串的那个部分。我们现在使用代码清单5-3中的内核命令行作为例子，说明一下__setup宏是如何工作的。

从前面的内核命令行（代码清单5-3中的第9行）中可以看到，以下这部分字符串是传给内核的第一个完整的命令行参数：

```
console=ttyS0,115200
```

对于这个例子来说，参数的实际含义并不重要。我们的目的是要说明这个机制，所以如果你不理解这些参数或它们的值，不用在意。

代码清单5-4是文件.../kernel/printk.c中的一个代码片段。我们省略了函数体的内容，因为这和我们的讨论无关。代码清单5-4中最重要的部分就是最后一行，调用__setup宏。这个宏需要两个参数，在这里，我们传入了一个字符串字面量和一个函数指针。传递给__setup宏的字符串字面量是console=，这正好是内核命令行中有关控制台参数的前8个字节，而这并非巧合。

代码清单5-4　设置控制台的代码片段

```
/*
 *    设置控制台列表，由init/main.c调用
 */
static int __init console_setup(char *str)
{
    char buf[sizeof(console_cmdline[0].name) + 4]; /* 将字符串指针增加4*/
```

[①] 也不是非常复杂，但大多数人并不需要理解链接器脚本文件的内容，嵌入式工程师需要理解。GNU LD的文档中对其有详细的描述，参见本章末尾的参考文献。

```
        char *s, *options, *brl_options = NULL;
        int idx;

        ...
        <为清晰起见，这里省略了函数体的内容>
        ...
        return 1;
    }

    __setup("console=", console_setup);
```

你可以将__setup宏看做是一个注册函数，即为内核命令行中的控制台相关参数注册的处理函数。实际上是指，当在内核命令行中碰到console=字符串时，就调用__setup宏的第二个参数所指定的函数，这里就是调用函数console_setup()。但这个信息是如何传递给早期的设置代码的呢？这些代码在模块之外，也不了解控制台相关的函数。这个机制巧妙而复杂，并且依赖于编译链接时生成的列表。

具体的细节隐藏在一组宏当中，这些宏设计用于省去繁琐的语法规则，方便地将段属性（或其他属性）添加到一部分目标代码中。这里的目标是建立一个静态列表，其中的每一项包含了一个字符串字面量及其关联的函数指针。这个列表由编译器生成，存放在一个单独命名的ELF段中，而该段是最终的ELF镜像vmlinux的一部分。理解这个技术很重要，内核中的很多地方都使用这个技术来完成一些特殊处理。

现在让我们具体看一下__setup宏的情况。代码清单5-5是头文件.../include/linux/init.h中的一部分代码，其中定义了__setup系列的宏。

代码清单5-5　init.h中__setup系列宏的定义

```
...
#define __setup_param(str, unique_id, fn, early)          \
    static const char __setup_str_##unique_id[] __initconst \
        __aligned(1) = str; \
    static struct obs_kernel_param __setup_##unique_id  \
        __used __section(.init.setup)            \
        __attribute__((aligned((sizeof(long)))))    \
        = { __setup_str_##unique_id, fn, early }

#define __setup(str, fn)                   \
    __setup_param(str, fn, fn, 0)
...
```

代码清单5-5就是笔者所认为的繁琐的语法规则！回想一下代码清单5-4的内容，原来的__setup宏调用看上去像下面这样：

```
__setup("console=", console_setup);
```

编译器的预处理器对这个宏展开后，会生成下面的语句：

```
static const char __setup_str_console_setup[] __initconst \
__aligned(1) = "console=";
static struct obs_kernel_param __setup_console_setup __used  \
__section(.init.setup) __attribute__ ((aligned((sizeof(long))))) \
= { __setup_str_console_setup, console_setup, early};
```

为了提高可读性，我们使用UNIX系统中的续行符（\）将宏展开的结果拆分成多行。

这里使用了几个宏，现在对它们做简要介绍。__used宏指示编译器生成函数或变量，即使是优化器不使用该函数或变量[①]。__attribute__ ((aligned))宏指示编译器将结构体对齐到一个特定的内存边界上——在这里是按sizeof(long)的长度进行对齐。将这两个宏去掉以进行简化，下面列出了简化后的结果：

```
static struct obs_kernel_param __setup_console_setup \
__section(.init.setup) = { __setup_str_console_setup, console_setup, early};
```

经过简化之后，我们可以看到这个机制的核心部分。首先，编译器生成一个字符数组（字符串指针），名为__setup_str_conscole_setup[]，并将其内容初始化为conscole=。接着，编译器生成一个结构体，其中包含3个成员：一个指向内核命令行字符串（就是刚刚声明的字符数组）的指针，一个指向设置函数本身的指针，和一个简单的标志。这里最为关键的一点就是为结构体指定了一个段属性（__section）。段属性指示编译器将结构体放在ELF对象模块的一个特殊的段中，名字为.init.setup。在链接阶段，所有使用__setup宏定义的结构体都会汇集在一起，并放到.init.setup段中，实际的结果是生成了一个结构体数组。代码清单5-6是文件.../init/main.c中的一个代码片段，其中显示了如何访问和使用这块数据。

代码清单5-6   内核命令行的处理

```
1   extern struct obs_kernel_param __setup_start[], __setup_end[];
2
3   static int __init obsolete_checksetup(char *line)
4   {
5       struct obs_kernel_param *p;
6       int had_early_param = 0;
7
8       p = __setup_start;
9       do {
10          int n = strlen(p->str);
11          if (!strncmp(line, p->str, n)) {
12              if (p->early) {
13                  /* 已经在parse_early_param中完成了吗?
14                   * (需要完全匹配参数部分)
15                   * 一直迭代，因为我们可能会遇到早期相同名称的
16                   * 参数和__setups */
17                  if (line[n] == '\0' || line[n] == '=')
18                      had_early_param = 1;
```

[①] 通常，如果一个变量定义成静态变量，在当前的编译单元中不会得到引用。因为这些变量不是显式引用的，如果不加上__used宏，就会有告警信息。

```
19                } else if (!p->setup_func) {
20                    printk(KERN_WARNING "Parameter %s is obsolete,"
21                            " ignored\n", p->str);
22                    return 1;
23                } else if (p->setup_func(line + n))
24                    return 1;
25            }
26        p++;
27    } while (p < __setup_end);
28
29    return had_early_param;
30 }
31
```

稍作解释就可以很容易地看懂这段代码。这个函数只有一个参数，就是内核命令行字符串的相关部分。内核命令行字符串是由文件.../kernel/params.c中的函数解析的。在我们所讨论的例子中，line会指向字符串"console=ttyS0,115200"，它是内核命令行的一部分。两个外部结构体指针__setup_start和__setup_end是在链接器脚本中定义的，而不是在C语言源文件或头文件中定义的。这两个标签标记一个结构体数组的起始和结尾，这个数组就是放置在目标文件的.init.setup段中的类型为obs_kernel_param的结构数组。

代码清单5-6中的代码通过指针p扫描所有结构体，并找到一个与内核命令行参数匹配的结构体。在这个例子中，这段代码寻找与字符串console=匹配的结构体。找到相关的结构体后，会调用结构体中的函数指针成员，即调用函数console_setup()，并将命令行字符串的剩余部分（即字符串ttyS0,115200）传给它，作为这个函数的唯一参数。对于内核命令行中的每个部分，这个过程都重复一次，直到处理完内核命令行的所有内容。

我们刚才讲述的这个技术——也就将多个对象汇聚到名为ELF的特殊段中——在内核代码的很多地方都得到了使用。另一个使用这个技术的例子是__init系列宏，这些宏用于将所有一次性的初始化函数放到对象文件的同一个段中。还有一个与之类似的宏，名为__initconst，用于标记一次性使用的数据，在__setup宏中就使用了它。使用这些宏进行标记的初始化函数和数据会被汇集到名为ELF的特殊段中。当这些一次性初始化函数和数据使用完毕后，内核就会释放它们所占用的内存。在系统引导过程接近尾声的时候，内核会输出一条常见消息：Free init memory: 296K。每个人的衡量标准也许会有所不同，但三分之一兆字节已经很多了，完全值得我们花费一些精力使用__init系列宏。这就是在前面声明__setup_str_console_setup[]时使用__initconst宏的目的。

你也许一直都对此感到困惑：符号的名字都是以obsolete_开头的。这是因为内核开发人员正在用一种更通用的机制取代这种命令行处理机制，用于同时注册引导时间和可加载模块的参数。目前，内核代码中还有数百个参数是使用__setup宏进行声明的。不过，新开发的代码有可能会使用文件.../include/linux/moduleparam.h中定义的一系列函数——特别是module_param*系列宏。我们将在第8章介绍设备驱动程序时详细解释它们。

为了保持向后兼容，新的机制在解析函数①中包含了一个参数，它是一个未知的函数指针。因此，`module_parms*`系列宏不认识的参数被认为是未知的，而它们将会在开发人员的控制下由旧的机制来处理。研究一下文件.../kernel/params.c中的优美代码，并看一下文件.../init/main.c中对函数`parse_args()`的调用，上面所说的内容就很容易理解了。

最后还有一点要提一下，`__setup`宏在展开后会生成一个`obs_kernel_param`结构体，而这个结构体中包含了一个用作标志的成员，我们要说的就是这个标志的作用。研究一下代码清单5-6中的代码就会比较清楚了。结构体中这个标志的名字是`early`，用于表示特定命令行参数是否已经在早期的引导过程中被处理过了。有些命令行参数特意用于引导早期，而这个标志提供了一种实现早期解析算法的机制。你可以在文件main.c中找到一个名为`do_early_param()`的函数，该函数遍历一个由链接器生成的数组并进行处理，而这个数组中的每个成员都是由`__setup`宏展开生成的，并且标记为早期处理（early成员的值不为0）。这允许开发者对引导过程中参数的处理时机进行一些控制。

5.4　子系统初始化

很多内核子系统的初始化工作都是由main.c中的代码完成的。有些是通过显式函数调用完成的，比如调用函数`init_timers()`和`console_init()`，它们需要很早就被调用。其他子系统是通过一种非常类似`__setup`宏的技术来初始化的，我们在前面介绍过这种技术。简而言之，链接器首先构造一个函数指针的列表，其中的每个指针指向一个初始化函数，然后在代码中使用一个简单的循环，依次执行这些函数。代码清单5-7显示了这一过程。

代码清单5-7　一个简单的初始化函数

```
static int __init customize_machine(void)
{
    /* 定制平台设备，或添加新设备 */
    if (init_machine)
        init_machine();
    return 0;
}
arch_initcall(customize_machine);
```

这个代码片段来自文件.../arch/arm/kernel/setup.c。该简单的函数用于对某个特定的硬件板卡进行一些定制的初始化。

*`__initcall` 系列宏

在代码清单5-7所示的初始化函数中，有两点值得我们注意。首先，函数定义使用了`__init`宏。

---

① 这里的解析函数是指文件.../kernel/params.c中的函数`parse_args()`。——译者注

正如我们前面所说的，这个宏为函数指定了section属性，因此编译器会将函数放在vmlinux（ELF格式文件）的一个名为.init.text的段中。回想一下这样做的目的——将这个函数放在目标文件的一个特殊的段中，不需要这个函数的时候，内核就可以回收它所占用的内存空间。

需要注意的另外一点是紧跟在函数定义后面的宏：arch_initcall(customize_machine)。文件.../include/linux/init.h中定义了一系列宏，这个宏是其中之一。代码清单5-8中列出了这些宏。

代码清单5-8　initcall系列宏

```
#define __define_initcall(level,fn,id) \
    static initcall_t __initcall_##fn##id __used \
    __attribute__((__section__(".initcall" level ".init"))) = fn

/*
 * 早期的initcall，在初始化SMP之前运行
 *
 * 只针对内置代码，不针对模块
 */
#define early_initcall(fn)            __define_initcall("early",fn,early)

/*
 * 一个"纯粹"的initcall不依赖其他任何函数，只初始化那些不能
 * 静态初始化的变量
 *
 * 只针对内置代码，不针对模块
 */
#define pure_initcall(fn)            __define_initcall("0",fn,0)

#define core_initcall(fn)            __define_initcall("1",fn,1)
#define core_initcall_sync(fn)       __define_initcall("1s",fn,1s)
#define postcore_initcall(fn)        __define_initcall("2",fn,2)
#define postcore_initcall_sync(fn)   __define_initcall("2s",fn,2s)
#define arch_initcall(fn)            __define_initcall("3",fn,3)
#define arch_initcall_sync(fn)       __define_initcall("3s",fn,3s)
#define subsys_initcall(fn)          __define_initcall("4",fn,4)
#define subsys_initcall_sync(fn)     __define_initcall("4s",fn,4s)
#define fs_initcall(fn)              __define_initcall("5",fn,5)
#define fs_initcall_sync(fn)         __define_initcall("5s",fn,5s)
#define rootfs_initcall(fn)          __define_initcall("rootfs",fn,rootfs)
#define device_initcall(fn)          __define_initcall("6",fn,6)
#define device_initcall_sync(fn)     __define_initcall("6s",fn,6s)
#define late_initcall(fn)            __define_initcall("7",fn,7)
#define late_initcall_sync(fn)       __define_initcall("7s",fn,7s)
```

```
#define __initcall(fn) device_initcall(fn)
...
```

类似于前面介绍的__setup宏，这些宏声明了一个基于函数名的数据项。它们同样也使用了section属性，从而将这些数据项放置到vmlinux（ELF格式文件）中一个特别命名的段中。这种方法的好处是main.c可以调用任意子系统初始化函数，而不需要对此子系统有任何的了解。除此以外的唯一办法，我们前面提到过，就是在main.c中添加内核中所有子系统的相关信息，而这会使main.c的内容非常混乱。

可以从代码清单5-8中推导出段名称是.initcall*N*.init，其中的*N*是定义的级别，从1~7。同时也注意一下这7个级别都有一个段的名字是以s结尾的。这是针对那些同步（synchronous）的initcall。每个宏都定义了一个数据项（变量），宏的参数是一个函数地址，并且这个函数地址的值被赋给了该数据项。以代码清单5-7和代码清单5-8为例，代码清单5-7的最后一行展开后会像下面这样（为了简化，我们省略了section属性）：

```
static initcall_t __initcall_customize_machine[①] = customize_machine;
```

该数据项被放置在内核目标文件的名为.initcall3.init的段中。

级别的值（*N*）用于对所有的初始化调用进行排序。使用core_initcall()宏声明的函数会在所有其他函数之前调用。接着调用使用postcore_initcall()宏声明的函数，依次类推，最后调用使用late_initcall()宏声明的函数。

类似于__setup宏，可以将*_initcall系列宏看做一组注册函数，用于注册内核子系统的初始化函数，它们只需要在内核启动时运行一次，之后就没用了。这些宏提供了一种机制，让这些初始化函数在系统启动时得以执行，并在这些函数执行完成后丢弃其代码并回收内存。开发人员还可以为初始化函数指定执行级别[②]，有多达7个级别可选。因此，如果你有一个子系统依赖于另一个子系统，可以使用级别来保证子系统的初始化顺序。使用grep命令在内核代码中搜索字符串[a-z]*_initcall，你会发现这一系列宏的使用非常广泛。

关于*_initcall系列宏，还有最后一点需要说明：多级别是在开发2.6系列内核的过程中引入的。早期的内核版本使用__initcall()宏来达到这个目的。这个宏的使用仍然很广泛，特别是在设备驱动程序中。为了保持向后兼容，将这个宏定义为device_initcall()，而它是级别为6的initcall。

5.5 init 线程

文件.../init/main.c中的代码负责赋予内核"生命"。函数start_kernel()执行基本的内核初始化，并显示调用一些早期初始化函数之后，就会生成第一个内核线程。这个线程就是称为init()的内核线程，它的进程ID（Process ID，PID）为1。接下来我们会了解到，init()是所有用户空

---

① 这里的变量名应该是__initcall_customize_machine3。——译者注。
② 每个级别还相应有一个变量标记为同步（synchronous）。

间Linux进程的父进程。系统引导到这个时间点时，有两个显著不同的线程正在运行：一个是函数start_kernel()代表的线程，另一个就是init()线程。前者在完成它的工作后会变成系统的空闲进程，而后者会变成init进程。代码清单5-9显示了这个过程。

代码清单5-9　内核init线程的创建

```
static noinline void __init_refok rest_init(void)
    __releases(kernel_lock)
{
    int pid;

    rcu_scheduler_starting();
    kernel_thread(kernel_init, NULL, CLONE_FS | CLONE_SIGHAND);
    numa_default_policy();
    pid = kernel_thread(kthreadd, NULL, CLONE_FS | CLONE_FILES);
    kthreadd_task = find_task_by_pid_ns(pid, &init_pid_ns);
    unlock_kernel();

    /*
     * 启动时空闲线程必须至少调用schedule()
     * 一次，以便系统运作
     */
    init_idle_bootup_task(current);
    preempt_enable_no_resched();
    schedule();
    preempt_disable();

    /* 当抢占禁用后调用cpu_idle */
    cpu_idle();
}
```

函数start_kernel()调用函数rest_init()，该过程显示在代码清单5-9中。内核的init进程是通过调用kernel_process()生成的，以函数kernel_init作为其第一个参数。init会继续完成剩余的系统初始化，而执行函数start_kernel()的线程会在调用cpu_idle()之后进入无限循环。

为什么要采用这样的结构呢？说来很有趣。你也许已经发现了start_kernel()是个相当大的函数，而且是由__init宏标记的。这意味着在内核初始化的最后阶段，它所占用的内存会被回收。而在回收内存之前，必须要退出这个函数和它所占的地址空间。解决的办法是让start_kernel()调用rest_init()。代码清单5-9中显示了函数rest_init()的内容，这个函数相对来说小很多，它会最终变成系统的空闲进程。

5.5.1　通过 initcalls 进行初始化

当执行函数kernel_init()的内核线程诞生后，它会最终调用do_initcalls()。我们在前面讲过，*_initcall系列宏可以用于注册初始化函数，而函数do_initcalls()则负责调用其中的大部分函数。代码清单5-10中显示了相关代码。

```
extern initcall_t __initcall_start[], __initcall_end[], __early_initcall_end[];

static void __init do_initcalls(void)
{
    initcall_t *fn;

    for (fn = __early_initcall_end; fn < __initcall_end; fn++)
        do_one_initcall(*fn);

    /* 确保initcall序列中没有悬而未决的事情 */
    flush_scheduled_work();
}
```

注意一下在初始化过程中有两处代码比较类似，一处是这里的do_initcalls()，另一处是早些时候调用的do_pre_smp_initcalls()。这两个函数分别处理代码清单的不同部分，do_pre_smp_initcalls()处理从__initcall_start到__early_initcall_end的部分，而do_initcalls()处理剩余的部分。在上面的代码清单中，除了标记循环边界的两个标签：__initcall_start和__initcall_end，其他部分的代码一目了然。这些标签不是在C语言源文件或头文件中定义的。它们是在vmlinux的链接阶段由链接器的脚本文件定义的。这些标签标记代码清单的开始和结尾，代码清单中的成员都是使用*_initcall系列宏注册的初始化函数。顶层内核源码目录中包含一个名为System.map的文件，从中可以看到这些标签。它们都以__initcall开头，正如代码清单5-8中所示。

5.5.2 **initcall_debug**

initcall_debug是一个很有趣的内核命令行参数，它允许你观察启动过程中的函数调用。只需在启动内核时设置一下initcall_debug，就可以看到系统输出相关的诊断消息[1]。

这里是一个输出信息的例子，启用调试语句后你会看到类似的信息：

```
...
calling  uhci_hcd_init+0x0/0x100 @ 1
uhci_hcd: USB Universal Host Controller Interface driver
initcall uhci_hcd_init+0x0/0x100 returned 0 after 5639 usecs
...
```

---

① 为了看到这些调试信息，你可能需要降低系统中默认的日志级别（loglevel）。很多Linux系统管理的参考手册都对其进行了讲述。不管怎样，你会在内核日志文件中看到这些消息。

这里你可以看到USB的通用主机控制器接口（Universal Host Controller Interface）驱动程序正在被调用。第一行通告了对函数uhci_hcd_init的调用，这是个设备驱动程序的初始化调用，来自USB驱动。通告之后，开始执行对这个函数的调用。第二行是由驱动程序本身打印的。第三行中的跟踪信息包含了函数的返回值以及函数调用的持续时间。

这是个查看内核初始化细节的好办法，特别是可以了解内核调用各个子系统和模块的顺序。更有趣的是函数调用的持续时间。如果你关心系统的启动时间，通过这种方法可以确定启动时间是在哪些地方被消耗的。

即使是在一个配置简单的嵌入式系统中，也会调用数十个类似的初始化函数。这个例子来自于一个ARM XScale架构的嵌入式目标板，编译内核时使用了默认配置。采用默认配置时，共有206个类似的对各个内核初始化函数的调用。

5.5.3 最后的引导步骤

在生成kernel_init()线程，并调用各个初始化函数之后，内核开始执行引导过程的最后一些步骤。这包括释放初始化函数和数据所占用的内存，打开系统控制台设备，并启动第一个用户空间进程。代码清单5-11显示了内核的init进程执行的最后一些步骤，代码来自文件main.c。

代码清单5-11　最后的内核引导步骤，来自文件main.c

```
static noinline int init_post(void)
    __releases(kernel_lock)
{
<... 为了简化，这里省略了一些代码行 ...>
...
if (execute_command) {
    run_init_process(execute_command);
    printk(KERN_WARNING "Failed to execute %s.  Attempting "
                        "defaults...\n", execute_command);
}

run_init_process("/sbin/init");
run_init_process("/etc/init");
run_init_process("/bin/init");
run_init_process("/bin/sh");

panic("No init found.  Try passing init= option to kernel.");
```

注意一下，如果代码执行到函数（init_post()）的最后，会产生一个内核错误（kernel panic）。如果你曾经花时间在嵌入式系统上做过实验或是定制过根文件系统，毫无疑问，你肯定碰到过这个非常常见的错误消息，它通常是控制台的最后一条输出消息。这也是在各个Linux和嵌入式系统论坛上问得最多的问题（Frequently Asked Question，FAQ）之一。

无论如何,**run_init_process**()命令中至少有一个必须正确无误地执行。`run_init_process()`函数在成功调用后不会返回。它用一个新的进程覆盖调用进程,实际上是用一个新的进程替换了当前进程。它使用大家熟悉的execve()系统调用来完成这个功能。最常见的系统配置一般会生成/sbin/init作为用户空间区[①]的初始化进程。我们会在下一章详细研究这个功能。

嵌入式开发人员可以选择定制的用户空间区初始化程序。这就是前面代码片段中的条件语句的意图。如果execute_comand非空,它会指向一个运行在用户空间的字符串,而这个字符串中包含了一个定制的、由用户提供的命令。开发人员在内核命令行中指定这个命令,并且它会由我们前面所研究的__setup宏进行设置[②]。下面列出一个内核命令行的例子,其中涵盖我们在本章讨论的几个概念:

```
initcall_debug init=/sbin/myinit console=ttyS1,115200 root=/dev/hda1
```

这个内核命令行指示内核显示所有的初始化函数调用,配置初始的控制台设备为/dev/ttyS1,其数据速率为115 Kbit/s,并执行一个定制的、名为myinit的用户空间初始化进程,这个程序位于根文件系统的/sbin目录中。它还指导内核从设备/dev/hda1挂载其根文件系统,这个设备是第一个IDE硬盘。注意一下,一般来说,内核命令行中各个参数的先后次序无关紧要。下一章详细介绍用户空间的系统初始化。

5.6   小结

- ❑ Linux内核项目庞大而复杂。如果你想了解如何定制自己的嵌入式项目,理解最终镜像的结构和组成很关键。
- ❑ 很多架构都会将一个与具体架构相关的启动加载程序拼接到内核二进制镜像上,从而建立Linux内核所需的合适的执行环境。我们讲述了启动加载程序的构建步骤,它的功能和内核主体有所不同。
- ❑ 理解初始化时的控制流有助于加深对Linux内核的了解,还可以从中获得启发,知道如何根据特定需求定制流程。
- ❑ 我们在head.o中找到了内核的入口点,并顺着控制流程进入了主要的内核初始化逻辑main.c。我们讨论了系统的启动过程以及该过程中输出的消息,同时概要讲述了很多重要的初始化概念。
- ❑ 我们讲述了内核命令的处理过程,并介绍了声明和处理内核命令行参数的机制。其中包括一些高级的编码技巧,它们使用链接器生成的列表调用任意未知的设置函数。
- ❑ 在内核引导的最后几步会生成第一个用户空间进程。理解这个机制及其选项很有用,有助于你定制自己的嵌入式Linux启动流程,并解决遇到的问题。

[①] 用户空间区(userland)是用户空间下针对程序、库、脚本和其他内容的一个常用术语。
[②] 详见main.c中的函数init_setup()。——译者注

补充阅读建议

GNU编译器文档
http://gcc.gnu.org/onlinedocs/gcc[①]

使用GNU链接器LD
http://sourceware.org/binutils/docs/ldindex.html

内核文档
.../Documentation/kernel-parameter.s.txt

---

① 特别看一下其中关于函数属性、类型属性和变量属性的部分。

第 6 章 用户空间初始化

本章内容
- □ 根文件系统
- □ 内核的最后一些引导步骤
- □ init进程
- □ 初始RAM磁盘
- □ 使用initramfs
- □ 关机
- □ 小节

第2章指出Linux内核本身只是任何嵌入式Linux系统中的一个很小的组成部分。当内核完成其自身的初始化之后，它必须挂载一个根文件系统，并执行一组由开发人员定义的初始化例程。本章将仔细研究内核初始化之后的系统初始化。

本章首先介绍根文件系统及其布局。接着，我们开发并研究一个最小系统配置。本章后面会在这个配置中添加功能，使它成为一个有用的嵌入式系统配置样本。然后，我们会介绍初始RAM磁盘（initial ramdisk）、initrd和initramfs等内容，至此，整个系统初始化过程才讲述完毕。在本章最后，我们会简要地介绍一下Linux是如何关机（shutdown）的。

6.1 根文件系统

在第5章，我们研究了初始化过程中Linux内核的行为。我们几次提到内核需要挂载一个根文件系统。Linux和很多其他高级操作系统一样，需要一个根文件系统以充分发挥它的优势。虽然完全可以在没有根文件系统的环境中使用Linux，但这样做没什么意义，因为Linux大多数特性和价值都体现不出来了。这类似于将整个系统应用放入到一个"臃肿"的设备驱动程序或内核线程中。你能够想象在PC上运行Windows时不使用文件系统吗？

根文件系统指的是挂载于文件系统层次结构根部的文件系统，简单的表示为/。在第9章，你会发现，即使是一个很小的嵌入式Linux系统都会在文件系统层次结构的不同位置上挂载几个文件系统。这其中包括实际的和虚拟的文件系统，比如/proc和/sys。第9章中介绍的/proc文件系统是一个虚拟文件系统的例子。这个具有特定用途的文件系统挂载于根文件系统的/proc位置。简单来说，根文件系统是内核挂载的第一个文件系统，挂载的位置是文件系统层次结构的顶端。

你很快就会看到，Linux系统对于根文件系统有一些特殊的需求。Linux要求根文件系统中包含应用程序和工具软件，通过它们来引导系统、初始化系统服务（比如网络和系统控制台）、加载设备驱动程序和挂载额外的文件系统。

6.1.1　FHS：文件系统层次结构标准

几个内核开发人员共同编写了一个标准，用来规定UNIX文件系统的组织结构和布局。文件系统层次结构标准（FHS）增强了不同Linux发行版和应用程序之间的兼容性。你可以在本章的最后一节中找到关于这个标准的参考信息。你最好浏览一下FHS标准，以便更好地了解UNIX文件系统组织的布局和基本原理。

很多Linux发行版中的目录布局和FHS标准中所描述的布局非常匹配。这个标准的存在为不同的UNIX和Linux发行版提供了一个公共的基础。FHS标准允许你的应用软件（和开发人员）预先知道某些系统成员（包括文件和目录）在文件系统中的位置。

6.1.2　文件系统布局

考虑到存储空间有限，很多嵌入式系统的开发人员会在一个可引导设备（比如闪存）上创建一个很小的根文件系统。之后再从另一个设备（可能是硬盘或NFS服务器）上挂载一个较大的文件系统。实际上，将一个较大的根文件系统挂载到先前较小的根文件系统上并不罕见。当我们在本章的后面部分研究初始RAM磁盘（initrd和initramfs）时，你就会看到这样的例子。

一个简单的Linux根文件系统可能会包含以下顶层目录项：

```
.
|
|--bin
|--dev
|--etc
|--home
|--lib
|--sbin
|--usr
|--var
|--tmp
```

表6-1列出了这些根目录的目录项中所包含的常见内容。

表6-1　顶层目录项

目　　录	内　　容
bin	二进制可执行文件，系统的所有用户都可使用[①]
dev	设备节点（请参见第8章）
etc	本地系统配置文件
home	用户账号文件
lib	系统程序库，比如标准C程序库和很多其他的程序库
sbin	二进制可执行程序，一般留给系统的超级用户使用
tmp	临时文件
usr	次级文件系统层次结构，用于存放应用程序，一般是只读的
var	包含一些易变的文件，比如系统日志和临时配置文件

Linux文件系统层次结构的最顶端可以通过斜杠符号（/）来引用。例如，为了列出根目录的内容，你会输入以下命令：

```
$ ls /
```

这个命令会产生一个类似以下内容的列表：

```
root@coyote:/# ls /
bin dev etc home lib mnt opt proc root sbin tmp usr var
root@coyote:/#
```

该目录中包含了一些用于其他额外功能的目录项，包括/mnt和/proc。我们在前面说过，/proc是一个特殊的文件系统，其中包含了系统信息，而/mnt则在文件系统的层次结构中预留了一个位置，用于挂载用户设备和文件系统。注意，如果我们引用的目录项前有一个斜杠符号，则表示到达这些目录项的路径是从根目录开始的。

6.1.3　最小化的文件系统

为了说明根文件系统的具体需求，我们创建了一个最小化的根文件系统。这个例子是我们在ADI Engineering公司的Coyote参考板上创建的。代码清单6-1中显示了在这个最小化的根文件系统中使用tree命令时的输出信息。

代码清单6-1　一个最小化的根文件系统的内容

```
.
|-- bin
|   |-- busybox
|   `-- sh -> busybox
|-- dev
```

---

① 嵌入式系统往往除了根用户之外没有其他用户。

```
|    `-- console
|-- etc
|    `-- init.d
|         `-- rcS
`-- lib
     |-- ld-2.3.2.so
     |-- ld-linux.so.2 -> ld-2.3.2.so
     |-- libc-2.3.2.so
     `-- libc.so.6 -> libc-2.3.2.so

5 directories, 8 files
```

这个根文件配置使用了busybox，这是一个专门针对嵌入式系统的常用工具软件，命名也很贴切。简单来说，busybox是一个独立的二进制可执行程序，但支持很多常用的Linux命令行实用程序。busybox非常适合嵌入式系统，我们会在第11章专门讲述这个灵活的工具。

注意，代码清单6-1中的最小化文件系统中只包含了5个目录中的8个文件。这个小型根文件系统可以引导内核并为用户提供功能齐全的命令，用户可以在串行端口终端的命令提示符后输入任何busybox支持的命令。

我们从/bin开始讲述，这个目录中包含可执行程序busybox和一个名为sh的软链接（soft link），它指向busybox。稍后你就会知道必须这样做的原因。/dev中的文件是一个设备节点（第8章会详细解释设备节点），我们需要用它来打开一个控制台设备，用于系统的输入和输出。虽然不是严格必需的，/etc/init.d目录中的rcS文件是默认的初始化脚本，它会在系统启动时由busybox进行处理。当rcS文件不存在时，busybox会发出告警信息，包含rcS文件就不会有这些告警。

最后一个目录中包含了一组必需的文件，它们是两个程序库：glibc（libc-2.3.2.so）和Linux动态加载器（ld-2.3.2.so）。glibc包含标准C程序库中的函数，比如`printf()`和很多其他大多数的应用程序都依赖的常用函数。Linux动态加载器负责将二进制程序加载到内存中，并且，如果应用程序引用了共享库中的函数，它还需要执行动态链接。这个目录中还包含了两个软链接——ld-linux.so.2（指向ld-2.3.2.so）和libc.so.6（指向libc-2.3.2.so）。这些链接为程序库本身提供了版本保护和向后兼容，在所有的Linux系统中都可以找到。

这个简单的根文件系统构成了一个功能完备的系统。在试验它的ARM/XScale开发板上，这个小型根文件系统的大小差不多是1.7 MB。有趣的是，其中超过80%的空间是由C程序库占用的。如果需要精简嵌入式系统，可以考虑使用Library Optimizer Tool（程序库优化工具），这个软件的网址是http://libraryopt.sourceforge.net/。

6.1.4 嵌入式根文件系统带来的挑战

根文件系统会给嵌入式设备带来挑战，解释起来简单，做起来却不容易。除非你足够幸运，在所开发的嵌入式系统中有相当大的硬盘或板载闪存，否则，很难将应用程序和工具都放入单一的闪存设备中。虽然闪存存储设备的价格不断下降，但总是会有竞争的压力让你降低成本并让产品尽快上市。Linux成为越来越受欢迎的嵌入式操作系统，其中的一个重要原因就是大量不断增长的Linux应用程序。

　　删减一个根文件系统的内容，使它的大小能够适应给定的存储空间是一项艰巨的任务。很多软件包或子系统都包含数十个或甚至上百个文件。除了应用程序本身，很多软件包还包含配置文件、程序库、配置工具、图标、文档文件、国际化相关的语言文件、数据库文件等。一个典型的例子是Apache Web服务器程序，这个著名的应用程序来自Apache软件基金会，在嵌入式系统中很常见。流行的嵌入式Linux发行版中就有基本的Apache软件包，而它包含了254个不同的文件。此外，这些文件并不仅仅是简单地复制到文件系统中的同一目录中。它们会分散在文件系统中的几个不同位置，这样Apache应用程序才能正常工作，而不需要对它做修改。

　　以上概念体现了Linux发行版工程的一些基本方面，它们可能非常乏味。Linux发行版的生产厂商，比如Red Hat（桌面和企业市场）和Mentor Graphics（嵌入式市场）花费了大量的工程资源，仅仅是为了完成以下这项工作：将大量的程序、程序库、工具、实用软件和应用程序集中打包在一起，制作成一个Linux发行版。构建根文件系统也必然会涉及若干发布版制作工作，只是规模小一些。

6.1.5　试错法

　　直到最近，填充根文件系统内容的唯一方法就是试错法。也许可以通过编写一组脚本来自动完成这个过程，但是只有开发人员才知道某个给定的功能需要哪些文件。在根文件系统中安装软件包可以使用像红帽软件包管理器（Red Hat Package Manager，rpm）这样的工具。rpm能够合理地解析软件包之间的依赖关系，但它很复杂，学起来也很不容易。此外，使用rpm并不便于创建小型文件系统。如果需要在某个软件包的安装文件中去除那些不必要的文件，比如文档和用不到的工具，rpm就无能为力了。

6.1.6　自动化文件系统构建工具

　　嵌入式Linux发行版的领先厂商推出了一些功能强大的工具，用于在闪存或其他设备上自动构建根文件系统。这些工具一般都有图形界面，开发人员可以按照应用程序或功能选择需要的文件。这些工具也能够从软件包中去除那些不必要的文件，比如文档。有许多还允许你逐一选择需要的文件。这些工具可以生成各种格式的文件系统，便于后期在所选设备上安装。读者可以联系自己最中意的Linux发行版厂商，了解这些工具的具体细节。

　　也有一些开源的自动化文件系统构建工具，其中比较有名的是bitbake（www.openembedded.org/）和buildroot（http://buildroot.uclibc.org/）。第16章会详细介绍几个常见的构建系统。

6.2　内核的最后一些引导步骤

　　前一章介绍了在系统引导的最后阶段内核执行的一些步骤。为了查看方便，代码清单6-2中列出了文件.../init/main.c中最后的代码片段①。

代码清单6-2　最后的引导步骤，来自main.c

```
...
    if (execute_command) {
            run_init_process(execute_command);
            printk(KERN_WARNING "Failed to execute %s.  Attempting "
                                "defaults...\n", execute_command);
    }

    run_init_process("/sbin/init");
    run_init_process("/etc/init");
    run_init_process("/bin/init");
    run_init_process("/bin/sh");

    panic("No init found.  Try passing init= option to kernel.");
```

这是内核线程kernel_init所做的最后一些工作，这个线程是内核在引导的最后阶段创建的。函数run_init_process()很简短，实质上调用了函数execv()——一个内核系统调用，其行为非常有趣。如果在执行过程中没有遇到错误条件，函数execve()永远都不会返回。调用线程在执行时所占用的内存空间会被覆盖，替换成被调用程序的内存镜像。实际上，被调用的程序直接取代了调用线程，包括继承其进程ID（Process ID，PID）。

在Linux内核的开发过程中，这个初始化流程的基本结构在很长时间都没有改变过。实际上，Linux版本1.0中就包含了类似的组成结构。本质上，这就是用户空间②处理的开始。正如你从代码清单6-2中看到的，除非Linux内核可以成功地执行这些进程中的一个，否则内核会停止执行并显示一条错误消息，这条消息就是传给系统调用panic()的参数。如果你曾经花时间开发过嵌入式系统，特别是研究过根文件系统，你一定会对内核函数panic()和这条消息非常熟悉。在因特网上搜索一下panic()错误消息，会得到大量搜索结果。学习完本章内容后，你就会很熟练地解决这个常见错误了。

注意这些程序的一个关键因素：内核认为这些程序都位于一个根文件系统中，而且这个文件系统的结构和代码清单6-1中的相关内容是类似的。因此，我们必须至少要满足内核的需求，init进程才能正常执行。

看一下代码清单6-2，这意味着至少有一个run_init_process()函数调用必须成功。我们可以看到内核会按代码中的顺序依次尝试执行4个程序。同样可以看到，如果这4个程序都没有成功执行，引导中的内核会执行可怕的panic()函数，继而崩溃。记住，文件.../init/main.c中的这个代码片段只会在引导时执行一次。如果没有成功的话，内核所能做的就只有抱怨并终止了，而

---

① 这个代码片段具体来自函数init_post()，而该函数由kernel_init()调用。——译者注
② 实际上，主流Linux内核会在系统引导的早期创建一个类似用户空间的环境，用于实现一些特殊的功能，但这些内容超出了本书的范围。

这正是通过调用函数panic()来完成的。

6.2.1 第一个用户空间程序

在大多数的Linux系统中，/sbin/init这个程序是由内核在引导时执行的。这就是在代码清单6-2中内核首先尝试执行它的原因。实际上，它会成为第一个运行的用户空间程序。回顾一下，内核的执行次序如下：

(1) 挂载根文件系统；

(2) 执行第一个用户空间程序，在这里，就是指/sbin/init。

以代码清单6-1中的最小化文件系统为例，前3次尝试执行一个用户空间进程的努力都会失败，因为我们并没有在文件系统的相应位置提供一个名为init的可执行文件。回忆一下代码清单6-1的内容，文件系统的bin目录下有一个名为sh的软链接，它指向busybox。现在我们应该明白那个软链接的作用了：使busybox成为内核执行的第一个用户进程，同时也满足了用户空间对shell可执行程序[①]的普遍需求。

6.2.2 解决依赖关系

仅仅在文件系统中包含一个像init这样的可执行文件是不够的，不能指望这样就可以完成系统的引导。将一个可执行程序放入文件系统中时，必须同时满足它的依赖关系。大多数应用程序有两类依赖关系：一种是动态链接的应用程序对程序库的依赖，这种应用程序中包含未解决的引用，这需要由程序库提供；另一种是应用程序可能需要的外部配置文件或数据文件。我们可以使用工具来确定前一种依赖关系，但要想知道后一种依赖关系，则至少需要对相关的应用程序有个基本的理解。

举个例子说明一下就会比较清楚了。init就是一个动态链接的可执行程序。为了运行init，我们必须要满足它对程序库的依赖，有一专门为此开发的工具：ldd。为了找出某个应用所依赖的程序库，只需对它运行一下交叉版本的ldd就可以了：

```
$ ppc_4xx-ldd init
        libc.so.6 => /opt/eldk/ppc_4xxFP/lib/libc.so.6
        ld.so.1 => /opt/eldk/ppc_4xxFP/lib/ld.so.1
$
```

从这个ldd的输出中，我们可以看到Power架构的init可执行程序依赖两个程序库——标准C程序库（libc.so.6）和Linux动态加载器（ld.so.1）。

为了满足应用程序的第二种依赖关系，即它可能需要的配置文件和数据文件，唯一的办法就是了解一下这个子系统是如何工作的。举例来说，init期望从/etc目录的inittab数据文件中读取其运行配置。除非你所使用的工具（比如第16章中讲述的一些工具）中内置了这种信息，否则你必须自行提供这些信息。

[①] 当busybox通过sh符号链接（symbolic link）启动时，它会生成一个shell。我们会在第11章详细介绍这方面的内容。

6.2.3 定制的初始进程

值得一提的是，系统用户可以在启动时控制执行哪个初始进程。这是通过一个内核命令行参数实现的。在代码清单6-2中，函数panic()中包含的文本字符串也提示了这一点。我们在第5章中研究过一个内核命令行，在此基础之上可以添加一个用于指定init进程的参数，如下所示：

```
console=ttyS0,115200 ip=bootp root=/dev/nfs init=/sbin/myinit
```

在内核命令行中以这种方式指定init=时，必须在根文件系统的/sbin目录中包含一个名为myinit的二进制可执行程序。在内核的引导过程完成后，myinit会成为第一个获得控制权的进程。

6.3 init 进程

除非要做一些非常特别的事情，否则永远都不需要提供用户定制的初始进程，因为标准的init进程的功能就非常强大和灵活了。init程序和一组启动脚本（我们很快就会介绍它们）共同实现了通常所说的System V Init，该名字来源于最初使用这种方案的UNIX System V。现在就来介绍这个强大的系统配置及控制工具。

在前一节中，我们了解到init是内核在完成引导过程之后创建的第一个用户空间进程。我们还会认识到，在一个运行中的Linux系统中，每个进程都会和另外某个进程之间存在父子关系。init是Linux系统中所有用户空间进程的最终父进程。此外，init提供了一组默认的环境参数，比如初始的系统路径PATH，而所有其他进程都会继承这组参数。

init的主要功能是根据一个特定的配置文件生成其他进程。这个配置文件通常是指/etc/inittab。init有运行级别（runlevel）的概念，可以将运行级别看做系统状态。每个运行级别是由进入这个级别时所运行的服务和生成的程序决定的。

任意时刻，init只能处于一种运行级别之中。init使用的运行级别为0~6，以及一个被称为S的特殊运行级别。运行级别0命令init终止系统，而运行级别6则会重启系统。每个运行级别一般都有一组相关的启动和关闭脚本，它们定义了系统处于这个运行级别时的动作和行为。配置文件/etc/inittab决定了系统处于某个运行级别时所执行的动作，我们稍后就会讲述这个文件。

很多Linux发行版会保留几个运行级别用于特殊目的。表6-2中描述了许多Linux发行版中常用的运行级别及其作用。

表6-2 运行级别

运行级别	作 用
0	系统关机（终止）
1	单用户系统配置，用于维护
2	用户自定义
3	通用的多用户配置
4	用户自定义

（续）

运行级别	作　用
5	多用户配置，启动后进入图形界面
6	系统重启

　　与运行级别相关的脚本文件一般位于目录/etc/rc.d/init.d中。在这个目录中找可以到大多数用于启动和停止相应服务的脚本。可以通过运行脚本手动配置服务，在运行脚本时需要将合适的参数（比如start、stop或restart）传递给脚本。代码清单6-3列出了重启NFS服务的例子。

代码清单6-3　重启NFS

```
$ /etc/init.d/nfs-kernel-server restart
Shutting down NFS mountd:                              [  OK  ]
Shutting down NFS daemon:                              [  OK  ]
Shutting down NFS quotas:                              [  OK  ]
Shutting down NFS services:                            [  OK  ]
Starting NFS services:                                 [  OK  ]
Starting NFS quotas:                                   [  OK  ]
Starting NFS daemon:                                   [  OK  ]
Starting NFS mountd:                                   [  OK  ]
```

　　使用过Red Hat或Fedora等桌面Linux发行版的用户，肯定在系统启动时看到过类似的输出信息。

　　运行级别是由它所启动的服务定义的。大多数的Linux发行版都会在目录/etc中包含一个目录结构，这些目录中包含了符号链接，指向目录/etc/rc.d/init.d中的服务脚本。与运行级别相关的目录一般位于目录/etc/rc.d中。在这个目录中，存在一系列与运行级别相关的目录，一般一个运行级别对应一个目录，目录中包含每个运行级别的启动和关闭脚本。init只是在进入和退出一个运行级别时执行这些脚本。这些脚本定义了系统状态，而inittab则是告诉init某个运行级别是和哪些脚本相关联的。代码清单6-4中显示了目录/etc/rc.d中的目录结构，这些目录中的内容分别决定了在进入和退出某个运行级别时的行为。

代码清单6-4　运行级别目录结构

```
$ ls -l /etc/rc.d
total 96
drwxr-xr-x  2 root root  4096 Oct 20 10:19 init.d
-rwxr-xr-x  1 root root  2352 Mar 16  2009 rc
drwxr-xr-x  2 root root  4096 Mar 22  2009 rc0.d
drwxr-xr-x  2 root root  4096 Mar 22  2009 rc1.d
drwxr-xr-x  2 root root  4096 Mar 22  2009 rc2.d
drwxr-xr-x  2 root root  4096 Mar 22  2009 rc3.d
drwxr-xr-x  2 root root  4096 Mar 22  2009 rc4.d
```

```
drwxr-xr-x  2 root root  4096 Mar 22  2009 rc5.d
drwxr-xr-x  2 root root  4096 Mar 22  2009 rc6.d
-rwxr-xr-x  1 root root   943 Dec 31 16:36 rc.local
-rwxr-xr-x  1 root root 25509 Jan 11  2009 rc.sysinit
```

每个运行级别是由目录rcN.d（其中的N是运行级别）中的脚本定义的。每个rcN.d目录都包含大量的符号链接，它们按照特定的顺序排列。这些符号链接的名字以K或S开头。以S开头的符号链接指向启动时（进入这个运行级别）执行的服务脚本。那些以K开头的符号链接指向关闭时（退出这个运行级别）执行的服务脚本。代码清单6-5中显示了一个简单的例子，这个目录中只包含了少量脚本。

代码清单6-5　简单的运行级别目录示例

```
lrwxrwxrwx  1 root root 17 Nov 25  2009 S10network -> ../init.d/network
lrwxrwxrwx  1 root root 16 Nov 25  2009 S12syslog  -> ../init.d/syslog
lrwxrwxrwx  1 root root 16 Nov 25  2009 S56xinetd  -> ../init.d/xinetd
lrwxrwxrwx  1 root root 16 Nov 25  2009 K50xinetd  -> ../init.d/xinetd
lrwxrwxrwx  1 root root 16 Nov 25  2009 K88syslog  -> ../init.d/syslog
lrwxrwxrwx  1 root root 17 Nov 25  2009 K90network -> ../init.d/network
```

根据这个目录中的内容，当进入这个假想的运行级别时，启动脚本会启动以下3个服务：network、syslog和xinetd。因为3个以S开头的脚本是按照它们名称中的数字顺序排列的，它们也会按这个顺序启动。类似地，当退出这个运行级别时，以下3个服务会终止：xinetd、syslog和network。同样，这3个以K开头的符号链接文件名中包含了一个两位数字，它们按照这个数字的顺序终止服务。在一个实际的系统中，运行级别的目录中肯定会有更多的文件。也可以在这些目录中添加文件，以适合自己的定制应用。

init配置文件中定义了一个顶层脚本，它负责执行这些启动和关闭服务的脚本，我们现在就来研究一下这个顶层脚本。

6.3.1　inittab

当init启动时，它会读取系统配置文件/etc/inittab。这个文件中包含了针对每个运行级别的指令，也包含了对所有运行级别都有效的指令。有很多文档讲述了这个文件以及init的行为，大多数Linux工作站的帮助手册（man page）中都有相关介绍，而且很多系统管理方面的书籍也对它们有详细的说明。我们并不想重复这些内容；我们关注的是开发人员如何为嵌入式系统配置inittab。如果想详细了解inittab和init是如何协同工作的，可以查看它们的帮助手册，只需在终端输入命令man init和man inittab就行了。

现在来看一个典型的inittab，它用于一个简单的嵌入式系统中。代码清单6-6中显示了一个系统的简单的inittab例子，该系统只支持一个运行级别，以及关机和重启。

代码清单6-6　简单的 `inittab`

```
# /etc/inittab

# 默认的运行级别（这个例子中是2）
id:2:initdefault:
# 这是第一个运行的进程（实际上是一个脚本）
si::sysinit:/etc/rc.sysinit

# 当进入运行级别0时，执行关机脚本
10:0:wait:/etc/init.d/sys.shutdown

# 当进入运行级别2时，执行正常的启动脚本
12:2:wait:/etc/init.d/runlvl2.startup

# 这一行执行一个重启脚本（运行级别6）
16:6:wait:/etc/init.d/sys.reboot

# 这一行在控制台上生成一个登录shell
# respawn意味着每次终止后它都会重新启动
con:2:respawn:/bin/sh
```

这个非常简单①的inittab脚本描述了3个不同的运行级别。每个运行级别和一个脚本相关联，脚本必须由开发人员根据运行级别的期望行为而创建。当init读取inittab文件时，执行的第一个脚本是/etc/rc.sysinit，由标签sysinit表示。然后，init进入运行级别2，并执行专为运行级别2定义的脚本。在这个例子中，这个脚本是指/etc/init.d/runlvl2.startup。也许你已经从代码清单6-6中的:wait:标签猜到了，init要等到这个脚本完成后才会继续。当运行级别2的脚本完成后，init会在控制台上生成一个登录shell（通过/bin/sh符号链接），正如代码清单6-6的最后一行所示。关键字respwan指示init每次发现shell已经退出时重启它。代码清单6-7显示了系统引导时的输出消息。

代码清单6-7　启动消息示例

```
...
VFS: Mounted root (nfs filesystem).
Freeing init memory: 304K
INIT: version 2.78 booting
This is rc.sysinit
INIT: Entering runlevel: 2
This is runlvl2.startup

#
```

----

① 这个inittab对于小型专用嵌入式系统来说是个很好的例子。

该示例中的启动脚本很简单，仅仅是为了说明概念而打印出自身功能的描述信息。当然，在实际的系统中，这些脚本会开启一些特性和服务来完成有意义的工作！学习了这个例子中的简单配置脚本后，可以在/etc/init.d/runlv12.start脚本中启动服务和应用，以适应特定的组件。同时，需要在关机和重启脚本中做相反的工作——关闭这些应用、服务和设备。下一节我们会考察一些典型的系统配置，以及启动脚本启用这些配置所必需的条目。

6.3.2　Web 服务器启动脚本示例

这个示例的启动脚本虽然很简单，但它可以说明一些机制，指导你设计自己的系统启动和关机行为。这个例子基于busybox，它和init的初始化行为稍有不同。我们会在第11章中详细说明它们的不同之处。

在典型的包含Web服务器的嵌入式应用中，你也许会期望系统中有多个服务器，用于系统维护和远程访问。在这个例子中，我们启用了访问HTTP和Telent（通过inetd）的服务器。代码清单6-8中显示了一个简单的rc.sysinit脚本，用于我们假想的Web服务器设备。

代码清单6-8　Web服务器的rc.sysinit

```
#!/bin/sh

echo "This is rc.sysinit"

busybox mount -t proc none /proc

# 加载系统日志程序
/sbin/syslogd
/sbin/klogd

# 开启老式的PTY，以支持telnetd
busybox mkdir /dev/pts
busybox mknod /dev/ptmx c 5 2
busybox mount -t devpts devpts /dev/pts
```

这个简单的初始化脚本首先挂载proc文件系统，我们将会在第9章中详细介绍这个有用的子系统。接着启动系统日志程序，借此我们可以记录系统的运行信息。在系统出错时，这些日志特别有用。脚本中的最后一些条目用于开启对UNIX PTY子系统的支持，这个例子中使用的Telnet服务器在实现功能时需要该子系统。

代码清单6-9中显示了在运行级别2的启动脚本中使用的命令。这个脚本中包含的命令用于开启我们需要的服务。

代码清单6-9　运行级别2的启动脚本示例

```
#!/bin/sh
```

```
echo "This is runlvl2.startup"

echo "Starting Internet Superserver"
inetd

echo "Starting web server"
webs &
```

注意到这个运行级别2的启动脚本非常简单。首先，我们开启了所谓的因特网超级服务器inetd，它会拦截常见的TCP/IP请求并启动相应的服务，本例中，启用Telnet服务的配置文件是/etc/inetd.conf；接着执行Web服务器程序webs。这就是脚本的所有内容了。虽然很简单，但这是一个可以正常工作的脚本，能够启动Telnet和Web服务。

为了完成整个配置，还需要提供一个关机脚本（参考代码清单6-6），用于在系统关机之前关闭Web服务器和因特网超级服务器。在这个简单的场景中，对于正确地关机，这些操作已经足够了。

6.4 初始 RAM 磁盘

Linux内核中包含了两种挂载早期根文件系统的机制，用于执行某些和启动相关的系统初始化及配置。我们会先讨论老式方法，即初始RAM磁盘（initial ramdisk）或initrd。下一节会介绍新的方法——initramfs。

初始RAM磁盘，或简称为initrd，是一种用于启动早期用户空间处理流程的老式方法。对这个功能的支持必须编译至内核中。编译内核时，相关的选项可以在内核配置工具中找到，具体位置是General Setup中的RAM disk support选项。图6-1中显示了一个配置initrd和initramfs的例子。

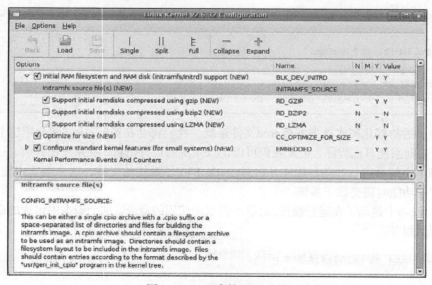

图6-1　Linux内核配置工具

初始RAM磁盘是一个功能完备的小型根文件系统，它通常包含一些指令，用于在系统引导完成之前加载一些特定的设备驱动程序。比如，在Red Hat和Ubuntu等Linux工作站发行版中，初始RAM磁盘的作用就是在挂载真正的根文件系统之前加载EXT3文件系统的设备驱动程序。Initrd一般用于加载访问真正的根文件系统必需的设备驱动程序。

6.4.1　使用 `initrd` 进行引导

为了使用initrd的功能，大多数架构的引导加载程序会将initrd镜像传递给内核。常见的场景是，引导加载程序先将压缩过的内核镜像加载到内存中，接着将initrd镜像加载到另一段可用内存中。在这个过程中，引导加载程序负责在将控制权转交给内核之前，将initrd镜像的加载地址传递给内核。具体的机制取决于架构、引导加载程序和平台的实现。然而，内核必须知道initrd镜像的位置才能够加载它。

有些架构和平台会构造单个合成的二进制镜像。当引导加载程序所引导的Linux不支持加载initrd镜像时就会采用这种方式。在这种情况下，内核和initrd镜像只是简单地拼接在一起，形成一个合成的镜像。可以在内核的makefile[1]中找到对这种合成镜像的引用，名称为bootpImage。目前，只有ARM架构使用了这种方式[2]。

那么，内核怎么知道哪里可以找到initrd镜像呢？除非引导加载程序里做了特别处理，通常情况下，使用内核命令行就可以将initrd镜像的起始地址和大小传递给内核。下面是一个在采用TI OMAP 5912处理器的ARM参考板上使用内核命令行的例子：

```
console=ttyS0,115200 root=/dev/nfs                              \
    nfsroot=192.168.1.9:/home/chris/sandbox/omap-target        \
    initrd=0x10800000,0x14af47
```

书页宽度有限，我们分几行来显示这个内核命令行。实际上只有一行，这里分开显示的几行用空格隔开。这个内核命令行定义了以下内核行为：

- 在设备ttyS0上指定一个控制台，波特率为115 200；
- 通过NFS（网络文件系统）挂载根文件系统；
- 在主机192.168.1.9（目录为/home/chris/sandbox/omap-target）上找到NFS根文件系统；
- 加载并挂载初始RAM磁盘，物理内存地址为0x10800000，大小为0x14AF47（1 355 591 B）。

关于这个例子还有一点要注意：通常initrd镜像都是经过压缩的。内核命令行中指定的大小是指压缩后的镜像大小。

6.4.2　引导加载程序对 `initrd` 的支持

下面再来看一个简单的例子，它基于流行的U-Boot引导加载程序并运行在ARM处理器之上。U-Boot能够直接引导Linux内核，并且能够在引导内核镜像时包含initrd镜像。代码清单6-10显

---

① 具体的makefile路径为.../arch/arm/Makefile。——译者注

② 这种技术基本上已经被initramfs所取代，我们下面会介绍。

示了一个典型的使用了initrd镜像的引导过程。

代码清单6-10　　ramdisk支持的内核引导

```
[uboot]> tftp 0x10000000 kernel-uImage
...
Load address: 0x10000000
Loading: ########################## done
Bytes transferred = 1069092 (105024 hex)

[uboot]> tftp 0x10800000 initrd-uboot
...
Load address: 0x10800000
Loading: ########################################## done
Bytes transferred = 282575 (44fcf hex)

[uboot]> bootm 0x10000000 0x10800040
Uncompressing kernel.................done.
...
RAMDISK driver initialized: 16 RAM disks of 16384K size 1024 blocksize
...
RAMDISK: Compressed image found at block 0
VFS: Mounted root (ext2 filesystem).
Greetings: this is linuxrc from Initial RAMDisk
Mounting /proc filesystem

BusyBox v1.00 (2005.03.14-16:37+0000) Built-in shell (ash)
Enter 'help' for a list of built-in commands.

# (<<<< Busybox 命令行提示符)
```

在这里简要介绍一下U-Boot引导加载程序，我们还会在下一章仔细研究。tftp命令指示
U-Boot从TFTP服务器上下载内核镜像。内核镜像被下载下来后，它会被放到目标系统内存的基
地址处，地址值为256 MB（十六进制表示为0x10000000）①。接着，另一个镜像，即初始RAM磁
盘镜像，也被下载下来并放到一个较高的内存地址处（在这个例子中是256 MB + 8 MB）。最后，
我们运行U-Boot的bootm命令，这个命令的含义是"从内存引导"（boot from memory）。bootm
命令有两个参数：一个是Linux内核镜像的地址，另一个参数是可选的，如果有的话，它是指初
始RAM磁盘镜像的地址。

特别注意U-Boot引导加载程序的一个特性：它完全支持通过以太网加载内核镜像和ramdisk
镜像，这个特性非常有助于开发。也可以使用别的方法将内核和ramdisk镜像加载到目标板上。
可以使用基于硬件的闪存编程工具将这些镜像烧写到闪存中，或者可以使用一个串行端口，通过

---

① 在这个特定的目标板上，物理SDRAM的起始地址为256 MB。

RS-232下载内核和文件系统镜像。然而，由于这些镜像一般都比较大（内核的大小为1 MB左右，而一个ramdisk的大小会有几十兆字节），使用这种基于以太网的TFTP下载方式，会节省大量的开发时间。无论选择哪种引导加载程序，确保它支持通过网络下载镜像。

6.4.3 initrd 的奥秘所在：linuxrc

当内核引导时，它首先会检测initrd镜像是否存在。然后，它会将这个压缩的二进制文件从内存中的指定位置复制到一个合适的内核ramdisk中，并挂载它作为根文件系统。initrd的奥秘来自一个特殊文件的内容，而这个文件就存储在initrd镜像中。当内核挂载初始的ramdisk时，它会查找一个名为linuxrc的特殊文件。它将这个文件当作是一个脚本文件，并执行其中包含的命令。这种机制允许系统设计者控制initrd的行为。代码清单6-11显示了一个linuxrc文件的内容。

代码清单6-11　linuxrc文件示例

```
#!/bin/sh

echo 'Greetings: this is 'linuxrc' from Initial Ramdisk'
echo 'Mounting /proc filesystem'
mount -t proc /proc /proc

busybox sh
```

实际上，这个文件会包含一些命令，而它们需要在挂载真正的根文件系统之前执行。举例来说，该文件可能会包含一条加载CompactFlash驱动程序的命令，以便从CompactFlash设备上获取一个真正的根文件系统。在代码清单6-6的例子中，仅仅创建一个busybox shell，并且暂停了引导过程以便检查。你可以从代码清单6-10中看到由busybox shell生成的#命令行提示符。如果在此输入exit命令，内核会继续其引导过程直至完成。

当内核将ramdisk（initrd镜像）从物理内存复制到一个内核ramdisk之后，它会将这块物理内存归还到系统的可用内存池中。你可以认为这是将initrd镜像转移了一下，从物理内存的一个固定地址转移到内核自身的虚拟内存中（形式是一个内核ramdisk设备）。

关于代码清单6-11还有最后一点要注意：挂载/proc文件系统时使用的mount命令[①]似乎多用了一个proc。下面这个命令也是有效的：

```
mount -t proc none /proc
```

注意mount命令中的device字段已经被替换成了none。mount命令会忽略device字段，因为没有任何物理设备和proc文件系统相关联。命令中有-t proc就足够了，这会指示mount将/proc文件系统挂载到/proc挂载点（目录）上。使用前一种命令是为了说明我们实际上是将一个内核伪设备（/proc文件系统）挂载到/proc上。mount命令会忽略device参数，你可以选择自己喜欢的

---

① 挂载文件系统所用的mount命令的格式为：mount -t type device directory。——译者注

方式。使用前一种命令形式挂载成功后，在命令行中输入mount时①，输出信息中的device字段会显示为proc，而不是none，这就会提醒你这是一个虚拟文件系统。

6.4.4　initrd 探究

作为Linux引导过程的一部分，内核必须找到并挂载一个根文件系统。在引导过程的后期，内核通过函数prepare_namespace()决定要挂载的文件系统及挂载点，这个函数位于文件.../init/do_mounts.c中。如果内核支持initrd（如图6-1所显示的那样）并且内核命令行也是按此进行配置的，内核会解压物理内存中的initrd镜像，并最终将这个文件的内容复制到一个ramdisk设备（/dev/ram）中。这时，我们拥有了一个位于内核ramdisk中的合适的文件系统。当文件系统被读入到ramdisk中后，内核实际上会挂载ramdisk设备作为其根文件系统。最后，内核生成一个内核线程，用以执行initrd镜像中的linuxrc文件。②

当linuxruc脚本执行完毕后，内核会卸载initrd，并继续执行系统引导的最后一些步骤。如果真正的根设备中有一个名为/initrd的目录，Linux会将initrd文件系统挂载到这个路径上（称为挂载点）。如果最终的根文件系统中不包含这个目录，initrd镜像就简单地被丢弃了。

如果内核命令行中包含root=参数并指定一个ramdisk（比如root=/dev/ram0），那么前面所描述的initrd的行为会发生两个重要的改变。首先，linuxrc文件将不会得到处理。其次，内核不会尝试挂载另一个文件系统作为其根文件系统。这意味着你可以拥有一个Linux系统，其中initrd是它唯一的根文件系统。这对于小型的系统配置很有用，这类系统中唯一的根文件系统就是ramdisk。如果在内核命令行中指定/dev/ram0，当整个系统初始化完成后，initrd就会成为最终的根文件系统。

6.4.5　构造 initrd 镜像

开发嵌入式系统时会遇到的一些挑战，其中之一就是创建合适的根文件系统镜像。创建合适的initrd镜像就更具挑战性了，因为我们需要限定它的大小并专门制作。这一节将研究initrd的需求以及其文件系统的内容。

代码清单6-12是运行tree命令显示本章示例initrd镜像的内容。

代码清单6-12　initrd示例内容

```
.
|-- bin
|   |-- busybox
|   |-- echo -> busybox
|   |-- mount -> busybox
```

---

① 如果输入mount命令时不带任何参数，这个命令会输出所有已挂载的文件系统的信息。——译者注

② 由于篇幅有限，我们只是非常简单地描述了这一系列事件。实际的机制在概念上与此类似，但为了清晰起见，我们省略了几处重要的细节。我们建议你阅读内核源代码了解这些细节。请参考文件.../init/main.c和.../init/do_mounts*.c。

```
|    `-- sh -> busybox
|-- dev
|    |-- console
|    |-- ram0
|    `-- ttyS0
|-- etc
|-- linuxrc
`-- proc

4 directories, 8 files
```

正如你所看到的，它真的非常小；在未压缩的情况下，它只占用500 KB多一点的空间。initrd 基于busybox，具有很多功能。这个例子中的busybox是静态链接的，不依赖于任何系统程序库。我们会在第11章讲述更多关于busybox的信息。

6.5 使用 `initramfs`

执行早期的用户空间程序还有一种更好的机制，那就是使用initramsfs。从概念上讲，它类似于前一节中讲述的initrd。我们同样可以通过图6-1所示的配置来选择使用它。它的作用也是类似的：在挂载真正的（最后的）根文件系统之前加载一些必需的设备驱动程序。然而，它与initrd机制有很多显著区别。

initrd与initramfs之间的技术实现细节差别很大。例如，initramfs是在调用do_basic_setup()[1]之前加载的，这就提供了一种在加载设备驱动之前加载固件的机制。想了解更多详细信息，请参考Linux内核代码中关于这个子系统的文档，具体位置为.../Documentation/filesystems/ramfs-rootfs-initramfs.txt。

从实用的角度看，initramfs更加容易使用。initramfs是一个cpio格式的档案文件，而initrd是一个使用gzip压缩过的文件系统镜像。这个简单的区别让initramfs更易使用，而且无须成为root用户就能创建它。它已经集成到Linux内核源码树中了，当构建内核镜像时，会自动创建一个默认小型（几乎没有内容）initramfs镜像。改动这个小型镜像要比构建和加载新的initrd镜像容易得多。

代码清单6-13显示了Linux内核源码树的.../usr目录的内容，initramfs镜像就是在这里构建的。代码清单6-13中显示的是内核构建后目录中的内容。

代码清单6-13 内核`initramfs`的构建目录

```
$ ls -l usr
total 72
```

---

[1] do_basic_setup是在.../init/main.c中被调用的，而且它会调用do_initcalls()。这会引起驱动模块的初始化函数得到调用。第5章中详细描述了这个函数，并在代码清单5-10中显示了它的内容。

```
-rw-r--r-- 1 chris chris  1146 2009-12-16 12:36 built-in.o
-rwxr-xr-x 1 chris chris 15567 2009-12-16 12:36 gen_init_cpio
-rw-r--r-- 1 chris chris 12543 2009-12-16 12:35 gen_init_cpio.c
-rw-r--r-- 1 chris chris  1024 2009-06-24 10:57 initramfs_data.bz2.S
-rw-r--r-- 1 chris chris   512 2009-12-16 12:36 initramfs_data.cpio
-rw-r--r-- 1 chris chris  1023 2009-06-24 10:57 initramfs_data.gz.S
-rw-r--r-- 1 chris chris  1025 2009-06-24 10:57 initramfs_data.lzma.S
-rw-r--r-- 1 chris chris  1158 2009-12-16 12:36 initramfs_data.o
-rw-r--r-- 1 chris chris  1021 2009-06-24 10:57 initramfs_data.S
-rw-r--r-- 1 chris chris  4514 2009-06-24 10:57 Kconfig
-rw-r--r-- 1 chris chris  2154 2009-12-16 12:35 Makefile
```

Linux内核源码树的.../scripts目录中有一个名为gen_initramfs_list.sh的脚本文件，其中定义了哪些文件会默认包含在initramfs档案文件中。对于最新的Linux内核，这些默认文件[1]类似于代码清单6-14中所列出的文件。

代码清单6-14   initramfs中包含的文件

```
dir /dev 0755 0 0
nod /dev/console 0600 0 0 c 5 1
dir /root 0700 0 0
```

这会生成一个小型的默认目录结构，其中包含/root和/dev两个顶层目录，还包含一个单独的代表控制台的设备节点。内核文档.../Documentation/filesystems/ramfs-rootfs-initramfs中详细讲述了如何指定initramfs文件系统的组成部分。总而言之，上面的代码清单会生成一个名为/dev的目录项（dir），文件权限为0755，用户ID和组ID都是0（代表root用户）。第二行定义了一个名为/dev/console的设备节点（nod），文件权限为0600，用户ID和组ID都是0（代表root用户），它是一个字符设备（c），主设备号为5，次设备号为1[2]。第三行创建了另一个目录，名为/root，规格与/dev目录类似。

定制 initramfs

有两种针对特定需求定制initramfs的方法。一种方法是创建一个cpio格式的档案文件，其中包含你所需的所有文件，另一种方法是指定一系列目录和文件，这些文件会和gen_initramfs_list.sh所创建的默认文件合并在一起。你可以通过内核配置工具来为initramfs指定一个文件源。在内核配置中开启INITRAMFS_SOURCE，并将它指向开发工作站上的一个目录。图6-1中高亮显示了这个配置参数。内核的构建系统会使用这个目录中的文件作为initramfs镜像的源文件。让我们使用一个最小化的文件系统（类似于代码清单6-1中创建的文件系统）来研究一下它的机制。

---

① 参考此脚本文件中的函数default_initramfs()。——译者注
② 如果你对设备节点以及主次设备号的概念不熟悉，可以参考第8章中对这些内容的介绍。

首先，我们会构造一个文件的集合，其中包含了一个最小化系统所需的文件。initramfs应当是短小精干的，由此我们可以基于静态编译的busybox来构造它。静态编译busybox意味着它不依赖于任何系统程序库。除了busybox之外，我们需要的文件很少了：一个是代表控制台的设备节点，它位于名为/dev的目录中，还有一个是指向busybox的符号链接，名为init。最后，我们还要包含一个busybox的启动脚本，用于系统启动后生成一个shell与我们交互。代码清单6-15显示了这个最小化文件系统的详细内容。

代码清单6-15　最小化的initramfs内容

```
$ tree ./usr/myinitramfs_root/
.
|-- bin
|   |-- busybox
|   `-- sh -> busybox
|-- dev
|   `-- console
|-- etc
|   `-- init.d
|       `-- rcS
`-- init -> /bin/sh

4 directories, 5 files
```

当我们将内核配置参数INITRAMFS_SOURCE指向这个目录时，内核会自动构建生成initramfs（这会是个压缩过的cpio档案文件），并且将它链接到内核镜像中。

我们需要注意一下符号链接init的作用。当内核配置了initramfs时，它会在initramfs镜像的根目录中搜索一个名为/init的可执行文件。如果能够找到这个文件，内核会将它作为init进程执行，并设置它的PID（进程ID）为1。如果找不到这个文件，内核会略过initramfs，并继续进行常规的根文件系统处理。这一处理逻辑可以在源码文件.../init/main.c中找到。一个名为ramdisk_execute_command的字符指针中包含了指向这个初始化命令的指针，默认指向"/init"。

有一个名为rdinit=的内核命令行参数，如果设置了这个参数，那么以上字符指针就不再指向"/init"。[①]这个参数的使用类似于init=。要使用这个参数，只需在内核命令行中添加它就行了。例如，在内核命令行中设置rdinit=/bin/sh就可以直接调用shell应用busybox。

6.6 关机

在设计嵌入式系统时，我们常常会忽略有序关机的重要性。不恰当地关机会影响启动时间，甚至会损坏某些文件系统。EXT2文件系统（它多年以来都是桌面Linux发行版的默认文件系统）

---

① 可参考内核源码文件.../init/main.c中的函数rdinit_setup()，这个函数对应内核命令行的参数rdinit=。

的使用者经常会有这样的抱怨：当系统意外掉电后再启动时，fsck（file system check）会花费大量时间检查文件系统。对于那些配备了大容量磁盘系统的服务器来说，使用fsck检查一些大的EXT2分区会花上几个小时。

每个嵌入式系统往往都会有自己的关机策略。适用于某个系统的策略并不一定会适用于其他的系统。不同系统的关机规模也有所不同，复杂的系统会进行完整的System V方式的关机，而简单系统只使用一个简单的脚本来关机和重启。有几个Linux系统下的工具可以帮助实现关机操作，包括shutdown、halt和reboot命令。当然，前提是这些工具必须能够适用于你所选择的架构。

一个关机脚本应该可以终止所有的用户空间进程，包括关闭这些进程打开的任何文件。如果使用init，执行命令init 0可以关闭系统。一般而言，关机进程首先会向所有的进程发送SIGTERM信号，通知它们系统正在关机。关机进程会等待一小段时间，确保所有进程得以完成自身的关机操作，比如关闭文件，保存状态等。之后，关机进程会向所有进程发送SIGKILL信号，终止这些进程。关机进程还应该卸载所有已经挂载的文件系统，并调用与具体架构相关的关机或重启函数。Linux的shutdown命令结合init完成这类行为。

6.7   小结

本章深入介绍了Linux内核系统的用户空间初始化。掌握这些知识后，你应该就可以自己定制嵌入式系统的启动过程了。

- 所有的Linux系统都需要一个根文件系统。从零开始创建一个根文件系统是比较困难的，因为每个应用程序都有复杂的依赖关系。
- 文件系统层次结构标准规定了文件系统的布局，目的是实现最大限度的兼容性和灵活性，这个标准对开发人员有指导作用。
- 我们举例介绍了一个最小化的文件系统，并借此介绍如何创建根文件系统。
- Linux内核最后的一些引导步骤定义并控制Linux系统的启动行为。根据嵌入式Linux系统的具体需求，有几种不同的机制可供选择。
- init进程是一个功能强大的系统配置和管理工具，它可以作为嵌入式Linux系统的基础。本章介绍了基于init的系统初始化，还介绍了几个启动脚本的配置。
- 初始ramdisk（initrd）是Linux内核的一个特性，它允许我们在挂载最终的根文件系统和创建init进程之前进一步定制系统的启动行为。我们介绍了这个机制，并给出了一个配置示例说明如何使用这个强大的特性。
- initramfs简化了初始ramdisk的机制，但提供了类似的早期启动功能。它更易于使用，不需要加载单独的镜像，而且会在内核构建时自动生成。

补充阅读建议

文件系统层次结构标准，由freestandards.org维护。
www.pathname.com/fhs/

引导过程、init和关机，Linux文档项目。
http://tldp.org/LDP/intro-linux/html/sect_04_02.html

"Init手册"，Linux文档项目。
http://tldp.org/LDP/sag/html/init-intro.html

System V init简介
http://docs.kde.org/en/3.3/kdeadmin/ksysv/what-is-sysv-init.html

"引导Linux：历史和未来"，Werner Almesberger。
www.almesberger.net/cv/papers/ols2k-9.ps

6

## 第 7 章

引导加载程序

本章内容

❑ 引导加载程序的作用

❑ 引导加载程序带来的挑战

❑ 通用引导加载程序：Das U-Boot

❑ 移植U-Boot

❑ 设备树对象（扁平设备树）

❑ 其他引导加载程序

❑ 小结

前 几章已经提到了引导加载程序，甚至提供了一些相关操作的例子。作为嵌入式系统的关键组件，引导加载程序为创建系统软件提供了基础。这一章首先研究引导加载程序在系统中所起的作用，而后介绍引导加载程序的一些共有特性。有了这些背景知识之后，我们会仔细查看嵌入式系统中很流行的一个引导加载程序。最后，我们会介绍其他几个比较常用的引导加载程序。

目前使用中的引导加载程序实在太多了。即使只是仔细研究那些最流行的引导加载程序也是不现实的。因此，我们会解释一些基本概念并以U-Boot引导加载程序为例进行讲解，U-Boot是开源社区中最为流行的引导加载程序，适用于Power、MIPS、ARM等架构。

7.1 引导加载程序的作用

当一块处理器板第一次加电时，即使是最简单的程序也需要在很多硬件得到初始化之后才能运行。在处理器复位（reset）之后，每种架构和处理器都会执行一组预定义的动作和配置，这包括从板载的存储设备（一般是闪存）中获取初始化代码。早期的初始化代码是引导加载程序的一部分，并且负责激活处理器和相关的硬件设备。

在加电并复位之后，大多数处理器都会从一个默认的地址处获取代码。硬件设计人员会根据这个信息来安排板载闪存的布局，并选择闪存所对应的地址范围。通过这种方式，当硬件板卡加电时，处理器会从一个众所周知的、可预知的地址获取代码，接着就可以建立软件的控制。

引导加载程序提供了这个早期的初始化代码并且负责初始化硬件板卡，以便其他程序可以运行。这个早期的初始化代码几乎都是使用处理器的本地汇编语言来编写的。仅仅是这个现实就会带来很多挑战，我们在这里会考察其中的一部分。

当然，当引导加载程序完成基本的处理器和平台初始化之后，它的主要任务是获取并引导一个完整的操作系统。它负责定位、载入以及将控制权移交给主操作系统，此外，引导加载程序可能还包含以下高级功能，例如验证操作系统镜像、升级自身或操作系统镜像，或者是基于开发人员定义的策略从几个操作系统镜像中选择一个。和传统的PC-BIOS模型不同的是，当操作系统获得控制权之后，引导加载程序就会被覆盖，不复存在了。[①]

7.2　引导加载程序带来的挑战

即使是一个用C语言编写的简单的"Hello World"程序也需要可观的硬件和软件资源。但是应用程序开发人员不需要知道或关心这些细节。因为C运行时环境（C runtime environment）透明地提供了这些基础设施。然而，引导加载程序的开发人员却无福享受这个便利。每个引导加载程序所需的资源在使用之前都必须先分配好并仔细初始化。一个最显著的例子是动态随机访问存储器（DRAM）。

7.2.1　DRAM 控制器

DRAM芯片不能够像访问其他微处理器总线资源一样直接读写。这些芯片需要配备特殊的硬件控制器才能实现读写。更麻烦的是，DRAM必须不断刷新，否则，其中包含的内容就会丢失。刷新是通过系统有序地读取DRAM中每个存储单元的内容来实现的，而读取操作必须在DRAM生产厂商规定的特定时间内完成。主流DRAM芯片支持多种操作模式，比如突发（burst）模式和针对高性能应用的双数据速率（Dual Data Rate，DDR）模式。DRAM控制器负责配置DRAM、在厂商规定的时间内刷新并响应来自处理器的读写命令。

嵌入式开发的新手在设置DRAM控制器时常常会遭受挫折。这需要深入了解DRAM架构、控制器本身、使用的特定DRAM芯片以及整体的硬件设计。这个主题超出了本书的范围，但是你可以参考本书末尾的附录，了解更多相关的重要概念。附录C提供了很多关于这个重要主题的背景知识。

在正确地初始化DRAM控制器和DRAM本身之前，嵌入式系统能做的事情很少。引导加载程序首先必须要做的工作之一就是启用内存子系统。当内存初始化完成后，它就成为系统的可用资源。实际上，很多引导加载程序在完成内存的初始化之后，所做的第一件事就是将它们自身复制到DRAM中，以加快执行速度。

7.2.2　闪存与 RAM

引导加载程序还有另一种内在的复杂性，那就是它们需要存放于非易失性存储介质（比如闪

[①] 有些嵌入式设计会保护引导加载程序，并提供一些回调用于调用引导加载程序中的函数，但这不是一种好的设计方案。因为Linux的功能要比引导加载程序强大很多，所以这样做的意义不大。

存）中，但又常常加载到内存中执行。同样，这一复杂性源于引导加载程序的可用资源有限。在一个功能完备、运行Linux的计算机系统中，编译一个程序并从非易失性存储介质中读取并执行它相对比较容易。运行时程序库、操作系统和编译器会协同合作创造出必需的基础设施，将程序从非易失性存储介质加载到内存中，并将控制权转交给它。我们前面提到的"Hello World"程序就是一个很好的例子。在编译完这个程序之后，我们只需要在命令行中输入可执行程序的名称（hello），就可以将它加载到内存中并执行（当然，前提是PATH环境变量包含了这个可执行程序所在的目录）。

但是，在系统加电后，引导加载程序获得控制权时，这个基础设施是不存在的。相反，引导加载程序必须创造它自身的运行环境，并且在必要时将自身移动到RAM的合适位置。此外，如果需要在只读存储媒介中执行程序，情况就更复杂了。

7.2.3　镜像的复杂性

作为应用程序的开发人员，当我们为最喜爱的平台开发应用程序时，不需要关心二进制可执行文件的内部布局。预先配置好的编译器和其他的二进制工具会生成一个二进制可执行镜像，并在其中包含给定架构所需的合适组件。链接器会在镜像中加入启动（prologue，开场白）和关闭（epilogue，收场白）代码。这些对象为你的应用程序设置了合适的执行环境，而应用程序通常是从main()函数开始执行的。

对于一个常见的引导加载程序来说，情况就大不相同了。当引导加载程序获得控制权时，并不存在上下文或执行环境。在引导加载程序初始化处理器和相关硬件之前，系统中没有任何DRAM可用。考虑一下这意味着什么。在典型的C函数中，任何局部变量都保存在内存栈中，所以像代码清单7-1中所示的函数是不可用的。

代码清单7-1　简单的使用局部变量的C函数

```
int setup_memory_controller(board_info_t *p)
    {
    unsigned int *dram_controller_register = p->dc_reg;
...
```

引导加载程序在系统加电后获得控制权时，还不存在栈和栈指针。因此，类似代码清单7-1中的简单函数很可能会使处理器崩溃，因为编译器生成的代码会在栈中创建指针dram_controller_register，并进行初始化，但栈还不存在。引导加载程序必须在调用任意C函数之前创建这个执行环境。

在编译和链接生成引导加载程序时，开发人员必须控制镜像的构造和链接。如果引导加载程序需要将其自身从闪存重新部署到RAM中，就更是如此了。开发人员必须传递很多参数给编译器和链接器，用于定义最终可执行镜像的特征和布局。以下这两个主要特征合在一起，增加了最终二进制可执行镜像的复杂度：一是代码的组织结构需要符合处理器的引导要求，另一个是执行环境，我们稍后就会介绍。

带来复杂度的第一个特征是需要组织启动代码的格式，使其符合处理器的引导步骤的要求。最初的可执行指令必须放在闪存中的一个预定位置，这个位置取决于使用的处理器和硬件架构。例如，AMCC 405GP处理器（采用Power架构）会从固定地址0xFFFF_FFFC获取其第一条机器指令。其他的处理器采用类似的方法，只是细节有所不同。有些处理器可以配置为从几个预定义位置之一获取代码，具体位置由硬件配置信号决定。

开发人员如何指定一个二进制镜像的内部布局呢？可以传递给链接器一个链接描述文件，也称为链接器命令脚本。可以将这个特殊的文件看做一份构造二进制可执行镜像的"配方"。代码清单7-2中显示了U-Boot引导加载程序使用的链接器描述文件的部分内容。我们一会儿就会讨论U-Boot。

代码清单7-2　链接器命令脚本：复位向量的设置

```
SECTIONS
{
  .resetvec 0xFFFFFFFC :
  {
    *(.resetvec)
  } = 0xffff
...
```

完整地描述链接器命令脚本所使用的语法规则超出了本书的范围。请参考本章末尾列出的GNU LD手册。现在看一下代码清单7-2，我们可以看到，脚本从这里开始定义了二进制ELF镜像的输出段。它指示链接器将名为.resetvet的代码段放置在输出镜像的固定地址处，即地址0xFFFF_FFFC。此外，它还指定这个段的剩余部分全部填充1（0xffff）。这是因为一个闪存的存储阵列在被擦除后内容全部是1。这个技术不仅降低了闪存的耗损，同时也显著提高了将数据写入闪存相应扇区的速度。

代码清单7-3显示了定义.resetvec代码段的汇编语言文件的内容，它来自最新的U-Boot发行版，位于名为.../cpu/ppc4xx/resetvec.S的汇编语言文件中。注意，在一个只有32位地址的机器中，这个代码段的长度不能超过4 B。这是因为，不论配置选项（文件中的宏）取值如何，这个代码段都只定义了1条指令。

代码清单7-3　.resetvec的源码定义

```
/* MontaVista 软件公司版权所有，2000*/
#include <config.h>
    .section .resetvec,"ax"
#if defined(CONFIG_440)
    b _start_440
#else
#if defined(CONFIG_BOOT_PCI) && defined(CONFIG_MIP405)
    b _start_pci
#else
```

```
    b _start
#endif
#endif
```

即使没有任何汇编语言的编程经验，也很容易理解这个汇编语言文件。根据特定的配置（由文件中的CONFIG_*宏指定），这个文件会生成一条无条件跳转指令（branch，在Power架构的汇编器语法中表示为b），跳转到代码主体的起始位置。这个跳转位置存放了一条长度为4 B的Power架构指令。正如我们在代码清单7-2的链接器脚本片段中所看到的，这条简单的跳转指令会被放置到输出镜像的闪存绝对地址0xFFFF_FFFC处。我们在前面提到过，405GP处理器会从这个固定的地址处获取其第一条指令。对于这个特定的架构和处理器的组合，开发人员正是通过这种方式定义了处理器会最先执行的代码。

7.2.4　执行环境

引导加载程序的镜像之所以复杂，另一个主要的原因是缺少执行环境。当代码清单7-3中的代码开始执行时（回想一下，这是系统加电后处理器执行的最初的机器指令），几乎没有资源可供程序使用。硬件设计保证了处理器可以从闪存中正确获取指令，并且保证了系统的时钟频率是某个默认值，但除此以外，程序几乎不能做任何假定[①]。处理器复位后的状态一般是由处理器厂商定义的，但是板卡的复位状态是由硬件设计人员定义的。

实际上，大多数处理器在启动时都没有可使用的DRAM来暂时存储变量，或是用作栈，然而，C程序的函数调用规范（calling convention）需要一个栈。如果你不得不编写一个"Hello World"程序，但没有DRAM可用（也就没有栈），这个程序会和传统的"Hello World"有很大差别。

因为这个限制的存在，设计用于初始化硬件的代码面临极大的挑战。结果是，引导加载程序在启动时执行的一项首要任务就是配置、可以在最少RAM上运行的足够的硬件。有一些专为嵌入式系统设计的处理器拥有少量片上（on-chip）静态RAM。我们所讨论的405GP处理器就属于这种情况。如果有RAM可用，可以使用RAM的一部分作为栈，并构建合适的环境，用于运行高级语言（比如C语言）编写的代码。这就允许剩余的处理器和平台初始化工作可以由其他语言编写完成，而不是汇编语言。

7.3　通用引导加载程序：Das U-Boot

有很多开源和商用的引导加载程序可用，还有更多的专用设计如今正得到广泛使用。它们当中的大多数都具有一些共有属性。比如，它们都有加载和执行其他程序（特别是操作系统）的功能。大多数都通过串行端口与用户交互。有的还支持多种网络子系统（如以太网），这是一个很强大的特性，但并不普遍。

很多引导加载程序都针对某种特定的架构。对于规模较大的开发组织而言，引导加载程序的

[①] 根据体系架构、处理器和硬件设计的不同，具体情况有所不同。

一个重要的特性就是支持多种架构和处理器。对于单个开发组织，同时涉及支持多种架构的多个处理器的开发并不罕见。如果使用的引导加载程序能够适用于多个平台，这会减少开发成本。

本节将研究一个在嵌入式Linux社区中非常流行的引导加载程序。这个引导加载程序的官方名称是Das U-Boot。它由Wolfgang Denx维护，主页是www.denx.de/wiki/U-Boot。U-Boot支持很多架构，无数嵌入式开发人员和硬件厂商都在他们的项目中采用了U-Boot，同时，他们也对它的发展做出了贡献。

7.3.1 获取 U-Boot

获取U-Boot源码的最简单的方法是使用git。如果你的台式电脑或笔记本上已经安装了git，只需输入以下命令即可：

```
$ git clone git://git.denx.de/u-boot.git
```

这会在执行命令的目录中创建一个名为u-boot的子目录。

如果你没有git可用，或者你想下载一个快照（snapshot），可以通过denx.de网站上的git服务器做到这一点。使用浏览器打开网页http://git.denx.de/，你会看到第一个项目是u-boot.git，点击它的summary链接。这会打开一个新的网页，其中有对这个项目的总结介绍，并包含了一个"snapshot"链接，点击链接就可以下载一个压缩包（tarball），之后将它安装到你的系统中。选择最新的快照，也就是"shortlog"列表的第一个。

7.3.2 配置 U-Boot

对于一个可以适用于多种处理器和架构的引导加载程序来说，必须有一些配置它的方法。和Linux内核本身一样，对引导加载程序的配置也是在编译时完成的。这种方法显著降低了二进制引导加载程序镜像的复杂度，而复杂度本身就是镜像的一个重要特征。

就U-Boot而言，与具体硬件板卡相关的配置主要包括一个针对目标平台的头文件，以及一些源码树中的软链接，它们根据目标板、使用的架构和CPU选择正确的子目录。当为某个支持的平台配置U-Boot时，可以输入以下命令：

```
$ make <platform>_config
```

在这里，platform代表U-Boot所支持的众多平台中的一个。这些平台配置目标都列在U-Boot源码的顶层makefile中。例如，为了配置Spectrum Digital OSK，其中包含一块TI的OMAP 5912处理器，可以使用以下命令：

```
$ make omap5912osk_config
```

这会配置U-Boot源码树并生成一些合适的软链接，它们会选择ARM作为目标架构，选择ARM926核心，并以5912 OSK作为目标平台。

为这个平台配置U-Boot的下一步是编辑针对这个板卡的配置文件。这个文件位于U-Boot源码的.../include/configs子目录中，文件名为omap5192osk.h。U-Boot源码中带的README文件描述了配置的细节，是此类信息的最佳来源。（对于U-Boot已经支持的现存板卡来说，也许没有必要编辑这个与具体板卡相关的配置文件。配置文件中的默认值足够满足需要了。但有时可能会需要做些小的修改，以更新内存或闪存的大小，因为购买的参考板的硬件配置会有变化。）

U-Boot是使用配置变量（configuration variable）进行配置的，这些变量是在一个与具体板卡相关的头文件中定义的。配置变量有两种形式。配置选项（configuration option）是通过形式为 CONFIG_XXXX的宏来选择的。配置设置（configuration setting）则是通过形式为CONFIG_SYS_XXXX的宏来选择的。一般而言，配置选项（CONFIG_XXXX）是用户可配置的，并且会开启具体的U-Boot运行特性。配置设置（CONFIG-SYS-XXX）一般是与硬件相关的，并且需要底层处理器和/或硬件平台的详细信息。与具体板卡相关的U-Boot配置体现在一个头文件中，这个文件针对具体的平台，并且包含了适合底层平台的配置选项和设置。U-Boot的源码树中包含了一个目录，所有这些与具体板卡相关的配置头文件都在其中。具体的目录为.../include/configs，其中的...代表U-Boot源码树的顶层目录。

对板卡配置文件中添加定义，可以选择大量的特性和操作模式。代码清单7-4中显示了一个配置头文件[①]的部分内容，这个文件针对Yosemite开发板，而它基于AMCC 440EP处理器。

代码清单7-4　U-Boot 板卡配置头文件的部分内容

```
/*------------------------------------------------------
 * 高级配置选项
 *------------------------------------------------------*/

/* 这个配置文件适用于 Yosemite (440EP) 和 Yellowstone (440GR)*/
#ifndef CONFIG_YELLOWSTONE
#define CONFIG_440EP          1      /* 具体支持PPC440EP */
#define CONFIG_HOSTNAME       yosemite
#else
#define CONFIG_440GR          1      /* 支持PPC440GR */
#define CONFIG_HOSTNAME       yellowstone
#endif
#define CONFIG_440        1   /* ... PPC440 家族          */
#define CONFIG_4xx        1   /* ... PPC4xx 家族          */
#define CONFIG_SYS_CLK_FREQ 66666666      /* 提供pll的外部频率
<...>
/*------------------------------------------------------

 * 基地址——注意它们是有效地址（而不是物理地址），
 * 实际资源被映射到这些地址上

 *------------------------------------------------------*/
#define CONFIG_SYS_FLASH_BASE        0xfc000000      /* 启动闪存     */
#define CONFIG_SYS_PCI_MEMBASE       0xa0000000      /* Pci内存映射   */
#define CONFIG_SYS_PCI_MEMBASE1      CONFIG_SYS_PCI_MEMBASE  + 0x10000000
#define CONFIG_SYS_PCI_MEMBASE2      CONFIG_SYS_PCI_MEMBASE1 + 0x10000000
#define CONFIG_SYS_PCI_MEMBASE3      CONFIG_SYS_PCI_MEMBASE2 + 0x10000000
```

[①] 这个文件具体是指U-Boot源码中的.../include/configs/yosemite.h。——译者注

```
<...>
#ifdef CONFIG_440EP
    #define CONFIG_CMD_USB
    #define CONFIG_CMD_FAT
    #define CONFIG_CMD_EXT2
#endif
<...>
/*------------------------------------------------------------
 * 设置外部总线控制器(EBC)
 *----------------------------------------------------------*/
#define CONFIG_SYS_FLASH         CONFIG_SYS_FLASH_BASE
#define CONFIG_SYS_CPLD          0x80000000

/* 初始化内存Bank0(NOR型闪存)                              */
#define CONFIG_SYS_EBC_PB0AP     0x03017300
#define CONFIG_SYS_EBC_PB0CR     (CONFIG_SYS_FLASH | 0xda000)

/* 初始化内存Bank 2(CPLD)                                  */
#define CONFIG_SYS_EBC_PB2AP     0x04814500
#define CONFIG_SYS_EBC_PB2CR     (CONFIG_SYS_CPLD | 0x18000)
<...>
```

代码清单7-4告诉我们如何为一个具体的板卡配置U-Boot。一个实际的板卡配置文件中会包含上百行类似上面列出的代码。在这个例子中，你可以看到以下这些定义：CPU（CONFIG_440EP）、板卡的名字（CONFIG_HOSTNAME）、时钟频率以及闪存和PCI基地址。代码清单中同时包含了配置变量（CONFIG_XXX）和配置设置（CONFIG_SYS_XXXX）的例子。最后几行是实际的处理器寄存器的值，用于初始化外部总线控制器，以配置内存的bank 0和bank 1。可以看到，只有在深入了解板卡和处理器之后，才能正确地设置这些值。

使用这些机制可以对U-Boot的诸多方面进行配置，包括将哪些功能编译进U-Boot（支持DHCP、内存测试、调试支持等）。这个机制可以告诉U-Boot一个给定板卡上的内存大小和类型，以及它的映射位置。你可以直接查看U-Boot的源码，特别是写得很好的README文件，以获取更多信息。

7.3.3 U-Boot 的监控命令

U-Boot支持超过70个标准命令集，其中包含150多个不同的命令，所有命令都可以用CONFIG_CMD_*宏开启。在U-Boot中，命令集是由配置设置（CONFIG_*）宏开启的。可以参考附录A，获取最新的U-Boot版本所支持的完整命令列表。表7-1中仅显示了其中几个命令，你可以从中了解到U-Boot支持的部分功能。

表7-1 几个U-Boot配置命令

命 令 集	描 述
CONFIG_CMD_FLASH	与闪存相关的命令
CONFIG_CMD_MEMORY	内存转储、填充、复制、比较等
CONFIG_CMD_DHCP	支持DHCP
CONFIG_CMD_PING	支持ping命令
CONFIG_CMD_EXT2	支持EXT2文件系统

要开启某个命令，只需定义与此命令对应的宏就行了。这些宏都定义在与具体板卡相关的配置文件中。代码清单7-4中显示了某个板卡配置文件中开启的一些命令。在那个文件中，我们可以看到如果板卡是440EP，则会定义CONFIG_CMD_USB、CONFIG_CMD_FAT和CONFIG_CMD_EXT2几个宏。

除了可以在板卡配置文件中一一定义每个CONFIG_CMD_*宏，还可以以文件.../include/config_cmd_all.h为基础进行配置，这个文件定义了所有的命令。另一个头文件.../include/config_cmd_default.h定义了一些有用的默认U-Boot命令集，比如tftpboot（从一个tftp服务器中引导镜像）、bootm（从内存中引导镜像）、md等内存工具（显示内存内容），等等。为了定义自己的命令集，你可以从默认的命令集开始，并进行必要的添加和删减。代码清单7-4在默认命令集的基础之上添加了USB、FAT和EXT2命令集。类似地，你也可以在config_cmd_all.h的基础之上进行删减。

```
#include "condif_cmd_all.h"
#undef CONFIG_CMD_DHCP
#undef CONFIG_CMD_FAT
#undef CONFIG_CMD_FDOS
<...>
```

看一下目录.../include/configs/中包含的板卡配置头文件，任何一个都可以作为学习的例子。

7.3.4 网络操作

很多引导加载程序都支持以太网接口。在一个开发环境中，这可以节省大量的时间。通过串行端口加载一个普通大小的内核镜像需要几分钟的时间，而通过以太网则只需要几秒种，特别是当板卡支持快速或吉比特以太网时就更快了。此外，当串行端口终端异常或线路上有干扰时，串行端口连接就更容易出错。

在一个引导加载程序中，还有一些更加重要的特性值得关注，这包括对BOOTP、DHCP和TFTP协议的支持。如果你对这些不熟悉，你只需知道BOOTP（Bootstrap Protocol，启动协议）和DHCP（Dynamic Host Configuration Protocol，动态主机配置协议）启用一个带以太网端口的目标设备，能够从中心服务器获取IP地址和其他网络相关的配置信息；TFTP（Trivial File Transfer Protocol，简单文件传输协议）允许目标设备从TFTP服务器上下载文件（比如一个Linux内核镜像）。本章的末尾列出了这些协议规范的参考文献。第12章中会讲述这些协议的服务器。

图7-1中显示了目标设备和BOOTP服务器之间的信息流。客户端（在这里是U-Boot）首先会发送一个广播报文，用于寻找BOOTP服务器。服务器会回复一个响应报文，其中包含客户端的IP地址及其他信息。这其中最有用的信息包括内核镜像的文件名，客户端可以用它来下载镜像。

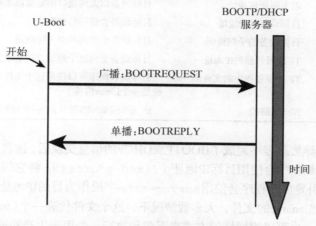

图7-1　BOOTP协议中，客户端/服务器之间的握手信息

实际上，现在已经没有专门的BOOTP服务器了。在你喜爱的Linux发行版中一般都会有DHCP服务器，它也支持BOOTP协议报文，并且常用于实现BOOTP服务器的功能。

DHCP协议建立在BOOTP基础之上。它可以为目标设备提供多种配置信息。实际上，信息交互常常受限于目标设备/引导加载程序中的DHCP客户端实现。代码清单7-5中显示了一个DHCP服务器的部分配置，可用于识别唯一目标设备。这段配置内容取自Fedora 2中DHCP服务器的配置文件。

代码清单7-5　DHCP目标设备的配置说明

```
host coyote {
    hardware ethernet 00:0e:0c:00:82:f8;
    netmask 255.255.255.0;
    fixed-address 192.168.1.21;
    server-name 192.168.1.9;
    filename "coyote-zImage";
    option root-path "/home/sandbox/targets/coyote-target";
}
...
```

当DHCP服务器收到目标设备发来的报文，而这个设备的硬件以太网地址和代码清单7-5中配置的地址相匹配时，它会向这个设备回复响应报文，并在其中包含这些配置信息。表7-2描述了目标设备的配置中各字段的含义。

表7-2　DHCP目标设备的参数

DHCP目标设备的参数	用　　途	描　　述
host	主机名称	DHCP配置文件中的符号标签
hardware ethernet	以太网硬件地址	目标设备以太网接口的底层以太网硬件地址
fixed-address	目标设备的IP地址	目标设备会使用的IP地址
netmask	目标设备的子网掩码	目标设备会使用的IP子网掩码
server-name	TFTP服务器的IP地址	目标设备会向这个地址直接请求文件传输、根文件系统等
filename	TFTP服务器中的文件名	引导加载程序可以使用这个文件来引导一个二级镜像（一般是一个Linux内核）
root-path	NFS根路径	定义了远端NFS根目录的网络路径

当目标板上的引导加载程序完成了BOOTP或DHCP的信息交换后，这些参数会用于进一步的配置。比如，引导加载程序会使用目标IP地址（fixed-address），将它的以太网端口绑定到这个IP地址上。接着，引导加载程序会使用server-name字段作为目的IP地址，向其发起文件传输的请求，以获取名为filename的文件，大多数情况下，这个文件代表一个Linux内核镜像。虽然这是最常见的使用情况，也可以用同样的方式来下载和执行一个用于生产测试和诊断固件的程序。

需要注意的是DHCP协议支持很多参数，远远多于表7-2中所描述的。它们只是在嵌入式系统中较为常见的参数。请参考本章末尾列出的DHCP规范文档，以获取完整和详细的信息。

7.3.5　存储子系统

除了常见的闪存以外，很多引导加载程序都支持从其他一些非易失性存储设备中引导镜像。支持这些设备的难点在于软件和硬件都相对比较复杂。比如，为了访问硬盘驱动器上的数据，引导加载程序必须有针对IDE控制器接口的设备驱动程序代码，同样也需要了解底层的分区方式和文件系统。这并不容易，并且这项工作更适合由成熟的操作系统来完成。

虽然底层实现很复杂，还是有办法从这类设备中加载镜像的。最简单的方法就是只支持硬件。采用这种方式时，不需要了解设备上的文件系统。引导加载程序仅仅是从设备上的绝对扇区中读取原始数据。采用这种方式时，可以在一个IDE兼容设备（比如CompactFlash）上从扇区0开始专门划分出一个未格式化的分区，引导加载程序就可以从这个分区中加载数据，而这些数据是没有格式的。这是一种从块存储设备中加载内核镜像或其他二进制镜像的简单方法。可以将设备上的其他分区进行格式化，用做文件系统。在内核启动后，Linux的设备驱动程序可用于访问这些格式化的分区。

U-Boot可以从指定的原始分区或经过格式化（有文件系统）的分区中加载镜像。当然，板卡上必须有支持的硬件设备（一个IDE子系统），并且U-Boot必须据此进行相应的配置。在板卡配置文件中添加CONFIG_CMD_IDE就可以开启对IDE接口的支持，并且添加CONFIG_CMD_BOOTD就可以开启从原始分区引导的功能。如果准备将U-Boot移植到一个定制的板卡上，你很可能需要修改U-Boot，方便其了解特定硬件。

7.3.6 从磁盘引导

我们刚才提到，U-Boot支持好几种从磁盘子系统引导内核镜像的方法。下面这条简单的命令说明了其中支持的一种方法：

```
=> diskboot 0x400000 0:0
```

为了理解这里使用的语法规则，你必须首先理解U-Boot是怎样对磁盘设备进行编号的。这个例子中的的0:0指定了设备和分区。在这个简单的例子中，U-Boot从第一个IDE设备（IDE设备0）上的第一个分区（分区0）中加载一个镜像，采用的是原始的二进制加载方式。这个镜像会被加载到系统内存中，物理地址为0x400000。

当内核镜像被加载到内存中后，可以使用U-Boot的bootm（boot from memory，从内存引导）命令来引导这个内核：

```
=> bootm 0x400000
```

7.4 移植 U-Boot

U-Boot之所以这么流行，其中一个原因就是它可以很容易地支持新的平台。将U-Boot移植到一个板卡上时，必须提供一个次级的makfile文件，在构建过程中由它来提供与具体板卡相关的定义。这些文件的名字都是config.mk。它们位于U-Boot顶层源码目录的.../board/vendor/boardname子目录中，其中boardname指定了具体的板卡名称。

在最新U-Boot版本中，.../boards子目录中包含了460多个名为config.mk的不同的板卡配置文件。这个U-Boot版本还支持49个不同的CPU配置（以相同的方式计算）。注意，在某些情况下，一个CPU配置会涵盖一系列芯片，比如ppc4xx就支持Power架构4xx家族的好几款处理器。U-Boot支持大量现今流行的CPU和CPU系列，以及更多的基于这些处理器的参考板。

如果你的板卡中包含的CPU是U-Boot所支持的一种，移植U-Boot就比较简单了。如果必须增加新的CPU，你就得准备多花费一些功夫了。幸亏在你之前已经有人完成了这些工作。无论你是要将U-Boot移植到一个新的CPU或是一个新的基于现有CPU的板卡上，最好是研究一下现有的源码，从中得到一些具体的指导。先确定哪种CPU和你的最为接近，然后复制与CPU相关的目录中的功能。最后，修改复制来的源码，在其中根据新CPU需求添加特定的支持。

7.4.1 EP405 的 U-Boot 移植

将U-Boot移植到一个不同的CPU上所采用的方法也适用于将它移植到一个新的板卡上。让我们来看一个例子。使用Embedded Planet出品的EP405参考板，它采用AMCC Power架构的405GP处理器。这个例子中使用的参考板是由Embedded Planet赞助的，配置了64 MB的SDRAM和16 MB的板载闪存。参考板上还包含了很多其他硬件设备。

首先，我们看一下这个参考板和哪个现有板卡最为接近。U-Boot源码树中的很多板卡都支持405GP处理器。进入存放板卡配置头文件的目录中，并执行grep命令，就可以找到那些支持405GP

处理器的板卡：

```
$ cd .../u-boot/include/configs
$ grep -l CONFIG_405GP *
```

在最新的U-Boot版本中，有28个板卡配置文件是针对405GP配置的。在考察了其中一些之后，我们选择AR405.h配置文件作为基线。它支持LXT971以太网收发器，而EP405上同样也有这个设备。我们这么做的目的是借鉴类似架构从而减少开发的工作量，这也是开源精神的体现。

我们先解决些简单的问题。我们需要一个定制的，针对405GP参考板的板卡配置头文件。将AR405.h配置文件复制到一个新文件中，并根据你的板卡重新命名，我们将它命名为EP405.h。在U-Boot顶层源码目录中使用以下命令：

```
$ cp .../include/configs/AR405.h .../include/configs/EP405.h
```

复制配置头文件之后，必须创建与具体板卡相关的目录，并复制AR405参考板的相关文件。我们还不知道是否需要所有文件，这在后面的步骤中会清楚。将这些文件复制到新建的板卡目录中之后，你需要根据板卡名称编辑这些文件的名称：

```
$ cd board    <<< 从U-Boot源码的顶层目录进入
$ mkdir ep405
$ cp esd/ar405/* ep405
```

现在要处理较难的部分了。开发人员Jerry Van Baren是U-Boot的贡献者，他在一封电子邮件中以幽默的语言详细描述了移植U-Boot的实际过程，这封邮件发表在U-Boot邮件列表上。他所说的用伪C语言（pseudo-C）描述的完整过程，可以在U-Boot的README文件中找到。下面的几行代码总结了移植过程中较难的部分，这里采用了Jerry的风格。

```
while (!running) {
    do {
            添加或修改源代码
    } until (compiles);
    Debug;
    ...
}
```

Jerry所描述的过程，正如这里所总结的，只是一个简单的真理。当你选择了一个基线，并以此为基础开始移植，你必须添加、删除和修改源代码直至它能够编译通过，并且需要进行调试直至它能够正确地运行！没有神奇的公式。在将任何引导加载程序移植到一个新的板卡上时，你都需要了解硬件和软件的诸多方面。其中的某些工作，比如设置SDRAM控制器，是相当专业和复杂的。几乎所有工作都需要详细了解底层硬件。因此，你要准备好牺牲大量娱乐时间，仔细研究处理器的硬件参考手册，以及板卡上大量其他元件的数据手册。

7.4.2 U-Boot Makefile 中的配置目标

现在我们已经有了代码作为起点，我们必须对顶层的U-Boot Makefile文件做一些修改，在其中为我们的新板卡添加配置。查看makefile时，我们可以发现其中有一段用于为各种支持的板卡配置U-Boot源码树。在顶层makefile中，这一段开始于unconfig目标。我们现在就在其中添加对新板卡的支持，这样我们就可以配置它了。因为我们是以ESD AR405参考板为基础的，我们会使用它的规则（rule）作为模板来编写我们自己的规则。如果你看一下U-Boot的源码，你会发现，这些规则是在makefile中按照配置名称的字母顺序排列的。我们要成为开源社区的"良好市民"，并遵循这一规范。同样，按照U-Boot的命名规范，将我们的配置目标称为EP405_config。你需要修改顶层的makefile文件，代码清单7-6中列出了要修改的详细内容。

代码清单7-6 对Makefile所做的修改

```
ebony_config:       unconfig
        @$(MKCONFIG) $(@:_config=) ppc ppc4xx ebony amcc

+EP405_config:      unconfig
+       @$(MKCONFIG) $(@:_config=) ppc ppc4xx ep405 ep
+
ERIC_config:        unconfig
        @./mkconfig $(@:_config=) ppc ppc4xx eric
```

我们插入了新的配置规则，就是代码清单中以+号（这里使用的是unified diff格式）开头的那3行。使用你喜爱的编辑器对顶层的makefile进行编辑，加入这些修改的内容。

完成了以上所说的步骤之后，我们有了一个代表起点的U-Boot源码树。可能它还不能正确编译，所以我们首先应该解决这个问题。至少编译器可以给我们一些提示，让我们知道从哪里开始下手。

7.4.3 EP405 的第一次构建

现在在U-Boot源码树中包含了我们的候选文件。第一步是为我们新安装的EP405参考板配置构建树。使用我们刚刚在顶层makefile中添加的配置目标，就可以进行配置了。代码清单7-7给你一个起点，告诉你需要关注哪些内容。

代码清单7-7 配置和构建EP405

```
$ make ARCH=ppc CROSS_COMPILE=ppc_405- EP405_config
配置EP405板卡……
$ # 开始构建
$ make ARCH=ppc CROSS_COMPILE=ppc_405-
<……大量构建步骤……>
make[1]: Entering directory '/home/chris/sandbox/u-boot/board/ep/ep405'
ppc_440ep-gcc  -g  -Os  -mrelocatable -fPIC -ffixed-r14 -meabi -D__KERNEL__
-DTEXT_BASE=0xFFFC0000 -I/home/chris/sandbox/u-boot/include -fno-builtin -ffree-
standing -nostdinc -isystem /opt/pro5/montavista/pro/devkit/ppc/440ep/bin/../lib/
gcc/powerpc-montavista-linux-gnu/4.2.0/include -pipe  -DCONFIG_PPC -D__powerpc__
-DCONFIG_4xx -ffixed-r2 -mstring -msoft-float -Wa,-m405 -mcpu=405 -Wall -Wstrict-
```

```
prototypes -fno-stack-protector   -o ep405.o ep405.c -c
ep405.c:25:19: error: ar405.h: No such file or directory
ep405.c:44:22: error: fpgadata.c: No such file or directory
ep405.c:48:27: error: fpgadata_xl30.c: No such file or directory
ep405.c:54:28: error: ../common/fpga.c: No such file or directory
ep405.c: In function 'board_early_init_f':
ep405.c:75: warning: implicit declaration of function 'fpga_boot'
ep405.c:91: error: 'ERROR_FPGA_PRG_INIT_LOW' undeclared (first use in this func-
tion)
ep405.c:91: error: (Each undeclared identifier is reported only once
ep405.c:91: error: for each function it appears in.)
ep405.c:94: error: 'ERROR_FPGA_PRG_INIT_HIGH' undeclared (first use in this func-
tion)
ep405.c:97: error: 'ERROR_FPGA_PRG_DONE' undeclared (first use in this function)
make[1]: *** [ep405.o] Error 1
make[1]: Leaving directory '/home/chris/sandbox/u-boot/board/ep/ep405'
make: *** [board/ep/ep405/libep405.a] Error 2
```

乍一看，我们注意到需要修改之前复制的ep405.c文件，并且修正其中的一些引用，这包括板卡头文件和对FPGA的引用。我们可以去除这些引用，因为EP405参考板并没有像AR405一样包含FPGA。这些修改应该比较简单，我们把它们作为练习留给读者完成。同样地，没有神奇的公式可用，我们需要按Jerrry所说：编辑–编译–不断重复，直到文件可以正确通过编译。接下来就是困难的部分了——让它真正地工作起来。让文件通过编译并不困难，编辑修改这些文件，用不了一个小时就可以让它们正确编译了。

7.4.4　EP405 处理器初始化

移植U-Boot到新的板卡上后，它必须正确完成的首要任务是初始化处理器和内存（DRAM）子系统。复位之后，405GP处理器核心会从地址为0xFFFF_FFFC的地方获取指令。处理器核心会尝试执行获取到的指令。因为这是内存范围的顶部，这里存放的指令必定是一条无条件跳转指令。

这个处理器核心也是硬编码配置最上面的2 MB内存范围，为的是它可以不用对外部总线控制器编程就能访问这块内存，而闪存一般是附着于外部总线上的。这就对跳转指令提出了需求，它必须跳转到这个地址空间范围之内，因为在引导加载程序初始化其他内存区域之前，处理器还不能访问其他的这些内存。我们必须要跳转到地址0xFFE0_0000或以上的某个地方。我们是怎么知道这些的呢？因为我们已经阅读了405GP处理器的用户手册了！

我们刚才所描述的405GP处理器核心的行为给硬件设计人员提出了要求，他们要确保在系统加电时，将非易失性存储器（闪存）映射到最上面的2 MB内存区域中。处理器在复位时，会认为这块初始内存区域的某些属性取默认值。例如，最上面的2 MB区域会被配置为256个等待状态，3个地址到芯片选择的延时周期，3个芯片选择到输出启用的延时周期以及7个保持时间[1]周期。这

---

① 这些数据直接来自405GP处理器的用户手册，本章的末尾列出了这个参考文献。

赋予了硬件设计者最大的自由度，他们可以选择合适的设备或方法，以便处理器复位后能够直接获取到指令代码。

我们已经在代码清单7-2中看到了如何将复位向量（reset vector）安装到闪存的顶部。当我们为405GP配置U-Boot时，可以在文件.../cpu/ppc4xx/start.S中找到最先执行的代码。U-Boot的开发人员将这部分代码设计成处理器通用的。理论上，这个文件中无须有和具体板卡相关的代码。你将会看到这是如何实现的。

你不需要理解Power架构的汇编语言就能够看懂start.S中的逻辑流程。发表在U-Boot邮件列表中的很多常见问题（FAQ）都是关于修改底层汇编代码的。如果你想将U-Boot移植到一个它支持的处理器上，几乎在所有情况下，都没有必要修改这些汇编代码。这是一份成熟的代码，很多成功的移植案例都采用了这段代码。为了移植，你需要修改与具体板卡相关的代码（这是至少的）。如果你发现自己遇到了麻烦，或者你正极力改善一种成熟处理器的早期启动汇编代码，很可能你已经走错方向了。

代码清单7-8中列出了文件start.S的一部分内容，这个文件是针对4xx架构的。

代码清单7-8　U-Boot中针对4xx架构的启动代码

```
...
#if defined(CONFIG_405GP) || defined(CONFIG_405CR) ||
 defined(CONFIG_405) || defined(CONFIG_405EP)
    /*-------------------------------- */
    /* 对一些寄存器清零并设置            */
    /*-------------------------------- */
    addi    r4,r0,0x0000
    mtspr   sgr,r4
    mtspr   dcwr,r4
    mtesr   r4              /* 对 Exception Syndrome 寄存器清零 */
    mttcr   r4              /* 对 Timer Control 寄存器清零 */
    mtxer   r4              /* 对 Fixed-Point Exception 寄存器清零 */
    mtevpr  r4              /* 对 Exception Vector Prefix 寄存器清零 */
    addi    r4,r0,0x1000    /* 设置ME(机器异常)位 */
    oris    r4,r4,0x0002          /* 设置CE(紧急异常)位 */
    mtmsr   r4                    /* 修改MSR */
    addi    r4,r0,(0xFFFF-0x10000) /* 将 r4 设置为0xFFFFFFFF dbsr的*/
                           /* 各个状态是通过将对应位设置为1而清零的*/
    mtdbsr  r4                    /* 清零或重置 dbsr */

    /*-------------------------------- */
    /* 无效指令和数据缓存。对已定义的内存区域开启指令缓存 */
    /* 以加快执行速度。目前禁用数据缓存，后面会 */
    /* 根据用户选择的菜单选项开启或禁用它。*/
    /* 注意后面也可能会根据菜单选项禁用指令缓存。*/
    /* 请查看文件 miscLib/main.c */
    /*-------------------------------- */
```

```
    bl          invalidate_icache
    bl          invalidate_dcache

    /*--------------------------------------- */
    /* 开启两个128 MB大小的可缓存区域              */
    /*--------------------------------------- */
    addis       r4,r0,0x8000
    addi        r4,r4,0x0001
    mticcr      r4                          /* 指令缓存 */
    isync

    addis       r4,r0,0x0000
    addi        r4,r4,0x0000
    mtdccr      r4                          /* 数据缓存 */
```

对于405GP处理器来说，start.S中最先执行的代码大概是从源文件三分之一的地方开始的，这里会对很多寄存器的值清零或设置初始值。接着指令缓存和数据缓存中的内容变得无效，然后开启指令缓存以加快初始的加载速度。接下来设置两个128 MB大小的可缓存的区域———一个位于高端内存（闪存区域），另一个则位于底部（通常是系统DRAM的起始位置）。U-Boot最终会被复制到这个RAM区域中，并从那里执行。这样做的原因是为了性能：从RAM中读取数据的速度要远远快于从闪存中读取数据的速度。然而，对于4xx系列CPU，开启指令缓存还有另一个微妙的原因，很快你就会知道。

7.4.5　与具体板卡相关的初始化

在文件.../cpu/ppc4xx/start.S中，当代码完成了可缓存区域的初始化之后，就有机会执行与具体板卡相关的初始化了，这是第一个进行板卡初始化的时机。在这里，我们看到了一个对外部汇编语言函数的调用，函数名为ext_bus_cntlr_init：

```
    bl ext_bus_cntlr_init     /* 特定板卡总线控制器初始化 */
```

这个函数是在文件.../board/ep405/init.S中定义的，而这个文件所处的目录是针对板卡新创建的。它提供了一个"钩子"（hook），用于非常早期的硬件初始化。这个文件是针对EP405平台定制的众多文件中的一员，它包含了与具体板卡相关的代码，用于初始化405GP的外部总线控制器。代码清单7-9中显示了这个文件的主要内容。这部分代码对405GP的外部总线控制器进行了初始化。

代码清单7-9　外部总线控制器的初始化

```
    .globl  ext_bus_cntlr_init
ext_bus_cntlr_init:
    mflr    r4                  /* 保存 Link 寄存器          */
    bl      ..getAddr
..getAddr:
    mflr    r3                  /* 获取 _this_ address       */
```

```
    mtlr      r4              /* 恢复 link 寄存器             */
    addi      r4,0,14         /* 预取14行缓存行……            */
    mtctr     r4              /* ……以容纳这个函数            */
                             /*  缓存 (8x14=112 指令)       */
..ebcloop:
    icbt      r0,r3           /* 预取 [r3]中的缓存行          */
    addi      r3,r3,32        /* 移动到下一缓存行             */
    bdnz      ..ebcloop       /* 循环遍历14行缓存行           */


    /*------------------------------------------------------ */
    /* 延时一段时间以确保在修改bank 0的时序之前                 */
    /* 所有对ROM的访问都已经完成了                            */
    /* 200微秒应该足够了                                     */
    /* 200,000,000 (周期/秒) x .000200 (秒) =                */
    /* 0x9C40 周期                                          */
    /*------------------------------------------------------ */

    addis     r3,0,0x0
    ori       r3,r3,0xA000    /* 确保已经过了200微秒          */
    mtctr     r3

..spinlp:
    bdnz      ..spinlp        /* 自旋循环                    */

    /*------------------------------------------------------*/
    /* 现在执行函数的真正工作,初始化内存Bank(闪存和SRAM)       */
    /*------------------------------------------------------*/


    addi      r4,0,pb0ap           /* *ebccfga = pb0ap;      */
    mtdcr     ebccfga,r4
    addis     r4,0,EBC0_B0AP@h     /* *ebccfgd = EBC0_B0AP;  */
    ori       r4,r4,EBC0_B0AP@l
    mtdcr     ebccfgd,r4

    addi      r4,0,pb0cr           /* *ebccfga = pb0cr;      */
    mtdcr     ebccfga,r4
    addis     r4,0,EBC0_B0CR@h     /* *ebccfgd = EBC0_B0CR;  */
    ori       r4,r4,EBC0_B0CR@l
    mtdcr     ebccfgd,r4


    /*------------------------------------------------------*/
    /* 初始化内存 Bank 4 (NVRAM 和 BCSR)                     */
    /*------------------------------------------------------*/
```

```
addi     r4,0,pb4ap          /* *ebccfga = pb4ap;        */
mtdcr    ebccfga,r4
addis    r4,0,EBC0_B4AP@h     /* *ebccfgd = EBC0_B4AP;   */
ori      r4,r4,EBC0_B4AP@l
mtdcr    ebccfgd,r4


addi     r4,0,pb4cr          /* *ebccfga = pb4cr;        */
mtdcr    ebccfga,r4
addis    r4,0,EBC0_B4CR@h     /* *ebccfgd = EBC0_B4CR;   */
ori      r4,r4,EBC0_B4CR@l
mtdcr    ebccfgd,r4


blr                          /* 返回                      */
```

之所以选择代码清单7-9中的代码，是因为在底层处理器的初始化过程中有一些微妙的复杂性，而这段代码则是一个典型。我们需要认识到这段代码所处的运行环境，这很重要。它是从闪存中执行的，这时还没有DRAM可用，栈还不存在。这段代码会对控制器做重要的改变，控制器管理着对闪存的访问，而代码就是从闪存中执行的。有很多文档都说明了这个情况，如果处理器正在从闪存中执行代码，并且同时也在修改外部的总线控制器（闪存就附着在这个控制器上），这会造成错误的读取以及处理器崩溃。

解决问题的方法就在这个汇编语言函数中。看一下从标签..getAddr开始的7条汇编语言指令，它们的实际功能是使用icbt指令将自身预读（prefetch）到指令缓存中。当整个子函数被成功读入指令缓存中之后，它就可以对外部总线控制器做必要的改变而不用担心会造成处理器崩溃了，因为代码是直接从内部指令缓存执行的。代码不多，但很巧妙！这之后是一个简短的延时，以保证所有必要的指令都完全读入指令缓存中。

在预读取和延时之后，代码开始为板卡配置内存的Bank 0和Bank 4。为了正确地设置这些值，我们需要详细了解底层元件以及它们在板上的互联方式。请参考本章最后，以了解Power架构汇编器和405GP处理器的所有细节，我们这里的例子就是基于它们的。

考虑一下在没有完全理解这段代码时对它做些修改。也许你会添加几行代码，造成代码的大小超出了预读取到指令缓存中的范围。这就很可能造成崩溃（更糟糕的是，它可能只是有时会崩溃），但如果你想发现问题所在，使用调试器来单步跟踪这段代码，你是不会得到任何线索的。

下一个进行板卡初始化的时机是在分配了栈之后，而它是从处理器的数据缓存中分配的一个临时栈。下面的这条指令跳转到SDRAM控制器的初始化函数，大概位于.../cpu/ppc4xx/start.S的第727行：

```
bl sdram_init
```

执行环境目前包括一个栈指针和一些用于存储局部数据的临时内存——也就是说，这是一个部分C环境，允许开发人员使用C语言来完成一些相对复杂的任务，比如设置系统的SDRAM控制器和其他初始化工作。在EP405移植中，sdram_init()的代码位于文件.../board/ep405/ep405.c中，并且已经针对这个特定的板卡和DRAM配置进行了定制。因为这个板卡上没有使用商用SIMM

（Single Inline Memory Module，这是一种内存插槽），所以就不可能动态地检测出DRAM的配置（像众多U-Boot支持的其他板卡一样）。它是在sdram_init中硬编码的。

很多现成的内存DDR模块都包含一个SPD PROM（SPD代表Serial Presence Detect，串行存在性检测；PROM代表Programmable Read Only Memory，可编程的只读存储器），其中包含了一些参数，用于识别内存模块以及架构和组织。这些参数可以在程序的控制下通过I²C读取出来，供内存控制器使用。U-Boot支持这种技术，但需要针对特定的板卡做些修改。你可以在U-Boot源码中找到很多使用它的例子。配置选项CONFIG_SPD_EEPROM能够启用这个特性。你可以查找该选项以找到使用它的例子。

7.4.6 移植总结

现在，你应该能够体会到将引导加载程序移植到一个硬件平台上的难处了。简单来说，除了详细地了解底层硬件之外，别无它法。当然，我们会尽量减少完成任务所花费的时间。毕竟，我们的目标不是详细掌握硬件的每个细节，而是能够及时地给出解决方案。实际上，这正是开源如此盛行的一个重要原因。你刚才看到了，将U-Boot移植到一个新的硬件平台上是如此容易——这并不是因为你是处理器领域的专家，而是因为在我们之前，很多人已经完成了大量困难的工作。

代码清单7-10中完整地列出了移植U-Boot到EP405时所创建或修改的文件。当然，如果我们要将U-Boot移植到一个它还不支持的新硬件或新CPU上，我们要做的工作就会多很多。这里要说明一点，虽然有多余的可能，但我还是要说一下，要想在有限的时间里成功地完成移植工作，仔细了解硬件（CPU和各个子系统）和底层软件（U-Boot）是必不可少的。如果你在项目开始时就有这种意识，成功指日可待。

代码清单7-10　U-Boot移植到EP405时创建或修改的文件

```
$ git diff HEAD --stat
 Makefile                     |   3 +
 board/ep/ep405/Makefile      |  53 ++++
 board/ep/ep405/config.mk     |  30 ++
 board/ep/ep405/ep405.c       | 329 +++++++++++++++++++++
 board/ep/ep405/ep405.h       |  44 +++
 board/ep/ep405/flash.c       | 749 ++++++++++++++++++++++++++++++++++++++++
 include/configs/EP405.h      | 272 +++++++++++++
 7 files changed, 1480 insertions(+), 0 deletions(-)
```

回顾一下，我们是从另一个目录派生出目录.../board/ep405中的所有文件的。实际上，在这个移植过程中，我们没有从头开始创建任何文件。我们借鉴了别人的工作成果，只进行必要的定制就达到了我们的目标。

7.4.7　U-Boot 镜像格式

现在，我们有了一个可以工作在EP405参考板上的引导加载程序，我们可以在上面加载和运行程序了。理想情况下，我们希望运行一个像Linux这样的操作系统。为此，我们需要理解U-Boot所需的镜像格式。U-Boot期望在镜像文件的前面有一个较小的头部（header），用于识别这个镜像的一些属性。U-Boot提供了一个名为mkimage的工具（U-Boot源码的一部分），用于生成这个镜像头部。

最新Linux发行版都支持构建出U-Boot可直接引导的镜像。内核源码树的arm和powerpc分支中都包含名为uImage的目标。让我们看一下Power架构的情况。

浏览一下内核源码中的.../arch/powerpc/boot/Makefile文件，我们可以看到uImage目标定义了一个对外部包装器脚本的调用，它的名字是wrapper，你已经猜到了。不需要深入到语法规则的细节中去，这个包装器脚本设置了一些默认的变量值，并最终调用mkimage。代码清单7-11列出了包装器脚本的相关处理流程。

代码清单7-11　包装器脚本中的mkimage

```
case "$platform" in
uboot)
    rm -f "$ofile"
    mkimage -A ppc -O linux -T kernel -C gzip -a $membase -e $membase \
$uboot_version -d "$vmz" "$ofile"
    if [ -z "$cacheit" ]; then
    rm -f "$vmz"
    fi
    exit 0
    ;;
esac
```

mkimage工具会创建U-Boot头部，并将它放置在内核镜像的前面。它将这个产生的镜像写入一个文件中，而该文件由传给mkimage的最后一个参数指定——在这里，是变量$ofile的值，而在这个例子中，它是名为uImage的文件。各个参数的含义如下。

❑ -A指定目标镜像的架构。

❑ -O指定目标镜像的操作系统，这里是Linux。

❑ -T指定目标镜像的类型，这里是内核。

❑ -C指定目标镜像的压缩格式，这里是gzip。

❑ -a设置U-Boot的loadaddress的值。

❑ -e设置U-Boot镜像的入口点。

❑ -n是一段让用户可以识别镜像的文本（在uboot_version变量中提供）。

❑ -d是指一个可执行的镜像文件，头部就是加在它的前面。

好几个U-Boot命令都会使用这个头部中的数据，用于验证镜像的完整性（U-Boot会在头部添加一个CRC签名），或是识别镜像的类型。U-Boot有一个名为iminfo的命令，用于读取头部的内容，并显示目标镜像的属性。代码清单7-12中显示了将uImage（符合U-Boot所需格式的，可引导的

Linux内核镜像）通过tftp命令加载到EP405开发板上，并对这个镜像①执行iminfo命令的结果。

代码清单7-12 U-Boot的iminfo命令

```
=> tftp 400000 uImage-ep405
ENET Speed is 100 Mbps - FULL duplex connection
TFTP from server 192.168.1.9; our IP address is 192.168.1.33
Filename 'uImage-ep405'.
Load address: 0x400000
Loading: ##########  done
Bytes transferred = 891228 (d995c hex)
=> iminfo

## Checking Image at 00400000 ...
   Image Name:    Linux-2.6.11.6
   Image Type:    PowerPC Linux Kernel Image (gzip compressed)
   Data Size:     891164 Bytes = 870.3 kB
   Load Address: 00000000
   Entry Point:  00000000
   Verifying Checksum ... OK
=>
```

7.5 设备树对象（扁平设备树）

将Linux（和U-Boot）移植到新板卡上时，一个更具挑战性的方面就是要满足设备树对象（Device Tree Blob，DTB）的需求。它也被称为扁平设备树、设备树二进制文件，或简称设备树。在这里的讨论中，这些词的含义相同。DTB是一个数据库，代表了一个给定板卡上的硬件元件。它是由IBM公司的OpenFirmware规范衍生而来，并且被选择作为一种默认的机制，用于将底层硬件信息从引导加载程序传递至内核。

在使用DTB之前，U-Boot会传递一个包含板卡信息的结构体给内核，这些信息是从U-Boot的一个头文件中派生出来的，而这个头文件的内容必须和内核中的一个类似头文件完全匹配。保持它们之间的同步是非常困难的，而且扩展性也不好。这也是促成使用扁平设备树的一个因素，将它作为一种在引导加载程序和内核之间传递底层硬件细节的方法。

类似于U-Boot或其他底层固件，掌握DTB需要对底层硬件有全面的了解。你可以在网上搜索一些介绍设备树的入门文档。一个很好的起点就是Denx Software Engineering的wiki网页，本章末尾提供了相关参考文献。

首先，我们看一下在一个典型的引导过程中，DTB是如何得到使用的。代码清单7-13显示了在一个Power架构的目标设备上使用U-Boot的引导过程。这个例子中使用了飞思卡尔的

---

① 我们修改了uImage的名称，以反映它所对应的目标板。在这个例子中，我们在名字后面追加了-ep405，以表明它是针对那个目标设备的内核。

MPC8548CDS系统。

代码清单7-13　在引导Linux的过程中使用U-Boot设备树对象

```
=> tftp $loadaddr 8548/uImage
Speed: 1000, full duplex
Using eTSEC0 device
TFTP from server 192.168.11.103; our IP address is 192.168.11.18
Filename '8548/uImage'.
Load address: 0x600000
Loading:  #######################################################
          #######################################################
done
Bytes transferred = 1838553 (1c0dd9 hex)
=> tftp $fdtaddr 8548/dtb
Speed: 1000, full duplex
Using eTSEC0 device
TFTP from server 192.168.11.103; our IP address is 192.168.11.18
Filename '8548/dtb'.
Load address: 0xc00000
Loading: ##
done
Bytes transferred = 16384 (4000 hex)
=> bootm $loadaddr - $fdtaddr
## Booting kernel from Legacy Image at 00600000 ...
    Image Name:    MontaVista Linux 6/2.6.27/freesc
    Image Type:    PowerPC Linux Kernel Image (gzip compressed)
    Data Size:     1838489 Bytes =  1.8 MB
    Load Address: 00000000
    Entry Point:  00000000
    Verifying Checksum ... OK
## Flattened Device Tree blob at 00c00000
    Booting using the fdt blob at 0xc00000
    Uncompressing Kernel Image ... OK
    Loading Device Tree to 007f9000, end 007fffff ... OK
    <……Linux在这里开始启动……>
...and away we go!!
```

　　这里的主要区别就是我们加载了两个镜像。大的镜像（1.8 MB）是内核镜像。小一些的镜像（16 KB）是扁平设备树。注意，我们将内核和DTB分别放置在地址为0x600000和0xc00000的地方。代码清单7-13中的所有消息都是由U-Boot产生的。当我们使用bootm命令引导内核时，我们添加了第3个参数，它会告诉U-Boot我们将DTB加载到哪里。

　　现在，你可能想知道DTB是从哪里来的。简单的答案是，它是由板卡/架构的开发人员友情提供的，并且将它作为了Linux内核源码树的一部分。如果你看一下任何一个最新的Linux内核源码树，在powerpc分支中，你会看到一个名为.../arch/powerpc/boot/dts的目录，这就是存放DTB"源码"的地方。

复杂的答案是，你必须为自己的定制板卡提供一个DTB。找一个与你的定制板卡相似的平台，从修改这个平台开始。也许是老生常谈了，没有捷径可走。你必须深入了解硬件平台的细节，并能够熟练编写设备节点和它们的相应属性。希望本节的内容能帮助你达到这种水平。

7.5.1　设备树源码

设备树对象是由一个特殊的编译器"编译"生成的，生成的二进制文件采用U-Boot和Linux能够理解的格式。dtc编译器一般是由嵌入式Linux发行版提供的，或者可以从以下网址下载：http://jdl.com/software。代码清单7-14显示了一个设备树源码（DTS）的片段，这来自一个最新的Linux内核源码树。

代码清单7-14　设备树源码的部分内容

```
/*
 * MPC8548 CDS 设备树源码
 *
 * 版权所有2006, 2008飞思卡尔半导体公司
 *
 * 该程序是自由软件；你可以重新分发和/或修改它，
 * 但是一定要遵循自由软件基金会发布的GNU公共许可证中的条款，
 * 许可证的第2版，或（根据你自己的选择）
 * 任何后续版本都可以。
 */

/dts-v1/;

/ {
    model = "MPC8548CDS";
    compatible = "MPC8548CDS", "MPC85xxCDS";
    #address-cells = <1>;
    #size-cells = <1>;

    aliases {
        ethernet0 = &enet0;
        ethernet1 = &enet1;
        ethernet2 = &enet2;
        ethernet3 = &enet3;
        serial0 = &serial0;
        serial1 = &serial1;
        pci0 = &pci0;
        pci1 = &pci1;
        pci2 = &pci2;
```

```
        rapidio0 = &rio0;
    };

    cpus {
    #address-cells = <1>;
    #size-cells = <0>;

        PowerPC,8548@0 {
            device_type = "cpu";
            reg = <0x0>;
            d-cache-line-size = <32>;    // 32 B
            i-cache-line-size = <32>;    // 32 B
            d-cache-size = <0x8000>;         // L1, 32K
            i-cache-size = <0x8000>;         // L1, 32K
            timebase-frequency = <0>;    // 33 MHz, 来自Uboot
            bus-frequency = <0>;     // 166 MHz
            clock-frequency = <0>;   // 825 MHz   来自Uboot
            next-level-cache = <&L2>;
        };
    };


    memory {
        device_type = "memory";
        reg = <0x0 0x8000000>;   // 128M at 0x0
    };


    localbus@e0000000 {
        #address-cells = <2>;
        #size-cells = <1>;
        compatible = "simple-bus";
        reg = <0xe0000000 0x5000>;
        interrupt-parent = <&mpic>;


        ranges = <0x0 0x0 0xff000000 0x01000000>;   /*16 MB 闪存 */


        flash@0,0 {
            #address-cells = <1>;
            #size-cells = <1>;
            compatible = "cfi-flash";
            reg = <0x0 0x0 0x1000000>;
            bank-width = <2>;
            device-width = <2>;
            partition@0x0 {
                label = "free space";
                reg = <0x00000000 0x00f80000>;
```

```
            };
            partition@0x100000 {
                label = "bootloader";
                reg = <0x00f80000 0x00080000>;
                read-only;
            };
        };
    };
< …… 在这里截断 …… >
```

这个代码清单很长，但很值得花时间研究一下。虽然看起来简洁明了，需要注意的是这个设备树源码是针对飞思卡尔公司的MPC8548CDS可配置开发系统的。作为一名嵌入式Linux开发人员，你工作的一部分就是以这个DTS为基础进行修改，使其适合基于MPC8548的定制系统。

代码清单7-14中的部分数据无须解释。扁平设备树是由设备节点组成的。设备节点是设备树中的入口，通常描述一个设备或总线。每个节点包含一组描述它的属性。这实际上就构成了一个树状结构。它可以很容易地表示为我们熟悉的树状视图，正如代码清单7-15中所显示的。

代码清单7-15 DTS的树状视图

```
|-/ Model: model = "MPC8548CDS", etc.
|
|---- cpus: #address-cells = <1>, etc.
|  |
|  |---- PowerPC,8548@0, etc.
|
|--- Memory: device_type = "memory", etc.
|
|---- localbus@e0000000: #address-cells = <2>, etc.
|  |
|  |---- flash@0,0: #address-cells = <1>, etc.
|
<...>
```

在代码清单7-14的开始几行中，我们看到了处理器的型号，以及一个表明它和其他同系列处理器之间兼容性的属性。第一个子节点描述了CPU。CPU设备节点的很多属性都是不言自明的。例如，我们可以看到8548 CPU拥有数据和指令缓存，它们的缓存行的大小（line size）都是32 B，自身大小都是32 KB（0x8000字节）。我们还可以看到一些显示时钟频率的属性，比如timebase-frequency和clock-frequency，这两个属性都表明具体数值是由U-Boot设置的。这很正常，因为U-Boot会配置硬件时钟。

address-cells和size-cells属性需要解释一下。在这里，"cell"只是一个32 bit的数。address-cells和size-cells仅仅表明在子节点中指定一个地址（或大小）所需的cell（32 bit的字段）的数量。

memory这个设备节点也没有什么神奇之处。对这个节点来说，很显然这个平台包含一个存储体，起始地址为0，大小为128 MB。

想要了解设备树语法的详细细节，请查阅本章末尾的参考文献。其中一个很有用的文档是由Power.org制作的，具体网址为www.power.org/resources/downloads/Power_ePAPR_APPROVED_v1.0.pdf。

7.5.2　设备树编译器

前面介绍过，设备树编译器（dtc）将开发人员可读的设备树源码转换成机器可读的二进制文件，而U-Boot和Linux内核都能理解这个二进制文件。虽然在网站kernel.org上有一个针对dtc的git树，但实际上，设备树源码已经并入内核源码树中，并且当构建.../arch/powerpc分支中的任何Power架构的内核时，也会一同构建它。

设备树编译器使用起来很方便。典型的将源码转换成二进制的命令看起来会像下面这样：

```
$ dtc -O dtb -o myboard.dtb -b 0 myboard.dts
```

在这个命令中，myboard.dts是开发人员可读的设备树源码，myboard.dtb是这个命令执行后生成的二进制文件。命令中的-O标志用于指定输出文件的格式——在这里是指设备树对象（dtb）二进制文件。-o标志用于指定输出文件，而-b 0参数用于指定在多核情况下用于引导的物理CPU。

注意，dtc编译器允许进行两个方向上的转换。刚才的例子显示的是将源码编译成设备树二进制文件，而下面这个命令可以反过来从二进制文件生成源码：

```
$ dtc -I dtb -O dts mpc8548.dtb >mpc8548.dts
```

你也可以直接从内核源码生成很多著名参考板的DTB。使用的命令类似于下面这样：

```
$ make ARCH=powerpc mpc8548cds.dtb
```

这个命令会从一个源文件生成一个二进制设备树对象，源文件的名称和设备树的名称基本相同（mpc8548cds），只是扩展名变成dts。可以在.../arch/powerpc/boot/dts中找到这些文件。在一个最新的Linux内核源码树中有120个这样的设备树源码文件，涵盖了大量基于Power架构的参考板。

7.5.3　使用 DTB 的其他内核镜像

在Linux内核源码树的顶层目录中输入命令make ARCH=powerpc help，它会输出大量有用的帮助信息，描述了很多可用的构建目标。有几个与具体架构相关的目标会将设备树对象和内核镜像合并在一起。这样做的一个原因是，你可能会在目标设备上引导较新的内核，而目标设备上的U-Boot版本比较旧，不支持设备树对象。在一个最新的Linux内核中，代码清单7-16列出了为powerpc架构定义的一些powerpc目标。

代码清单7-16　针对powerpc架构的目标

```
* zImage          - Build default images selected by kernel config
  zImage.*         - Compressed kernel image (arch/powerpc/boot/zImage.*)
```

```
uImage          - U-Boot native image format
cuImage.<dt>    - Backwards compatible U-Boot image for older
                  versions which do not support device trees
dtbImage.<dt>   - zImage with an embedded device tree blob
simpleImage.<dt> - Firmware independent image.
treeImage.<dt>  - Support for older IBM 4xx firmware (not U-Boot)
install         - Install kernel using
                  (your) ~/bin/installkernel or
                  (distribution) /sbin/installkernel or
                  install to $(INSTALL_PATH) and run lilo
*_defconfig     - Select default config from arch/powerpc/configs
```

默认情况下使用zImage，但很多目标使用了uImage。注意，其中一些目标会将设备树二进制文件包含在合成的内核镜像中。你需要自己决定哪种方式最适合你特定的平台和应用。

7.6 其他引导加载程序

我们会在这里介绍一些较常用的引导加载程序，描述它们的使用范围，并总结它们的特性。这不会是一个全面详尽的教程，真想达到这种效果需要另写一本书了。请查阅本章最后一节以深入研究这些内容。

7.6.1 Lilo

Linux加载器（Linux loader），简称为Lilo，广泛使用于面向桌面PC平台的商业Linux发行版中。因此，它源于英特尔x86/IA32架构。Lilo包含几个组成部分，它有一个主要的引导启动程序，位于可引导磁盘驱动器的第一个扇区中。[1]主要加载器的大小限制为一个磁盘扇区的大小，一般是512 B。因此，它的主要任务只是加载另一个二级加载器，并将控制权转交给它。这个二级加载器可以占据多个扇区，并完成引导加载程序的大部分工作。

Lilo是由一个配置文件和一个工具程序驱动的，这个工具是Lilo可执行文件的一部分。这个配置文件只有在主机操作系统的控制下才能对它进行读写操作。也就是说，主加载器和二级加载器中的早期引导代码都不会引用这个配置文件。配置文件中的条目是在系统安装或管理时，由Lilo配置工具读取和处理的。代码清单7-17显示了一个简单的lilo.conf配置文件，它描述了一个支持Linux和Windows双系统启动的典型的安装方式。

代码清单7-17 Lilo配置文件示例: lilo.conf

```
# This is the global lilo configuration section
# These settings apply to all the "image" sections

boot = /dev/hda
```

---

[1] 这主要是因为历史原因。从早期的PC开始，BIOS程序只会加载磁盘驱动器的第一个扇区，并将控制权转交给它。

```
timeout=50
default=linux

# This  describes the primary kernel boot image
# Lilo will display it with the label 'linux'
image=/boot/myLinux-2.6.11.1
        label=linux
        initrd=/boot/myInitrd-2.6.11.1.img
        read-only
        append="root=LABEL=/"

# This is the second OS in a dual-boot configuration
# This entry will boot a secondary image from /dev/hda1
other=/dev/hda1
        optional
        label=that_other_os
```

这个配置文件指示Lilo配置工具使用第一个硬盘驱动器（/dev/hda）的主引导记录（master boot record）。它包含了一条延时指令，用于在超时（这里是5秒）之前等待用户按一个键，从而允许用户从操作系统镜像列表中选择一项来启动系统。如果用户在超时之前按了Tab键，Lilo会显示一个列表供用户选择。Lilo使用label标签作为每个镜像的描述文本。

镜像是由配置文件中的image标签定义的。在代码清单7-17中，主（默认）镜像是一个Linux内核镜像，文件名为myLinux-2.6.11.1。Lilo从硬盘驱动器中加载这个镜像。然后，它会加载第二个文件，用作初始的ramdisk，即文件myInitrd-2.6.11.1.img。Lilo会构造一个包含字符串"root=LABEL=/"的内核命令行，并在执行时将它传递给Linux内核。这会告诉Linux在引导完成后到哪里获取根文件系统。

7.6.2　GRUB

现在许多商业Linux发行版都使用GRUB作为其引导加载程序。GRUB全称GRand Unified Bootloader（统一引导加载程序），是一个GNU项目。它具备很多Lilo所没有的高级特性。GRUB和Lilo之间最大的区别是GRUB能够理解文件系统和内核镜像的格式。此外，GRUB还能在系统引导时读取和修改其配置文件。GRUB还支持从网络引导，这对于嵌入式环境来说意义重大。GRUB在系统引导时提供了一个命令行界面，用于修改引导配置。

和Lilo一样，GRUB也是由一个配置文件驱动的。不同于Lilo的静态配置，GRUB是在引导时读取这个配置文件的。这意味着可以在引导时根据不同的系统配置改变它的行为。

代码清单7-18是一个GRUB配置文件的示例。本书就是在这个配置文件所处的PC上编写的。这个GRUB配置文件名为grub.conf[①]，一般存放于一个专门用于存储引导镜像的小分区中。在这

---

① 有些新的发行版将这个文件称为menu.lst。

个例子所处的机器上，这个分区的目录称为/boot。

代码清单7-18　　GRUB配置文件示例：grub.conf

```
default=0
timeout=3
splashimage=(hd0,1)/grub/splash.xpm.gz

title Fedora Core 2 (2.6.9)
        root (hd0,1)
        kernel /bzImage-2.6.9 ro root=LABEL=/ rhgb proto=imps quiet
        initrd /initrd-2.6.9.img

title Fedora Core (2.6.5-1.358)
        root (hd0,1)
        kernel /vmlinuz-2.6.5-1.358 ro root=LABEL=/ rhgb quiet

title That Other OS
        rootnoverify (hd0,0)
        chainloader +1
```

GRUB首先会展现给用户一个可引导镜像的列表。代码清单7-18中以`title`开头的条目就是展现给用户的镜像名称。如果在超时时间（这个例子里是3秒）内用户没有按任何键，`default`标签所指定的镜像就会引导系统。镜像是从0开始编号的。

和Lilo不同，GRUB实际上可以读取一个给定分区上的文件系统，并从中加载一个镜像。root标签指定了根分区（根目录），grub.conf中引用的所有文件都存放在这个分区中。在这个配置文件示例中，根分区是指第一个硬盘驱动器中编号为1的分区，表示为root（hd0,1）。因为分区是从0开始编号的，所以这是指第一个硬盘驱动器的第二个分区。

镜像是由相对于根目录的文件名指定的。在代码清单7-18中，默认的引导镜像是一个Linux 2.6.9版本的内核，以及一个与之匹配的初始ramdisk镜像，名为initrd-2.6.9.img。注意，在GRUB的语法规则中，内核命令行参数和指定内核文件的kernel参数位于同一行中。

7.6.3　其他更多的引导加载程序

还有很多具有特殊用途的其他引导加载程序。例如，Redboot是一个开源的引导加载程序，英特尔和XScale社区已经在很多评估板上使用它，这些评估板基于英特尔IXP处理器和Marvel PXA处理器系列。Micromonitor由板卡厂商Cogent等使用。YAMON在MIPS平台上很流行。LinuxBIOS主要应用于x86环境中。总的来说，当你考虑选择一个引导加载程序时，你应该考虑以下这些重要因素。

□ 它是否支持所选的处理器？

□ 它是否已经被移植到一个类似于自己平台的板卡上？

❑ 它是否支持所需的特性？

❑ 它是否支持要使用的硬件设备？

❑ 是否有一个大型社区用户群，可以从中获取帮助？

❑ 是否有商用厂商，可以购买其支持服务？

当你考虑在嵌入式项目中使用哪种引导加载程序时，必须回答以上问题。除非你正在使用最新的处理器研究某些“尖端”技术，你很可能会发现，已经有人花费精力将引导加载程序移植到了你所选择的平台上。参考本章末尾列出的文献资源，以帮助你做出最终的决定。

7.7　小结

本章考察了引导加载程序的作用，并分析了它所处的资源受限的执行环境，此时必须存在引导加载程序。我们详细介绍了最流行的引导加载程序——U-Boot。我们描述了典型的将U-Boot移植到新板卡上的过程。我们还简要介绍了其他一些引导加载程序，这样你可以更好地根据需要作出选择。

❑ 引导加载程序在嵌入式系统中的作用再怎么强调也不为过。它是系统加电后首先获得控制权的软件。

❑ Das U-Boot已经成为流行的通用引导加载程序。它支持大量处理器、参考硬件平台和定制板卡。

❑ U-Boot的配置是通过板卡配置头文件中的一系列配置变量完成。附录A中包含了一个最新的U-Boot版本所支持的所有标准命令集。

❑ 如果新的板卡基于U-Boot支持的处理器，那么将U-Boot移植到这个板卡上相对比较容易。

❑ 如果必须修改引导加载程序或是完成移植工作，必须详细了解你的处理器和硬件平台，没能别的办法。

❑ 你也许需要一个针对板卡的设备树二进制文件，特别是当它基于Power架构（很快也会算上ARM架构）时。

补充阅读建议

Application Note: Introduction to Synchronous DRAM，Maxwell Technologies。
www.maxwell.com/pdf/me/app_notes/Intro_to_SDRAM.pdf

Using LD, the GNU linker，自由软件基金会。
http://sourceware.org/binutils/docs/ld/index.html

The DENX U-Boot and Linux Guide (DLUG) for TQM8xxL，Wolfgang Denx等，Denx软件工程公司。
www.denx.de/twiki/bin/view/DULG/Manual

RFC 793, "Trivial File Transfer Protocol", 互联网工程任务组。
www.ietf.org/rfc/rfc783.txt

RFC 951, "Bootstrap Protocol", 互联网工程任务组。
www.ietf.org/rfc/rfc951.txt

RFC 1531, "Dynamic Host Control Protocol", 互联网工程任务组。
www.ietf.org/rfc/rfc1531.txt

"PowerPC 405GP嵌入式处理器用户手册", IBM公司。

"32位PowerPC编程手册", 飞思卡尔半导体公司。

Lilo引导加载程序
www.tldp.org/HOWTO/LILO.html

GRUB引导加载程序
www.gnu.org/software/grub/

设备树文档, Linux内核源码树。
.../Documentation/powerpc/booting-without-of.txt

"无处不在的设备树", David Gibson, Benjamin HerrenSchmidt。
http://ozlabs.org/people/dgibson/papers/dtc-paper.pdf

不错的扁平设备树列表参考网站
www.denx.de/wiki/U-Boot/UBootFdtInfo#Background_Information_on_Flatte

第 8 章

设备驱动程序基础 8

本章内容

□ 设备驱动程序的概念
□ 模块工具
□ 驱动程序方法
□ 综合应用
□ 在内核源码树外构建驱动
□ 设备驱动程序和GPL
□ 小结

　　理划分功能是系统设计中一个比较有挑战性的方面。大家都已熟悉UNIX和Linux中的
设备驱动程序模型，这是一种在应用代码和硬件或内核设备之间划分功能的很自然的
方式。本章帮助你理解这个模型以及Linux设备驱动程序架构的基础。学习完本章之后，你会拥
有一个坚实的基础，从而可以使用本章末尾列出的参考文献继续深入研究设备驱动程序。

　　本章首先介绍Linux设备驱动程序的概念，并描述内核源码树中针对驱动程序的构建系统。
我们会考察Linux的设备驱动程序架构，并给出一个简单的驱动程序示例。接着介绍用于加载和
卸载内核模块①的用户空间工具。我们还会以一个简单的应用程序来说明应用程序和设备驱动程
序之间的接口。在本章的最后，我们会讨论一下设备驱动程序和GNU公共许可证之间的关系。

8.1　设备驱动程序的概念

　　虚拟内存操作系统中的设备驱动程序概念有些复杂，很多有经验的嵌入式开发人员在刚刚接
触这些概念时都觉得它们不好理解。这是因为在很多流行的老式实时操作系统中并没有类似的架
构。一些新的理念，比如虚拟内存、区分内核空间和用户空间都会增加这一概念的复杂性，而有
经验的嵌入式开发人员也不熟悉这些内容。

　　设备驱动程序的一个最基本的作用就是将用户程序隔离起来，阻止它们随意访问关键的内核
数据结构和硬件设备。此外，一个优秀的设备驱动程序还能够向用户隐藏硬件设备的复杂性和多

---

　　① 在这里，模块和设备驱动程序可以互换使用。

样性。例如，一个向硬盘写入数据的程序不需要知道硬盘驱动器的扇区大小是512 B还是1024 B。用户只需要打开文件，并发出write命令就可以了。设备驱动程序会处理具体的细节，并将用户隔离开来，让他们不用关心复杂而又有风险的硬件设备编程。设备驱动程序为大量不同的硬件设备提供了一个一致的用户接口。我们所熟知的UNIX/Linux中的"一切都必须表示为一个文件"的惯例就是以此为基础的。

8.1.1 可加载模块

和其他一些操作系统不同，Linux允许你在运行时添加和删除内核组件。Linux采用一体化的内核结构，并提供了定义良好的接口，用于在系统启动后动态添加和删除设备驱动程序。这一特性不仅给用户提供了灵活性，而且对于设备驱动程序的开发人员来说意义重大。假设你的设备驱动程序能够正常工作，你可以在开发过程中随意将这个设备驱动程序添加到一个运行的内核中，或是从中删除，而不用在每次修改和测试时重启内核。

可加载模块对于嵌入式系统来说特别重要。可加载模块提升了系统的现场升级能力。比如，可以在系统运行时更新一个模块而不用重启系统。模块可以存储在一个和根（引导）设备不同的媒介上，从而节省根设备的存储空间。

当然，也可以将设备驱动程序静态编译到内核中，而且对于很多驱动程序来说这非常合适。比如，考虑这样一个内核，我们将它配置为从一个网络上的NFS服务器挂载其根文件系统。在这个场景中，你需要将网络相关的驱动程序（TCP/IP和网络接口卡驱动程序）静态编译到主内核镜像中，以便它们可以在引导过程中用于挂载远端的根文件系统。如果你不想将这些驱动静态编译到内核主体中，还有另一种选择，那就是使用我们在第6章中讲述的初始ramdisk。在这种情况下，初始的ramdisk镜像中会包含必要的模块和一个用于加载它们的脚本。

可加载模块是在内核引导完成后安装到系统中的。启动脚本可以加载设备驱动程序模块，必要时，模块也可以"按需加载"。当某个收到请求的服务需要一个特定的模块时，Linux能够按照它的需求加载模块[①]。

在有关内核模块的讨论中还从来没有过标准化的术语使用规则。当讨论Linux设备驱动程序时，很多术语都是可以互换使用的，而且会一直这样沿用下去。在本章以及后续章节中，以下这些术语：设备驱动程序、可加载内核模块（Loadable Kernel Module，LKM）、可加载模块和模块共同用于描述一个内核设备驱动程序模块。

8.1.2 设备驱动程序架构

UNIX/Linux的系统开发人员都熟悉基本的Linux设备驱动程序模型。虽然设备驱动程序模型不断发展演变，但是在UNIX/Linux发展的过程中，它的一些基本组织构造几乎保持不变。设备驱动程序大体上可以分成两种基本类别：字符设备驱动程序和块设备驱动程序。可以将字符设备看做是一个串行的有先后次序的数据流，例子包括串行端口和键盘。块设备的特点是能够随机读写

---

① 我们会在第19章中详细讲述这个机制。

（不需要按顺序）存储媒介上任意位置的一块数据。块设备的例子包括硬盘驱动器和USB闪存驱动器（U盘）。

8.1.3　最小设备驱动程序示例

因为Linux支持可加载的设备驱动程序，所以展示一个简单的设备驱动程序框架相对比较容易。代码清单8-1显示了一个可加载的设备驱动程序模块，它包含了一个运行的内核能够加载和卸载它所必需的最简结构结构。

代码清单8-1　一个最小的设备驱动程序

```
/*最小型的字符型设备驱动示例*/
#include <linux/module.h>

static int __init hello_init(void)
{
    printk(KERN_INFO "Hello Example Init\n");

    return 0;
}

static void __exit hello_exit(void)
{
    printk("Hello Example Exit\n");
}

module_init(hello_init);
module_exit(hello_exit);

MODULE_AUTHOR("Chris Hallinan");
MODULE_DESCRIPTION("Hello World Example");
MODULE_LICENSE("GPL");
```

代码清单8-1中显示的驱动程序中包含了足够的结构，使内核能够加载和卸载这个驱动程序，并且调用驱动程序中的初始化和退出函数。让我们看一下它是如何做到这一点的，因为这能够说明一些重要的高层次概念，了解这些概念对设备驱动程序的开发有帮助。

设备驱动程序是一种特殊的二进制模块。不同于独立的二进制可执行应用程序，我们不能简单地在一个命令行终端中执行设备驱动程序。2.6系列内核对这种二进制模块的格式有要求，它需要符合一种特殊的“内核对象”的格式。当正确构建出一个设备驱动程序模块时，这个二进制模块的文件名会包含一个.ko后缀。创建.ko模块对象所需的构建步骤和编译选项很复杂。我们在这里列出一组构建步骤，它们利用了Linux内核构建系统的强大功能，你不必成为这方面的专家就可以完成构建，而有关构建系统的详细内容超出了本书的范围。

8.1.4 模块构建的基础设施

如果想让设备驱动程序在某个版本的内核上运行，则必须在该版本的内核中编译它。虽然加载和执行一个针对不同内核版本编译的内核模块有可能成功，但这样做是有风险的，除非你确定这个模块不会依赖于新内核的任何特性。最简单的方法就是在内核自身的源码树中构建这个模块。这可以确保当开发人员修改了内核配置后，设备驱动程序也会自动构建，并采用正确的内核配置。当然，在内核源码树之外构建驱动程序也是可能的。然而，在这种情况下，你有责任保证构建设备驱动程序所使用的配置与内核配置同步，因为你要在这个内核上运行驱动程序。常见配置一般包括编译器开关、内核头文件的位置和内核配置选项等。

对于代码清单8-1中的示例驱动程序来说，我们需要对Linux内核源码树做以下这些修改，以便它能够构建这个示例驱动。下面我们来详细解释每个步骤。

(1) 从顶层Linux源码目录开始，在目录.../drivers/char下创建一个名为examples的目录。

(2) 在内核配置中添加一个新的菜单项，由此我们能够构建examples，并可以指定将它构建成内置的或是可加载的内核模块。

(3) 修改.../drivers/char/Makefile文件，在其中添加对examples子目录的条件编译，以第(2)步中创建的菜单项的值为条件。

(4) 为examples新目录创建一个makefile，并在其中添加对hello1.o模块目标的条件编译，以第(2)步中创建的菜单项的值为条件。

(5) 以代码清单8-1中的内容创建驱动程序hello1.c源码文件。

在.../drivers/char子目录中添加exmples目录很容易。创建完这个目录后，还需要在其中创建两个文件：一个是模块源码文件本身，内容来自代码清单8-1，另一个是针对example目录的makefile文件。这个makefile相当简单，仅包含下面这一行：

```
obj-$(CONFIG_EXAMPLES) += hello1.o
```

在内核配置工具中添加一个菜单项要复杂一些。代码清单8-2中包含了一个补丁，当我们将它应用于最新Linux版本的.../drivers/char/Kconfig文件时，它会在其中添加一个配置菜单项，用于开启examples的配置选项。你可能对补丁文件所使用的unified diff格式不太熟悉，这里解释一下，代码清单8-2中以单个加号（＋）开头的每一行都会被插入到文件（Kconfig）中，插入的位置是在指定的行（那些不以加号开头的行）之间。

代码清单8-2　针对examles目录的Kconfig补丁

```
diff --git a/drivers/char/Kconfig b/drivers/char/Kconfig
index 6f31c94..0805290 100644
--- a/drivers/char/Kconfig
+++ b/drivers/char/Kconfig
@@ -4,6 +4,13 @@

 menu "Character devices"

+config EXAMPLES
```

```
+         tristate "Enable Examples"
+         default M
+         ---help---
+           Enable compilation option for Embedded Linux Primer
+           driver examples
+
config VT
          bool "Virtual terminal" if EMBEDDED
          depends on !S390
```

当我们将这个补丁应用于.../drivers/char子目录中的Kconfig文件时，它会在其中生成一个新的内核配置选项，名为CONFIG_EXAMPLES。回顾一下第4章中有关构建Linux内核的内容，我们可以使用以下命令来启动配置工具（这个例子采用了ARM架构）：

```
$ make ARCH=arm CROSS_COMPILE=xscale_be- gconfig
```

当我们使用类似命令启动配置工具之后，新加的Enable Example配置选项会出现在Character devices（字符设备）菜单下面，补丁中也是这样指定的。因为它被定义成tristate类型，内核开发人员有3种选择。

（N）No。不编译examples。

（Y）Yes。编译examples，并将它链接到最终的内核镜像中。

（M）Module。将examples编译成一个可动态加载的模块。

图8-1显示了最终的gconfig界面，其中包含了新添加的配置选项。复选框中的短横（-）表示选择以模块方式进行编译，正如右边的M列所示。在复选框中打勾表示选择yes，该驱动程序模块会被编译成内核主体的一部分。复选框如果为空，则表示不启用该选项。

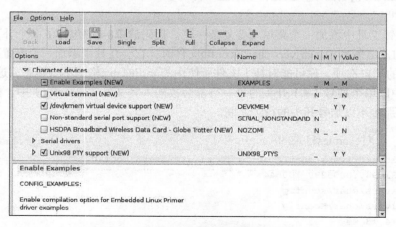

图8-1　带有examples模块的内核配置

现在我们添加了配置选项，可以编译examples设备驱动程序模块了。接着，我们需要修改目录.../drivers/char中的makefile，从而对构建系统做出指示，让它根据配置选项CONFIG_EXAMPLES

的值条件编译examples目录中的源文件。代码清单8-3中包含了一个针对此makefile的补丁，该makefile来自一个最新的Linux版本。

代码清单8-3 针对examples的makefile补丁

```
diff --git a/drivers/char/Makefile b/drivers/char/Makefile
index f957edf..f1b373d 100644
--- a/drivers/char/Makefile
+++ b/drivers/char/Makefile
@@ -102,6 +102,7 @@
 obj-$(CONFIG_MWAVE)              += mwave/
 obj-$(CONFIG_AGP)               += agp/
 obj-$(CONFIG_PCMCIA)            += pcmcia/
 obj-$(CONFIG_IPMI_HANDLER)      += ipmi/
+obj-$(CONFIG_EXAMPLES)          += examples/

 obj-$(CONFIG_HANGCHECK_TIMER)   += hangcheck-timer.o
 obj-$(CONFIG_TCG_TPM)           += tpm/
```

代码清单8-3中显示的补丁在目录.../drivers/char中的makefile中添加了一行（以+开头）。补丁中的其余行都是makefile中已存在的，这样，补丁工具就可以确定在什么位置插入新添加的行。makefile中包含的目录列表已经都搜索过了，新的examples目录就添加在它们的后面，而且这个位置看起来也合乎逻辑。除了一致性和可读性方面的考虑，位置并不重要。

完成了这些步骤之后，用于构建示例设备驱动程序的基础设施现在已经到位了。这种方法的完美之处在于它会在内核构建时自动构建驱动程序。只要选择了代码清单8-3中定义的配置选项（M或Y），这个驱动模块就会包含在构建过程中。

对于任意ARM系统，用于构建模块的命令行看起来像下面这样：

```
$ make ARCH=arm CROSS_COMPILE=xscale_be- modules
```

代码清单8-4中显示对模块源码进行了一些修改后，再进行构建时的输出信息（这个内核源码树中的其他模块都已经构建完毕）。

代码清单8-4 模块构建的输出信息

```
$ make ARCH=arm CROSS_COMPILE=xscale_be- modules
  CHK     include/linux/version.h
make[1]: `include/asm-arm/mach-types.h' is up to date.
  CHK     include/linux/utsrelease.h
  SYMLINK include/asm -> include/asm-arm
  CALL    scripts/checksyscalls.sh
  CC [M]  drivers/char/examples/hello1.o
  Building modules, stage 2.
  MODPOST 76 modules
  LD [M]  drivers/char/examples/hello1.ko
```

8.1.5　安装设备驱动程序

现在，驱动程序已经构建好了，我们可以将它加载到一个运行中的内核，或是从中卸载它，以观察它的行为。在我们加载模块之前，我们需要将它复制到目标系统中的合适位置。虽然我们可以将它放在自己所期望的任意位置，但一般都会遵循惯例。在运行的Linux系统中，这些模块会被放置到一个特定位置。和模块编译一样，最简单的方法就是让内核构建系统来帮我们做这件事。makefile中的目标modules_install会自动安装系统中的模块，确保它们的布局符合逻辑。你只需要提供期望的位置，而它会被当作默认路径的前缀。

在一个标准的Linux工作站的安装中，你也许已经知道设备驱动程序模块都位于目录/lib/modules/<kernel-version>/...中，并且它们的排序方式类似于Linux内核源码树中的设备驱动程序目录层次结构[①]。想要查看字符串`<kernel-version>`的值，可以在目标Linux系统上执行命令`uname -r`。如果你没有向内核构建系统提供安装前缀，默认情况下，你的模块会被安装到工作站的/lib/modules/...目录中。由于我们是嵌入式开发人员，并且我们进行的是交叉编译，这个位置也许不是你所期望的。你可以指定home目录中的一个临时位置，当模块被安装到这个位置后，再将模块手动复制到目标设备的文件系统中。或者，如果你的目标嵌入式系统使用NFS将其根文件系统挂载到本地开发工作站的一个目录上，你可以将模块直接安装到目标文件系统中。下面这个例子使用了后面一种方式：

```
$ make ARCH=arm CROSS_COMPILE=xscale_be-            \
  INSTALL_MOD_PATH=/home/chris/sandbox/coyote-target  \
  modules_install
```

这条命令将所有模块都安装到目录coyote-target中，在这个示例系统中，该目录通过NFS导出，并被挂载作为目标系统的根目录[②]。

8.1.6　加载模块

完成了所有必要的步骤之后，我们现在就可以加载并测试设备驱动程序模块了。代码清单8-5显示了在嵌入式系统中加载和卸载设备驱动程序时的输出信息。

代码清单8-5　加载和卸载模块

```
# modprobe hello1              <<< 加载设备驱动程序，必须是root用户
Hello Example Init
# modprobe -r hello1           <<< 卸载设备驱动程序，必须是root用户
Hello Example Exit
#
```

[①] Red Hat发行版和Fedora发行版都使用了这个路径，文件系统层次结构标准（File System Hierarchy Standard）也要求使用这个路径。请参考本章末尾列出的文献。其他的发行版可能会使用文件系统中的不同位置来存放内核模块。

[②] 我们会在第12章详细介绍NFS，以及如何使用它来挂载根文件系统。

你应该能够将以上输出信息和代码清单8-1中的设备驱动程序源码对应起来。这个模块的功能很简单，只是通过函数printk()向内核日志系统打印一些消息，我们可以在控制台中看到这些消息①。加载模块后，模块初始化函数就会被调用。我们使用module_init()宏来指定模块被加载时所执行的初始化函数。我们像这样声明它：

```
module_init(hello_init);
```

在我们的初始化函数中，我们只是打印了必要的hello消息并返回。然而，在一个真正的设备驱动程序中，你会在这里分配模块所需的初始资源。类似地，当我们卸载模块时（使用命令modprobe -r），退出函数会被调用。如同代码清单8-1所示，我们使用module_exit()宏来指定退出函数。在一个真正的设备驱动程序中，你会在这里撤销初始化入口函数所做的任何工作，比如释放内存或将设备返回到一个未知无害的状态。

对于示例中的简单设备驱动程序，为了能够将它动态加载到实际的内核中，我们所要做的就是这些。接下来的几节我们会在可加载设备驱动程序模块中引入一些其他功能，并说明用户空间程序如何与设备驱动程序模块进行交互。

8.1.7　模块参数

很多设备驱动程序模块都可以接受参数，改变其行为。这样的例子包括开启调试模式、设置详细输出模式以及指定与具体模块相关的选项。实用程序insmod（以及modprobe，后面会介绍）可以在模块名称之后指定模块参数（有些上下文中也称作选项）。代码清单8-6显示了我们修改后的hello1.c的例子，在其中增加了一个模块参数，用于开启调试模式。

代码清单8-6　带一个参数的示例驱动程序

```
/* 最小字符设备驱动程序 */
#include <linux/module.h>

static int debug_enable = 0;          /* 添加的驱动参数 */
module_param(debug_enable, int, 0);  /* 添加这两行 */
MODULE_PARM_DESC(debug_enable, "Enable module debug mode.");

static int __init hello_init(void)
{
    /* 现在打印新的模块参数的值 */
    printk("Hello Example Init - debug mode is %s\n",
            debug_enable ? "enabled" : "disabled");

    return 0;
}
```

---

① 如果你没有在控制台中看到这些消息，尝试关闭系统中的syslogd或是降低控制台的日志级别（loglevel）。我们会在第14章中介绍如何操作。

```
static void __exit hello_exit(void)
{
    printk("Hello Example Exit\n");
}


module_init(hello_init);
module_exit(hello_exit);

MODULE_AUTHOR("Chris Hallinan");
MODULE_DESCRIPTION("Hello World Example");
MODULE_LICENSE("GPL");
```

我们在示例设备驱动程序模块中添加了3行代码。第1行声明了一个静态整型变量，用于存储我们的调试标志。第2行是一个宏，在文件.../include/linux/moduleparam.h中定义的（modules.h包含了这个文件），它向内核模块子系统注册了这个模块参数。第3行也是一个宏，它向内核模块子系统注册了一个和参数相关的字符串描述。当我们在本章后面查看modinfo命令时就会明白它的作用了。

如果现在使用insmod来加载修改后的hello1.c模块（如代码清单8-6所示），并且添加debug_enable选项，我们会看到相应的输出信息。

```
$ insmod /lib/modules/.../examples/hello1.ko debug_enable=1
Hello Example Init - debug mode is enabled
```

如果我们省略了可选的模块参数，输出信息如下：

```
$ insmod /lib/modules/.../examples/hello1.ko
Hello Example Init - debug mode is disabled
```

8.2   模块工具

代码清单8-5简要介绍了模块工具。在那里我们使用了模块工具modprobe，用来将设备驱动程序模块加载到运行的Linux内核中，以及从中删除。有很多用于管理设备驱动程序模块的小工具，这一节将会介绍它们。我们鼓励你参考每个工具的帮助手册，以了解它们的完整细节。如果你想进一步了解可加载模块和Linux内核是如何进行交互的，可以参考这些工具的源代码。本章的最后一节会告诉你到哪里可以找到这些内容。

8.2.1   insmod

如果要将一个模块加载到一个运行的内核中，最简单的方法就是使用insmod工具。只需提供一个完整的路径名，接着insmod就可以完成工作。例如：

```
$ insmod /lib/modules/'uname -r'/kernel/drivers/char/examples/hello1.ko
```

这条命令将模块hello1.ko加载到内核中。输出信息和代码清单8-5中的一样——也就是

Hello消息。insmod工具是一个简单的程序，它不需要也不接受任何命令行选项。但它需要一个完整的路径名，因为它不包含用于搜索模块的逻辑处理。通常你会使用modprobe，因为它包含更多特性而且功能更强大，其中有一项功能是确定一个给定模块所依赖的其他模块并加载它们。

8.2.2 lsmod

lsmod工具也很简单。它只是显示一个格式化的列表，列出加载到内核中的所有模块。这个工具的最新版本不需要参数，仅仅是将/proc/modules①的输出信息调整一下格式。代码清单8-7是一个使用lsmod的例子。

代码清单8-7 lsmod的输出格式

```
$ lsmod
Module                  Size  Used by
ext3                  121096  0
jbd                    49656  1 ext3
loop                   12712  0
hello1                  1412  0
$
```

注意最右边一列——"Used by"。它表示此设备驱动程序模块正在使用，并显示了依赖关系链。在这个例子中，jbd（包含了针对日志文件系统的日志函数）模块正由ext3模块使用，而它是很多流行Linux发行版所使用的默认的日志文件系统。这意味着ext3设备驱动程序依赖于jbd的存在。

8.2.3 modprobe

modprobe是个巧妙的工具。代码清单8-7显示了ext3模块和jbd模块之间的关系。ext3模块依赖jbd模块。modprobe工具能够发现这种依赖关系，并且按照合适的顺序加载这些依赖模块。下面的这条命令会加载jbd.ko和ext3.ko两个驱动模块：

```
$ modprobe ext3
```

modprode工具有几个命令行参数，用于控制其行为。正如我们在前面所看到的，modprobe可以用于删除模块，包括某个模块所依赖的模块。下面是一个删除模块的例子，这条命令会将jbd.ko和ext3.ko都删除掉。

```
$ modprobe -r ext3
```

modprobe工具是由配置文件modprobe.conf驱动的。这可以帮助系统开发人员将设备和设备驱动程序关联起来。对于一个简单的嵌入式系统而言，modprobe.conf可能是一个空文件或只包含几行内容。modprobe工具在编译时使用了一组默认的规则，如果没有有效的modprobe.conf文件，它

---

① /proc/modules是/proc文件系统的一部分，我们将在第9章中介绍它。——译者注

就使用这些默认规则创建一系列默认值。在使用modprobe工具时，如果只带一个-c选项，它就会显示出modprobe所使用的这组默认规则。

代码清单8-8显示了一个典型的modprobe.conf文件的内容，它所处的系统中包含2个以太网接口。一个是基于Prism2芯片组的无线适配器，另一个是典型的PCI以太网卡。系统中还包含一个声音子系统，它基于集成的英特尔声音芯片组。

代码清单8-8　一个典型的modprobe.conf文件

```
$ cat /etc/modprobe.conf
alias eth1 orinoci_pci
options eth1 orinoco_debug=9
alias eth0 e100
alias snd-card-0 snd-intel8x0
options snd-card-0 index=0
$
```

当内核启动并发现无线芯片组时，这个配置文件会指示modprobe加载orinoco_pci设备驱动程序，并将它绑定到内核设备eth1。接着，它会将可选的模块参数orinoco_debug=9传递给设备驱动程序。当发现声卡硬件时也会采取同样的动作。注意和声卡驱动程序snd-intel8x0相关的可选参数。

注意，modprobe.conf的功能已经基本上被udev的功能所取代。我们将在第19章介绍它。然而，你可能会在旧一点的嵌入式系统中发现modprobe.conf，所以了解如何配置它也许会有用。

8.2.4　depmod

modprobe是怎么知道一个给定模块所依赖的其他模块的呢？在这个过程中，depmod工具起到了关键作用。当modprobe执行时，它会在模块的安装目录中搜索一个名为modules.dep的文件。depmod工具创建了描述模块依赖关系的文件。

这个文件列出了内核构建系统所配置的所有模块，以及每个模块的依赖信息。它采用了一种简单的文件格式，每个设备驱动程序模块占用文件的一行。如果这个模块依赖别的一些模块，这些模块会按顺序列在这个模块名称的后面。例如，在代码清单8-7中，我们看到ext3模块依赖jbd模块。文件modules.dep中的依赖关系行看起来会像是这样：

```
ext3.ko: jbd.ko
```

实际上，每个模块名前面会包含它在文件系统中的绝对路径，以避免产生歧义。我们已经省略了路径信息以增加可读性。一个复杂一些的依赖关系链，比如声卡驱动程序，看起来会像是这样：

```
snd-intel8x0.ko: snd-ac97-codec.ko snd-pcm.ko snd-timer.ko \
snd.ko soundcore.ko snd-page-alloc.ko
```

再重复一遍，我们已经省略了模块名称之前的路径以增加可读性。modules.dep文件中的每个模块文件名都是一个绝对文件名，它包含了完整的路径信息，并且占用一行。因为页面的宽度有限，前面这个例子放在了两行中显示。

通常，depmod都是在内核构建时自动运行的。然而，在一个交叉开发环境中，你必须有一个交叉版本的depmod，它知道如何识别那些针对目标架构以本地模式编译的模块。另外，大多数嵌入式发行版都可以设置init脚本，使系统在每次启动时运行depmod，以保证模块间的依赖关系得到及时更新。

8.2.5 rmmod

rmmod工具也很简单。它仅仅是将一个模块从运行中的内核中删除。只需将模块名称作为参数传递给它，没有必要包含路径名或文件扩展名。例如：

```
# rmmod hello1      <<< 必须是root用户
Hello Example Exit
```

这里唯一需要了解的一点是，当你使用rmmod时，它会执行模块的*_exit()函数，正如这里所显示的输出信息，它们来自代码清单8-1和代码清单8-6中的hello1.c。

需要注意的是，和modprobe不同，rmmod不会删除一个模块所依赖的模块。如果你想删除，可以使用modprobe -r。

8.2.6 modinfo

你也许已经注意到了代码清单8-1中的框架驱动程序的最后3行，后面的代码清单8-6中也有这3行。这些宏用于在二进制模块中设置一些标签，以方便模块的管理。代码清单8-9中显示了对hello1.ko模块执行modinfo的结果。

代码清单8-9 modinfo 的输出信息

```
$ modinfo hello1
filename:      /lib/modules/../kernel/drivers/char/examples/hello1.ko
license:       GPL
description:   Hello World Example
author:        Chris Hallinan
depends:
vermagic:      2.6.32-07500-g8bea867 mod_unload modversions ARMv5
parm:          debug_enable:Enable module debug mode. (int)
```

第一个字段是显而易见的：它是设备驱动程序模块的完整文件名。为了增加可读性，我们再一次截短了路径名。接下来几行的内容直接来自代码清单8-6中的最后几个宏——也就是模块描述、作者和许可信息。它们仅仅是供模块工具使用的标签而已，不会影响设备驱动程序本身的行为。可以从帮助手册和源码中进一步了解modinfo。

modinfo有一个很有用的特性，我们可以通过它了解一个模块所支持的参数。从代码清单8-9中可以看到这个模块只支持一个参数。这就是我们在代码清单8-6中添加的debug_enable。输出信息中给出了参数的名称、类型（在这里是int型）以及我们填充到MODULE_PARM_DESC()宏当中的描述文本。这非常方便，特别是对于那些不容易接触到其源码的模块。

8.3 驱动程序方法

简短地介绍模块工具的过程中，我们已经涵盖了很多基础知识。在下面几节中，我们会描述用户空间程序（你的应用程序代码）和设备驱动程序之间的通信机制。

我们已经介绍了驱动程序中的两个重要函数，它们分别负责模块的一次性初始化和退出处理。回顾一下，在代码清单8-1中，你的模块的初始化函数和退出函数分别是由module_init()和module_exit()标识的。我们发现这两个函数会分别在模块被加载到内核和从内核删除模块时被调用。现在我们需要在设备驱动程序中提供一些方法，并以它们为接口和应用程序通信。毕竟，我们使用设备驱动程序有两个更重要的原因，其一，是为了将用户隔离开来，阻止他们在内核空间编写代码，因为这很危险；其二，是为了提供一个统一的方法，用于和硬件或内核层设备通信。

8.3.1 驱动程序中的文件系统操作

当设备驱动程序被加载到一个运行的内核之后，我们必须采取的首要行动就是让这个驱动做好准备，以接受后续的操作请求。open()方法就是用于这个目的。打开驱动程序后，我们需要有读写这个驱动程序的函数。驱动程序还会提供一个release()函数，用于所有操作完成后的资源清理（本质上是一个close()调用）。最后，驱动程序还会提供一个特殊的系统调用，用于和驱动程序之间的非标准通信。这被称为ioctl()。代码清单8-10在我们的示例驱动程序中加入了这些函数。

代码清单8-10　在hello.c中加入文件系统操作

```
#include <linux/module.h>
#include <linux/fs.h>

#define HELLO_MAJOR 234

static int debug_enable = 0;
module_param(debug_enable, int, 0);
MODULE_PARM_DESC(debug_enable, "Enable module debug mode.");

struct file_operations hello_fops;

static int hello_open(struct inode *inode, struct file *file)
{
    printk("hello_open: successful\n");
    return 0;
```

```
}

static int hello_release(struct inode *inode, struct file *file)
{
    printk("hello_release: successful\n");
    return 0;
}

static ssize_t hello_read(struct file *file, char *buf, size_t count,
            loff_t *ptr)
{
    printk("hello_read: returning zero bytes\n");
    return 0;
}

static ssize_t hello_write(struct file *file, const char *buf,
            size_t count, loff_t * ppos)
{
    printk("hello_write: accepting zero bytes\n");
    return 0;
}

static int hello_ioctl(struct inode *inode, struct file *file,
            unsigned int cmd, unsigned long arg)
{
    printk("hello_ioctl: cmd=%ld, arg=%ld\n", cmd, arg);
    return 0;
}

static int __init hello_init(void)
{
    int ret;
    printk("Hello Example Init - debug mode is %s\n",
        debug_enable ? "enabled" : "disabled");
    ret = register_chrdev(HELLO_MAJOR, "hello1", &hello_fops);
        if (ret < 0) {
            printk("Error registering hello device\n");
            goto hello_fail1;
        }
    printk("Hello: registered module successfully!\n");

    /*从这里开始初始化……*/

    return 0;

hello_fail1:
```

```
    return ret;
}

static void __exit hello_exit(void)
{
    printk("Hello Example Exit\n");
}

struct file_operations hello_fops = {
    owner:     THIS_MODULE,
    read:      hello_read,
    write:     hello_write,
    ioctl:     hello_ioctl,
    open:      hello_open,
    release: hello_release,
};

module_init(hello_init);
module_exit(hello_exit);

MODULE_AUTHOR("Chris Hallinan");
MODULE_DESCRIPTION("Hello World Example");
MODULE_LICENSE("GPL");
```

这个扩展后的设备驱动程序的例子包含了很多新添加的代码行。从上面开始看，我们必须添加一个新的内核头文件，以获得文件系统操作函数的相关定义。我们还为设备驱动程序定义了一个主设备号（设备驱动程序的开发者需要注意：这种分配设备驱动程序主设备号的方式并不是很好。请参考Linux内核文档[.../Documentation/devices.txt]或是设备驱动程序方面的优秀参考书），以了解怎样合适地分配主设备号。对于这个简单的例子来说，我们只是选择了一个我们所知的，系统中未使用的主设备号。）

接下来就是4个新添加的函数——我们的open、close、read和write方法。为了保持良好的编码习惯，我们采用了一致的命名方式，这会增加代码的可读性，也更易维护。我们将新添加的方法分别命名为hello_open()、hello_release()、hello_read()和hello_write()。对于这个简单的练习而言，这些函数仅仅是向内核日志子系统打印了一条消息。

注意，我们还在函数hello_init()中添加了对另一个函数的调用。这行代码将我们的设备驱动程序注册到内核中。在调用这个注册函数时，我们传递给它一个结构体，其中包含了指向所需方法的函数指针。内核使用这个结构体（类型为struct file_operations）将我们具体的设备函数和来自文件系统的相应请求绑定到一起。当一个应用程序打开了一个由我们的设备驱动程序所代表的设备，并请求一个read()操作时，文件系统会将这个通用的read()请求和我们模块的hello_read()函数关联起来。下面几节会详细描述这个过程。

8.3.2 设备号的分配

必须要注意的是，设计本书中的例子是为了给你提供一个设备驱动程序架构的整体概念，并让你了解它们是如何融合到整个系统中的。本书无意成为设备驱动程序开发的教材。本章末尾列出了两本专门讨论这一主题的优秀教材。

有了这个提醒，需要注意到，我们在代码清单8-10中分配主设备号的方法已经被另一种更健壮的方法取代了。通常你不会在驱动程序中指定一个设备号，而会使用函数让内核为你指定一个设备号。这可以避免设备号之间的冲突，而且与手工分配设备号相比，扩展性要好很多。《Linux设备驱动程序（第三版）》的第3章详细描述了这个过程，本章末尾也列出了这本参考书。

8.3.3 设备节点和 mknod

为了理解应用程序是如何将其请求绑定到一个具体设备上的，我们必须要理解设备节点的概念。设备节点是Linux中的一种特殊文件类型，它代表一个设备。几乎所有的Linux发行版都将设备节点放在一个公共的位置（这是由文件系统层次结构标准[①]指定的），也就说/dev目录中。有一个专门的工具用于在文件系统中创建设备节点。这个工具是mknod。

为了说明它的功能和它传达的信息，最好的方法就是看一个创建节点的例子。以我们前面介绍的简单设备驱动程序为例，让我们为它创建一个合适的设备节点：

```
$ mknod /dev/hello1 c 234 0
```

在目标嵌入式系统上执行这条命令之后，我们会得到一个名为/dev/hello1的新文件，它代表我们的设备驱动程序模块。如果我们用ls命令查看该文件，它看上去会像是这样：

```
$ ls -l /dev/hello1
crw-r--r--   1 root   root   234, 0 Jul 14 2005 /dev/hello1
```

我们传递给mknod的参数包括设备驱动程序的名称、类型、主设备号和次设备号。因为我们是在说明一个字符型（character）驱动程序的使用，因此用字母c来表示。主设备号是234，这是我们为这个例子所选的号码，次设备号是0。

设备节点本身只是我们文件系统中的一个文件而已。然而，由于它作为设备节点的特殊地位，我们可以使用它来绑定一个已安装的设备驱动程序。如果一个应用程序进程发起一个open()系统调用，并以设备节点作为路径参数，那么，内核会搜索一个有效的设备驱动程序，搜索条件是它注册的主设备号和设备节点的主设备号相匹配——在这里是234。内核就是使用这个机制将我们的具体设备关联到一个设备节点上的。

大多数C程序员都知道，open()系统调用或其变体，会返回一个引用（文件描述符），而应用程序可以使用它来发起后续的文件系统操作，比如读、写和关闭。之后，这个引用会作为参数传递给各种文件系统操作函数，比如读写函数及其变体。

也许你会对次设备号的作用感到好奇，它只是一种机制，用于在一个设备驱动程序中处理多

---

① 本章末尾参考了这个标准。

个设备或子设备。操作系统并不使用它，它仅仅是被传递给设备驱动程序。设备驱动程序能够以合适的方式随意使用次设备号。例如，对于一个多端口的串行端口卡，主设备号可用于指定驱动程序，而次设备号可用于指定其中的某个端口，而所有这些端口都是由同一个驱动处理的。请参考设备驱动程序方面的优秀教材以了解更多详细信息。

最后还有一点需要注意。前面对设备节点的讨论只是为了教学目的。在大多数主流Linux系统上，永远都不会实际地创建设备节点。设备节点的创建是由udev自动完成的。我们将在第19章详细讲述它的功能。

8.4　综合应用

现在我们已经有了一个简单的示例设备驱动程序，我们可以加载它并进行试验。代码清单8-11是一个简单的用户空间应用程序，它检验了我们的设备驱动程序。我们已经知道怎样加载一个驱动程序了。前面也讲述了如何安装设备驱动程序，只需要简单地编译一下驱动，并使用命令 `make modules_install` 就可以将它安装到文件系统中了。

代码清单8-11　使用我们的设备驱动程序

```
#include <stdio.h>
#include <stdlib.h>
#include <sys/types.h>
#include <sys/stat.h>
#include <fcntl.h>
#include <unistd.h>

int main(int argc, char **argv)
{
    /*我们的文件描述符*/
    int fd;
    int rc = 0;
    char *rd_buf[16];

    printf("%s: entered\n", argv[0]);

    /*打开设备*/
    fd = open("/dev/hello1", O_RDWR);
    if ( fd == -1 ) {
        perror("open failed");
        rc = fd;
        exit(-1);
    }
    printf("%s: open: successful\n", argv[0]);

    /*发起一个读操作*/
```

```
    rc = read(fd, rd_buf, 0);
    if ( rc == -1 ) {
        perror("read failed");
        close(fd);
        exit(-1);
    }
    printf("%s: read: returning %d bytes!\n", argv[0], rc);

    close(fd);
    return 0;
{
```

这是一个简单的源文件，可以在一个基于ARM XScale的系统上编译，它展示了如何通过设备节点将应用程序绑定到设备驱动程序上。和设备驱动程序一样，它没有做任何有意义的工作，但的确说明了一些概念，因为它调用了代码清单8-10的设备驱动程序中所定义的方法。

首先使用open()系统调用[①]，并传入之前创建的设备节点（/dev/hello1）。如果打开成功的话，我们就向控制台打印一条消息说明这一点。接着，发起一个read()命令，如果成功的话也向控制台打印一条消息。注意一下，就内核而言，它是完全允许读取0字节的。在实践中，这代表文件结尾或无数据的情况。设备驱动程序可以定义这个特殊条件。读操作完成后，我们只是关闭文件并退出。代码清单8-12显示了在一个ARM XScale目标板上运行这个示例应用程序时的输出信息。

代码清单8-12 使用这个示例驱动

```
$ modprobe hello1
Hello Example Init - debug mode is disabled
Hello: registered module successfully!
$ ./use-hello
./use-hello: entered
./use-hello: open: successful
./use-hello: read: returning zero bytes!
$
```

8.5 在内核源码树外构建驱动

在内核源码树外构建设备驱动程序通常是很方便的。使用一个简单的makefile就可以轻松完成这项工作，内核源码树中有很多类似的makefile，仿照着写一个就行了。Linux内核源码树中的驱动程序makefile通常都很简单。在450多个驱动程序makefile中，有一半以上包含的内容不超过10行，而其中的5%甚至只包含一行！

---

① 实际上，函数open()是一个由C程序库提供的函数，它封装了Linux的sys_open()系统调用。

如果想为hello1示例编写一个makefile，从而在内核源码树外构建它，看起来会像这样：

```
obj-$(CONFIG_EXAMPLES)              += hello1.o
```

创建一个目录，并将源码文件hello1.c放在里面。接下来，在同一个目录中创建一个名为Makefile的新文件。这个Makefile应该包含前面所显示的那行内容。接着，在刚刚创建的目录中执行以下这条构建命令：

```
$ make ARCH=arm CROSS_COMPILE=xscale_be- -C \
      <path/to/your/linux-2.6> SUBDIRS=$PWD modules
```

当然了，你会用自己的Linux源码树的路径替换<path/to/your/linux-2.6>。make命令在执行时会通过-C参数转到你的内核源码树中，并指示构建系统构建定义在目录SUBDIRS（也就是当前工作目录）中的目标。就是这么简单。

一旦理解了这些概念，你可以编写一个稍微智能一点儿的makefile。比如，如果你喜欢的话，它可以定义SUBDIRS和内核路径。在你的内核配置中，CONFIG_EXAMPLES的值必须定义为=m或=y，认识到这一点很重要。你可以在.config文件中对此做个检查。不出所料，如果CONFIG_EXAMPLES未定义，hello1.c模块不会编译。

8.6　设备驱动程序和 GPL

免责声明　你也许在因特网上看过IANAL[1]这个缩略词。这个缩略词在这里也同样适用：我不是个律师。你能够得到的最佳建议就是去请教一个对知识产权和版权法律都非常熟悉的律师，最好是有开源许可证方面的专业经验。

有关设备驱动程序以及GNU公共许可证的条款怎样应用于设备驱动程序的问题引发了很多讨论和争议。第一个测试很好理解：如果设备驱动程序（或任何软件，就此而言）是基于（或部分基于）一个现有的GPL软件，我们就把它看做一个衍生作品（derived work）。例如，如果以一个现有的Linux设备驱动程序为起点，并对其进行修改以满足你的需要，这肯定会被看做是一个衍生作品。因此，你在发布修改后的设备驱动程序时，必须遵循原作品许可证（可能是GPL）的相关规定并符合它的所有要求。

这就是产生争议的地方。其中一些概念还没有经过法庭检验。法律界和开源社区的普遍观点是：如果可以证明一个作品是独立衍生（independently derived）的[2]，并且设备驱动程序不需要"详尽地了解"（intimate knowledge）Linux内核，那么开发者可以随意选择他认为合适的许可方式。如果为了满足驱动程序的特殊需求，要对内核做些改动，我们就认为它是一个衍生作品，需要符合GPL的规定。

开源社区存在大量关于此类问题的信息，而且还在不断增加。看起来，在未来的某一天，这些概念会得到法律的验证，而且会开创先例。谁也猜不到我们要等多久。如果你对此有兴趣，并

---

[1] I Am Not A Lawyer的缩写，意思是"我不是个律师"。——译者注
[2] 这不是开源社区所独有的。版权和专利侵权涉及每个开发人员。

想更好地理解围绕Linux和开源软件的法律问题，你也许会喜欢www.open-bar.org。

8.7　小结

本章概述了设备驱动程序的基础知识，并介绍了它们在Linux系统架构中的作用。现在你已经掌握了这些基础知识，如果你是设备驱动程序方面的新手，可以找一本专门讲述设备驱动程序的优秀参考书继续深入学习，本章最后一节列出了几本相关书籍。本章最后介绍了内核设备驱动程序和开源GNU公共许可证之间的关系。

- 设备驱动程序将非特权的用户应用程序和关键的内核资源（比如硬件和其他设备）合理地划分开来。而且，它们向应用程序提供了一个大家熟知的统一接口。
- 要加载设备驱动程序，我们所需的最少的基础设施仅仅是几行代码。我们介绍了这一基础设施，并在此概念的基础上编写了一个使用驱动模块的应用程序。
- 内核启动后，配置为可加载模块的设备驱动程序可以加载到运行的内核中，也可以从中删除。
- 模块工具用于管理设备驱动程序模块的加载、删除和罗列。我们介绍了用于完成这些功能的模块工具。
- 文件系统中的设备节点是用户空间应用程序和设备驱动程序之间的粘合剂。
- 驱动程序中的方法实现了我们熟悉的open、read、write和close函数，它们是所有UNIX/Linux设备驱动程序所共有的。我们用一个例子解释了这个机制，包括编写一个使用这些驱动方法的简单用户空间应用程序。

补充阅读建议

《Linux设备驱动程序（第三版）》，Alessandro Rubini，Jonathan Corbet，中国电力出版社，2006年1月出版。

《精通Linux设备驱动程序开发》，Sreekrishnan Venkateswaran，人民邮电出版社，2010年6月出版。

"文件系统层次结构标准"
http://en.wikipedia.org/wiki/Filesystem_Hierarchy_Standard

Rusty的Linux内核主页（针对2.6内核的模块工具），Rusty Russell。
http://kernel.org/pub/linux/kernel/people/rusty/

第9章

文件系统

嵌入式开发人员所做的最重要的决定之一就是部署哪种（哪些）文件系统。有些文件系统性能比较高，另一些文件系统的空间利用率比较高。还有其他一些在设备故障或意外断电后恢复数据比较方便。本章介绍Linux系统中常用的一些主流文件系统，并考察它们应用于嵌入式设计时的特性。本章不打算研究每种文件系统的内部技术细节。相反，本章会研究和每种文件系统相关的操作特征和开发问题。

从早期Linux桌面发行版中使用的最流行的文件系统开始，我们介绍ext2文件系统（Second Extended File System）中一些概念，并为后续的讨论打下基础。接着，我们会看一下它的继任者——ext3文件系统（Third Extended File System），这个文件系统已经成为很多Linux桌面和服务器发行版的默认文件系统，相当流行。我们接着会讨论对它的一些改进，这促成了ext4文件系统的产生。

在介绍了一些基本原理之后，我们考察几种特殊的文件系统，包括那些为了数据恢复和存储空间而优化的文件系统，以及那些针对闪存设备而设计的文件系统。我们还会介绍网络文件系统NFS（Network File System），并讨论几个重要的伪文件系统，包括/proc文件系统和sysfs。

9.1 Linux 文件系统概念

在深入讨论各个文件系统的细节之前，让我们先大体上看一下数据是怎样存储在Linux系统中的。我们在第8章中研究设备驱动程序时，查看了一个字符设备的结构。一般来说，字符设备以串行字节流的方式存储和获取数据。最基本的字符设备的例子是串行端口和鼠标。相反，块设备在存储和获取数据时，每次读或写都以等同大小的数据块为单位，并且可以访问一个可寻址媒介上的随机位置。例如，一个典型的IDE硬盘控制器可以一次从物理媒介的一个具体的、可寻址的位置上传输512 B的数据。

分区

在开始关于文件系统的讨论之前，我们先介绍一下分区的概念。分区是对物理设备的逻辑划分，而文件系统就存在于这个设备之上。在最高的层次上，数据存储于物理设备的分区中。一个分区就是物理媒介（硬盘、闪存）的一个逻辑部分，这个分区中数据的组织形式遵循此分区类型的相应规定。一个物理设备可以只包含一个分区，占据所有可用的空间，或者，它可以被分成多个分区，以适合某个特定任务的要求。一个分区可以被看做是一个逻辑盘，它上面可以存储一个完整的文件系统。

图9-1显示了分区和文件系统之间的关系。

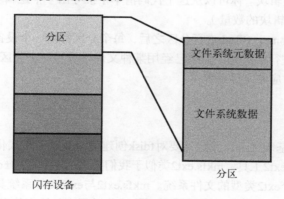

图9-1 分区和文件系统

Linux使用一个名为fdisk的工具来操控块设备上的分区。最新fdisk工具能够识别90多种不同类型的分区，这个工具在很多Linux发行版上都可以找到。实际上，只有少数几种类型是常用的。一些常见的分区类型有Linux、FAT32和Linux Swap。

代码清单9-1中显示了针对一个连接到USB端口的CompactFlash设备使用fdisk工具时的输出信息。在这个特定的目标系统中，物理CompactFlash设备分配的设备节点为/dev/sdb[①]。

---

① 你会在第19章中了解到这是如何完成的。

代码清单9-1 使用fdisk显示分区信息

```
# fdisk /dev/sdb

Command (m for help): p

Disk /dev/sdb: 49 MB, 49349120 bytes
4 heads, 32 sectors/track, 753 cylinders
Units = cylinders of 128 * 512 = 65536 bytes

   Device Boot     Start        End      Blocks  Id  System
/dev/sdb1     *        1        180       11504  83  Linux
/dev/sdb2             181        360       11520  83  Linux
/dev/sdb3             361        540       11520  83  Linux
/dev/sdb4             541        753       13632  83  Linux /
```

为了这里的讨论，我们已经使用fdisk工具在这个设备上创建了4个分区。其中之一被标记为可引导分区，从Boot这一列的星号（*）可以看出来。这反映出，在代表设备分区表的数据结构中有一个引导指示符（boot indicator）的标志开关。你可以从代码清单中看到，fdisk使用的逻辑存储单元是柱面（cylinder）[①]。在这个设备上，一个柱面包含64 KB的数据。另一方面，Linux将最小存储单元表示为逻辑块。你可以从这个代码清单中推导出一个逻辑块包含1024 B（列表中的Blocks列表示占用的逻辑块的数量）。

按照这种方式对CompactFlash进行分区之后，每个分区都由一个设备节点表示，并且可以选择一种文件系统对其进行格式化。如果已经用某种文件系统对一个分区进行了格式化，Linux就可以从那个分区挂载对应的文件系统了。

9.2 ext2

在代码清单9-1的基础之上，我们需要对fdisk创建的分区进行格式化。为了完成这项工作，我们使用Linux的mkfs.ext2工具。mkfs.ext2类似于我们熟悉的DOS下的format命令。这个工具在指定的分区上创建一个ext2类型的文件系统。mkfs.ext2与ext2文件系统具体相关；其他类型的文件系统有自己相应的工具。代码清单9-2显示了格式化过程中的输出信息。

代码清单9-2 使用mkfs.ext2格式化一个分区

```
# mkfs.ext2 /dev/sdb1 -L CFlash_Boot_Vol
mke2fs 1.40.8 (13-Mar-2008)
Filesystem label=CFlash_Boot_Vol
OS type: Linux
Block size=1024 (log=0)
```

---

① 柱面这个词是从旋转型媒介（比如硬盘）所使用的存储单元借鉴而来。它包含了一个磁盘设备的某个扇区上的一组磁头下的所有数据。这里使用它是为了兼容其他已有的文件系统工具。

```
Fragment size=1024 (log=0)
2880 inodes, 11504 blocks
575 blocks (5.00%) reserved for the super user
First data block=1
Maximum filesystem blocks=11796480
2 block groups
8192 blocks per group, 8192 fragments per group
1440 inodes per group
Superblock backups stored on blocks:
    8193

Writing inode tables: done
Writing superblocks and filesystem accounting information: done

This filesystem will be automatically checked every 33 mounts or 180
days, whichever comes first.  Use tune2fs -c or -i to override.
```

代码清单9-2包含了很多有关ext2文件系统的详细信息。从这里开始理解ext2的运行特征是个很不错的方法。这个分区被格式化为ext2类型（因为我们使用了ext2的mkfs工具），卷标（volume label）为CFlash_Boot_Vol。它是在一个Linux分区（OS Type:）上创建的，块大小为1024 B。它为2880个inode分配了空间，共占用11 504个块。inode是一个重要的数据结构，代表一个文件。请参考本章的最后一节，以了解更多有关ext2文件系统内部结构的详细信息。

看一下代码清单9-2中mkfs.ext2的输出，我们可以确定存储设备的一些组织特征。我们已经知道了块大小是1024 B。如果你的应用程序有特殊需要，可以让mkfs.ext2采用不同的块大小来格式化一个ext2文件系统。当前的mkfs.ext2实现支持1024、2048和4096 B的块。

块大小总会为了达到最优性能而妥协。一方面，如果磁盘上有很多小文件，较大的块大小会浪费更多空间，因为每个文件都必须由整数个块来存放。如果文件的大小超出了block_size * n，超出的部分必须占用另一个完整的块，即使只是超出了1 B。另一方面，如果采用较小的块大小，这会增加文件系统管理元数据的开销，元数据描述了块和文件之间的映射关系。你需要对特殊硬件实现和数据格式做一些基准测试，只有通过这个方法才能确定是否选择了最佳的块大小。

9.2.1 挂载文件系统

文件系统创建之后，我们可以将它挂载到一个运行的Linux系统上。内核在编译时必须支持我们特定的文件系统类型，可以将这个支持功能编译进内核，或是编译成一个动态可加载的模块。下面这个命令将我们前面创建的ext2文件系统挂载到指定的挂载点上：

```
# mount /dev/sdb1 /mnt/flash
```

这个例子假设我们在目标Linux设备上有一个已经创建好的目录，名为/mnt/flash。这被称为挂载点，因为我们正在安装（挂载）的文件系统的根目录就位于整个文件系统层次结构的这一点上。我们挂载的是前面描述过的一个闪存设备，为其分配的设备节点为/dev/sdb1。在一个典型的

Linux桌面（开发）机器上，我们需要有root用户的权限才能执行这条命令[①]。挂载点可以是文件系统中的任意一个目录路径（这是由你决定的），这个目录会成为新挂载设备的顶层目录（根目录）。在前面的例子中，为了访问闪存设备中的文件，必须在路径前加上/mnt/flash。

mount命令有很多选项。mount接受的有些选项依赖于目标文件系统的类型。大多数情况下，一个格式化正确且为内核所知的文件系统类型都可以挂载。在我们学习本章的过程中，我们会给出其他一些使用mount命令的例子。

代码清单9-3显示了一个闪存设备中的目录内容，这个设备是针对一个嵌入式系统配置的。

代码清单9-3　闪存设备中的文件内容

```
$ ls -l /mnt/flash
total 24
drwxr-xr-x  2 root root  1024 Jul 18 20:18 bin
drwxr-xr-x  2 root root  1024 Jul 18 20:18 boot
drwxr-xr-x  2 root root  1024 Jul 18 20:18 dev
drwxr-xr-x  2 root root  1024 Jul 18 20:18 etc
drwxr-xr-x  2 root root  1024 Jul 18 20:18 home
drwxr-xr-x  2 root root  1024 Jul 18 20:18 lib
drwx------  2 root root 12288 Jul 17 13:02 lost+found
drwxr-xr-x  2 root root  1024 Jul 18 20:18 proc
drwxr-xr-x  2 root root  1024 Jul 18 20:18 root
drwxr-xr-x  2 root root  1024 Jul 18 20:18 sbin
drwxr-xr-x  2 root root  1024 Jul 18 20:18 tmp
drwxr-xr-x  2 root root  1024 Jul 18 20:18 usr
drwxr-xr-x  2 root root  1024 Jul 18 20:18 var
$
```

从代码清单9-3这个例子中，我们可以看到，一个嵌入式设备上的根文件系统的顶层（根目录）内容是什么样子的。第6章提供了一些指导和例子，帮助我们确定根文件系统的内容。

9.2.2　检查文件系统的完整性

e2fsck命令用于检查一个ext2文件系统的完整性。有几个原因会造成文件系统的损坏。最常见的原因就是系统意外断电。Linux发行版在关机时会关闭所有已打开的文件并卸载文件系统（假设系统是正常有序地关闭的）。然而，对于嵌入式系统，意外断电是很常见的事情，所以我们需要提供某些防范措施以应对这些情况。e2fsck是我们的第一道防线。

代码清单9-4显示了在前面例子中的CompactFlash上运行e2fsck时的输出信息。它已经被格式化并正确地卸载了，所以没有错误发生。

---

① 非root用户可以通过使用文件/etc/fstab中的相关条目将某些文件系统（比如cdrom）设置为可挂载。

代码清单9-4 检查正常的文件系统

```
# e2fsck /dev/sdb1
e2fsck 1.40.8 (13-Mar-2008)
CFlash_Boot_Vol: clean, 11/2880 files, 471/11504 blocks
#
```

e2fsck工具会对文件系统的几个方面做一致性检查。如果没有发现问题，e2fsck会输出一条类似于代码清单9-4的消息。注意，e2fsck应该运行于一个未挂载的文件系统上。虽然有可能将它运行于一个已挂载的文件系统上，但这样做会对磁盘或闪存设备的内部文件系统结构造成严重损害。

为了提供一个更加有趣的例子，我们将仍然处于挂载状态的CompactFlash设备从其插槽中拔出来，代码清单9-5显示了此时对文件系统进行检查时的输出信息。我们有意创建了一个文件，在将它从系统中移除之前开始对这个文件进行编辑。结果是，这会损坏用于描述此文件的数据结构，也会损坏实际存储文件数据的数据块。

代码清单9-5 检查一个损坏了的文件系统

```
# e2fsck -y /dev/sdb1
e2fsck 1.40.8 (13-Mar-2008)
/dev/sdb1 was not cleanly unmounted, check forced.
Pass 1: Checking inodes, blocks, and sizes
Inode 13, i_blocks is 16, should be 8.  Fix? yes

Pass 2: Checking directory structure
Pass 3: Checking directory connectivity
Pass 4: Checking reference counts
Pass 5: Checking group summary information

/dev/sdb1: ***** FILE SYSTEM WAS MODIFIED *****
/dev/sdb1: 25/2880 files (4.0% non-contiguous), 488/11504 blocks
#
```

从代码清单9-5中，可以看到e2fsck检测到CompactFlash没有正确地卸载。此外，你可以看到e2fsck在检查过程中的处理步骤。e2fsck工具对文件系统进行了5轮遍历，检查了内部文件系统数据结构的各个成员。一个和某文件（由inode[①] 13标识）相关的错误被自动修正了，这是因为我们在e2fsck的命令行中包含了 -y 标志。

当然，在一个实际的系统中，你也许不会这么幸运。有些文件系统错误是不能由e2fsck修复的。而且，嵌入式系统的设计者应该能够理解以下场景：如果系统在没有正确关机时就意外断电了，再次启动时会花费更长的启动时间，因为它要花时间扫描引导设备并修复发现的错误。实际

---

① 文件系统中的文件是由一个称为inode的内部exe2数据结构代表的。

上，如果这些错误是不可修复的，系统的启动就会终止，并且会提示需要人为干预。此外，还应该注意的是，如果你的文件系统的比较大，文件系统检查（fsck）会花费几分钟甚至几个小时的时间。

另一种抵御文件系统损坏的方法是保证写操作能够立刻提交到磁盘上，即刚一写完就体现在硬件设备上。sync工具可以用于强行将所有排队中的I/O请求提交到对应的设备上。有一个策略可用于降低意外断电时数据损坏的可能性，就是在每次写文件之后执行一下sync命令，或是按照应用程序的需求有计划地执行sync命令。当然，代价是性能会受到影响。在所有的现代操作系统中，延迟磁盘写操作是一种优化系统性能的方法。使用sync命令实际上抵消了这一优化。

ext2文件系统已经发展为一个快速、高效和健壮的Linux文件系统。然而，如果你需要日志文件系统提供更高的可靠性，或者系统非正常关闭后的重启时间会影响设计，你应该考虑一下ext3文件系统。

9.3　ext3

ext3文件系统已经成为一个强大、高性能和健壮的日志文件系统。目前，它是很多流行桌面Linux发行版的默认文件系统。

ext3文件系统基本上是对ext2文件系统的一个扩展，添加了日志功能。日志（journaling）是一项技术，采用这种技术时，对文件系统所做的每次改变都会记录到一个特殊的文件中，这样文件系统就有可能从已知的日志点恢复过来。ext3文件系统有一大优势，即当系统非正常关闭后，它能够直接被挂载。我们在前一节中提到过，当系统意外关闭时，比如发生供电故障，系统会强行对文件系统进行一致性检查，而这个操作很费时间。如果使用ext3文件系统的话，就不需要一致性检查了，因为简单地回放一下日志就可以保证文件系统的一致性。

我们会迅速地解释一下一个日志文件系统是如何工作的，但不会深入讨论其设计细节，这超出了本书的范围。一个日志文件系统包含一个特殊的文件，通常对用户是隐藏的，它用于存储文件系统元数据[①]和文件数据本身，这个特殊的文件被称为日志。一旦文件系统被修改（比如一个写操作），这些修改首先会被写入日志中。文件系统的驱动程序保证该写操作首先被提交到日志中，之后实际的数据改变才会被提交到存储媒介上（例如磁盘或闪存）。当这些改变被记录到日志中后，驱动程序才会改变媒介上的实际文件和元数据。如果在向媒体写数据的过程中发生供电故障，之后系统重启，为了恢复文件系统的一致性，我们所要做的不过是回放一下日志中记录下来的改变。

ext3文件系统的一个重要的设计目标是同时保持与ext2文件系统的后向兼容和前向兼容。可以将一个ext2文件系统转换成ext3文件系统，再转换回去，而不用重新格式化和重写磁盘上的所有数据。让我们看一下这是如何做到的[②]。代码清单9-6详细显示了这个过程。

---

① 元数据是关于文件的数据，不同于文件中存储的数据。元数据的例子包括文件的访问日期、时间、大小、使用的块数量等。

② 以这种方式转换文件系统应该仅仅被看成是一个开发行为。

代码清单9-6　将ext2文件系统转换成ext3文件系统

```
# mount /dev/sdb1 /mnt/flash      <<<挂载ext2文件系统
# tune2fs -j /dev/sdb1            <<< 创建日志
tune2fs 1.37 (21-Mar-2005)
Creating journal inode: done
This filesystem will be automatically checked every 23 mounts or 180
days, whichever comes first.  Use tune2fs -c or -i to override.
#
```

注意，我们首先将文件系统挂载到了/mnt/flash，这只是为了说明问题。正常情况下，我们会在一个未挂载的ext2分区上执行这条命令。如果文件系统已挂载，tune2fs会创建一个名为.journal的日志文件，这是个隐藏文件。在Linux系统中，如果一个文件的文件名以点号（.）开头，它会被看做是一个隐藏文件。Linux中的大多数命令行文件工具会忽略这种类型的文件。在代码清单9-7中，我们可以看到，执行ls命令时有一个-a标志，这会告知ls工具列出所有的文件，包括隐藏文件。

代码清单9-7　ext3日志文件

```
$ ls -al /mnt/flash
total 1063
drwxr-xr-x  15 root root     1024 Aug 25 19:25 .
drwxrwxrwx   5 root root     4096 Jul 18 19:49 ..
drwxr-xr-x   2 root root     1024 Aug 14 11:27 bin
drwxr-xr-x   2 root root     1024 Aug 14 11:27 boot
drwxr-xr-x   2 root root     1024 Aug 14 11:27 dev
drwxr-xr-x   2 root root     1024 Aug 14 11:27 etc
drwxr-xr-x   2 root root     1024 Aug 14 11:27 home
-rw-------   1 root root  1048576 Aug 25 19:25 .journal
drwxr-xr-x   2 root root     1024 Aug 14 11:27 lib
drwx------   2 root root    12288 Aug 14 11:27 lost+found
drwxr-xr-x   2 root root     1024 Aug 14 11:27 proc
drwxr-xr-x   2 root root     1024 Aug 14 11:27 root
drwxr-xr-x   2 root root     1024 Aug 14 11:27 sbin
drwxr-xr-x   2 root root     1024 Aug 14 11:27 tmp
drwxr-xr-x   2 root root     1024 Aug 14 11:27 usr
drwxr-xr-x   2 root root     1024 Aug 14 11:27 var
```

现在我们已经在闪存模块上创建了日志文件，实际上它已经被格式化成了一个ext3文件系统。下一次系统重启，或是在这个分区（包含新创建的ext3文件系统）上运行e2fsck工具时，这个日志文件会自动不可见。它的元数据会被存储到一个专门为此保留的inode中。只要我们还能在目录的文件列表中看到.journal，修改或删除这个文件都是很危险的。

可以在另一台设备上创建日志文件，这样做有时还会带来好处。例如，如果你的系统有一个以上的物理设备，可以将你的ext3日志文件系统放置在第1个驱动器上，并将其日志文件放置在第2个驱动器上。无论物理存储媒介是基于闪存还是旋转型媒体（磁盘），这个方法都是可行的。如果现有的ext2文件系统位于一个分区上，而日志文件存放在另一个分区上，为了从这个文件系统创建出日志文件系统，需要用下面这种方式来执行tune2fs命令：

```
# tune2fs -J device=/dev/sda1 -j /dev/sdb1
```

为了使这条命令生效，你必须对存放日志的设备进行了格式化——并且该设备上的日志文件必须是ext3文件系统。

9.4　ext4

ext4文件系统是建立在ext3文件系统之上的。和它的前任一样，它也是一个日志文件系统。它的开发源于一系列针对ext3文件系统的补丁程序，这些补丁用于消除ext3文件系统的一些限制。ext4很可能会成为众多流行Linux发行版的默认文件系统。

ext4文件系统取消了文件系统最大为16 TB的限制，文件系统的大小最大可以达到1 EB（EB代表exbibyte，等于2^{60} B），并支持最大为1024 GB的单个文件。ext4文件系统还包含了其他一些改进，提高了它在大型服务器和数据库系统中的性能，ext4有望成为这类系统中的默认文件系统。

如果你的嵌入式系统需要支持大型高效的日志文件系统，可以考虑使用ext4。

9.5　ReiserFS

在一些桌面发行版中，比如SuSE和Gentoo，ReiserFS文件系统已经很流行了。Reiser4是这个日志文件系统的当前实现版本。和ext3文件系统一样，对于一个给定的文件系统操作，ReiserFS要么能够保证所有的操作全部完成，要么不执行任何操作。和ext3不同的是，Reiser4为系统程序员提供了一个API（应用程序接口），以保证文件系统事务的原子性。考虑下面这个例子：一个数据库程序正忙于更新数据库中的记录，并向文件系统发起了几个写操作。在第1个写操作完成后，断电了，此时最后一个写操作还没有完成。日志文件系统可以保证对元数据的修改已经记录到日志文件中了，所以当系统再次加电时，内核至少能够确立文件系统的一致性状态。也就是说，如果在供电故障前文件A的大小为16 KB，那么之后它的大小也是16 KB，并且代表这个文件的目录项（实际上是inode）也正确记录了文件的大小。然而，这并不意味着文件数据已经正确地写入文件中了；它只表示文件系统没有错误。实际上，在前面的场景中，数据有可能被数据库程序丢弃了，并且需要依靠数据库自身的逻辑来恢复丢失的数据（如果有可能恢复的话），实际上，有时确实可以恢复。

Reiser4实现了一组高性能的"原子"文件系统操作，这些操作用于保护文件系统的状态（它的一致性）以及文件系统操作中涉及的数据。Reiser4提供了一个用户层的API，使应用程序，比如数据库管理软件，能够向文件系统发起写命令，并保证这个命令要么完全成功要么失败。这不仅保证了文件系统的一致性, 也保证了在系统崩溃后, 文件中不会遗留不完整的数据或垃圾数据。

想要了解ReiserFS的更多细节和实际软件, 请参考本章末尾的文献。

9.6 JFFS2

闪存已经在嵌入式产品中得到了广泛使用。由于闪存技术自身的原因, 它天生效率较低, 并且在意外断电时更容易造成数据损坏。容易损坏的原因是写操作次数太多。低效率则是源于块大小。闪存设备的块大小一般为几十到几百千字节。虽然写操作常常是一次写1 B或一个字, 但闪存只能以块为单位进行擦除, 一次擦除整个块。为了更新文件, 一个整块必须先被擦除, 然后再向其中重新写入数据。

大家都知道, 在任何一台安装了Linux(或其他操作系统)的电脑上, 文件大小的分布是不均匀的, 小文件的数量要远远多于大文件的数量。图9-2中由gnuplot制作的柱状图说明了一个典型的Linux开发系统上文件大小的分布情况。

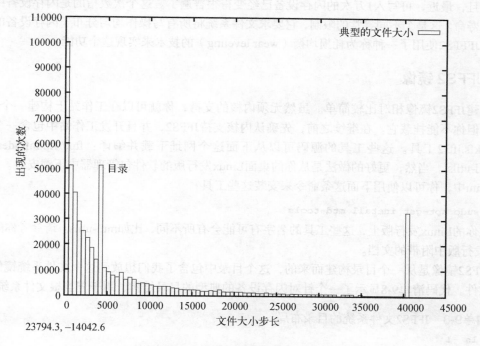

图9-2　文件大小(以字节为单位)

图9-2显示出大多数文件的大小都小于5 KB。位于4096处的立柱代表目录。目录项(它们本身也是文件)的准确大小为4096 B, 而且它们的数量很多。40 000 B以上的立柱是人为测量的结果。它代表的是所有大于40 KB的文件的数量, 我们测量时以此为上限。你可以发现一个有趣的现象, 大多数文件都是小文件。

　　小文件会给闪存文件系统的设计者带来独特的挑战。因为闪存必须以块为单位擦除，一次擦除一整块，而闪存的块大小一般是小文件大小的好几倍，所以以闪存需要应对耗时的块重写操作。举例来说，假设闪存的块大小为128 KB，块中存放了几十个大小不到4096 B的文件。现在假设我们需要修改其中的一个文件，这会造成闪存文件系统中整个128 KB的块都无效，并将块中的每个文件重写到另一个新擦除的块中。这会是一个相当耗时的过程。

　　因为闪存的写操作很费时间（比硬盘的写操作慢很多），这就增加了系统意外断电时数据损坏的可能性。意外断电的情况在嵌入式系统中是很常见的。例如，在刚才说的例子中，如果在重写128 KB数据块的过程中断电了，几十个文件都可能会丢失。

　　JFFS2（第二代日志闪存文件系统）登场了。JFFS2的良好设计已经基本上解决了我们前面所讨论的问题。最初的JFFS是由瑞典的安讯士网络通信公司（Axis Communications AB）设计的，专门针对当时常用的闪存设备。JFFS了解闪存架构，更重要的是，它知道这种架构带来的限制。

　　闪存文件系统所面临的另一个问题是闪存的寿命有限。一般的闪存设备至少可以写入10万次，而且，最近，可写入1万次的闪存设备已经变得很普遍了。这个次数指的是闪存设备中每个块的写寿命。这是个不同寻常的限制，它要求文件系统将所有写操作均匀分布于闪存设备的各个块中。JFFFS2使用了一种称为耗损均衡（wear leveling）的技术来实现这个功能。

构建 JFFS2 镜像

　　构建JFFS2镜像相对比较简单。虽然无须内核的支持，你就可以在工作站上构建一个JFFS2镜像，但你不能挂载它。在继续之前，先确认内核支持JFFS2，并且开发工作站中包含一个兼容版的mkfs.jffs2工具。这些工具的源码可以从下面这个网址下载并编译：ftp://ftp.infradead.org/pub/mtd-utils/。当然，更好的做法是从你的桌面Linux发行版的软件包管理器中下载安装。比如，在Ubuntu中，你可以使用下面这条命令来安装这些工具：

```
$ sudo apt-get install mtd-tools
```

　　在你的Linux发行版上，这些工具的名字有可能会有所不同，比如mtd-utils。请参考你的桌面Linux发行版中附带的文档。

　　JFFS2镜像是从一个目录构建而来的，这个目录中包含了我们想放到这个文件系统镜像中的所有文件。代码清单9-8显示了一个针对闪存设备的典型的目录结构，用于充当根文件系统。

代码清单9-8　JFFS2文件系统的目录布局

```
$ ls -l
total 44
drwxr-xr-x  2 root root 4096 Aug 14 11:27 bin
drwxr-xr-x  2 root root 4096 Aug 14 11:27 dev
drwxr-xr-x  2 root root 4096 Aug 14 11:27 etc
drwxr-xr-x  2 root root 4096 Aug 14 11:27 home
drwxr-xr-x  2 root root 4096 Aug 14 11:27 lib
drwxr-xr-x  2 root root 4096 Aug 14 11:27 proc
```

```
drwxr-xr-x  2 root root 4096 Aug 14 11:27 root
drwxr-xr-x  2 root root 4096 Aug 14 11:27 sbin
drwxr-xr-x  2 root root 4096 Aug 14 11:27 tmp
drwxr-xr-x  2 root root 4096 Aug 14 11:27 usr
drwxr-xr-x  2 root root 4096 Aug 14 11:27 var
$
```

当我们在这个目录中放置了合适的运行时文件后，这个目录布局就可以作为mkfs.jffs2命令的模板了。mkfs.jffs2命令会从一个目录树（比如代码清单9-8中所显示的）生成一个格式化好的JFFS2文件系统镜像。mkfs.jffs2的命令行参数指定了目录位置和输出文件（这个文件中包含了JFFS2镜像）的文件名。代码清单9-9显示了用于构建JFFS2镜像的命令。

代码清单9-9 mkfs.jffs2命令的例子

```
# mkfs.jffs2 -d ./jffs2-image-dir -o jffs2.bin
# ls -l
total 4772
-rw-r--r--   1 root   root   1098640 Sep 17 22:03 jffs2.bin
drwxr-xr-x 13 root   root      4096 Sep 17 22:02 jffs2-image-dir
#
```

在这个例子中，代码清单9-8中所显示的目录结构和文件就位于目录jffs2-image-dir中。我们在这个目录的上层目录中执行了mkfs.jffs2命令。在mkfs.jffs2命令行中，我们使用-d标志来告诉它文件系统模板的位置。使用-o标志来指定输出文件的文件名，最终的JFFS2镜像会被写入这个文件中。最终生成的镜像jffs2.bin会在第10章中使用。到时我们会研究这个JFFS2文件和MTD子系统。

有一点需要注意，任何一种基于闪存并支持写操作的文件系统都会遇到底层闪存设备过早损坏的情况。例如，如果打开了系统日志程序（syslogd或klogd），并配置它将数据写入基于闪存的文件系统中，这时，连续的写操作会很容易损坏闪存。某些类型的程序错误也会造成连续的写操作。必须注意限制对闪存设备的写操作，将其数量控制在闪存设备的寿命之内。

9.7 cramfs

从cramfs项目的README文件中可以看到，cramfs的目标是"将一个文件系统塞（cram）到一个小容量ROM中"。对于那些包含一个小容量ROM或闪存的嵌入式系统来说，cramfs非常有用，在这些系统中，ROM或闪存一般用于存放静态数据和程序。再次借鉴一下cramfs项目的README文件："cramfs是一个简单小巧的文件系统，而且可以很好地对文件进行压缩。"

cramsfs是一个只读文件系统。它是由一个名为mkcramfs的命令行工具创建的。如果你的开发工作站中没有这个工具，可以从网上下载它，本章末尾提供了下载地址。和JFFS2一样，cramfs是从命令行中指定的目录来构建文件系统。代码清单9-10显示了构建cramfs镜像的详细过程。

我们使用了与代码清单9-8一样的文件系统结构，而我们在前面使用这个目录结构创建了一个JFFS2镜像。

代码清单9-10   `mkcramfs`命令的例子

```
# mkcramfs
usage: mkcramfs [-h] [-v] [-b blksize] [-e edition] [-i file] [-n name]
dirname outfile
 -h         print this help
 -E         make all warnings errors (non-zero exit status)
 -b blksize use this blocksize, must equal page size
 -e edition set edition number (part of fsid)
 -i file    insert a file image into the filesystem (requires >= 2.4.0)
 -n name    set name of cramfs filesystem
 -p         pad by 512 bytes for boot code
 -s         sort directory entries (old option, ignored)
 -v         be more verbose
 -z         make explicit holes (requires >= 2.3.39)
 dirname    root of the directory tree to be compressed
 outfile    output file


# mkcramfs . ../cramfs.image
warning: gids truncated to 8 bits (this may be a security concern)
# ls -l ../cramfs.image
-rw-rw-r--  1 chris chris 1019904 Sep 19 18:06 ../cramfs.image
```

我们先不带任何参数执行一下mkcramfs命令，这会显示该命令的使用说明。因为这个命令没有帮助手册，所以这是理解它的使用方法的最佳途径。接着，在执行这条命令时将当前目录（.）指定为cramfs文件系统的文件源，并指定一个名为cramfs.image的文件为目标文件。最后，列出刚创建的文件的相关信息，从中我们可以看到新创建的名为cramfs.image的文件。

注意，如果内核配置为支持cramfs，你就可以将刚才创建的文件系统镜像挂载到你的Linux开发工作站上，并查看其中的内容。当然了，由于它是一个只读文件系统，你不能修改它的内容。代码清单9-11展示了如何将这个cramfs文件系统挂载到名为/mnt/flash的挂载点上。

代码清单9-11   查看cramfs 文件系统的内容

```
# mount -o loop cramfs.image /mnt/flash
# ls -l /mnt/flash
total 6
drwxr-xr-x  1 root   root 704 Dec 31  1969 bin
drwxr-xr-x  1 root   root   0 Dec 31  1969 dev
drwxr-xr-x  1 root   root 416 Dec 31  1969 etc
drwxr-xr-x  1 root   root   0 Dec 31  1969 home
drwxr-xr-x  1 root   root 172 Dec 31  1969 lib
drwxr-xr-x  1 root   root   0 Dec 31  1969 proc
```

```
drws------    1 root   root    0 Dec 31   1969 root
drwxr-xr-x  1 root   root 272 Dec 31   1969 sbin
drwxrwxrwt  1 root   root    0 Dec 31   1969 tmp
drwxr-xr-x  1 root   root 124 Dec 31   1969 usr
drwxr-xr-x  1 root   root 212 Dec 31   1969 var
#
```

你可能已经注意到了，在代码清单9-10中，执行`mkcramfs`命令会输出一条有关组ID（Group ID，GID）的警告消息。cramfs文件系统使用的元数据非常少，为的是降低文件系统的大小并提高执行速度。cramfs的一个"特性"就是它将组ID字段的长度截短为8比特。Linux使用长度为16比特的组ID字段。结果是，如果创建文件的组ID的值超过255，它就会被截短，并会输出代码清单9-10中的警告消息。

虽然cramfs文件系统有很多限制，比如限制了文件大小、文件数量等，但它对于引导ROM（boot ROM）来说是理想的选择，因为只读操作和快速压缩都是引导ROM期望具备的特性。

9.8　网络文件系统

如果你在UNIX环境下从事过开发工作的话，你肯定很熟悉网络文件系统（NFS）。配置好之后，NFS允许你在NFS服务器上导出目录，并且可以在远程客户机上挂载这个目录，就像本地文件系统那样。一般而言，对于那些包含众多UNIX/Linux机器的大型网络来说，这很有用，而对于嵌入式开发者来说，它也是一剂灵丹妙药。如果在目标板上使用了NFS，即使目标嵌入式系统的资源有限，作为一名嵌入式开发人员，你也可以在开发和调试过程中访问大量的文件、程序库、工具和实用程序。

和其他文件系统一样，你的内核必须配置为支持NFS，而且要同时包含服务器端和客户端的功能。在内核配置中，NFS的服务器端功能和客户端功能是独立配置的。

关于配置和调节NFS的具体操作指南超出了本书的范围，但我们可以在此简要介绍一下NFS的使用，以了解它在嵌入式开发环境中所起的作用。请参考本章最后一节，那里列出了NFS主页的网址，可以从中了解有关NFS的详细信息，包括完整的NFS Howto文档。

如果你的开发工作站上开启了NFS服务器的功能，NFS的一个配置文件中会包含一个目录列表，其中列出了你想通过网络文件系统导出的每个目录。在Red Hat、Ubuntu和大多数其他发行版中，这个文件位于/etc目录中，名为exports。代码清单9-12是一个示例/etc/exports文件，你可以在嵌入式开发的开发工作站上找到它。

代码清单9-12　/etc/exports文件的内容

```
$ cat /etc/exports
# /etc/exports
/coyote-target  *(rw,sync,no_root_squash,no_all_squash,no_subtree_check)
/home/chris/workspace  *(rw,sync,no_root_squash,no_all_squash,no_subtree_check)
$
```

这个文件中包含了Linux开发工作站上的两个目录名。第一个目录中包含了一个目标文件系统，针对的是ADI Engineering公司的Coyote参考板。第二个目录是一个通用的工作区，其中包含了与嵌入式系统有关的很多项目。这是随意配置的，你可以自行选择NFS的配置方式。

在一个开启了NFS客户端功能的嵌入式系统上，下面这条命令用于挂载一个由NFS服务器导出的目录（.../workspace），挂载点可以自行选择。

```
# mount -t nfs pluto:/home/chris/workspace /workspace
```

注意一下这条命令中的几个要点。我们让mount命令挂载一个远端的目录（这个目录位于一个名为pluto的机器上，也就是我们的开发工作站），将它挂载到一个本地名为/workspace的挂载点上。为了使这条命令生效，嵌入式目标板必须满足两个需求。首先，为了使目标板能够识别机器名pluto，它必须能够解析这个符号。最简单的方法就是在目标板的/etc/hosts文件中添加一个条目。这就使目标板的网络子系统能够将这个符号名称解析为对应的IP地址。目标板的/etc/hosts文件中的条目看起来会像这样：

```
192.168.11.9          pluto
```

第二个需要满足的需求是，嵌入式目标板上必须有一个名为/workspace的目录，位于根目录中。（你可以任选一个路径。比如，可以将它挂载到/mnt/mywork上。）这被称为挂载点。前提条件是目标板上必须已经创建好了你在mount命令中所指定的目录（挂载点）。

前面例子中的mount命令允许我们通过嵌入式系统的/workspace路径来访问NFS服务器上/home/chris/workspace目录中的内容。

这非常有用，尤其是在交叉开发环境中。假设你参与了一个大型项目，开发嵌入式设备。每一次你对项目做出修改后，你都需要将应用程序移到目标板上，以便对它进行测试和调试。如果你按照我们刚才描述的方式使用了NFS，并且假设你工作于一个NFS导出的主机目录中，你所做的修改会立刻体现在目标嵌入式系统中，而不再需要将新编译出的项目文件上传到目标板上了。这能够显著提高开发效率。

NFS 上的根文件系统

对于开发和调试来说，在目标嵌入式系统上挂载开发工作站上的项目工作区是很有用的，因为这使目标板能够快速地看到工作区内容的变化和其中的源码，以便于源码级调试。当目标系统的资源非常有限时，这就更有用了。当你完全从一个NFS服务器挂载嵌入式目标的根文件系统时，NFS作为开发工具的优势就真正体现出来了。请注意代码清单9-12中的coyote-target条目。这是一个位于开发工作站上的目录，其中可能会包含几百个或几千个与目标架构兼容的文件。

那些面向嵌入式系统的主要的Linux发行版一般都会包含上万个文件，它们都是针对所选目标架构编译和测试的。为了说明这一点，代码清单9-13中列出了（代码清单9-12引用的）coyote-target目录中每个子目录的磁盘空间占用情况（使用du命令）以及文件个数（使用find和wc命令）。

代码清单9-13　目标文件系统概况

```
$ du -h --max-depth=1
724M    ./usr
4.0K    ./opt
39M     ./lib
12K     ./dev
27M     ./var
4.0K    ./tmp
3.6M    ./boot
4.0K    ./workspace
1.8M    ./etc
4.0K    ./home
4.0K    ./mnt
8.0K    ./root
29M     ./bin
32M     ./sbin
4.0K    ./proc
64K     ./share
855M    .
$
$ find -type f | wc -l
29430
```

这个目标文件系统中包含了不到1 GB的针对ARM架构的二进制文件。你可以从上面的代码清单中看到，这包含了29 000多个二进制文件、配置文件和文档。要想将它们放置到一个普通嵌入式系统的闪存设备中几乎不可能！

这时，用NFS挂载根文件系统的优势就体现出来了。从开发角度来看，如果嵌入式系统能够访问Linux工作站上所有你熟悉的工具和实用程序的话，这只会增加你的工作效率。实际上，有几十种你可能从未见过的命令行工具和开发工具能够帮助你节省大量的开发时间。你将会在第13章中了解更多有关这些实用工具的信息。

可以配置嵌入式系统，让它在引导时通过NFS来挂载其根文件系统，这是相对比较容易的。首先，必须配置目标板的内核支持NFS。在内核配置中还有另一个配置选项，用于开启内核挂载一个NFS远程目录作为根文件系统的功能。图9-3显示了这些配置选项。

注意，在上面的内核配置中，我们已经选中了NFS file system support选项，同样也选中了Root file system on NFS选项。当选中这些内核配置参数之后，剩下的工作就是以某种方式将相关信息传递给内核，让它知道去哪儿查询NFS服务器。有几种方法可以做到这一点，其中有些方法依赖于所选的目标架构以及引导加载程序。至少，我们可以使用内核命令行来传递合适的参数，使目标板能够在启动时配置NFS服务器的IP端口和服务器信息。一个典型的内核命令行看上去会像是这样：

```
console=ttyS0,115200 ip=bootp root=/dev/nfs
```

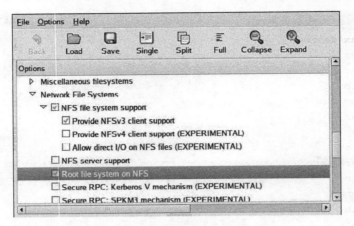

图9-3　NFS相关的内核配置

这告诉内核其根文件系统应该通过NFS挂载[1]，并且需要从BOOTP服务器获取相关的参数（服务器名称、IP地址、要挂载的根目录）。在一个项目的开发阶段，这样的配置很普遍，也非常有用。如果你静态配置了目标板的IP地址，内核命令行看起来会像是这样：

```
console=ttyS0,115200                                                        \
ip=192.168.11.139:192.168.11.1:192.168.11.1:255.255.255.0:coyote1:eth0:off  \
nfsroot=192.168.11.1:/coyote-target  \
root=/dev/nfs
```

当然了，以上这条命令行应该只占用一行。命令行中的ip=参数在内核文档.../Documentation/filesystems/nfsroot.txt中有说明，它的具体语法规则如下，所有成员都在同一行上：

```
ip=<client-ip>:<server-ip>:<gw-ip>
:<netmask>:<hostname>:<device>:<autoconf>
```

在这里，client-ip是目标板的IP地址；server-ip是NFS服务器的IP地址；gw-ip是网关（路由器）的IP地址，服务器在不同的子网才会用到它；netmask是目标板的子网掩码。hostname是一个字符串，代表目标板的主机名；device是Linux设备名，比如eth0；autoconf定义了获取初始IP参数的协议，比如BOOTP协议或DHCP协议。如果不需要自动配置，可以将它的值设为off。

9.9　伪文件系统

在内核配置菜单的Pseudo File Systems类别下面有很多文件系统。它们共同提供了很多在大量应用程序中都很有用的功能。如果你想了解更多信息，特别是/proc文件系统，可以花一个下午的时间体验一下这个有用的系统工具。你还可以在本章最后一节找到更多的参考资料。

---

[1] 这里root参数的值/dev/nfs并不代表一个设备，它只是代表通过NFS挂载根文件系统，可以参考内核源码init/do_mounts.c中的函数name_to_dev_t()。——译者注

9.9.1　/proc 文件系统

　　/proc文件系统的名称来源于它最初的设计目的：它是一个接口，内核通过它可以获取一个Linux系统上所有运行进程的信息。随着时间的推移，它也不断发展和壮大，可以提供更多方面的信息，而不仅限于进程。我们在这里介绍一下它的重要特性；而对/proc文件系统的全面研究则作为练习留给读者。

　　/proc文件系统已经成为几乎所有Linux系统（最简单的除外），甚至嵌入式Linux系统的必需品。很多用户空间的应用程序都依靠/proc文件系统中的内容来完成它们的工作。例如，mount命令，如果在执行时不带任何参数，会列出系统中当前所有已挂载的文件系统的信息，而它是从/proc/mounts文件中获取这些信息的。如果不存在/proc文件系统，mount命令直接返回，不输出任何信息。代码清单9-14中显示了在ADI Engineering公司的Coyote参考板上执行mount命令的情况，说明了它对/proc文件系统的依赖。

代码清单9-14　mount命令对/proc文件系统的依赖

```
# mount
rootfs on / type rootfs (rw)
/dev/root on / type nfs
(rw,v2,rsize=4096,wsize=4096,hard,udp,nolock,addr=192.168.11.19)
tmpfs on /dev/shm type tmpfs (rw)
/proc on /proc type proc (rw,nodiratime)

< 现在卸载proc，再执行一次……

# umount /proc
# mount
#
```

　　注意，在代码清单9-14中，/proc自身也被列为一个已挂载的文件系统，类型为proc，挂载于/proc。这不是故弄玄虚；你的系统上必须有一个名为/proc的挂载点（目录），位于顶层目录中，作为/proc文件系统的挂载目的地[①]。为了挂载/proc文件系统，你需要使用mount命令，和挂载其他文件系统类似：

```
$ mount -t proc /proc /proc
```

　　从mount命令的帮助手册可以看到，这个命令的一般形式为：

```
mount [-t fstype] something somewhere
```

　　在前面的mount命令行中，我们也可以将/proc替换成none，像下面这样：

```
$ mount -t proc none /proc
```

---

①　当然，可以将/proc文件系统挂载到文件系统的任意位置上，但所有依赖proc文件系统的应用程序（包括mount命令）都期望它被挂载到/proc目录上。

这看起来就不太像是故弄玄虚了。mount命令中的something字段不是严格必需的，因为/proc是一个伪文件系统，而不是一个真实的设备。然而，在前面的例子中指定/proc可以给我们提个醒，我们是在将/proc文件系统挂载到/proc目录上（或者，更恰当地说是/proc挂载点）。

当然了，如果想获得/proc文件系统的功能，你必须在内核配置中使能它，现在，这也许是显而易见的了。这个内核配置选项可以在File Systems子菜单下面的Pseudo File Systems类别中找到。

内核中运行的每个用户进程都会由/proc文件系统中的一个对应条目代表。例如，我们在第6章中介绍过init进程，它的进程ID总是被分配为1。每个用户进程是由/proc文件系统中的一个目录所代表的，这个目录的名称就是进程的PID。例如，init进程的PID为1，它是由/proc/1目录所代表的。代码清单9-15显示了我们的嵌入式Coyote参考板上的这个目录的内容。

代码清单9-15　init进程在/proc 文件系统中的对应条目

```
# ls -l /proc/1
total 0
-r--------    1 root    root    0 Jan  1 00:25 auxv
-r--r--r--    1 root    root    0 Jan  1 00:21 cmdline
lrwxrwxrwx    1 root    root    0 Jan  1 00:25 cwd -> /
-r--------    1 root    root    0 Jan  1 00:25 environ
lrwxrwxrwx    1 root    root    0 Jan  1 00:25 exe -> /sbin/init
dr-x------    2 root    root    0 Jan  1 00:25 fd
-r--r--r--    1 root    root    0 Jan  1 00:25 maps
-rw-------    1 root    root    0 Jan  1 00:25 mem
-r--r--r--    1 root    root    0 Jan  1 00:25 mounts
-rw-r--r--    1 root    root    0 Jan  1 00:25 oom_adj
-r--r--r--    1 root    root    0 Jan  1 00:25 oom_score
lrwxrwxrwx    1 root    root    0 Jan  1 00:25 root -> /
-r--r--r--    1 root    root    0 Jan  1 00:21 stat
-r--r--r--    1 root    root    0 Jan  1 00:25 statm
-r--r--r--    1 root    root    0 Jan  1 00:21 status
dr-xr-xr-x    3 root    root    0 Jan  1 00:25 task
-r--r--r--    1 root    root    0 Jan  1 00:25 wchan
```

每个运行的进程在/proc文件系统中都有这些条目，它们包含了很多有用的信息，这对于分析和调试进程特别有用。例如，cmdline条目中包含了用于启动这个进程的完整命令行，包括所有的参数。cwd和root目录分别指向进程的当前工作目录和当前根目录。

对于系统调试来说，还有一个更加有用的条目，那就是maps。它包含了一个列表，列出了分配给这个程序（进程）的每一段虚拟内存，以及相关属性。代码清单9-16显示了/proc/1/maps的内容，对应于我们的init进程。

代码清单9-16 init进程的内存段信息，来自/proc

```
# cat /proc/1/maps
00008000-0000f000 r-xp 00000000 00:0a 9537567    /sbin/init
00016000-00017000 rw-p 00006000 00:0a 9537567    /sbin/init
00017000-0001b000 rwxp 00017000 00:00 0
40000000-40017000 r-xp 00000000 00:0a 9537183    /lib/ld-2.3.2.so
40017000-40018000 rw-p 40017000 00:00 0
4001f000-40020000 rw-p 00017000 00:0a 9537183    /lib/ld-2.3.2.so
40020000-40141000 r-xp 00000000 00:0a 9537518    /lib/libc-2.3.2.so
40141000-40148000 ---p 00121000 00:0a 9537518    /lib/libc-2.3.2.so
40148000-4014d000 rw-p 00120000 00:0a 9537518    /lib/libc-2.3.2.so
4014d000-4014f000 rw-p 4014d000 00:00 0
befeb000-bf000000 rwxp befeb000 00:00 0
#
```

这些信息的价值是显而易见的。从中你可以看到，开始的两个条目代表了init进程本身的程序段（program segment）[①]。你还可以看到init进程使用的共享程序库中的对象所占用的内存段。每个条目的格式如下：

```
vmstart-vmend  attr  pgoffset  devname inode filename
```

在这里，vmstart和vmend分别代表虚拟内存的起始地址和结束地址。attr表示这块内存区域的属性，比如可读、可写、可执行，以及这块区域是否是可共享的。pgoffset是这块区域的页面偏移量（这是一个内核虚拟内存参数）。devname，显示格式为*xx:xx*，是内核中与这块内存区域相关联的设备ID。如果一个内存区域没有和一个文件相关联，那么它也不会和一个设备相关联——这时显示为00:00。最后两项代表与此内存区域相关联的文件，分别是文件的inode号和文件名。当然了，如果一个内存段没有和一个文件相关联，inode字段的值是0。这种内存区域一般是数据段。

/proc文件系统中还列出了进程的其他有用信息。status条目（例如/proc/1/status）中包含了这个运行进程的状态信息，包括父进程ID（PID）、用户ID和组ID、虚拟内存的使用情况、信号和能力等。如果想获取更多详细信息，可以参考本章末尾列出的文献。

经常使用的/proc条目有cpuinfo、meminfo和version。cpuinfo条目中包含了系统中处理器的相关信息。meminfo条目提供了所有系统内存的统计信息。version条目包含了Linux内核版本字符串，以及构建内核所使用的编译器和机器的信息。

内核会生成很多有用的/proc条目，对于这个有用的子系统，我们只是接触了一点儿皮毛。已经有很多工具专门设计用于提取和汇报/proc文件系统中所包含的信息。两个流行的工具是top和ps，每个嵌入式Linux开发人员都应该非常熟悉它们。我们将在第13章中介绍这些工具。其他一些与/proc文件系统交互的实用程序还包括free、pkill、pmap和uptime。请参考procps软件包，以获取更多详细信息。

---

① 第1个条目是代码段，第2个条目是数据段。——译者注

9.9.2　sysfs

　　和/proc文件系统一样，sysfs同样也不代表真实的物理设备。相反，sysfs是对具体的内核对象（比如物理设备）进行建模，并且提供一种将设备和设备驱动程序关联起来的方法。在典型的Linux发行版中，一些用户空间的代理程序依赖于sysfs所提供的信息。

　　我们可以直接看一下sysfs导出的目录结构，以了解它会导出哪些类型的内核对象。代码清单9-17显示了Coyote参考板上的顶层/sys目录的内容.

代码清单9-17　顶层 /sys 目录的内容

```
# ls -l /sys
drwxr-xr-x  2 root root 0 Jan  1 00:00 block
drwxr-xr-x 10 root root 0 Jan  1 00:00 bus
drwxr-xr-x 23 root root 0 Jan  1 00:00 class
drwxr-xr-x  4 root root 0 Jan  1 00:00 dev
drwxr-xr-x  6 root root 0 Jan  1 00:00 devices
drwxr-xr-x  2 root root 0 Jan  1 00:00 firmware
drwxr-xr-x  2 root root 0 Jan  1 00:00 fs
drwxr-xr-x  4 root root 0 Jan  1 00:00 kernel
drwxr-xr-x 20 root root 0 Jan  1 00:00 module
#
```

　　在顶层目录中，sysfs为几种系统元素（包括系统总线）分别提供了一个子目录。例如，在block子目录中，每个块设备都由一个子目录项所代表。顶层目录中的其他子目录的情况也是类似的。

　　sysfs存储的大部分信息都更适合由机器来读取，而不是由人来读取。例如，为了发现PCI总线上的设备，有可能会直接看一下/sys/bus/pci子目录中内容。在我们的Coyote参考板上，它只包含一个PCI设备（以太网卡），这个目录的内容看上去像是这样：

```
# ls -l /sys/bus/pci/devices/
0000:00:0f.0 -> ../../../devices/pci0000:00/0000:00:0f.0
```

简洁起见，我们省去了输出的部分内容。这个条目实际上是一个符号链接，指向sysfs目录树的另一个节点。这个符号链接的名称就是PCI总线设备在内核中的表示，它指向一个名为pci0000:00（代表PCI总线）的设备子目录。这个子目录中包含了很多子目录和文件，它们代表了具体PCI设备的一些属性。可以看到，这里显示的数据很难发现和分析。

　　有一个有用的工具能够帮助你浏览sysfs文件系统的目录结构。它的名字叫systool，来自sysfsutils软件包，你可以在sourceforge.net网站上找到它。下面的例子说明了systool是怎样显示我们前面讨论的PCI总线的信息的。

```
$ systool -b pci
Bus = "pci"
  0000:00:0f.0 8086:1229
```

　　我们再一次看到了总线和设备（0f）在内核中的表示，但这个工具还显示了厂商ID（8086，代表英特尔）和设备ID（1229，代表eepro 100以太网卡），这些信息是从/sys目录的子目录

/sys/devices/pci0000:00中获取的，这个目录中存储了设备的相关属性。如果在执行时不带任何参数，systool会显示顶层系统层次结构。代码清单9-18显示了在我们的Coyote参考板上执行这条命令时的情况。

代码清单9-18　systool的输出

```
$ systool
Supported sysfs buses:
        hid
        i2c
        ide
        mdio_bus
        pci
        platform
        scsi
        usb
Supported sysfs classes:
        atm
        bdi
        block
        firmware
        hwmon
        i2c-adapter
        i2c-dev
        ide_port
        input
        leds
        mdio_bus
        mem
        misc
        mtd
        net
        pci_bus
        rtc
        scsi_device
        scsi_disk
        scsi_host
        tty
Supported sysfs devices:
        pci0000:00
        platform
        system
        virtual
Supported sysfs modules:
        8250
```

```
ehci_hcd
hid
ide_gd_mod

kernel
libata
lockd
mousedev
nfs
printk
scsi_mod
spurious
sunrpc
tcp_cubic
uhci_hcd
usb_storage
usbcore
usbhid
```

我们可以从这个代码清单中看到，从sysfs中可以获取很多系统信息。很多实用工具都使用了这些信息，以确定系统设备的特征或执行系统策略，比如电源管理和热插拔能力。

你可以从维基百科（http://en.wikipedia.org/wiki/Sysfs）中了解更多关于sysfs的信息。

9.10 其他文件系统

Linux支持数量众多的文件系统。由于篇幅关系，我们不能在这里一一讲述。然而，你应该了解一些嵌入式系统中常用的重要文件系统。

了解ramfs文件系统的最佳方式是从实现它的源码文件[①]入手。代码清单9-19显示了文件的开始几行的内容。

代码清单9-19　Linux ramfs 源码模块中的注释

```
/*
 * 针对Linux的可调整大小的简单RAM文件系统
 *
 * 版权所有 2000 Linus Torvalds
 * 版权所有 2000 Transmeta Corp
 *
 * 使用限制由David Gibson（澳大利亚Linuxcare公司）添加，
 * 这个文件遵从GPL发布
 */
```

---

① 这个文件具体是指.../fs/ramfs/inode.c。——译者注

```
/*
 * 注意这个文件系统最有用的地方也许不是作为一个真正的文件系统，而是作为一个例子，演示如何编写虚拟
 * 文件系统。
 *
 * 没有比这个更简单的文件系统了，主要考虑的方面是：该文件实现了符合POSIX规范的可读写文件系统的
 * 完整语义。
 *
```

从代码注释中可以看出，编写这个ramfs软件模块的主要目的是以它为例来说明如何编写一个虚拟文件系统。这个文件系统和主流Linux内核中的ramdisk之间的主要差别是：它能够根据其使用情况动态地增长和缩小。ramdisk没有这样的特性。这份代码很简洁，也很优秀。它的主要作用体现在它的教育价值上。如果你想更多地了解Linux文件系统，我们鼓励你研究一下这份代码。

tmpfs文件系统类似于ramfs，也与它有关。和ramfs一样，tmpfs中的所有内容都是存储在内核的虚拟内存中的，断电或重启后，这些内容就丢失了。tmpfs文件系统对于快速临时文件存储很有用。使用tmpfs的一个很好的例子是将tmpfs挂载到/tmp目录上。对于那些会使用很多小的临时文件的应用程序来说，这可以提高它们的性能。这也是保持/tmp目录干净的极好的方法，因为每次重启后，它的内容就丢失了。挂载tmpfs和挂载其他任何一种虚拟文件系统类似：

```
# mount -t tmpfs /tmpfs /tmp
```

和其他虚拟文件系统（比如/proc）一样，mount命令中的/tmpfs参数是一个"空操作"。也就是说，如果将它替换为none，这条命令同样生效。然而，它可以很好地提醒你，你是在挂载一个名为tmpfs的虚拟文件系统。

9.11 创建简单的文件系统

创建一个简单的文件系统镜像是很容易的。我们会在这里说明一下Linux内核的回环设备（loopback device）的使用。回环设备使我们能够将一个普通文件当作块设备使用。简而言之，我们先在一个普通文件中创建一个文件系统镜像，然后使用Linux的回环设备来挂载这个文件，就像是挂载一个块设备。

为了创建一个简单的根文件系统，我们首先创建一个内容为全0的、固定大小的文件：

```
# dd if=/dev/zero of=./my-new-fs-image bs=1k count=512
```

这条命令会创建一个大小为512 KB的文件，内容为全0。我们将文件的内容填充为全0是为了对后面的文件压缩有所帮助，并且确保文件系统中所有未初始化的数据块都有一致的数据模式。使用dd命令的时候要小心。如果在执行dd命令时没有限制范围（count=）或者指定的范围不对，它会在你的硬盘驱动器中填满数据并有可能造成系统崩溃。dd是一个强大的工具；使用它时应当谨慎。如果你以root用户的身份执行类似dd这样的命令，命令行中的简单笔误会摧毁无数文件系统。

当我们创建好新的镜像文件后，我们需要对其进行格式化，以使其包含一个给定文件系统所定义的数据结构。在这个例子里，我们会创建一个ext2文件系统。代码清单9-20显示了格式化的详细过程。

代码清单9-20　创建一个ext2文件系统镜像

```
# /sbin/mkfs.ext2 ./my-new-fs-image
mke2fs 1.40.8 (13-Mar-2008)
./my-new-fs-image is not a block special device.
Proceed anyway? (y,n) y
Filesystem label=
OS type: Linux
Block size=1024 (log=0)
Fragment size=1024 (log=0)
64 inodes, 512 blocks
25 blocks (4.88%) reserved for the super user
First data block=1
Maximum filesystem blocks=524288
1 block group
8192 blocks per group, 8192 fragments per group
64 inodes per group

Writing inode tables: done
Writing superblocks and filesystem accounting information: done

This filesystem will be automatically checked every 21 mounts or 180
days, whichever comes first.  Use tune2fs -c or -i to override.
```

和dd一样，mkfs.ext2命令也能摧毁你的系统，所以使用的时候要小心。在这个例子中，我们让mkfs.ext2格式化一个文件而不是一个硬盘驱动器的分区（块设备），而它原本也是这么设计的。因此，mkfs.ext2在发现这个事实之后会询问我们是否继续这个操作。在得到确认之后，mkfs.ext2接着将一个ext2超级块（superblock）和文件系统的数据结构写入这个文件中。然后，我们就可以使用Linux环回设备来挂载这个文件了，就像挂载其他块设备一样：

```
# mount -o loop ./my-new-fs-image /mnt/flash
```

这条命令将文件my-new-fs-image看做是一个文件系统，并将它挂载到名为/mnt/flash的挂载点上。挂载点的名称并不重要；你可以将它挂载到任意位置，只要这个挂载点存在。你可以使用mkdir命令来创建挂载点。

当这个新创建的镜像文件被挂载为一个文件系统后，我们就可以随意改变其中的内容了。我们可以添加和删除目录、创建设备节点，等等。我们还可以使用tar命令将文件复制到里面，或从中复制出来。改动完成后，假设文件没有超出设备的大小，它们会被保存到文件中。请记住，使用这种方法时，文件系统的大小在创建的时候就确定了而且不能改变。

9.12 小结

本章介绍了很多种文件系统，既有在桌面/服务器Linux系统中使用的，也有在嵌入式系统中使用的。我们讲述了一些针对嵌入式使用环境的文件系统，特别是闪存文件系统。我们还介绍了几种重要的伪文件系统。

❑ 分区是对物理设备的逻辑划分。Linux支持大量的分区类型。

❑ 在Linux中，文件系统是被挂载到挂载点上的。根文件系统被挂载到文件系统层次结构的根部，并且被称为/。

❑ 流行的ext2文件系统是一个成熟且快速的文件系统。嵌入式Linux系统和其他Linux系统（比如Red Hat和Fedora发行版）中常常可以看到它。

❑ ext3文件系统在ext2文件系统的基础之上添加了日志功能，以获得更好的数据完整性和系统可靠性。

❑ ReiserFS是另一种流行的高性能日志文件系统，我们可以在很多嵌入式和其他Linux系统中找到它。

❑ JFFS2是一种针对闪存优化的日志文件系统。它包含了一些有益于闪存的特性，比如耗损均衡，以延长闪存的寿命。

❑ cramfs是一种只读文件系统，非常适合小型系统中的引导ROM和其他只读程序及数据。

❑ 对于嵌入式开发人员而言，NFS是最强大的开发工具之一。它可以将一台工作站的能量赋予你的目标设备。我们学习了怎样将NFS作为嵌入式目标的根文件系统使用。它会给我们的开发带来便利并节省时间，值得我们努力研究一番。

❑ Linux上有很多种伪文件系统。我们介绍了其中一些比较重要的，包括/proc文件系统和sysfs。

❑ 基于RAM的tmpfs文件系统在嵌入式系统中有很多用处。相对于传统的ramdisk，它的最大改进就是能够动态调整自身大小，以满足操作需求。

补充阅读建议

"第2扩展文件系统的设计与实现"，Rémy Card, Theodore Ts'o, and Stephen Tweedie，首次发表于在荷兰举办的首届Linux国际研讨会上。

http://e2fsprogs.sourceforge.net/ext2intro.html

"EXT2文件系统的非技术讨论"，Randy Appleton。

www.linuxjournal.com/article/2151

Red Hat的新型日志文件系统：ext3，Michael K. Johnson。

www.redhat.com/support/wpapers/redhat/ext3/

Reiser4文件系统

http://en.wikipedia.org/wiki/Reiser4

JFFS：日志闪存文件系统，David Woodhouse。

http://sources.redhat.com/jffs2/jffs2.pdf

cramfs项目的README文件，未署名（可能是项目作者）。

http://sourceforge.net/projects/cramfs/

NFS主页

http://nfs.sourceforge.net

/proc文件系统的相关文档

www.tldp.org/LDP/lkmpg/2.6/html/c712.htm

"文件系统性能比较：Solaris OS、UFS、Linux ext3和 ReiserFS"技术白皮书，Dominic Kay。

www.sun.com/software/whitepapers/solaris10/fs_performance.pdf

第 10 章

MTD子系统

10

本章内容

❑ MTD概述

❑ MTD分区

❑ MTD工具

❑ UBI文件系统

❑ 小结

10

内存技术设备（Memory Technology Device，MTD）子系统的目的是让内核支持种类繁多的类似内存的设备，比如闪存芯片。市面上有很多不同种类的闪存芯片，对它们进行编程的方法也多种多样，主要原因是它们要支持很多特殊和高效的模式。MTD子系统采用了层次化架构，将底层的设备复杂性和（使用这些内存和闪存设备的）高层的数据组织及存储格式分隔开。

这一章介绍MTD子系统及一些使用它们的简单例子。首先，我们看一下怎样配置内核来支持MTD。然后，我们会在一个开启了MTD功能的开发工作站上演示一些简单的操作，以便理解这个子系统的基本原理。这一章还会介绍MTD和JFFS2文件系统的整合。

接着，这一章会讨论分区的概念以及它们和MTD层的关系。我们会详细分析如何使用一个引导加载程序来创建分区，以及Linux内核如何检测到这些分区。最后将这些内容整合起来，并使用一个存储于闪存中的JFFS2文件系统镜像来引导目标板。

10.1 MTD 概述

简单来说，MTD是一个设备驱动程序层，它提供了一套访问原始闪存设备的通用API接口。MTD支持很多种闪存设备。然而，MTD不是块设备。MTD与设备打交道时是以擦除块（erase block）为单位的，其大小不一，而块设备是以固定大小的块（称为扇区）为操作单位的。块设备有两种主要操作——读取扇区和写入扇区，而MTD有3种：读、写和擦除。MTD设备的写寿命是有限的，所以MTD会包含内部逻辑将写操作分布开来以延长设备的寿命，这被称为耗损均衡。

与通常的想法相反，SD/MMC卡、CompactFlash卡、USB闪存盘以及其他一些类似的设备都不属于MTD设备。这些设备的内部都包含了闪存转换层，用于完成类似MTD的功能，比如块擦除和耗损均衡等。因此，对于系统来说，它们看上去就像是传统的块设备，不需要经过MTD的特殊处理。

Linux中的大多数设备属于字符设备或者块设备中的一种。而MTD既不是字符设备，也不是块设备。虽然一些转换机制可以使MTD看起来像字符设备或块设备，但是在Linux驱动架构中，MTD有其独特之处。这是因为MTD驱动程序必须完成一些闪存特有的操作，比如块擦除操作和耗损均衡，而传统的块设备驱动程序是没有类似操作的。

10.1.1　开启 MTD 服务

为了使用MTD服务，内核配置必须开启MTD功能。这同样适用于你的开发工作站和嵌入式系统。为了简单起见，我们将会在一个开发工作站上演示MTD的操作。为了能够跟着我们一块做，你必须在工作站上开启MTD功能。类似地，你也必须开启嵌入式目标板上的MTD功能，这样才能在上面使用它。

MTD有很多内核配置选项，其中有一些还很费解。理解这些繁琐选项的最佳途径就是立刻开始使用它们。为了说明MTD子系统的机制以及它是如何融入到系统中的，我们会从一些简单的例子开始，而你可以在Linux开发工作站上执行这些例子。图10-1显示了开启最少的MTD功能所必需的内核配置（使用命令 `make ARCH=<arch> gcnofig` 打开内核配置界面）。按照图10-1进行选择后，其生成的.config文件中有关MTD的条目显示在代码清单10-1中。你可以在内核配置工具的Device drivers下面找到这些配置选项。

代码清单10-1　基本的MTD配置，来自.config文件

```
CONFIG_MTD=y
CONFIG_MTD_CHAR=y
CONFIG_MTD_BLOCK=y
CONFIG_MTD_MTDRAM=m
CONFIG_MTDRAM_TOTAL_SIZE=8192
CONFIG_MTDRAM_ERASE_SIZE=128
```

MTD子系统的功能是通过代码清单10-1中的第一条配置选项开启的，你需要选择图10-1中的第一个复选框，即Memory Technology Device (MTD) Support。图10-1中接下来选择的两个配置条目允许我们从用户空间访问MTD设备，比如闪存，而这是一种特殊的设备层的访问。第一个条目（`CONFIG_MTD_CHAR`）开启了字符设备模式的访问功能，这实际上是一种串行访问方式，每一次串行读取或写入一字节。第二个条目（`CONFIG_MTD_BLOCK`）开启了以块模式访问MTD设备的功能，这是磁盘驱动器所使用的访问方式，一次读取或写入多个块，每个块包含若干字节的数据。这些访问模式允许我们使用熟悉的Linux命令来读写闪存，你很快就会看到。

`CONFIG_MTD_MTDRAM`配置选项启用了一个特殊的测试驱动程序，它允许我们在开发主机上查看MTD子系统，即使没有实际的MTD设备（比如闪存）也没关系。请记住，在下面这些例子中，我们是在自己的开发工作站上研究MTD，而这是一个让我们熟悉MTD子系统的捷径。你几乎不太可能在一个嵌入式目标板上做这些工作。

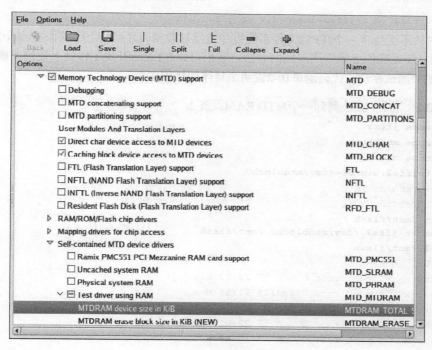

图10-1 MTD配置

这个配置选项还有两个附带的参数，用于设置上述基于RAM的测试驱动：设备大小和擦除块大小。在这个例子中，我们分别指定它们为8192 KB（总大小）和128 KB（擦除块大小）。这个测试驱动的目的是模拟一个闪存设备，主要是为了方便MTD子系统的测试和开发。因为闪存架构使用了固定大小的擦除块，所以这个测试驱动中也包含了擦除块的概念。你很快就会看到如何使用这些参数。

10.1.2 MTD 基础

最新的Linux内核版本中已经集成了MTD，所以你不需要另外为内核源码打补丁，即可使用MTD功能。如果你需要追随MTD开发的前沿动态，可以从MTD主页上下载最新的源码，本章最后一节列出了其主页的网址。当然，不管是哪种情况，你都必须在内核配置中开启MTD功能，就像图10-1中显示的那样。

开启MTD功能之后，我们就可以研究这个子系统了，看看它是如何在我们的Linux开发工作站上工作的。使用刚刚配置的基于内存的测试驱动，我们可以将一个JFFS2镜像挂载到MTD设备上。假设你已经按照第9章中的内容创建了一个JFFS2镜像，你也许想挂载它并进行查看。我们在

第9章中创建的镜像名为`jffs2.bin`①。回忆一下第9章的内容,我们是用下面这条命令创建了`jffs2.bin`镜像:

```
# mkfs.jffs2 -d ./jffs2-image-dir -o jffs2.bin
```

Linux内核不支持将一个JFFS2文件系统镜像直接挂载到回环设备上,就像挂载ext2和其他文件系统一样。所以我们必须采用不同的方法。我们可以在Linux开发工作站上使用前面提到的基于RAM的MTD测试驱动。代码清单10-2说明了具体的操作步骤。

代码清单10-2   将JFFS2挂载到一个MTD RAM设备上

```
# modprobe jffs2
# modprobe mtdblock
# modprobe mtdram
# dd if=jffs2.bin of=/dev/mtdblock0
 4690+1 records in
 4690+1 records out
# mkdir /mnt/flash
# mount -t jffs2 /dev/mtdblock0 /mnt/flash
# ls -l /mnt/flash
total 0
drwxr-xr-x   2 root root 0 Sep 17 22:02 bin
drwxr-xr-x   2 root root 0 Sep 17 21:59 dev
drwxr-xr-x   7 root root 0 Sep 17 15:31 etc
drwxr-xr-x   2 root root 0 Sep 17 22:02 lib
drwxr-xr-x   2 root root 0 Sep 17 15:31 proc
drwxr-xr-x   2 root root 0 Sep 17 22:02 sbin
drwxrwxrwt   2 root root 0 Sep 17 15:31 tmp
drwxr-xr-x   9 root root 0 Sep 17 15:31 usr
drwxr-xr-x  14 root root 0 Sep 17 15:31 var
#
```

在代码清单10-2中,我们首先安装了Linux所需的可加载模块,以支持JFFS2和MTD子系统。之后我们加载了`mtdblock`和`mtdram`模块。加载了必需的设备驱动程序后,我们使用Linux的dd命令,将JFFS2文件系统镜像中的内容复制到MTD RAM测试驱动中,而这个驱动使用了`mtdblock`设备(/dev/mtdblock0)②。实际上,我们是使用系统RAM作为存储区域来模拟MTD块设备。

当我们将JFFS2文件系统镜像复制到MTD块设备中之后,就可以使用mount命令来挂载它了,就像代码清单10-2中所显示的一样。在挂载这个MTD伪设备之后,我们可以随意地操作其中的JFFS2文件系统镜像。使用该方法的唯一限制就是我们不能改变镜像的大小。它的大小受两个因素的限制。首先,当我们在内核配置工具中配置这个MTD RAM测试驱动时,将它的大小限制为

---

① 通过使用代码清单6-1中的例子,你可以很简单地重新创建一个最小化的文件系统,并在这里的练习中使用它。
② 在使用modprobe mtdram加载这个模块后,它会在系统中添加一个MTD块设备,也就是这里的/dev/mtdblock0。

——译者注

8 MB（8192 KB）。其次，当我们创建JFFS2镜像时，使用mkfs.jffs2工具固定了镜像的大小。镜像大小是由我们创建它时所指定的目录的内容决定的。请参考第9章的代码清单9-9，回顾一下我们是怎样创建jffs2.bin镜像的。

当我们使用这个方法查看一个JFFS2文件系统的内容时，认识到这个限制是很重要的。考虑一下我们所做的操作：将一个文件（JFFS2文件系统的二进制镜像）复制到一个内核块设备（/dev/mtdblock0）中。接着，以JFFS2文件系统（-t jffs2）挂载这个内核块设备。完成了这些操作后，我们就可以使用传统的文件系统工具来查看和修改这个文件系统了。比如ls、df、dh、mv、rm和cp等工具都可以查看和修改这个文件系统。然而，不同于回环设备，我们复制的文件和挂载的JFFS2文件系统之间是没有关联的。因此，如果修改文件系统的内容，然后卸载它，我们所做的修改就会丢失。如果你想保存这些修改，则必须将它们复制回一个文件中。一种保存的方法是使用下面的命令：

```
# dd if=/dev/mtdblock0 of=./your-modified-fs-image.bin
```

这条命令会创建一个名为your-modified-fs-image.bin的文件，它的大小和mtdblock0的大小一样，而我们是在内核配置时指定了这个设备的大小。在我们的例子中，它的大小是8 MB。在缺乏合适的JFFS2编辑工具的情况下，这是一种查看和修改JFFS2文件系统的有效途径。更重要的是，虽然我们的开发系统上并没有实际的闪存，但这种方法却能够说明MTD子系统的一些基本概念。现在让我们看一个包含物理闪存设备的硬件。

10.1.3 在目标板上配置 MTD

为了在你的目标板上使用MTD和闪存，必须正确地配置MTD。你必须按照以下步骤，根据你的目标板、闪存和闪存布局来配置MTD。

- ❑ 指定闪存设备上的分区情况。
- ❑ 指定闪存的类型和位置。
- ❑ 为你所选的芯片配置合适的闪存驱动。
- ❑ 在内核中配置合适的驱动。

我们将在下面几节探讨这里列出的每一步。

10.2 MTD 分区

大多数硬件平台上的闪存设备都被划分成几个段，称为分区，类似于传统的（用于桌面工作站的）硬盘驱动器上的分区。MTD子系统支持这样的闪存分区。MTD子系统必须配置为支持MTD分区。图10-2显示了Linux内核配置工具中的相关配置选项。

可以通过几种方法将分区信息传递给Linux内核。你可以在图10-2的 MTD partitioning support 下面[1]看到对应每个方法的配置选项。目前支持的方法包括以下这几种：

---

[1] 此处有误，图10-2中并没有展开这个选项，不过可以在图10-3中看到。——译者注

　　❑ 解析Redboot分区表；
　　❑ 在内核命令行中定义分区表；
　　❑ 使用与具体板卡相关的映射驱动；
　　❑ 使用TI AR7的分区支持。

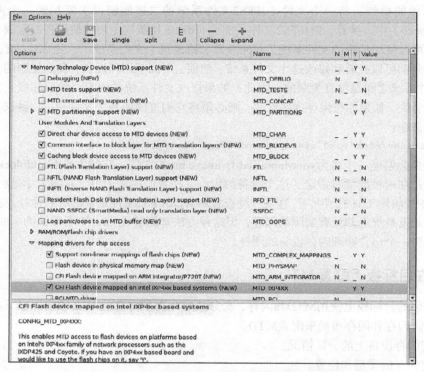

图10-2　支持MTD分区的内核配置

　　MTD也支持不进行分区的配置。在这种情况下，MTD只是将整个闪存看做是一个单独的设备。

10.2.1　使用 Redboot 分区表进行分区

　　一种定义和检测MTD分区的常用方法源于以前的一个分区实现方式：Redboot分区。Redboot是很多嵌入式板卡所使用的引导加载程序，特别是那些基于ARM XScale的板卡，比如ADI Engineering公司的Coyote参考平台。

　　MTD子系统定义了一种在闪存设备上存储分区信息的方法，类似于硬盘驱动器上分区表的概念。在使用Redboot分区的情况下，开发人员在闪存设备上保留和指定一个擦除块，用它来存放分区定义。还需要选择一个映射驱动，它会在系统引导时调用分区解析函数，用于检测闪存设备上的分区。图10-2显示了我们为示例参考板所选的映射驱动。就是最后那个高亮的条目定义了配置选项CONFIG_MTD_IXP4XX。

和往常一样，仔细地研究一个例子有助于说明这些概念。我们首先看一下Coyote平台上的Redboot引导加载程序所提供的信息。代码清单10-3显示在板卡加电时，Redboot引导加载程序输出的一些信息。

代码清单10-3　系统加电时Redboot输出的消息

```
Platform: ADI Coyote (XScale)
IDE/Parallel Port CPLD Version: 1.0
Copyright (C) 2000, 2001, 2002, Red Hat, Inc.

RAM: 0x00000000-0x04000000, 0x0001f960-0x03fd1000 available
FLASH: 0x50000000 - 0x51000000, 128 blocks of 0x00020000 bytes each.
...
```

以上的控制台输出信息告诉我们：这块板卡上的RAM被映射到从0x00000000开始的物理地址上，闪存（Flash）被映射到从0x50000000到0x51000000的这段物理地址上。我们还可以看到闪存有128个块，每块大小为0x00020000字节（128 KB）。

Redboot包含了一条命令，用于创建和显示存储在闪存上的分区信息。代码清单10-4显示了fis list命令的输出信息，Redboot引导加载程序提供了一系列闪存镜像系统（Flash Image System）命令，而这条命令是其中的一员。

代码清单10-4　Redboot闪存分区列表

```
RedBoot> fis list
Name            FLASH addr   Mem addr     Length       Entry point
RedBoot         0x50000000   0x50000000   0x00060000   0x00000000
RedBoot config  0x50FC0000   0x50FC0000   0x00001000   0x00000000
FIS directory   0x50FE0000   0x50FE0000   0x00020000   0x00000000
RedBoot>
```

从代码清单10-4中我们可以看到，Coyote参考板在闪存中定义了3个分区。名为RedBoot的分区中包含了可执行的Redboot引导加载程序镜像。名为Redboot config的分区中包含了由引导加载程序维护的配置参数。最后一个名为FIS directory的分区中包含了分区表本身的信息。

正确地配置Linux内核之后，它就能够检测和解析分区表并创建MTD分区了，MTD分区用来代表闪存上的物理分区。代码清单10-5显示了一部分引导消息，这是在前面提到过的ADI Engineering公司的Coyote参考板上引导一个Linux内核时的情况，而且我们已经正确地配置了内核，它支持对Redboot分区的检测。

代码清单10-5　在Linux启动时检测Redboot分区

```
...
IXP4XX-Flash.0: Found 1 x16 devices at 0x0 in 16-bit bank
 Intel/Sharp Extended Query Table at 0x0031
Using buffer write method
```

```
Searching for RedBoot partition table in IXP4XX-Flash.0 at offset 0xfe0000
3 RedBoot partitions found on MTD device IXP4XX-Flash0
Creating 3 MTD partitions on "IXP4XX-Flash.0":
0x00000000-0x00060000 : "RedBoot"
0x00fc0000-0x00fc1000 : "RedBoot config"
0x00fe0000-0x01000000 : "FIS directory"
...
```

代码清单10-5中的第一条消息是在检测到闪存芯片时打印的，这是通过公共闪存接口（Common Flash Interface，CFI）驱动来完成的，内核的配置选项CONFIG_MTD_CFI用于开启这个功能。CFI是一个工业标准方法，用于检测闪存芯片的特征，比如生产厂商、设备类型、总大小和擦除块的大小。本章最后一节列出了CFI规范的网址链接，可以参考一下。

我们前面说过，CFI功能是由内核配置选项CONFIG_MTD_CFI开启的，在内核配置工具中，先找到顶层菜单Memory Technology Device (MTD)，然后选择RAM/ROM/Flash chip drivers菜单下面的Detect flash chips by Common Flash Interface (CFI) probe就可以了，图10-3显示了这个配置选项的位置。

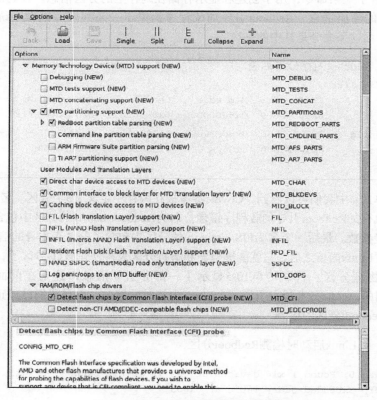

图10-3　与MTD CFI相关的内核配置

因为我们也开启了配置选项CONFIG_MTD_REDBOOT_PARTS（参见图10-3），MTD就会检测闪存芯片上的Redboot分区表。同时需要注意的是，枚举芯片时所使用的设备名为IXP4XX-Flash.0。你可以从代码清单10-5中看到，Linux在闪存芯片上检测出了3个分区，这和我们之前在Redboot中使用fis list命令时所枚举的分区是一样的。

当这些基础设施到位以后，Linux内核能够自动检测这3个分区，并创建代表它们的内核数据结构。当内核完成初始化之后，我们还可以使用/proc文件系统中的信息进一步证明这一点，代码清单10-6显示了相关内容。

代码清单10-6　内核中的MTD闪存分区

```
root@coyote:~# cat /proc/mtd
dev:    size   erasesize  name
mtd0: 00060000 00020000 "RedBoot"
mtd1: 00001000 00020000 "RedBoot config"
mtd2: 00020000 00020000 "FIS directory"
#
```

我们可以轻易地创建一个新的Redboot分区。在这个例子中，我们使用了Redboot的FIS命令，但本书不会详细介绍所有的Redboot命令。你可以参考Reboot的用户文档以获取更多的信息，请看本章最后一节的参考文献。代码清单10-7显示了创建一个新的Redboot分区的具体细节。

代码清单10-7　创建一个新的Redboot分区

```
RedBoot> load -r -v -b 0x01008000 coyote-40-zImage
Using default protocol (TFTP)
Raw file loaded 0x01008000-0x0114dccb, assumed entry at 0x01008000
RedBoot> fis create -b 0x01008000 -l 0x145cd0 -f 0x50100000 MyKernel
... Erase from 0x50100000-0x50260000: .........
... Program from 0x01008000-0x0114dcd0 at 0x50100000:....
... Unlock from 0x50fe0000-0x51000000: .
... Erase from 0x50fe0000-0x51000000: .
... Program from 0x03fdf000-0x03fff000 at 0x50fe0000: .
... Lock from 0x50fe0000-0x51000000: .
```

首先，加载用于创建新分区的镜像。将这个内核镜像加载到内存地址0x0100800。接着，使用Redboot的`fis create`命令来创建一个新的分区。指示Redboot将分区创建在起始地址为0x5010000的闪存区域中。你可以看到具体的创建动作，Redboot首先擦除了这块闪存区域，然后写入内核镜像。最后，Redboot解锁它的目录区域，并且更新FIS目录，在其中添加新的分区信息。代码清单10-8显示了命令`fis list`的输出，其中包含了新创建的分区的信息。可以将这里的输出信息和代码清单10-4作个对比。

代码清单10-8　新的Redboot分区列表

```
RedBoot> fis list
Name              FLASH addr    Mem addr      Length        Entry point
RedBoot           0x50000000    0x50000000    0x00060000    0x00000000
RedBoot config    0x50FC0000    0x50FC0000    0x00001000    0x00000000
FIS directory     0x50FE0000    0x50FE0000    0x00020000    0x00000000
MyKernel          0x50100000    0x50100000    0x00160000    0x01008000
```

当然，当我们引导Linux内核时，它会发现这个新的分区，而且我们可以以合适的方式操作它。你也许已经意识到了这个新分区带来的另一个好处：我们现在可以从闪存中引导内核，而不用每次通过TFTP加载它。下面显示了完成这个功能的Redboot命令。只需将闪存分区的起始地址以及镜像的大小（长度）传递给Redboot的exec命令就可以了，它会将这个镜像迁移到RAM中。

```
RedBoot> exec -b 0x50100000 -l 0x145cd0
    Uncompressing Linux........... done, booting the kernel.
    ...
```

10.2.2　使用内核命令行传递分区信息

在10.2节中我们说过，可以使用其他方法将原始的闪存分区信息传递给内核。实际上，最直接的方法（虽然不是最简单的）就是在内核命令行中手工设置分区信息。当然，正如你已经了解到的，对于有些引导加载程序（比如U-Boot）来说，这很容易，但其他一些引导加载程序并不具备在引导时向内核传递命令行的功能。在这些情况下，内核命令行必须在编译期间就配置好，因此修改它们很麻烦，每次修改分区信息后都需要重新编译内核本身。

为了能够在命令行中传递分区信息，必须配置内核的MTD子系统，使它支持这个功能。你可以在图10-2的MTD partitioning support下面[1]看到这个配置选项。选择 Command line partition table parsing选项，它定义了CONFIG_MTD_CMDLINE_PARTS。

代码清单10-9显示了在内核命令行中定义一个分区时所使用的参数格式（来自内核源码文件.../drivers/mtd/cmdlinepart.c）。

代码清单10-9　在内核命令行中定义MTD分区时所使用的参数格式

```
mtdparts=<mtddef>[;<mtddef]
 * <mtddef>  := <mtd-id>:<partdef>[,<partdef>]
 * <partdef> := <size>[@offset][<name>][ro]
 * <mtd-id>  := unique name used in mapping driver/device (mtd->name)
 * <size>    := std linux memsize OR "-" to denote all remaining space
 * <name>    := '(' NAME ')'
```

---

① 图10-2中并没有展开这个选项，可以看图10-3。——译者注

在内核命令行中传递的每个 `mtddef` 参数定义了一个单独的分区。正如代码清单10-9所示，每个 `mtddef` 定义包含几个部分。你可以指定独特的ID、分区大小以及相对闪存起始位置的偏移量。你还可以为分区指定名字以及可选的只读属性。对照我们在代码清单10-4中定义的Redboot分区，我们可以像下面这样在内核命令行中静态地定义这些分区：

```
mtdparts=MainFlash:384K(Redboot),4K(config),128K(FIS),-(unused)
```

有了这个定义，内核可以相应地创建4个MTD分区，MTD ID为MainFlash，而这些分区的大小及布局与代码清单10-4中显示的内容相匹配。

10.2.3 映射驱动

如果需要定义与具体板卡相关的闪存布局，你还有最后一个方法，那就是使用针对这个板卡的映射驱动。Linux内核源码树中包含了很多映射驱动的例子，它们位于目录.../drivers/mtd/maps中。其中任何一个都可以供你参考以创建自己的映射驱动。需要注意的是，各个架构的具体实现细节会有所不同。

映射驱动是一个完备的内核模块，其中包含了对 `module_init()` 和 `module_exit()` 的调用，第8章已经有所讲述。一般的映射驱动比较小，也很容易读懂，通常只有几十行的C代码。

代码清单10-10显示了源文件.../drivers/mtd/maps/pq2fads.c中的一部分。这个映射驱动定义了一个飞思卡尔PQ2FADS评估板上的闪存设备，该评估板支持MPC8272等处理器。

代码清单10-10　PQ2FADS评估板上的闪存映射驱动

10

```
...
static struct mtd_partition pq2fads_partitions[] = {
        {
#ifdef CONFIG_ADS8272
                .name       = "HRCW",
                .size       = 0x40000,
                .offset     = 0,
                .mask_flags = MTD_WRITEABLE,   /* 强制设为只读 */
        }, {
                .name       = "User FS",
                .size       = 0x5c0000,
                .offset     = 0x40000,
#else
                .name       = "User FS",
                .size       = 0x600000,
                .offset     = 0,
#endif
        }, {
                .name       = "uImage",
                .size       = 0x100000,
                .offset     = 0x600000,
                .mask_flags = MTD_WRITEABLE,    /* 强制设为只读 */
```

```
        }, {
                .name       = "bootloader",
                .size       = 0x40000,
                .offset     = 0x700000,
                .mask_flags = MTD_WRITEABLE,  /* 强制设为只读 */
        }, {
                .name       = "bootloader env",
                .size       = 0x40000,
                .offset             = 0x740000,
                .mask_flags = MTD_WRITEABLE,  /* 强制设为只读 */
        }
};

/* 这是个指针，指向MPC885ADS板卡的相关数据 */
extern unsigned char __res[];

static int __init init_pq2fads_mtd(void)
{
        bd_t *bd = (bd_t *)__res;
        physmap_configure(bd->bi_flashstart, bd->bi_flashsize,
                        PQ2FADS_BANK_WIDTH, NULL);

        physmap_set_partitions(pq2fads_partitions,
                        sizeof (pq2fads_partitions) /
                        sizeof (pq2fads_partitions[0]));
        return 0;
}


static void __exit cleanup_pq2fads_mtd(void)
{
}


module_init(init_pq2fads_mtd);
module_exit(cleanup_pq2fads_mtd);
...
```

这是个简单但完整的Linux设备驱动程序，它将PQ2FADS评估板上的闪存映射情况传递给
MTD子系统。回顾一下第8章的内容，如果设备驱动程序中的一个函数是由module_init()宏声
明的，它会在Linux内核引导时[1]被自动调用。在PQ2FADS评估板上的这个闪存映射驱动中，其模
块初始化函数为init_pq2fads_mtd()，它只是简单地调用了两个函数：

---

① 此处原文有误，应该是在模块加载时，请参考8.1.6节。——译者注

❑ 函数physmap_configure()向MTD子系统传递了一些闪存芯片的信息，包括它的物理
地址、大小、bank宽度以及一个访问它所需的特殊设置函数；

❑ 函数physmap_set_partitions()向MTD子系统传递了这个板卡所特有的分区信息，也
就是数组pq2fads_partitions[]中定义的分区表，该数组是在映射驱动文件开始的地
方定义的。

参照这个简单的例子，你就可以为自己的硬件板卡编写一个映射驱动了。

10.2.4 闪存芯片驱动

MTD支持很多种类的闪存芯片和设备。你所选的芯片很可能也是MTD支持的。大多数闪存
芯片都支持我们在前面提到过的公共闪存接口（CFI）。老一点的闪存芯片可能会支持JEDEC，这
是一个较旧的闪存兼容性标准。图10-4显示了一个内核配置界面。从图中可以看出，这个版本的
内核支持多种类型的闪存芯片。

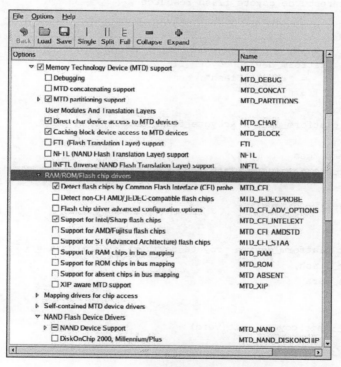

图10-4　内核支持的闪存设备

如果内核不支持你所选的闪存芯片，你就必须自己提供一个设备文件。内核源码目
录.../drivers/mtd/chips中有很多例子，你可以选择其中之一作为参考，并以此为基础定制和创建自
己的闪存设备驱动程序。除非这个闪存芯片带有某种新奇的接口，可能已经有人编写好它的驱动

了，这样的话就更好了。

10.2.5　与具体板卡相关的初始化

除了映射驱动之外，你还需要在具体板卡（平台）的设置函数中提供一些有关闪存芯片的底层定义，以使MTD闪存系统能够正常工作。代码清单10-11显示了文件.../arch/arm/mach-ixp4xx/coyote-setup.c中的相关部分。

代码清单10-11　Coyote参考板的具体设置

```
static struct flash_platform_data coyote_flash_data = {
    .map_name    = "cfi_probe",
    .width       = 2,
};

static struct resource coyote_flash_resource = {
    .flags              = IORESOURCE_MEM,
};

static struct platform_device coyote_flash = {
    .name        = "IXP4XX-Flash",
    .id          = 0,
    .dev         = {
        .platform_data = &coyote_flash_data,
    },
    .num_resources      = 1,
    .resource    = &coyote_flash_resource,
};

...

static struct platform_device *coyote_devices[] __initdata = {
    &coyote_flash,
    &coyote_uart
};

static void __init coyote_init(void)
{
    ...

    platform_add_devices(coyote_devices,
                ARRAY_SIZE(coyote_devices));
}

...
```

　　我们从代码清单10-11的最后面开始看，函数coyote_init()调用另一个函数platform_add_devices()，并且在参数中指定了Coyote板上的具体设备，这是在文件前面定义的。你可以看到，就在函数coyote_init()的上面，数组coyote_devices[]定义了两个设备。我们这里只讨论其中的coyote_flash。变量coyote_flash的类型是struct platform_device，这个结构体中包含了Linux内核和MTD子系统所需的所有重要细节。

　　coyote_flash是一个结构体类型的变量，其成员.name将具体平台的闪存资源和一个具有相同名称的映射驱动绑定到一起。你可以在映射驱动文件.../derivers/mtd/maps/ixp4xx.c中看到这个同名驱动[①]。结构体成员.resource中包含了板卡上闪存的基地址信息。结构体成员.dev（它也是一个结构体，包含了一个成员.platform_data）将我们的闪存设置和一个芯片驱动联系在一起。在这里，我们指定了板卡使用CFI探测方法，而与之对应的内核配置选项为CONFIG_MTD_CFI。你可以在图10-4中看到这个配置选择。

　　根据自己的架构和板卡，你可以使用类似的方法来定义自己板卡上的闪存资源。

10.3　MTD 工具

　　MTD软件包中包含了很多系统工具，可用于设置和管理你的MTD子系统。这些工具是和主要的MTD子系统（应该在Linux内核源码树中构建）分开构建的。它们的构建方式类似于其他采用交叉编译的用户空间应用程序。

　　使用这些工具必须小心谨慎，因为Linux没有提供任何错误的补救措施。命令中写错一个数字就有可能删除你硬件平台上的整个引导加载程序。这会浪费大量的时间，除非你已经做了备份，并且知道怎样使用JTAG闪存烧写器重新烧写闪存。

　　和本书其他章节的情况类似，由于篇幅的限制，我们不能在此详细介绍每个MTD工具的使用。我们重点介绍一些最常用的工具，其他的作为练习留给读者。一个最近的MTD软件包中包含了20多个二进制工具。

　　flash_*系列工具可用于对闪存设备上的MTD分区进行操作。这些工具包括flashcp、flash_erase、flash_info、flash_lock、flash_unlock等。它们的名字都是带有描述性质的，可能你已经猜出了它们的功能了。当闪存上的分区已经定义好，并且内核已将它们枚举成设备后（内核将每个分区看做是一个设备），我们就可以使用这些用户空间的工具来操作一个分区了。我们再次重申一下前面给出的警告：如果你在一个分区上执行了flash_erase，而该分区包含引导加载程序，那么你将会很荣幸地拥有一个"硅做的镇纸"。如果你执意要这样试验一下，最好先备份你的引导加载程序镜像，并了解如何使用硬件JTAG仿真器或其他闪存烧写工具，以重新烧写闪存。

　　我们在代码清单10-7中新建了一个分区（MyKernel），而且运行于Coyote参考板上的内核能够识别出它，如代码清单10-12所示。这里，你可以看到我们新创建的分区在内核中表示为内核设备mtd1。

---

　　① 请参考这个文件中定义的变量ixp4xx_flash_driver。——译者注

代码清单10-12　内核中的MTD分区列表

```
root@coyote:~# cat /proc/mtd
dev:    size    erasesize  name
mtd0: 00060000 00020000 "RedBoot"
mtd1: 00160000 00020000 "MyKernel"
mtd2: 00001000 00020000 "RedBoot config"
mtd3: 00020000 00020000 "FIS directory"
```

使用MTD工具，我们可以在这个新创建的分区上执行一些操作。下面显示了在这个分区上执行flash_erase命令的结果：

```
# flash_erase /dev/mtd1
Erase Total 1 Units
Performing Flash Erase of length 131072 at offset 0x0 done
```

为了将一个新的内核镜像复制到这个分区中，可以使用flashcp命令：

```
root@coyote:~# flashcp /workspace/coyote-40-zImage /dev/mtd1
```

更有趣的试验是创建一个根文件系统分区。我们可以使用引导加载程序或Linux内核将初始镜像放在一个Redboot定义的闪存分区中。首先，使用Redboot创建一个新的分区，用于存放我们的根文件系统。下面的这条命令在一个名为RootFS的闪存设备上创建一个新的分区，起始物理地址为0x50300000，长度为30①个块。请记住，在这个闪存芯片上，每个块（一般称为擦除单元）的大小为128 KB。

```
RedBoot> fis create -f 0x50300000 -l 0x600000 -n RootFS
```

接着，我们引导内核并将根文件系统镜像复制到这个新创建的分区中，前面已经命名它为RootFS。复制操作是由下面这条命令完成的，你需要在目标板的控制台中执行它。注意，这里假设你已经将文件系统镜像放置到一个目标板可以访问的目录中了。我们在本书中已经重复多次了，使用NFS挂载根文件系统非常有利于你的开发工作，可以在这里使用这个方法。

```
root@coyote:~# flashcp /rootfs.ext2 /dev/mtd2
```

文件系统的大小不定，可以是几兆字节，或最大可以占据整个分区的空间，所以这个命令会花费一些时间。请记住，这个命令涉及将镜像烧写到闪存中。复制完成后，我们可以将该分区挂载为一个文件系统。代码清单10-13显示了这个过程。

代码清单10-13　将MTD闪存分区挂载为一个ext2文件系统

```
root@coyote:~# mount -t ext2 /dev/mtdblock2 /mnt/remote ro
root@coyote:~# ls -l /mnt/remote/
total 16
drwxr-xr-x  2 root root 1024 Nov 19  2005 bin
drwxr-xr-x  2 root root 1024 Oct 26  2005 boot
```

---

① 应该是48，也就是16进制的0x30。命令行中指定的长度为0x600000，而每个块的大小为0x20000（128 KB）。

——译者注

```
drwxr-xr-x  2 root root 1024 Nov 19  2005 dev
drwxr-xr-x  5 root root 1024 Nov 19  2005 etc
drwxr-xr-x  2 root root 1024 Oct 26  2005 home
drwxr-xr-x  3 root root 1024 Nov 19  2005 lib
drwxr-xr-x  3 root root 1024 Nov 19  2005 mnt
drwxr-xr-x  2 root root 1024 Oct 26  2005 opt
drwxr-xr-x  2 root root 1024 Oct 26  2005 proc
drwxr-xr-x  2 root root 1024 Oct 26  2005 root
drwxr-xr-x  2 root root 1024 Nov 19  2005 sbin
drwxr-xr-x  2 root root 1024 Oct 26  2005 srv
drwxr-xr-x  2 root root 1024 Oct 26  2005 sys
drwxr-xr-x  2 root root 1024 Oct 26  2005 tmp
drwxr-xr-x  6 root root 1024 Oct 26  2005 usr
drwxr-xr-x  2 root root 1024 Nov 19  2005 var
root@coyote:~#
```

代码清单10-13中有两个重要的细节。首先，注意到我们在mount命令行中指定了/dev/mtdblock2。这是一个MTD块设备驱动程序，允许我们将MTD分区当作一个块设备来访问。如果指定的是/dev/mtd2，内核则会使用MTD字符设备驱动程序。mtdchar和mtdblock都是伪设备驱动程序，它们提供了访问底层闪存分区的不同方式，基于字节访问或基于块访问。因为mount命令中需要一个块设备参数，所以必须使用块设备驱动程序。图10-1中显示了启用这些访问方法的相关内核配置选项。内核配置宏分别为CONFIG_MTD_CHAR和CONFIG_MTD_BLOCK。

第二个需要注意的细节是，我们在mount命令行中使用了一个只读（ro）开关。使用MTD块设备驱动程序（mtdblock）以只读方式挂载闪存中的ext2镜像，这完全可行。但是，mtdblock驱动并不支持将数据写入一个ext2设备中。这是因为ext2对闪存的擦除块概念一无所知。为了能够将数据写入一个基于闪存的文件系统，我们需要使用了解闪存结构的文件系统，比如JFFS2。

JFFS2 根文件系统

创建一个JFFS2文件系统的过程很简单。除了支持压缩以外，JFFS2还支持耗损均衡，这项特性会将写操作分布于设备的各个块中，从而能够延长闪存的寿命。正如我们在第9章中所指出的，闪存的写寿命是有限的。如果你要选择一个基于闪存的文件系统，务必确认它支持耗损均衡这项特性。我们在本书的其他章节中提到过，你不应当经常向闪存设备中写入数据。具体而言，你应该避免那些针对闪存文件系统的需要频繁写操作的进程。特别注意日志程序，比如syslogd。

我们可以在开发工作站上构建一个JFFS2镜像，使用我们在Redboot的RootFS分区中使用的ext2镜像。JFFS2的压缩优势很快就会体现出来。我们在前面RootFS的例子中使用的镜像是一个ext2类型的文件系统。下面的命令列出了这个镜像的详细信息：

```
# ls -l rootfs.ext2
-rw-r--r--  1 root root 6291456 Nov 19 16:21 rootfs.ext2
```

现在让我们用（MTD软件包中的）工具mkfs.jffs2将这个文件系统镜像转换成一个JFFS2镜像。代码清单10-14显示了具体的命令和结果。

代码清单10-14   将RootFS转换为JFFS2

```
# mount -o loop rootfs.ext2 /mnt/flash/
# mkfs.jffs2 -r /mnt/flash -e 128 -b -o rootfs.jffs2
# ls -l rootfs.jffs2
-rw-r--r--  1 root root 2401512 Nov 20 10:08 rootfs.jffs2
#
```

首先，通过一个回环设备将ext2文件系统镜像挂载到开发工作站的一个目录上。接着，使用MTD工具mkfs.jffs2来创建一个JFFS2文件系统镜像。命令行中的-r标志告诉mkfs.jffs2从何处读取根文件系统镜像的内容。-e标志告诉mkfs.jffs2构建镜像时所采用的擦除块的大小，这里指定为128 KB，而默认值为64 KB。如果镜像的块大小与闪存设备的块大小不一致，JFFS2将不能发挥其最优性能。最后，列出最终的JFFS2根文件系统镜像的详细信息，从中可以发现，这个镜像的大小减少了超过60%。如果你的闪存有限，这种方法可以极大地减少对闪存资源的占用。

在代码清单10-14的mkfs.jffs2命令行中，我们还需要注意另一个重要的标志。其中的-b标志就是-big-endian（大端字节序）的意思。它会指示mkfs.jffs2创建一个大端字节序的JFFS2闪存镜像，适合采用大端字节序的目标处理器。因为我们的目标板是ADI Engineering公司的Coyote参考板，它采用了英特尔IXP425处理器，工作于大端字节序模式，所以这个标志非常关键。如果你没有在这里指定-b标志，将会看到，内核在尝试解析JFFS2文件系统超级块中的内容时，会打印出满屏幕的告警，这是因为字节序不同，内核不能理解超级块中的信息[①]。你愿意猜一下我是怎么记住这个重要细节的吗？

采用和前面例子类似的方式，我们可以使用flashcp工具，将这个镜像复制到Redboot的RootFS闪存分区中。接着，我们就可以使用一个JFFS2根文件系统来引导Linux内核了。代码清单10-15显示了在目标硬件上执行这些命令的具体细节。

代码清单10-15   将JFFS2镜像复制到RootFS分区中

```
root@coyote:~# cat /proc/mtd
dev:    size   erasesize  name
mtd0: 00060000 00020000 "RedBoot"
mtd1: 00160000 00020000 "MyKernel"
mtd2: 00600000 00020000 "RootFS"
mtd3: 00001000 00020000 "RedBoot config"
mtd4: 00020000 00020000 "FIS directory"
```

---

① 你也可以配置内核，使其能够识别一个字节序有误的MTD文件系统，但这是以降低性能为代价的。在某些情况下（比如多处理器设计中），这会是个有用的特性。

```
root@coyote:~# flash_erase /dev/mtd2
Erase Total 1 Units
Performing Flash Erase of length 131072 at offset 0x0 done
root@coyote:~# flashcp /rootfs.jffs2 /dev/mtd2
root@coyote:~#
```

需要注意的一点是，你必须在配置内核时开启它对JFFS2文件系统的支持。执行命令make ARCH=<arch> gconfig打开内核配置界面，并选择 File Systems、Miscellaneous File Systems下面的JFFS2。另一个有用的建议是，在使用MTD工具时，可以在命令行中指定-v（verbose，详细信息）标志。它会显示出闪存操作过程中的进度更新等有用信息。

我们已经学习过如何使用Redboot的exec命令来引导一个内核（请参考10.2.1节的最后部分）。代码清单10-16中显示了以root用户加载和引导Linux内核的详细命令，而且这里使用了新的JFFS2文件系统。

代码清单10-16　引导内核时以JFFS2作为根文件系统

```
RedBoot> load -r -v -b 0x01008000 coyote-zImage
Using default protocol (TFTP)
Raw file loaded 0x01008000-0x0114decb, assumed entry at 0x01008000
RedBoot> exec -c "console=ttyS0,115200 rootfstype=jffs2 root=/dev/mtdblock2"
Using base address 0x01008000 and length 0x00145ecc
Uncompressing Linux...... done, booting the kernel.
...
```

10.4　UBI 文件系统

UBI（Unsorted Block Image）文件系统专门设计用于克服JFFS2文件系统的一些限制。可以将它看做是JFFS2的继任者，虽然JFFS2仍然在那些包含闪存的嵌入式Linux设备中得到广泛使用。UBI文件系统（UBIFS）的层次位于UBI设备之上，而UBI设备又依赖于MTD设备。

UBIFS改进了JFFS2文件系统的一个比较显著的缺陷：挂载时间。JFFS2在系统内存中维护一些索引元数据，每次系统启动时，它都必须读取这个索引以建立一个完整的目录树。这需要读取闪存设备的大部分内容。与此相反，UBIFS是在闪存设备上维护其索引元数据，因此，它不需要在每次挂载时都扫描闪存设备并重新建立索引。所以，挂载UBIFS要比挂载JFFS2快很多。

UBIFS还支持写缓存，这可以显著提升性能。你可以从以下网址了解更多UBIFS的优点：www.linux-mtd.infradead.org/doc/ubifs.html。

10.4.1　配置 UBIFS

为了使用UBIFS，你需要在内核中开启对它的支持。为了开启UBIFS功能，必须在内核配置中选择两个不同的内核配置菜单项。首先，开启MTD_UBI。这个内核配置选项的路径为Device Drivers → Memory Technology Device (MTD) support → UBI - Unsorted block images → Enable UBI。选择了这个菜单项之后，我们才可以选择另一个有关文件系统支持的配置选项，路径为File Systems → Miscellaneous filesystem → UBIFS file system support。

10.4.2 构建 UBIFS 镜像

构建UBIFS镜像要比构建JFFS2镜像复杂一些。这个增加的复杂性来源于NAND闪存技术。构建一个UBIFS镜像需要你对目标系统上的NAND闪存架构有所了解。稍后你就会清楚这一点。你还需要在开发工作站上安装一个较新版本的MTD Utils软件包。可以从以下网址获取MTD Utils：git://git.infradead.org/mtd-utils.git。

代码清单10-17显示了在开发工作站上创建UBIFS镜像的详细过程。在这个例子中，我们假设你已经将期望的文件系统内容放置在名为rootfs的目录中了。

代码清单10-17 构建UBIFS镜像

```
$ mkfs.ubifs -m 2048 -e 129024 -c 1996 -o ubifs.img -r ./rootfs
$ ubinize -m 2048 -p 128KiB -s 512 -o ubi.img ubinize.cfg
$ ls -l
total 200880
drwxr-xr-x 17 chris chris      4096 2010-03-01 11:33 rootfs
-rw-r--r--  1 chris chris 101799936 2010-03-01 11:55 ubifs.img
-rw-r--r--  1 chris chris 103677952 2010-03-01 11:58 ubi.img
-rw-r--r--  1 chris chris       112 2010-03-01 11:54 ubinize.cfg
```

原始的UBIFS镜像是由工具mkfs.ubifs构建的，它来自mtd-utils软件包。它会生成一个名为ubifs.img的目标文件。在使用命令`mkfs.ubifs`时，我们需要将正确的参数传递给它，这很关键。这些参数来源于你的硬件设计和NAND闪存的架构。命令行中的-m参数指定了最小的I/O单元大小——这里是2 KB。-e参数指定了这个镜像的逻辑擦除块（Logical Erase Block，LEB）的大小。-c参数指定了该镜像包含的最大LEB数量。输出镜像的名称是由-o参数指定的。在这个例子中，我们将它命名为ubifs.img。

现在我们有了一个原始的UBIFS镜像，我们必须生成一个UBI卷镜像（volume image）。使用ubinize工具（mtd-utils软件包的一部分）来完成这项工作。再次强调，我们必须使用针对目标环境的正确参数。此外，你还会发现ubinize需要一个配置文件。配置文件ubinize.cfg中包含了卷名（volume name）等信息，我们一会儿就会看到。

我们在代码清单10-17的`ubinize`命令行中指定了最小的I/O大小为2 KB，这和mkfs.ubifs的情况一样。我们还使用-p参数指定了物理擦除块的大小。在这个例子中，我们使用了物理擦除块大小为128 KiB的NAND闪存。-s参数指定了子页面的大小，这代表最小的I/O单元。我们将目标输出文件命名为-o ubi.img。我们会把这个镜像烧写到我们的设备中。

ubinize的配置文件指定了它将要生成的卷的信息。代码清单10-18中显示了一个简单的配置文件，代码清单10-17中的ubinize命令就使用了这个文件。

代码清单10-18　ubinize配置文件

```
$ cat ubinize.cfg
[ubifs]
mode=ubi
image=ubifs.img
vol_id=0
vol_size=200MiB
vol_type=dynamic
vol_name=rootfs
```

从这个配置文件中你可以看到，我们将这个卷命名为rootfs（vol_name=），而且指定了原始镜像来自一个名为ubifs.img的文件（image=）。回顾一下代码清单10-17的内容，这正是由工具mkfs.ubifs所创建的镜像。你可以从ubinize的帮助手册中了解更多有关其配置文件的内容。

一旦有了这个最终的镜像，我们就可以将它烧写到设备中了，我们使用ubiformat命令进行烧写。你不能简单地将原始镜像烧写到设备中，这是因为UBI层所使用的NAND闪存包含了特殊的头部，其中记录了每个物理擦除块的擦除次数以及其他信息，用于耗损均衡。使用ubiformat会保存这些头部（其中记录了错误计数等信息）。代码清单10-19显示了详细的过程。

代码清单10-19　使用UBIFS镜像

```
root@beagleboard:~# flash_eraseall /dev/mtd4
Erasing 128 Kibyte @ f980000 -- 100 % complete.
root@beagleboard:~# ubiformat /dev/mtd4 -s 512 -f /ubi.img
ubiformat: mtd4 (NAND), size 261619712 bytes (249.5 MiB), 131072 eraseblocks of
131072 bytes (128.0 KiB), min. I/O size 2048 bytes
<...>
root@beagleboard:~# ubiattach /dev/ubi_ctrl -m 4
UBI device number 0, total 1996 LEBs (257531904 bytes, 245.6 MiB), available 0
LEBs (0 bytes), LEB size 129024 bytes (126.0 KiB)
root@beagleboard:~# mount -t ubifs  ubi0:rootfs /mnt/ubifs
root@beagleboard:~# ls /mnt/ubifs
bin     dev     home    linuxrc mnt     sbin    sys     usr
boot    etc     lib     media   proc    srv     tmp     var
```

这里你可以看到挂载UBIFS文件系统所需的一系列命令。首先，使用flash_eraseall（mtd-utils软件包中的一个工具）擦除了整个闪存设备。在使用这个擦除工具时，考虑一下你的实际需要，因为它不会保存任何的错误计数。这应该是第一次使用时的场景。

接着，我们使用ubiformat命令将镜像写入NAND闪存中。命令行中的-s参数指定了子页面的大小，这必须和镜像的子页面大小一致（参见代码清单10-17中的ubinize命令行），-f参数用于选择镜像文件。这个操作完成之后，我们可以附着（attach）一个UBI设备，这是挂载UBI设备所必需的一个步骤。我们需要在ubiattach命令行中指定UBI控制设备（/dev/ubi_ctrl），并指定附着哪个MTD设备。因为我们是将镜像写入MTD的第4个分区（/dev/mtd4）中，所以我们在ubiattach命令行中使用了参数-m 4。

这些命令都执行完毕后，我们现在就可以挂载UBIFS镜像了。注意，在代码清单10-19中，我们将配置文件ubinize.cfg中定义的卷名（rootfs）传递给了mount命令。

10.4.3　使用 UBIFS 作为根文件系统

现在，我们已经在/dev/mtd4中放置了一个镜像，我们可以让内核挂载这个文件系统作为其根文件系统。为此，我们可以将下面这些命令行参数传递给内核：

```
ubi.mtd=4 root=ubi0:rootfs rw rootfstype=ubifs
```

这组命令行参数会指示内核将设备mtd4附着到ubi0，并且挂载这个UBI设备作为其根文件系统。如果遇到麻烦，请确认在内核命令行中包含了合适的rootdelay参数①。在这个例子中，我们需要设置rootdelay=1，以确保内核在挂载UBIFS作为根文件系统时，UBI层和UBIFS层都已经准备就绪。

10.5　小结

本章介绍了MTD，这是一个比较重要，同时也是嵌入式开发人员比较难以掌握的主题。MTD（以某种形式）存在于很多嵌入式系统中。

□ 内存技术设备（MTD）子系统在Linux内核中提供了对内存设备（比如闪存）的支持。
□ 你必须在Linux内核的配置中开启MTD功能。本章中的几幅图片详细显示了这些配置选项。
□ 作为MTD内核配置的一部分，你必须为闪存芯片选择合适的闪存驱动。图10-4中显示了一个最新版本的Linux内核所支持的芯片驱动。
□ 在管理闪存设备时，你可以将它看做是一个单独的大设备，或者将它分成多个分区，并将它们看做是多个设备。
□ 有几种方法可以将分区信息传递给Linux内核。这包括Redboot分区信息、内核命令行参数以及映射驱动。
□ 映射驱动，以及具体目标板的底层设备定义共同向内核提供了有关闪存配置的完整信息。
□ 存在很多用户空间的MTD工具程序，可用于管理闪存设备上的镜像。
□ 第2代日志闪存文件系统（JFFS2）是MTD的一个"好伙伴"，它是一个小巧、高效的闪存文件系统。在这一章中，我们构建了一个JFFS2镜像，并在我们的目标设备上将它挂载为根文件系统。
□ UBIFS改进了JFFS2，并且在嵌入式系统中迅速流行起来。

---

① 这个参数用于设置挂载根文件系统之前的延时时间，以秒为单位。——译者注

补充阅读建议

MTD Linux主页
www.linux-mtd.infradead.org/

Redboot用户文档
http://ecos.sourceware.org/ecos/docs-latest/redboot/redboot-guide.html

"公共闪存接口规范"，AMD公司。
www.amd.com/us-en/assets/content_type/DownloadableAssets/cfi_r20.pdf

第 11 章

BusyBox

本章内容
- ❏ BusyBox简介
- ❏ BusyBox的配置
- ❏ BusyBox的操作
- ❏ 小结

　　usyBox的帮助手册是这样描述它的，BusyBox是"嵌入式Linux的瑞士军刀"。这个描述很恰当，因为BusyBox工具小巧高效，可以替代一大批常用的标准Linux命令行工具。它很适合那些资源有限的嵌入式平台，并且常常充当它们的软件基础。这一章会介绍BusyBox，并提供一个很好的起点，用于定制你自己的BusyBox。

　　前面的章节曾经提到过BusyBox。本章会展示这个软件包的具体细节。在简要介绍BusyBox之后，我们会研究BusyBox的配置工具。它用于对BusyBox进行裁剪，以满足你的特定需求。我们接着会讨论如何交叉编译BusyBox。

　　我们会探讨BusyBox的操作问题，包括怎样在一个嵌入式系统中使用它。我们将查看BusyBox的初始化流程，并解释它和标准的System V初始化有何不同之处。这一章还会展示一个简单的初始化脚本。我们接着会介绍如何在目标系统上安装BusyBox，这之后，你将会了解一些BusyBox命令，以及它们的不足之处。

11.1　BusyBox 简介

　　BusyBox已经在嵌入式Linux社区中拥有了极高的知名度。它非常易于配置、编译和使用。此外，虽然它支持一大批常见的Linux命令行工具，但它所需的整体系统资源却很少。大多数桌面和嵌入式Linux发行版都包含了很多功能完备的命令行工具，而BusyBox短小精悍，可以替代这些传统工具。这样的例子包括文件处理工具，比如ls、cat、cp、dir、head和tail；通用工具，比如dmesg、kill、halt、fdisk、mount和umount；以及很多其他工具。BusyBox还支持一些较为复杂的操作，比如ifconfig、netstat和route等网络工具。

　　BusyBox是模块化和高度可配置的，而且可以对其进行裁剪，以满足特定需求。这个软件包中还包含了一个配置工具，它类似于Linux内核的配置工具，因此，你会有似曾相识的感觉。

　　BusyBox实现了很多桌面Linux发行版中的命令，但功能有所简化，我们可以将它看做对应命令的精简版本。在某些情况下，它只支持一部分常用的命令行参数。然而，实际上你会发现，BusyBox所实现的这部分命令功能子集已足以满足一般的嵌入式需求。

BusyBox 很简单

　　如果你能够配置和构建Linux内核，你会发现配置、构建和安装BusyBox很容易。步骤类似：

　　(1) 执行一个配置工具，并开启你所选的特性；

　　(2) 运行make命令来构建这个软件包；

　　(3) 将编译出的二进制工具和一系列符号链接（symbolic link）[①]安装到你的目标系统中。

　　你可以在开发工作站或目标嵌入式系统上构建和安装BusyBox。BusyBox在这两种环境中都可以很好地工作。然而，如果是将它安装到你的开发工作站上，需要小心，应该将它放到一个单独的工作目录中，以避免它覆盖系统的启动文件或重要工具。

11.2　BusyBox 的配置

　　配置BusyBox所使用的命令（make menuconfig）和配置Linux内核时使用的命令相同，这个命令会启动一个图形化的配置工具，它基于ncurses程序库[②]。注意，类似于配置Linux内核时的情况，命令make help会输出所有可用的make目标以及它们的相关信息，这很有用。配置命令为：

```
$ make menuconfig
```

图11-1显示了顶层的BusyBox配置。

　　由于篇幅有限，我们不能逐一介绍每个配置选项。然而，有些选项是值得一提的。一些比较重要的BusyBox配置选项位于Busybox Settings → Build Options下面。你可以在这里找到交叉编译BusyBox应用程序所需的一些配置选项。代码清单11-1详细列出了Build Options下面的选项。从BusyBox配置工具的顶层菜单Busybox Settings中选择Build Options，就可以进入到这个配置界面。

代码清单11-1　BusyBox的构建选项

```
[ ] Build BusyBox as a static binary (no shared libs)
[ ]   Build BusyBox as a position independent executable
[ ] Force NOMMU build
[ ] Build shared libbusybox
[*] Build with Large File Support (for accessing files > 2 GB)
() Cross Compiler prefix
```

---

①我们很快就会详细介绍符号链接。

②ncurses是一个终端图形程序库，详细信息请参考http://www.gnu.org/software/ncurses/。——译者注

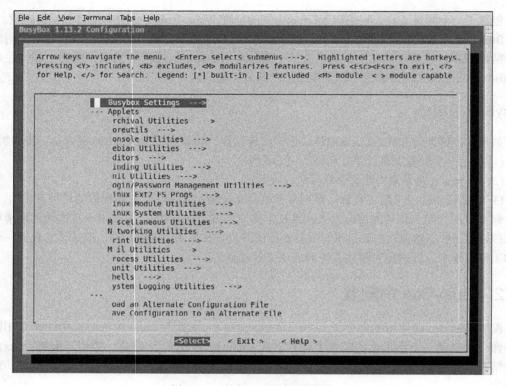

图11-1　顶层BusyBox配置菜单

第一个选项有助于构建非常小型化的嵌入式系统。它允许静态编译和链接BusyBox，这样，目标系统在运行时不需要任何动态加载的程序库（比如libc-*）。如果没有这个选项的话，BusyBox的运行需要依赖很多其他程序库。为了确定BusyBox（或其他任何二进制工具）需要哪些程序库，我们只要简单地在目标系统上执行ldd命令即可。代码清单11-2显示了ldd命令的输出，这个ldd是针对**ARM XScale**架构进行交叉编译而得到的。

代码清单11-2　BusyBox依赖的程序库

```
$ xscale_be-ldd busybox
    linux-gate.so.1 =>   (0xb8087000)
    libm.so.6 => /lib/tls/i686/cmov/libm.so.6 (0xb804d000)
    libc.so.6 => /lib/tls/i686/cmov/libc.so.6 (0xb7efe000)
    /lib/ld-linux.so.2 (0xb8088000)
```

注意，如果按默认配置选项编译BusyBox，则它会需要代码清单11-2中显示的4个共享程序库。如果我们选择将BusyBox编译成一个静态的二进制应用程序，ldd命令只会简单地输出一条消息，告诉我们BusyBox不是一个动态的可执行程序。也就是说，它不需要依赖于任何共享库来解析其外部依赖关系。采用静态链接可以减少对根文件系统空间的总体占用，因为在这种情况下不需要任何共享程序库。然而，构建一个不依赖共享程序库的嵌入式应用程序也并非十全十美，因为这意味着你不能在应用程序中使用熟悉的C程序库函数了。为了让你了解不同编译条件下应用程序大小的区别，我们举个简单的例子，静态编译的BusyBox大约是1.5 MB，而动态编译的BusyBox镜像大约是778 KB[①]。

交叉编译 BusyBox

我们在本章开头提过，BusyBox的创始人希望这个软件包应用于交叉开发环境中，所以在这样的环境中构建BusyBox是相当简单的。在早期的BusyBox版本中，我们只需要在构建BusyBox时，选择使用一个交叉编译器对其进行编译，并指定交叉编译器的名称前缀就可以了。但这种方法已经被另一种更标准的方法取代了，也就是设置一个环境变量，这类似于构建其他软件包，比如Linux内核。为了在开发工作站上进行交叉编译，并指定一个交叉编译器，只需要在你的环境中定义CORSS_COMPILE即可。CROSS_COMPILE的值的例子包括arm5vt_le-、xscale_be-和ppc_linux-。注意，你还可以在刚才描述的配置工具中指定交叉编译器的名称前缀。我们将在下一章中研究嵌入式开发环境，到时会详细讲解与交叉编译相关的编译器前缀。

11.3 BusyBox 的操作

当构建BusyBox时，你最终会获得一个二进制可执行程序，名字为busybox（你应该已经猜到了）。我们可以直接使用这个名称本身来执行BusyBox，但一般通过符号链接（symlink）来调用它。如果在执行BusyBox时没有带任何参数，它会输出所有它支持的功能（命令），这些函数的功能是我们在配置BusyBox时开启的。代码清单11-3显示了一个这样的输出信息（为了适合页面宽度，我们调整了输出格式）。

代码清单11-3 BusyBox的使用

```
root@coyote # busybox
BusyBox v1.13.2 (2010-02-24 16:04:14 EST) multi-call binary
Copyright (C) 1998-2008 Erik Andersen, Rob Landley, Denys Vlasenko and
others. Licensed under GPLv2.
See source distribution for full notice.

Usage: busybox [function] [arguments]...
   or: function [arguments]...

    BusyBox is a multi-call binary that combines many common Unix
    utilities into a single executable.  Most people will create a link
    to busybox for each function they wish to use and BusyBox will act
```

① 这时的BusyBox会依赖其他共享程序库，它们总体的大小会超过静态编译的单个BusyBox的大小。——译者注

```
        like whatever it was invoked as!

        Currently defined functions:
            [, [[, addgroup, adduser, ar, ash, awk, basename, blkid, bunzip2,
            bzcat, cat, chattr, chgrp, chmod, chown, chpasswd, chroot, chvt,
            clear, cmp, cp, cpio, cryptpw, cut, date, dc, dd, deallocvt,
            delgroup, deluser, df, dhcprelay, diff, dirname, dmesg, du,
            dumpkmap, dumpleases, echo, egrep, env, expr, false, fbset,
            fbsplash, fdisk, fgrep, find, free, freeramdisk, fsck, fsck.minix,
            fuser, getopt, getty, grep, gunzip, gzip, halt, head, hexdump,
            hostname, httpd, hwclock, id, ifconfig, ifdown, ifup, init, insmod,
            ip, kill, killall, klogd, last, less, linuxrc, ln, loadfont,
            loadkmap, logger, login, logname, logread, losetup, ls, lsmod,
            makedevs, md5sum, mdev, microcom, mkdir, mkfifo, mkfs.minix, mknod,
            mkswap, mktemp, modprobe, more, mount, mv, nc, netstat, nice,
            nohup, nslookup, od, openvt, passwd, patch, pidof, ping, ping6,
            pivot_root, poweroff, printf, ps, pwd, rdate, rdev, readahead,
            readlink, readprofile, realpath, reboot, renice, reset, rm, rmdir,
            rmmod, route, rtcwake, run-parts, sed, seq, setconsole, setfont,
            sh, showkey, sleep, sort, start-stop-daemon, strings, stty, su,
            sulogin, swapoff, swapon, switch_root, sync, sysctl, syslogd, tail,
            tar, tee, telnet, telnetd, test, tftp, time, top, touch, tr,
            traceroute, true, tty, udhcpc, udhcpd, umount, uname, uniq, unzip,
            uptime, usleep, vi, vlock, watch, wc, wget, which, who, whoami,
            xargs, yes, zcat
```

从代码清单11-3中可以看到该BusyBox支持的所有函数。它们是按字母顺序罗列的（忽略脚本运算符[和[[），从addgroup到zcat，zcat是一个用于解压压缩文件的工具。该代码清单代表了在构建这个特定BusyBox时所启用的一组工具。

想要执行一个特定的函数，可以在命令行中输入busybox，之后加上这个函数的名称。例如，为了列出根目录中的所有文件，可以执行以下命令：

```
[root@coyote]# busybox ls /
```

在代码清单11-3中显示的BusyBox的使用方法中还包含了另一条重要信息，那就是对这个程序的一个简短描述。它将BusyBox描述为一个支持多调用的二进制可执行程序，将很多常用的工具都集成到了一个单独的可执行程序中。这就是前面提到的符号链接的作用。BusyBox期望以符号链接的形式被执行，而符号链接的名称就是BusyBox要执行的函数的名称。这样的话，在执行一个函数时就不需要输入两个命令名称了（busybox和函数名），用户可以直接使用他们熟悉的命令。看一下代码清单11-4和代码清单11-5，你就会明白了。

代码清单11-4显示了目标设备上的目录结构，这是在busybox源码树中执行make install命令时由BusyBox软件包生成的。

代码清单11-4　执行 `make install` 时生成的BusyBox符号链接结构

```
[root@coyote]$ ls -l /
total 12
drwxrwxr-x   2 root     root 4096 Dec  3 13:38 bin
lrwxrwxrwx   1 root     root   11 Dec  3 13:38 linuxrc -> bin/busybox
drwxrwxr-x   2 root     root 4096 Dec  3 13:38 sbin
drwxrwxr-x   4 root     root 4096 Dec  3 13:38 usr
```

可执行文件busybox位于/bin目录中，而符号链接则分布于目标结构的其他位置，它们都指向
/bin/busybox。代码清单11-5展开了代码清单11-4中的目录结构。

代码清单11-5　BusyBox符号链接结构: 详细的树状图

```
[root@coyote]$ tree
.
|-- bin
|   |-- addgroup -> busybox
|   |-- busybox
|   |-- cat -> busybox
|   |-- cp -> busybox
<...>
|   `-- zcat -> busybox
|-- linuxrc -> bin/busybox
|-- sbin
|   |-- halt -> ../bin/busybox
|   |-- ifconfig -> ../bin/busybox
|   |-- init -> ../bin/busybox
|   |-- klogd -> ../bin/busybox
<...>
|   `-- syslogd -> ../bin/busybox
`-- usr
    |-- bin
    |   |-- [ -> ../../bin/busybox
    |   |-- basename -> ../../bin/busybox
<...>
    |   |-- xargs -> ../../bin/busybox
    |   `-- yes -> ../../bin/busybox
    `-- sbin
        `-- chroot -> ../../bin/busybox
```

代码清单11-5中显示的输出信息已经被删减了很多，这是为了提高可读性，同时也是为了避
免代码清单过长，占用太多篇幅。代码清单中的省略号（...）代表了省略的内容，包含省略号的
行只显示给定目录中的前几个和后几个文件。实际上，这些目录中可能会包含100多个符号链接。
具体数目取决于你在配置BusyBox时开启的功能。

注意一下BusyBox可执行程序本身，也就是/bin目录中的第2个条目（/bin/busybox）。/bin目录中还包含了很多符号链接，比如addgroup、cat、cp等，一直到zcat，它们都指向了busybox。再说一下，为了提高可读性，cp和zcat之间的条目被省略了。有了这个符号链接结构，用户就可以简单地输入工具名并执行其功能了。比如，为了使用BusyBox的ifconfig工具来配置一个网络接口，用户可以输入类似这样的命令：

```
$ ifconfig eth1 192.168.1.14
```

这条命令会通过ifconfig符号链接来执行BusyBox应用程序（/bin/busybox）。BusyBox会检查它是怎样被调用的。也就是说，它会读取argv[0]的内容[1]，并以此确定用户请求的具体功能。

11.3.1　BusyBox 的 init

请注意代码清单11-5中名为init的符号链接。在第6章中，我们已经了解了init程序，以及它在系统初始化过程中的作用。回顾一下，内核初始化的最后一个步骤就是尝试执行一个名为/sbin/init的程序。BusyBox没有理由不去模拟init的功能，代码清单11-5中所显示的系统也正是这样配置的。BusyBox实现了init的功能。

BusyBox处理系统初始化的方式不同于标准的System V init。在第6章中我们说过，Linux系统在使用System V（SysV）初始化时需要访问/etc目录下的inittab文件。BusyBox也会读取一个inittab文件，但inittab文件采用的语法格式有所不同。一般而言，如果你正在使用BusyBox，应该不需要使用inittab文件。考虑一下BusyBox的帮助手册中给出的建议：如果你需要运行级别，请使用System V初始化[2]。

让我们看一下在一个嵌入式系统中的情况。我们已经创建了一个小型的基于BusyBox的根文件系统。将BusyBox配置为静态链接，这样就不需要任何共享程序库了。在代码清单11-6中，我使用tree命令列出了这个根文件系统的内容。在创建这个小型文件系统时，我们使用了9.11节中介绍的步骤。此处就不复述详细的创建过程了。代码清单11-6列出了这个简单文件系统中的文件。

代码清单11-6　最小化的基于BusyBox的根文件系统

```
$ tree
.
|-- bin
|   |-- busybox
|   |-- cat -> busybox
|   |-- dmesg -> busybox
|   |-- echo -> busybox
|   |-- hostname -> busybox
```

---

[1] 数组argv[]是C语言程序中main()函数的一个入参，其中的每个成员代表了命令行中的各个参数，argv[0]是第1个参数，在这里就是字符串ifconfig。——译者注

[2] 我们在第6章中详细讲述了System V的初始化。

```
|   |-- ls -> busybox
|   |-- ps -> busybox
|   |-- pwd -> busybox
|   '-- sh -> busybox
|-- dev
|   '-- console
|-- etc
'-- proc
4 directories, 10 files
```

这个基于BusyBox的根文件系统所占用的空间只比busybox本身所需的空间多一点点。在这个配置中，我们使用了静态链接，并支持接近100个工具，而BusyBox可执行程序（/bin/busybox）的大小还不到2 MB：

```
# ls -l /bin/busybox
-rwxr-xr-x 1 chris chris 1531600 2010-01-28 15:49 /bin/busybox
```

现在让我们看一下这个系统的运行情况。代码清单11-7显示了这个基于BusyBox的嵌入式系统在加电时的控制台输出信息。

代码清单11-7   BusyBox以默认方式启动

```
...
Looking up port of RPC 100003/2 on 192.168.1.9
Looking up port of RPC 100005/1 on 192.168.1.9
VFS: Mounted root (nfs filesystem).
Freeing init memory: 96K
Bummer, could not run '/etc/init.d/rcS': No such file or directory

Please press Enter to activate this console.


BusyBox v1.01 (2005.12.03-19:09+0000) Built-in shell (ash)
Enter 'help' for a list of built-in commands.

-sh: can't access tty; job control turned off
/ #
```

代码清单11-7中的嵌入式参考板被配置为使用NFS挂载其根文件系统。我们在开发工作站使用NFS导出了一个目录，其中包含了代码清单11-6中所列出的简单的文件系统镜像。在系统引导的最后阶段，目标板上的Linux内核会通过NFS挂载一个根文件系统。当内核尝试执行/sbin/init时会失败（我们有意设计成这样），因为我们的文件系统中没有/sbin/init文件。然而，正如我们所看到的，内核还会尝试执行/bin/sh。在我们配置了BusyBox的目标板上，这一步成功了，而且busybox是通过根文件系统中的符号链接/bin/sh启动的。

BusyBox所做的第一件事情就是抱怨它找不到/etc/init.d/rcS文件。这是BusyBox搜索的默认初始化脚本文件。在初始化一个基于BusyBox的嵌入式系统时，这是首选的方法，而不是使用inittab。

当它完成初始化之后，BusyBox会显示一条提示消息，要求用户按回车键，以激活一个控制台。当BusyBox检测到用户按下回车键之后，它会执行一个ash（BusyBox的内置shell）会话，并等待用户输入命令。最后一条有关作业控制（job control）的消息源于以下这个事实：在这个特定的例子中（以及大多数典型嵌入式系统中），我们是在一个串行端口终端创建了系统控制台。然而，Linux内核如果检测到控制台是在一个串行端口终端上，它就会关闭作业控制的功能。

这个例子创建了一个可以正常工作的系统，能够使用大约100个Linux工具，包括核心工具、文件处理工具、网络工具和一个功能还不错的shell程序。可以看到，这个简单的软件包为你提供了一个强大的平台，你可以在上面构建自己的系统应用程序。当然，应当注意的是，这里不支持libc和其他系统程序库，所以在实现应用程序的功能时，你会面临一项艰巨的任务。你必须提供一个典型C程序所需的库函数，包括所有常用的标准C程序库函数和其他库函数。或者，你可以静态链接应用程序及其依赖的程序库，但是，如果你有很多应用程序都采用了这种方法，这些应用程序所占用的总的空间就会很大，很可能会超过动态链接时应用程序和共享程序库共同占用的空间（这时，目标板上既有应用程序也有共享库）。

11.3.2　rcS 初始化脚本示例

在BusyBox生成一个交互式shell之前，它会尝试执行一些定义在/etc/init.d/rcS中的命令，正如代码清单11-7所示。在一个BusyBox系统中，你的应用程序就是在这个脚本文件中开始其生命旅程的。代码清单11-8显示了一个简单的rcS初始化脚本。

代码清单11-8　一个简单的BusyBox启动脚本rcS

```
#!/bin/sh

echo "Mounting proc"
mount -t proc /proc /proc

echo "Starting system loggers"
syslogd
klogd

echo "Configuring loopback interface"
ifconfig lo 127.0.0.1

echo "Starting inetd"
xinetd

# start a shell
busybox sh
```

　　这个脚本简单，意思一目了然。首先，一项重要的工作是挂载/proc文件系统，挂载点是专门为它保留的/proc目录。这是因为很多工具都是从/proc文件系统中获取信息的。我们已经在第9章中详细讲述了这一点。接着，我们尽早地开启了系统日志程序，以捕捉系统启动中出现的问题。在开启系统日志守护程序之后，我们配置了系统的本地回环接口。很多传统的Linux工具都假设系统中存在一个回环接口，如果你的系统支持网络套接字，就应该启用这个接口。在启动shell程序之前，我们做的最后一项工作是启动因特网超级服务器xinetd[①]。这个程序在后台运行，负责侦听所有已配置网络接口上收到的网络请求。比如，当我们向目标板发起一个远程登录的会话请求时，xinetd就能拦截这个请求，并生成一个Telnet服务器程序来处理这个会话请求。

　　除了启动shell，你还可以在这个rcS初始化脚本中启动自己的应用程序。代码清单11-8是一个简单的初始化脚本的例子，运行这个脚本的目标板能够接受远程登录请求，并且会运行一些基本的服务程序，比如系统和内核日志程序（分别是syslogd和klogd）。

11.3.3　BusyBox 在目标板上的安装

　　只有当你理解了符号链接的使用和用途之后，我们才能继续讨论BusyBox的安装事宜。BusyBox的makefile中包含了一个名为install的目标。执行命令`make install`会创建一个目录结构，其中包含了BusyBox可执行文件和一个符号链接树。我们需要将这个环境迁移到你的目标嵌入式系统的根目录中，完全包含该符号链接树。我们在前面解释过，有了这个符号链接树之后，我们就不需要在执行一个命令时输入`busybox command`了。相反，要列出一个给定目录中的所有文件，用户只需输入`ls`，而不用输入`busybox ls`（这里的`ls`是一个指向busybox的符号链接）。如前所述，这个符号链接会执行BusyBox并完成`ls`的功能。回顾一下代码清单11-4和代码清单11-5中显示的符号链接树。注意，BusyBox的构建系统只会为那些已开启的功能（通过配置工具选择需要的功能）创建相应的链接。

　　如果你想在根文件系统中放置所有必需的符号链接，最简单的方法就是让BusyBox的构建系统来帮你完成这项工作。你只需将根文件系统挂载到开发工作站上，并且将`CONFIG_PREFIX`传递给BusyBox的makefile。代码清单11-9显示了详细的过程。

代码清单11-9　　在根文件系统中安装BusyBox

```
$ mount -o loop bbrootfs.ext2 /mnt/remote
$ make CONFIG_PREFIX=/mnt/remote install
  /mnt/remote/bin/ash -> busybox
  /mnt/remote/bin/cat -> busybox
  /mnt/remote/bin/chgrp -> busybox
  /mnt/remote/bin/chmod -> busybox
  /mnt/remote/bin/chown -> busybox
  ...
```

---

　　① 我们在6.3.2节介绍过一个名为inetd的应用程序，这里的xinetd改进了inetd，是它的继任者。——译者注

```
/mnt/remote/usr/bin/xargs -> ../../bin/busybox
/mnt/remote/usr/bin/yes -> ../../bin/busybox
/mnt/remote/usr/sbin/chroot -> ../../bin/busybox
```

你可能需要设置busybox二进制可执行文件（它的拥有者是root）
的setuid标志，以确保所有配置的小应用（applet）能够正常工作。

```
$ chmod +s /mnt/remote/bin/busybox
$ ls -l /mnt/remote/bin/busybox
-rwsr-sr-x  1 root root 552132  ... /mnt/remote/bin/busybox
```

首先，我们将根文件系统的二进制镜像挂载到一个期望的挂载点上——在这里是/mnt/remote，我经常用的一个挂载点。接着，我们执行了BusyBox的make install命令，并将CONFIG_PREFIX传递给它，这个参数指定了符号链接树和BusyBox可执行文件的安装位置。虽然不能从代码清单中明显地看出来，但makefile会调用一个名为applets/install.sh的脚本文件，由它来完成主要的工作。该脚本会遍历一个文件[1]，文件中罗列了所有已开启的BusyBox小应用（applet），并在CONFIG_PREFIX所指定的路径中为它们分别创建一个符号链接。这个脚本很啰嗦，每创建一个符号链接，它就输出一行消息。为了简洁起见，代码清单11-9中只显示了最前面和最后面几条符号链接通告。代码清单中的省略号代表删减的部分。

安装脚本还会显示一条有关setuid的消息，提醒你可能需要设置BusyBox可执行文件（这个文件的拥有者是root用户）的setuid标志[2]。这样那些需要root权限的函数能够正常工作了，即使它是由一个非root用户执行的。这不是严格必需的，特别是在嵌入式Linux环境中，因为这时系统中通常只有root用户。如果你在安装时需要这么做，代码清单11-9也列出了所需的命令（chmod +s）。

安装过程完成后，BusyBox可执行文件和符号链接树都被安装到了我们的目标根文件系统中。最终的目录结构与代码清单11-4非常类似。

BusyBox还有一个有用的选项值得注意，借助它，目标系统能够在运行时创建符号链接树。这个选项是在BusyBox的配置工具里开启的，在系统运行时执行BusyBox，并结合选项-install就可以安装符号链接[3]。要想以这种方式进行安装，你的目标系统必须已经挂载了/proc文件系统。

---

① 这个文件是busybox.links。——译者注
② 如果一个可执行文件的setuid标志被置位，那么执行这个文件的用户就可以获得此文件的拥有者（一般是root）的权限，执行完毕后再恢复到原来的权限。——译者注
③ 具体的配置选项为FEATURE_INSTALLER，它在配置工具中的位置为Busybox Settings → General Configuration → Support --install [-s] to install applet links at runtime。在目标系统中安装符号链接的命令为busybox --install -s。——译者注

11.3.4 BusyBox 小应用

最新的BusyBox的帮助手册描述了282个命令(也被称为小应用)。它可以支持相当复杂的shell脚本,包括支持Bash脚本。BusyBox支持awk和sed,这是Bash脚本中两个常见的命令。BusyBox还支持一些网络工具,比如ping、ifconfig、traceroute和netstat。有些命令是为了支持脚本而特别加入的,包括true、false和yes。

花点时间阅读一下附录B,这里对每条BusyBox命令作了简略介绍。读完之后,你会更好地了解BusyBox的功能,以及如何将它应用到自己的嵌入式Linux项目中。

我们在本章的开头提到过,与那些桌面Linux发行版中的对应的全能工具相比,很多BusyBox命令只支持有限的特性和选项。一般而言,你可以在执行某个BusyBox命令时带上--help选项,以获得这个命令的相关帮助信息。这会输出一条消息讲述如何使用这个命令,并简要介绍每个支持的命令选项。举例来说,BusyBox中的gzip小应用只支持有限的选项。代码清单11-10显示了在一个安装了BusyBox的目标系统上执行命令gzip --help时的输出信息。

代码清单11-10 BusyBox中gzip小应用的使用方法

```
/ # gzip --help
BusyBox v1.13.2 (2010-02-24 16:04:14 EST) multi-call binary

Usage: gzip [OPTION]... [FILE]...

Compress FILEs (or standard input)

Options:
        -c       Write to standard output
        -d       Decompress
        -f       Force
```

BusyBox版本的gzip只支持3个命令行选项。而与它对应的全能版本支持超过15个命令行选项。比如,全能的gzip工具支持--list选项,它能够列出命令行中每个文件的压缩统计数据。然而,BusyBox版本的gzip却不支持这个选项。对于嵌入式系统来说,这一般不会有太大的影响。我们提供了这些信息,为的是你能够在决定是否使用BusyBox时作出明智的选择。如果你需要一个工具的全部功能,解决办法很简单:在BusyBox的配置中去掉对此特定工具的支持,并将标准的Linux工具添加到你的目标系统中。采用这种方法就可以在同一个嵌入式系统中混合使用BusyBox工具和标准Linux工具。

11.4 小结

本章讲述了BusyBox,它是嵌入式Linux中最流行的工具之一。同时,BusyBox也在桌面和服务器发行版中占有一席之地,内置于系统拯救镜像或初始内存磁盘中。这一章介绍了如何配置、构建和安装这个重要的工具。我们还查看了使用BusyBox时，系统的初始化流程有何不同之处。

- □ BusyBox是一个针对嵌入式系统的强大工具，它是一个独立的二进制可执行程序，支持多个功能，可以取代很多常用的Linux工具。
- □ BusyBox可以显著降低一个根文件系统镜像的大小。
- □ BusyBox易于使用，而且有很多实用特性。
- □ 配置BusyBox很简单，它的配置界面与Linux内核的配置界面类似。
- □ BusyBox可以被配置成一个静态链接或动态链接的应用程序，这取决于你的特定需求。
- □ 当使用BusyBox时，系统的初始化流程会有所不同，本章中讲述了这些差异。
- □ BusyBox支持很多命令，附录B中列出了一个最新版本中的所有可用命令。

补充阅读建议

BusyBox项目主页
www.busybox.net/

"BusyBox帮助手册"
www.busybox.net/downloads/BusyBox.html

## 第 12 章

嵌入式开发环境

本章内容

- 交叉开发环境
- 对主机系统的要求
- 为目标板提供服务
- 小结

作为一名嵌入式开发人员，你的主机开发系统非常重要，其中可用的配置和服务能够对开发的成功与否产生重大影响。本章介绍交叉开发环境的独特需求，以及嵌入式开发人员要提高效率所需要了解的工具和技术。

首先，我们会查看一个典型的交叉开发环境。通过使用大家熟悉的Hello World例子，我们详细解释两种分别针对主机和嵌入式系统的应用程序之间的重要区别。我们还会看一下开发本地应用和嵌入式应用时所使用的工具链的差异。然后，我们会说明嵌入式开发对主机系统的要求，并详细介绍其中的一些重要元素。本章末尾会讲述一个目标板的例子，我们使用一个基于网络的主机向它提供服务。

12.1　交叉开发环境

对于嵌入式开发的新手来说，有关本地开发环境和交叉开发环境的概念及区别常常让他们感到困惑。实际上，一个系统中通常有3种编译器和3个（或更多）版本的标准头文件（比如stdlib.h）。如果没有合适的工具和主机系统的配合，在目标嵌入式系统上调试应用程序是很困难的。你必须区分哪些文件和工具是在主机系统上运行，哪些是在目标系统上运行的，并对它们分别进行管理。

当我们在这里的上下文中使用主机（host）这个词的时候，我们指的是你桌面上的开发工作站，上面运行着你喜爱的桌面Linux发行版[①]。相反，当我们使用目标（target）这个词的时候，

---

① Webster字典将nonsence定义为"一个古怪或不合常理的想法"。本书作者认为，在一个非Linux/UNIX主机上开发嵌入式Linux平台就属于这种情况。

我们指的是你的嵌入式硬件平台。因此,本地开发表示的是在主机系统上编译和构建应用程序,而且这个应用程序也运行在主机系统上。交叉开发表示的是在主机系统上编译和构建应用程序,但这个应用程序将运行在嵌入式系统上。将这些定义牢记于心会帮助你更好地掌握本章内容。

图12-1显示了一个典型的交叉开发环境的布局。主机PC与目标板之间存在一个或多个物理连接。如果目标板上同时有串行端口和以太网端口的话就最好了,这会给我们的开发带来极大的便利。在本书的后面部分,当我们讨论内核调试时,你会发现,如果开发板上还有另一个串行端口[1],它会是一个有价值的硬件资源。

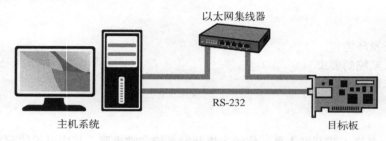

图12-1   交叉开发环境设置

在最常见的场景中,开发人员的主机通过一根串行端口线连接到目标板的RS-232串行端口上,然后,开发人员可以在主机上打开一个串行端口终端软件,并通过这根串行端口线与目标板交互。另外,主机和目标板之间还通过以太网连接在一起,这样,开发人员可以在主机上通过Telnet或SSH协议远程登录到开发板上,或者进行远程调试[2]。基本思想是利用开发主机的强大功能来运行编译器、调试器、编辑器和其他工具,而目标板只需要执行那些专门为它设计的应用程序。你当然也可以在目标系统上运行编译器和调试器,但我们假设你的主机系统上资源更加丰富,包括处理器能力、RAM、磁盘存储和因特网连接。实际上,很多的嵌入式开发板都没有输入装置供用户输入信息,同时也没有用于输出信息的显示设备。

嵌入式 Hello World

一个配置好的交叉开发系统对应用开发人员隐藏了大量的复杂性。看一个简单的例子可以帮助我们揭开和解释其中的奥秘。当我们在主机上编译一个简单的Hello World程序时,工具链(编译器、链接器和相关的工具)对主机和需要编译的程序都做了很多假设。实际上,它们并不是假设,而是编译器引用的一组规则,用以构建出合适的二进制程序。

代码清单12-1显示了一个简单的Hello World程序。

---

[1] 请参考图14-1。——译者注

[2] 远程调试是基于网络通信的,有关它的详细内容可以参考15.2节。——译者注

代码清单12-1 又一个Hello World示例

```
#include <stdio.h>

int main(int argc, char **argv)
{
    printf("Hello World\n");
    return 0;
}
```

即使是业余开发人员也能看出这个C源文件的一些要点。首先，这个文件调用了函数printf()，但并未定义该函数。如果你遗漏了#include指示符（头文件stdio.h中包含了函数printf()的原型），编译器在编译这个文件时会输出以下常见的信息：

```
hello.c:5: warning: implicit declaration of function 'printf'
```

这会引入一些有趣的问题：

❑ 文件stdio.h的位置在哪儿，怎样找到它？

❑ 函数printf()的目标代码存放于系统的什么位置？在二进制可执行文件中如何解析这个引用？

不知怎么地，看起来编译器就是知道如何组装出一个合适的二进制文件，并且可以在命令行中执行它。更为复杂的是，最终的可执行文件中还包含了我们从未见过的启动和关闭代码，它们是由链接器自动包含进去的。可执行文件处理了很多细节和琐事，比如向你的程序传递环境变量和参数、启动和关闭时的内务处理、程序退出时的处理，等等。

为了构建Hello World应用程序，我们可以在命令行中执行一个简单的编译器命令，类似于下面这样：

```
$ gcc -o hello hello.c
```

这会生成一个名为hello的二进制可执行文件，而且我们可以直接在命令行中执行它。构建这个应用程序时，编译器会在一些默认的搜索路径中寻找包含的头文件。类似地，为了解析对printf()函数的引用，链接器也会在一个默认的程序库中寻找此函数的定义。当然，这个程序库就是指标准C程序库。

我们可以在工具链中查询它所使用的默认设置。代码清单12-2中显示了在执行命令cpp，并传给它-v标志时的部分输出信息。你也许已经知道了，cpp是指C预处理器（C preprocessor），它是GNU gcc工具链的一个成员。为了提高可读性，我们调整了输出的格式（只是加了若干空白行）。

代码清单12-2 用于本地开发的cpp使用的默认搜索目录

```
$ cpp -v /dev/null
Reading specs from /usr/lib/gcc-lib/i386-redhat-linux/3.3.3/specs
Configured with: ../configure --prefix=/usr
--mandir=/usr/share/man --infodir=/usr/share/info
--enable-shared --enable-threads=posix --disable-checking
```

```
--disable-libunwind-exceptions --with-system-zlib
--enable-__cxa_atexit -host=i386-redhat-linux

Thread model: posix
gcc version 3.3.3 20040412 (Red Hat Linux 3.3.3-7)
 /usr/lib/gcc-lib/i386-redhat-linux/3.3.3/cc1 -E -quiet -v -
ignoring nonexistent directory "/usr/i386-redhat-linux/include"

#include "..." search starts here:
#include <...> search starts here:
/usr/local/include
 /usr/lib/gcc-lib/i386-redhat-linux/3.3.3/include
 /usr/include
End of search list.
/usr/lib/
```

这个简单的查询提供了很多有用信息。首先，我们可以看到编译器是如何被配置的，配置工具是我们熟悉的./configure。默认的线程模型是posix，如果应用程序使用了线程函数，线程模型决定了应用程序会和哪个线程库链接在一起。最后，你会看到默认的搜索目录，编译器会在这些目录中查找包含的头文件（使用#include指示符包含的文件）。

如果我们想针对一个不同的架构（比如Power架构）构建hello.c，会是什么情况呢？为采用Power架构的目标板编译应用程序时，我们需要在主机上使用交叉编译器。这时，必须确保这个交叉编译器不会使用本地编译器的默认设置（头文件和程序库的搜索路径）。使用一个配置好的交叉编译器是第一步，拥有一个设计良好的交叉编译环境是第二步。

代码清单12-3显示了一个交叉开发工具链的输出，这是个流行的开源工具链，名称为嵌入式Linux开发工具包（Embedded Linux Development Kit，ELDK），由Denx软件工程公司集成和维护。代码清单中所显示的安装版本是针对Power架构82xx系列处理器而配置的。为了提高可读性，我们在这里加了些空白行。

代码清单12-3   用于交叉开发的cpp所使用的默认搜索目录

```
$ ppc_82xx-cpp -v /dev/null
Reading specs from /opt/eldk/usr/bin/..
/lib/gcc-lib/ppc-linux/3.3.3/specs

Configured with: ../configure --prefix=/usr
--mandir=/usr/share/man --infodir=/usr/share/info
--enable-shared --enable-threads=posix --disable-checking
--with-system-zlib --enable-__cxa_atexit --with-newlib
--enable-languages=c,c++ --disable-libgcj
--host=i386-redhat-linux -target=ppc-linux
```

```
Thread model: posix

gcc version 3.3.3 (DENX ELDK 3.1.1 3.3.3-10)
 /opt/eldk/usr/bin/../lib/gcc-lib/ppc-linux/3.3.3/cc1
-E -quiet -v -iprefix /opt/eldk/usr/bin/..
/lib/gcc-lib/ppc-linux/3.3.3/ -D__unix__ -D__gnu_linux__
-D__linux__ -Dunix -D__unix -Dlinux -D__linux -Asystem=unix
-Asystem=posix - -mcpu=603

ignoring nonexistent directory "/opt/eldk/usr/ppc-linux/sys-include"
ignoring nonexistent directory "/opt/eldk/usr/ppc-linux/include"
#include "..." search starts here:

#include <...> search starts here:
 /opt/eldk/usr/lib/gcc-lib/ppc-linux/3.3.3/include
 /opt/eldk/ppc_82xx/usr/include

End of search list.
```

这里你可以看到头文件的默认搜索路径已经被调整过了，它们现在指向交叉开发版本的头文件包含目录，而不是本地开发版本的相应目录。这个看似不太重要的细节其实非常关键，它关系到你能否为嵌入式系统开发应用程序和编译开源软件包。这是一个让人感到相当困惑的主题，即使是经验丰富的应用开发人员，在刚刚接触嵌入式系统的时候也会有这种感觉。

12.2 对主机系统的要求

开发工作站中必须包含一些重要的组件和系统。首先，需要一个配置好的交叉工具链。你可以从网上下载源码然后自己编译，或是购买一个商用工具链。如何构建自己的工具链超出了本书的范围，不过，我们会提供一些好的参考文献。请查阅本章的最后一节的补充阅读建议。

其次，需要一个针对目标嵌入式系统架构的Linux发行版。其中包含了成百上千的文件，你需要将它们填充到嵌入式系统的文件系统中。你仍然有两个选择，自己构建一个或是购买商业产品。一个比较流行的开源嵌入式系统发行版是ELDK，我们在前面提到过。ELDK支持很多种硬件架构，包括Power架构、ARM和其他一些嵌入式目标。从头开始构建一个嵌入式Linux发行版是非常复杂的，详细讨论这个主题本身就可以单独写一本书；所以，在此我们就不作讨论了。我们会在第16章中介绍一些开源的构建系统。

总的来说，你的开发主机需要具备4种完全不同的能力：

❑ 交叉工具链和程序库；

❑ 目标系统软件包，包括程序、工具和程序库；

❑ 主机工具，比如编辑器、调试器和实用工具；

❏ 为目标板提供服务的服务器，我们会在下一节中讲述它们。

如果你在工作站上安装了一个已经构建好的嵌入式Linux开发环境，它可以是商业产品或是从开源社区免费获取的，而且其中的工具链和其他组件都已经预先配置好了并可以协同工作。比如，工具链中已经配置了默认的头文件和程序库搜索路径，而且这些路径与开发工作站中存放目标头文件和程序库的位置是匹配的。如果你需要在一个开发工作站上支持多种架构和处理器，情况就会更加复杂。这就是商业嵌入式Linux发行版也占有一定市场的原因。

硬件调试探测器

除了我们刚才列出的这些组件，你还应该考虑某种类型的硬件辅助调试。这包括一个硬件探测器，一边和你的主机相连（通常是通过以太网），另一边和你的目标板相连（通过板上的调试接头）。有很多可选的解决方案。Linux社区中的事实标准仍然是Abatron公司出品的BDI-3000。我们将在第14章中详细讲述这个主题。

12.3　为目标板提供服务

参考图12-1，你会注意到目标嵌入式板卡和主机开发系统之间有一个以太网连接。这不是严格必需的，实际上，一些小型的嵌入式设备上并没有以太网接口。然而，这种情况属于个例而不是常规。目标板上的以太网连接绝对是物有所值的，完全超出了其芯片的成本。这允许我们通过NFS挂载根文件系统，从而节省几天或数周的开发时间。

在开发嵌入式Linux内核时，你会多次编译内核及根文件系统，并将它们下载到你的目标板上。很多嵌入式开发系统和引导加载程序都支持TFTP，并且认为开发人员会使用它。TFTP是一个轻量级的文件传输协议，它通过以太网在TFTP客户端和TFTP服务器之间传输文件，类似于FTP。

如果在引导加载程序中使用TFTP加载内核会节省很多时间，相反，如果使用串行端口线下载，即使是采用比较高的串行波特率，你也会等待许久。加载根文件系统和ramdisk镜像所耗费的时间就更多了，因为这些镜像的大小视具体需求而定可以达到几十兆字节或者更大。花点时间学习一下如何配置和使用TFTP，这肯定会给你带来回报，我们强烈建议你这么做。很少有这样的硬件设计，说是在开发过程中连一个安装以太网端口的地方都负担不起，即使在实际产品中它会被除掉。

12.3.1　TFTP服务器

在Linux开发主机上配置TFTP并不困难。当然了，具体细节可能会有不同，这取决于你为开发工作站所选的Linux发行版。我们这里给出的指导意见是基于一些流行的桌面Linux发行版。

TFTP是一个TCP/IP服务，你的工作站上必须要开启这个服务。这就要求你的工作站能够响应它所收到的TFTP请求报文。最简单的方法是运行一个TFTP服务器后台程序。大多数主流桌面

Linux发行版中都有很多软件包可以提供这个服务。我们这里的例子是基于HPA的TFTP服务器程序。它的源码可以从以下网址获得：ftp://ftp.kernel.org/pub/software/network/tftp。

在主流Ubuntu或其他基于Debian的系统上，可以使用以下命令安装HPA TFTP服务器程序[①]：

```
$ sudo apt-get install tftpd-hpa
```

配置这个TFTP服务器很容易。在Ubuntu和其他发行版中，我们只需要配置一个文件，名为/etc/default/tftpd-hpa。我们需要定制这个配置文件，以满足你的特定需求。代码清单12-4显示了一个典型的配置文件的例子。

代码清单12-4　TFTP配置

```
#Defaults for tftpd-hpa
RUN_DAEMON="yes"
OPTIONS="-l -c -s /tftpboot"
```

你必须做的第一件事情是开启这个服务。当你第一次安装tftpd-hpa软件包时，RUN_DAEMON的默认值为"no"。要开启这个服务，你必须将默认值"no"改成"yes"，正如代码清单12-4所示。

第二行定义了命令行选项，它会被传递给守护进程本身，通常是/usr/sbin/in.tftpd。-s选项告诉in.tftpd在启动时切换到一个指定的目录（/tftpboot）。这个目录就会成为TFTP服务器的根目录。-c标志表示允许创建新文件。如果目标板能够向服务器写入文件，这会有助于我们的开发和调试。BDI-3000（本书的后面会介绍它）就具备这个功能，如果没有-c标志，它就不能工作了。-l标志让TFTP守护进程在后台运行，并且在TFTP端口上侦听收到的TFTP报文。

修改完这个配置文件后，你必须重启TFTP服务器，以使修改生效：

```
$ sudo /etc/init.d/tftpd-hpa restart
```

无论如何，参考一下Linux发行版自带的文档，这是了解如何在具体发行版中开启TFTP服务的好方法。

12.3.2　BOOTP/DHCP 服务器

在开发主机上运行DHCP服务器能够简化嵌入式目标板的配置和管理。在目标板硬件上包含一个以太网接口是个好主意，我们已经阐明了这样做的原因。当Linux在目标板上启动时，配置以太网接口之后它才能使用这个接口。此外，如果你的目标板使用NFS挂载其根文件系统，Linux需要在引导过程完成之前就配置好目标板的以太网接口。我们在第9章中详细介绍了NFS。

一般而言，系统启动时，Linux可以使用两种方法来初始化以太网/IP接口：

- 在Linux内核命令行或默认配置中硬编码以太网接口的相关参数，比如采用静态IP配置时可以采用这种方法；
- 配置内核，让它在系统引导时自动检测网络设置。

[①] 注意，不要将它与TFTP客户端程序（名为tftp-hpa）混淆。

显而易见，第二个选择更加灵活。目标板和服务器之间使用DHCP协议或BOOTP协议来完成网络设置的自动检测。如果想了解DHCP协议和BOOTP协议的更多细节，请参考本章最后一节中列出的文献。

DHCP服务器负责为DHCP或BOOTP客户端分配IP地址，我们需要为DHCP服务器配置一个IP子网，它分配的IP地址都来自这个子网，同时，我们还需要配置客户端使用DHCP获取其IP地址。DHCP服务器侦听来自DCHP客户端（比如目标板）的请求，并为它分配地址和其他相关信息，这是目标板引导过程的一部分。代码清单12-5显示了一个典型的DHCP交互，为了查看这个过程，你可以在启动DHCP服务器时加上-d标志（debug，代表调试），并观察服务器在收到客户端请求时的输出信息。

代码清单12-5　典型的DHCP交互

```
tgt> DHCPDISCOVER from 00:09:5b:65:1d:d5 via eth0
svr> DHCPOFFER on 192.168.0.9 to 00:09:5b:65:1d:d5 via eth0
tgt> DHCPREQUEST for 192.168.0.9 (192.168.0.1) from \
        00:09:5b:65:1d:d5 via eth0
svr> DHCPACK on 192.168.0.9 to 00:09:5b:65:1d:d5 via eth0
```

交互流程是由客户端（目标板）发起的，它首先会发送一个广播帧，其目的是为了发现DHCP服务器。这显示为代码清单12-5中的DHCPDISCOVER消息。服务器响应一条消息（服务器已经配置好，并且已经开启），向客户端提供一个IP地址，这就是上面的DHCPOFFER消息。接着，客户端会在本地测试这个IP地址，并通过这种方式作出响应。这个测试包括发送DHCPREQUEST消息给DHCP服务器，如上所示。最后，服务器会确认对客户端的IP地址分配，这样就完成了目标板的自动配置。

一个有趣的现象是，配置得当的客户端会记住最后一次由DHCP服务器分配的地址。当下一次启动时，它会跳过DHCPDICOVER阶段，直接进入DHCPREQUEST阶段，认为它可以重用之前服务器分配给它的同一个IP地址。Linux内核在引导时不具备这个能力，所以每次它启动时都会发起相同的消息序列。

配置主机上的DHCP服务器并不困难。和往常一样，我们建议你参考一下桌面Linux发行版自带的文档。在一个Red Hat或Fedora发行版中，针对单个目标板的配置条目看起来与代码清单12-6相似。

代码清单12-6　DHCP服务器配置示例

```
# Example DHCP Server configuration
allow bootp;

subnet 192.168.1.0 netmask 255.255.255.0 {
 default-lease-time 1209600;        # two weeks
  option routers 192.168.1.1;
  option domain-name-servers 1.2.3.4;
```

```
group {
  host pdna1 {
    hardware ethernet 00:30:bd:2a:26:1f;
    fixed-address 192.168.1.68;
    filename "uImage-pdna";
    option root-path "/home/chris/sandbox/pdna-target";
  }
}
}
```

这是个简单的例子，只是为了说明传递给目标板的信息种类。示例中定义了目标板的MAC地址（hardware ethernet）和分配给它的IP地址（fixed-address），这两者是一一对应的关系。除了定义它的固定IP地址以外，你还可以传递其他信息给目标板。在这个例子中，我们还将以下信息传递给了目标板：默认路由器（网关）、DNS服务器的地址、所选文件的文件名，以及内核使用NFS挂载根文件系统时的根路径。引导加载程序可以使用这里的文件名从TFTP服务器上下载一个内核镜像。你还可以配置DHCP服务器，让它从一个预定义的范围中分派IP地址，但使用固定地址会方便很多，代码清单12-6显示的就是这种情况。

必须首先在Linux开发工作站上开启DHCP服务器。这一般是通过主菜单或命令行来完成的。参考一下Linux发行版附带的文档，了解适合你的环境的操作细节。例如，要在一个Fedora发行版上开启DHCP服务器，只需以root用户的身份在命令行中输入以下命令：

```
$ /etc/init.d/dhcpd start
```

或者

```
$ /etc/init.d/dhcpd restart
```

每次开发工作站开机，你都必须执行一下这个命令，除非将它配置为开机自动启动。参考一下Linux发行版附带的文档，看看怎样进行配置。一般文档中都会列出有关开启服务的内容，或是类似的一些描述。在这个例子中，dhcpd被看做是一个系统服务。

安装DHCP服务器会涉及很多细枝末节，所以，除非你的服务器位于私有网络中，我们建议你在安装服务器之前和系统管理员核对一下。如果你们都处于一个公司局域网中，你很可能会和这个网络本身的DCHP服务发生冲突。

12.3.3　NFS 服务器[①]

使用NFS挂载目标板的根文件系统是一个非常强大的开发手段。这里列出了这种开发方式的一些优点：

- ❑ 根文件系统的大小不会受限于板卡上的有限资源，比如闪存；
- ❑ 在开发过程中，对应用程序文件所做的改动会立刻体现在目标系统中；

①我们在9.8节也介绍过NFS，可以一并参考一下。——译者注

❑ 你可以在开发调试根文件系统之前调试和引导内核。

设置NFS服务器的具体步骤因桌面Linux发行版的不同而各异。和本章描述的其他服务一样，必须参考Linux发行版所附带的文档，以了解适合你的具体操作细节。NFS服务必须从你的启动脚本、图形化菜单或命令行中启动。例如，在一个安装了Fedora Linux的桌面电脑中，要启动NFS服务，可以以root用户的身份在命令行中执行下面的命令：

```
$ /etc/init.d/nfs start
```

或者

```
$ /etc/init.d/nfs restart
```

注意，在后来的Ubuntu和其他发行版中，这个命令已经变成了/etc/init.d/nfs-kernel-server。

每次启动桌面Linux工作站之后，你都必须执行一下这个命令。（这个服务以及其他一些服务可在系统开机时自动启动。请参考你的桌面Linux发行版附带的文档。）除了开启这个服务以外，内核必须在编译时就支持NFS。尽管DHCP和TFTP都是用户空间的工具，但是NFS需要有内核的支持。这同样适用于你的开发工作站和目标板。图12-2中显示了内核中有关NFS的配置选项。注意，其中同时包含了支持NFS服务器和NFS客户端的选项。还要注意Root file system on NFS选项。目标板内核必须配置了这个选项才能以NFS挂载其根文件系统。

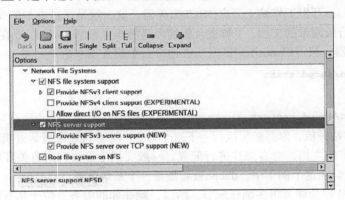

图12-2　NFS相关的内核配置

NFS服务器从一个导出文件中获取其指令，这个文件存放在你的开发工作站中，通常是/etc/exports。代码清单12-7显示了这个文件的内容。

代码清单12-7　简单的NFS exports文件

```
$ cat /etc/exports
# /etc/exports
/home/chris/sandbox/coyote-target \ *(rw,sync,no_root_squash,no_all_squash,no_sub-
tree_check)
/home/chris/sandbox/pdna-target \ *(rw,sync,no_root_squash,no_all_squash,no_sub-
tree_check)
/home/chris/workspace \ *(rw,sync,no_root_squash,no_all_squash,no_subtree_check)
```

这里显示了3个条目，每个条目中包含了一个目录名称，一个NFS客户端可以远程挂载其中任意一个目录。目录名称后面的星号（*）表示NFS服务器允许来自任意IP地址的连接请求，后面的括号中设置了挂载相应目录时的属性（读/写，rw）。后一个属性（no_root_squash）允许具有root权限的客户端能够在给定目录中行使root用户的权利。当客户端是嵌入式系统时，这个属性通常是必需的，因为它们常常只有root账户。

当一个用户发起NFS请求时，no_all_squash属性确保他的uid和gid保持不变，而不是被映射为一个默认的匿名账户。no_subtree_check属性关闭了服务器上的子树检查。在某些情况下，这可以提升性能和可靠性。如果你想了解这些属性的更多详细信息，请参考NFS服务器的文档和导出文件的帮助手册。

你可以在自己的工作站上测试一下NFS服务器的配置（这时，工作站既是服务器也是客户端）。我们假设你已经开启了NFS服务（需要同时开启NFS服务器和NFS客户端的功能），你可以挂载一个本地的NFS导出目录，就像挂载其他文件系统一样：

```
# mount -t nfs localhost:/home/chris/workspace /mnt/remote
```

如果这个命令能够成功执行，而且你可以通过目录/mnt/remote访问目录.../workspace中的内容，这表明你的NFS服务器配置可以正常工作。

12.3.4 目标板使用 NFS 挂载根文件系统

在目标板上通过NFS挂载根文件系统并不困难，而且，我们在其他地方也提到过，这是个非常有用的开发配置。然而，一些细节必须设置正确，它才能正常工作。下面列出了必需的步骤。

(1) 配置NFS服务器，为目标板导出一个合适的文件系统，其中包含了针对目标架构的文件。

(2) 配置目标板内核，它需要开启NFS客户端的功能以及通过NFS挂载根文件系统的功能。

(3) 开启目标板以太网接口的内核层自动配置功能。

(4) 提供目标板以太网的IP配置，可以使用内核命令行或静态内核配置选项。

(5) 在内核命令行中指定使用NFS挂载根文件系统。

当我们解释NFS服务器配置时，我们在图12-2中显示了相关的内核配置选项。在配置目标板的内核时，你必须确保开启了NFS客户端的功能，而且，特别地，你必须开启通过NFS挂载根文件系统的功能。具体来说，你需要确保内核配置中的CONFIG_NFS_FS=y和CNOFIG_ROOT_NFS=y。显然，如果你想在系统引导时通过NFS挂载根文件系统，就不能将NFS配置为可加载模块。

内核层自动配置是一个TCP/IP配置选项，你可以在内核配置工具的Networking选项卡下找到它。你需要在配置目标板的内核时开启CONFIG_IP_PNP。选择了这个选项后，有几种自动配置的方法可选。选择BOOTP或DHCP，像前面描述的那样。图12-3说明了内核配置选项kernel level autoconfiguration的具体位置。

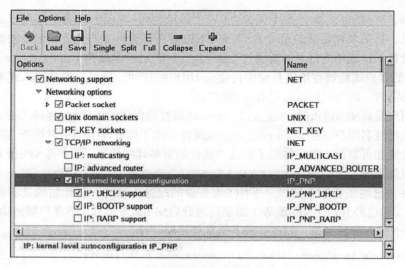

图12-3　内核层自动配置

当配置好服务器（开发工作站）和目标板上的内核后，你需要提供目标板以太网接口的配置信息，可以使用我们前面所说的几种方法之一。如果引导加载程序支持内核命令行，那就最简单不过了。支持NFS挂载根文件系统的内核命令行看上去会像是下面这样：

```
console=ttyS0,115200 root=/dev/nfs rw ip=dhcp \
   nfsroot=192.168.1.9:/home/chris/sandbox/pdna-target
```

12.3.5　U-Boot 中使用 NFS 挂载根文件系统的例子

U-Boot是一个很好的引导加载程序，它支持可配置的内核命令行。使用U-Boot的环境变量（这些变量放置在非易失性存储介质中），我们可以将内核命令行存放于一个专门的参数（bootargs）中。要在U-Boot中使用NFS挂载根文件系统，使用下面这个命令行（在串行端口终端中输入，所有参数都在一行上）：

```
setenv bootargs console=ttyS0,115200 root=/dev/nfs rw \
   ip=dhcp nfsroot=192.168.1.9:/home/chris/sandbox/pdna-target
```

接着，使用TFTP服务器加载内核。代码清单12-8显示了在一个采用Power架构的目标板上加载内核时的情况。

代码清单12-8　使用TFTP服务器加载内核

```
=> tftpboot 200000 uImage-pdna        <<< 在U-Boot的命令行提示符中输入
Using FEC ETHERNET device
TFTP from server 192.168.1.9; our IP address is 192.168.1.68
Filename 'uImage-pdna'.
Load address: 0x200000
```

```
Loading:  ###################################################
          ###################################################
          ##########################################
done
Bytes transferred = 911984 (dea70 hex)
=>
```

当我们引导内核时，我们可以看到，目标板确实使用了NFS挂载其根文件系统。代码清单12-9显示了内核引导时的一部分输出信息，可以说明这一点。我们调整了输出信息的格式（省略了很多行，并加了一些空白行）以提高可读性。

代码清单12-9　引导时使用NFS挂载根文件系统

```
Uncompressing Kernel Image ... OK
Linux version 2.6.14 (chris@pluto) (gcc version 3.3.3
(DENX ELDK 3.1.1 3.3.3-10)) #1 Mon Jan 2 11:58:48 EST 2006
.
.
Kernel command line: console=ttyS0,115200 root=/dev/nfs rw
nfsroot=192.168.1.9:/home/chris/sandbox/pdna-target ip=dhcp
.
.
Sending DHCP requests ... OK
IP-Config: Got DHCP answer from 192.168.1.9, my address is 192.168.1.68
IP-Config: Complete:
      device=eth0, addr=192.168.1.68, mask=255.255.255.0,
      gw=255.255.255.255, host=192.168.1.68, domain=,
      nis-domain=(none), bootserver=192.168.1.9,
      rootserver=192.168.1.9,
      rootpath=/home/chris/sandbox/pdna-target
.
.
Looking up port of RPC 100003/2 on 192.168.1.9
Looking up port of RPC 100005/1 on 192.168.1.9
VFS: Mounted root (nfs filesystem).
.
.
BusyBox v0.60.5 (2005.06.07-07:03+0000) Built-in shell (msh)
Enter 'help' for a list of built-in commands.

#
```

在代码清单12-9中，我们首先看到了内核的标题信息，接着是内核命令行。我们在这个命令行中指定了4个参数：

- 控制台设备（/dev/console）；
- 根文件系统设备（/dev/nfs）；
- NFS根路径（/home/chris/sandbox/pdna-target）；
- IP内核层自动配置方法（dhcp）。

之后不久，内核尝试通过DHCP完成内核层自动配置。该过程开始于 Sending DHCP requests 控制台消息。当服务器作出响应，并且完成DCHP交互之后，内核在后面几行中打印出它检测到的配置信息。从中你可以看到DHCP服务器分配给目标板的IP地址为192.168.1.68。不妨比较一下这里通过自动配置获取到的设置信息和代码清单12-6中的DHCP服务器配置。你可以使用类似的服务器配置，为目标板分配IP地址和NFS根路径。

当内核完成了IP自动配置之后，它就可以使用之前获取的参数来挂载根文件系统了。代码清单中的3行打印信息表明了这一点，最后一条消息是由VFS（虚拟文件子系统）打印的，表明它已经挂载了NFS根文件系统。此后，初始化流程按照第5章中所描述的继续进行，直至完成。

也可以将目标板的IP设置以静态方式传递给内核，而不是让内核从DHCP或BOOTP服务器中动态获取这些IP设置。我们可以使用内核命令行直接传递IP设置。在这种情况下，内核命令行看上去会类似于下面这样：

```
console=console=ttyS0,115200 \
    ip=192.168.1.68:192.168.1.9::255.255.255.0:pdna:eth0:off \
    root=/dev/nfs rw nfsroot=192.168.1.9:/home/chris/pdna-target
```

12.4　小结

本章提供了一些背景知识，讲述如果构建和配置一个适合嵌入式开发的开发工作站。我们介绍了几种重要的服务器，以及如何安装和配置它们。本章的最后部分研究了NFS服务器，它是嵌入式开发人员最得力的工具之一。

- 开发环境具备很多特性，它们极大地促进了嵌入式交叉开发效率的提升。大多数特性都由工具和实用程序来体现。我们会在下一章中详细介绍它们，下一章的主题是开发工具。
- 对于嵌入式开发人员来说，配置得当的开发主机非常重要。
- 必须合理配置交叉开发中使用的工具链，它应当和主机系统的目标Linux环境相匹配。
- 开发主机中必须安装一些针对目标板的组件，供工具链和二进制工具引用。这些组件包括目标头文件、程序库、运行于目标板的二进制可执行文件以及相关配置文件。简而言之，你需要自己组装或购买一个嵌入式Linux发行版。
- 作为一名嵌入式开发人员，配置目标板使用的一些服务器，比如TFTP、DHCP和NFS，会显著提高工作效率。本章分别举例介绍了这些服务器的配置。

补充阅读建议

GCC 在线文档
http://gcc.gnu.org/onlinedocs/

构建和测试gcc/glibc交叉工具链
http://kegel.com/crosstool/

"TFTP协议，第2版"，RFC 1350。
www.ietf.org/rfc/rfc1350.txt?number=1350

"启动协议（BOOTP）"，RFC 951。
www.ietf.org/rfc/rfc0951.txt?number=951

"动态主机配置协议"，RFC 2131。
www.ietf.org/rfc/rfc2131.txt?number=2131

开发工具

13

典型的嵌入式Linux开发环境中会包含很多有用的工具。其中的一些很复杂，需要大量的实践才能熟练掌握。其他一些比较简单，却一直被嵌入式系统开发人员忽视。有些工具可能需要针对某个特定环境进行定制。大多数工具都可以"开箱即用"，非常方便，并为开发人员提供有用的信息。本章会剖析一些适合嵌入式Linux工程师的最重要的（也是常常被忽视的）工具。

篇幅所限，本章不会完整介绍这些工具和实用程序。真要详细介绍这些内容将需要一本书！我们的目标是介绍每个工具的基本用法，而不是提供完整的参考。我们建议你在本章内容的基础之上继续深入研究这些重要的开发工具。每个工具的帮助手册（或其他文档）都是很好的入门文档。

我们首先会介绍GNU调试器（GDB），接下来简要地看一下数据显示调试器（Data Display Debugger），它是一个GDB的图形前端。接着，我们介绍一系列工具，它们专门设计用于观察程序及整个系统的行为，包括strace、ltrace、top和ps，一些没有经验的Linux开发人员常常会忽视这些工具。之后，我们展示一些用于分析系统崩溃和内存使用情况的工具。本章最后，我们介绍一些二进制实用程序。

13.1　GNU 调试器（GDB）

如果你花了很多时间开发Linux应用程序，你必定会用几个小时了解一下GNU调试器。GDB

可以说是开发人员工具箱中最重要的工具。它由来已久，功能不断增强，并且支持针对多种架构和微处理器的底层硬件调试。应当注意的是，GDB的用户手册和本书差不多大小。我们在这里只是介绍GDB的入门知识。建议你学习一下本章最后一节中列出的用户手册。

　　由于本书是有关嵌入式Linux开发的，我们使用一个被编译成交叉调试器的GDB版本。也就是说，这个调试器本身运行在你的开发主机上，但它只能理解采用目标架构的二进制可执行文件，这个架构是我们在配置编译GDB时选择的。在下面的几个例子中，我们使用的GDB是针对一个XScale（ARM）架构的目标处理器编译的，它运行在Linux开发主机上。虽然使用简写名称gdb，但我们提供的例子是基于交叉版本的gdb，它支持XScale架构，来自MontaVista公司出品的针对ARM XScale架构的嵌入式Linux发行版。这个二进制可执行文件的名称是xscale_be-gdb。它也是GDB，不过它是针对交叉开发环境配置的。

　　GNU调试器是一个复杂的程序，构建时有很多配置选项可选。我们不想在这里介绍如何构建gdb；已经有其他文献讨论了这个主题。本章，我们假设你手头有一个可以正常工作的GDB，而且它是针对你所使用的目标架构和主机开发环境而配置的。

13.1.1　调试核心转储

　　使用GDB的一个最常见的原因是我们想要分析一个核心转储（core dump）。分析过程快速而简单，通常可以很快定位到出错的代码。当一个应用程序产生错误，比如访问了不属于它的内存区域，内核就会生成一个核心转储文件。很多种情况都会导致核心转储的产生[1]，但SIGSEGV（段错误）是最常见的一种。SIGSEGV是一个由Linux内核生成的信号，在用户程序非法访问内存时出现。当这个信号产生时，Linux会终止实施非法访问的那些进程。接着，如果进程允许的话，内核会生成一个核心转储镜像。

　　为了开启生成核心转储的功能，你的进程必须具备相应的权限。这可以通过设置进程的资源限制来实现，使用C函数setrlimit()，或者是在BASH或BusyBox的shell命令提示符中使用ulimit。在嵌入式Linux的初始化脚本中常常可以看到以下这条命令，借助它，进程在出错时能够生成核心转储。

```
ulimit -c unlimited
```

这条BASH的内置命令用于设置核心转储的极限值。在前面这个实例中，大小被设置为unlimited。你可以在shell中执行这条命令，以显示当前的设置：

```
$ ulimit
unlimited
```

当应用程序产生了段错误时（比如，它向允许的内存地址范围之外写入数据），Linux会终止这个进程，并且生成一个核心转储（如果进程开启了该功能）。核心转储是运行的进程在产生段错误时的一个快照（snapshot）。

---

[1] 请参考内核源码文件.../include/linux/signal.h中定义的宏SIG_KERNEL_COREDUMP_MASK，以了解哪些信号会生成core dump。

在二进制可执行文件中包含调试符号很有用。如果在构建可执行文件时使用了编译器的调试符号（gcc -g），生成的文件中就会包含调试符号，GDB在调试它时也会生成更多有用信息。然而，即使我们在构建二进制文件时没有包含调试符号，GDB也有可能会确定那些导致段错误产生的一系列事件。没有调试符号的协助，你可能需要多做一些探索工作。在这种情况下，你必须手动将程序中的虚拟地址与它们在代码中的位置关联起来。

代码清单13-1显示了一个使用GDB分析核心转储的例子。我们稍微调整了一下输出格式，以适合页面宽度。示例软件会有意制造一个段错误。这个程序（名为webs）一运行就会生成一个段错误，下面是输出信息：

```
root@coyote:# ./webs
Segmentation fault (core dumped)
```

代码清单13-1　使用GDB分析核心转储

```
$ xscale_be-gdb webs core
GNU gdb 6.3 (MontaVista 6.3-20.0.22.0501131 2005-07-23)
Copyright 2004 Free Software Foundation, Inc.
GDB is free software, covered by the GNU General Public
License, and you are welcome to change it and/or distribute copies of it under
certain conditions.
Type "show copying" to see the conditions.
There is absolutely no warranty for GDB.  Type "show warranty" for details.
This GDB was configured as "--host=i686-pc-linux-gnu
-target=armv5teb-montavista-linuxeabi"...

Core was generated by './webs'.
Program terminated with signal 11, Segmentation fault.
Reading symbols from /opt/montavista/pro/.../libc.so.6...done.
Loaded symbols for /opt/montavista/pro/.../libc.so.6
Reading symbols from /opt/montavista/pro/.../ld-linux.so.3...done.
Loaded symbols for /opt/montavista/pro/.../ld-linux.so.3
#0  0x00012ac4 in ClearBlock (RealBigBlockPtr=0x0, l=100000000) at led.c:43
43                      *ptr = 0;

(gdb) l
38
39    static int ClearBlock(char * BlockPtr, int l)
40    {
41        char * ptr;
42        for (ptr = BlockPtr; (ptr - BlockPtr) < l; ptr++)
43            *ptr = 0;
44        return 0;
45    }
46    static int InitBlock(char * ptr, int n)
47    {
```

```
(gdb) p ptr
$1 = 0x0
(gdb)
```

13.1.2 执行 GDB

代码清单13-1中的第一行显示了怎样在命令行中执行了GDB。因为我们是在进行交叉调试，所以需要一个交叉版本的GDB，而且它是针对我们的主机和目标系统而编译的。执行这个交叉版本的GDB（xscale_be-gdb）时，传递给它两个参数，先是二进制可执行文件的名称，然后是核心转储文件的名称——在这里，就是core。GDB先打印了几行描述配置及其他信息的标题。接着，它显示了进程被终止的原因——signal 11，这表示一个段错误[①]。

接下来的几行打印表示GDB加载了这个二进制文件、它依赖的程序库以及核心文件。GDB在启动时打印的最后一行表明了错误发生时程序的当前位置。以字符串#0开头的那一行代表栈帧（第0个栈帧位于名为ClearBlock()的函数中，虚拟地址为0x00012ac4）。后面以43开头的一行是指错误代码所在的行，43是行号，位于源文件led.c。从这以后，GDB显示自身的命令行提示符，并等待用户输入。

为了提供一些上下文，我们输入gdb list命令，这里使用了它的缩写形式l。当不存在歧义时，GDB能够识别缩写形式的命令。程序错误从这里开始显示。根据GDB对核心转储的分析，下面这行代码就是出错的地方：

```
43              *ptr = 0;
```

接着，我们输入gdb print命令（缩写为p）打印变量ptr的值。从代码清单13-1中可以看到，指针ptr的值为0。所以，我们可以推断出段错误的原因就是经典的空指针解引用，这是普遍存在于很多编程语言中常见的编程错误。从这里开始，我们可以选择使用回溯追踪（backtrace）命令来查看导致错误发生的函数调用链，帮助定位错误的来源。代码清单13-2显示了命令执行的结果。

代码清单13-2　backtrace命令

```
(gdb) bt
#0  0x00012ac4 in ClearBlock (RealBigBlockPtr=0x0, l=100000000) at led.c:43
#1  0x00012b08 in InitBlock (ptr=0x0, n=100000000) at led.c:48
#2  0x00012b50 in ErrorInHandler (wp=0x325c8, urlPrefix=0x2f648 "/Error",
    webDir=0x2f660 "", arg=0, url=0x34f30 "/Error", path=0x34d68 "/Error",
    query=0x321d8 "") at led.c:61
#3  0x000126cc in websUrlHandlerRequest (wp=0x325c8) at handler.c:273
#4  0x0001f518 in websGetInput (wp=0x325c8, ptext=0xbefffc40,
    pnbytes=0xbefffc38) at webs.c:664
```

① 信号以及它们对应的数字是在Linux内核源码树的以下文件中定义的：.../arch/<arch>/include/asm/signal.h。

```
#5   0x0001ede0 in websReadEvent (wp=0x325c8) at webs.c:362
#6   0x0001ed34 in websSocketEvent (sid=1, mask=2, iwp=206280) at webs.c:319
#7   0x00019740 in socketDoEvent (sp=0x34fc8) at sockGen.c:903
#8   0x00019598 in socketProcess (sid=1) at sockGen.c:845
#9   0x00012be8 in main (argc=1, argv=0xbefffe14) at main.c:99
(gdb)
```

backtrace命令显示了函数调用链，向后一直到用户程序的起点——main()函数。backtrace命令的每行输出都以一个栈帧号开始。使用命令gdb frame可以切换到任意一个栈帧。代码清单13-3就是这样一个例子。我们在这里切换到2号栈帧，并显示与那个帧对应的源代码。和前面的例子一样，以命令行提示符（gdb）开头的行表示发送给GDB的命令，而其他行则是GDB的输出。

代码清单13-3　使用GDB在不同的栈帧之间切换

```
(gdb) frame 2
#2   0x00012b50 in ErrorInHandler (wp=0x325c8, urlPrefix=0x2f648 "/Error",
     webDir=0x2f660 "", arg=0, url=0x34f30 "/Error", path=0x34d68 "/Error",
     query=0x321d8 "") at led.c:61
61                return InitBlock(p, siz);
(gdb) l
56
57            siz = 10000 * sizeof(BigBlock);
58
59            p = malloc(siz);
60        /*  if (p) */
61                return InitBlock(p, siz);
62        /*  else return (0);  */
63        }
64
65
(gdb)
```

可以看到，有了源代码的帮助（使用list命令），我们可以很容易追踪到出错的空指针的源头。实际上，只需注意观察我们在这个例子中列出的有关段错误的源码即可。在代码清单13-3中，我们看到，检查函数malloc()返回值的代码被注释掉了。在这个例子中，函数malloc()的调用失败造成函数调用链上两个帧之后的空指针操作。虽然这个例子很简单，并且是有意设计的，但使用类似的方法，我们可以非常容易地利用GDB和核心转储追查这类程序崩溃的原因。你也可以通过查看函数调用时的参数值来发现空指针。使用这种方法，你往往能够直接查找出空指针是在哪个栈帧中产生的。

13.1.3　GDB 中的调试会话

本节会展示一个典型的调试会话（debug sesion），以此结束我们对GDB的介绍。在前面查找程序的崩溃原因时，我们其实可以选择单步调试代码，以定位错误的源头。当然，如果获取了核心转储，从那里开始不会有任何问题。然而，在其他情况下，你也许想设置一些断点，单步调试运行的代码。代码清单13-4中详细显示了我们如何启动GDB，并准备开始一次调试会话。注意，为了使GDB能够发挥作用，在编译程序时，必须在gcc命令行中开启调试标志（-g）。不妨参考一下第12章的图12-1，我们在这里进行的是一个交叉调试会话，GDB运行在你的开发主机上，调试一个运行于目标板上的程序。第15章会详细讲述远程应用程序的调试。

代码清单13-4　发起一个GDB调试会话

```
$ xscale_be-gdb -silent webs

(gdb) target remote 192.168.1.21:2001
0x40000790 in ?? ()
(gdb) b main
Breakpoint 1 at 0x12b74: file main.c, line 78.
(gdb) c
Continuing.

Breakpoint 1, main (argc=1, argv=0xbefffe04) at main.c:78
78              bopen(NULL, (60 * 1024), B_USE_MALLOC);
(gdb) b ErrorInHandler
Breakpoint 2 at 0x12b30: file led.c, line 57.
(gdb) c
Continuing.

Breakpoint 2, ErrorInHandler (wp=0x311a0, urlPrefix=0x2f648 "/Error",
    webDir=0x2f660 "", arg=0, url=0x31e88 "/Error", path=0x31918 "/Error",
    query=0x318e8 "") at led.c:57
57              siz = 10000 * sizeof(BigBlock);
(gdb) next
59              p = malloc(siz);
(gdb) next
61              return InitBlock(p, siz);
(gdb) p p
$1 =(unsigned char *) 0x0
(gdb) p siz
$2 =  100000000
(gdb)
```

下面一起看一下这个简单的调试会话，首先使用命令gdb target连接到目标板上。（第15章会详细讲述远程调试。）建立和目标板的连接后，使用命令gdb break（缩写为b）在main()

函数的入口处设置一个断点。然后，执行命令gdb continue（缩写为c），继续程序的执行。如果程序的执行需要参数，我们可以在执行GDB的时候在命令行中输入它们。

我们命中了位于main()函数的断点，接着设置另一个位于函数ErrorInHandler()处的断点，并执行continue命令（还是采用了缩写形式c）。当命中这个新的断点后，我们开始使用next命令单步调试代码。在那里我们调用了函数malloc()。之后，检查它的返回值，并且发现调用失败了，因为它返回了一个空指针。最后，打印了调用malloc()时传入的参数值，我们看到程序请求了一个非常大的内存（1亿字节），所以失败了。

虽然很简单，但这个GDB示例应该能够让一个新手快速上手了。很少有人能够真正地掌握GDB——它很复杂，功能也很多。13.2节会介绍一个GDB的图形前端，如果你不熟悉GDB，它能够帮助你更轻松地过渡。

关于GDB还有最后一点要注意：毫无疑问，你已经注意到了，当我们第一次在控制台中执行GDB时，它会显示很多标题行，如代码清单13-1所示。我们前面说过，这些例子中使用的是一个交叉版本的GDB，它来自MontaVista公司出品的嵌入式Linux发行版。这些标题行中包含一条嵌入式开发人员必须知道的重要信息：GDB的主机和目标的配置。在代码清单13-1中，当执行GDB时，我们看到了以下的输出信息：

```
This GDB was configured as "--host=i686-pc-linux-gnu -
target=armv5teb-montavista-linuxeabi"
```

在这个例子中，我们执行的GDB版本运行在一个Linux PC上——具体而言，是一个运行GNU/Linux操作系统的i686处理器。同样关键的是，这个GDB只能用于调试ARM架构的二进制代码，而且这些代码是由armv5teb大端字节序工具链生成的。

嵌入式开发的新手最常犯的一个错误就是在调试目标可执行程序时使用了错误的GDB。如果在调试中出现问题，你应该立刻检查一下GDB的配置，确保它与开发环境匹配。不能使用本地版本的GDB调试目标代码！

13.2　数据显示调试器

数据显示调试器（Data Display Debugger，DDD）是GDB和其他命令行调试器的图形前端，如图13-1所示。除了通过调试会语简单地浏览源代码和单步调试之外，DDD还具有很多高级特性。

我们使用如下方式执行DDD：

```
$ ddd --debugger xscale_be-gdb webs
```

假如命令行中没有--debugger标志，DDD会尝试在你的开发主机上调用本地版本的GDB。如果希望调试一个运行于目标系统上的应用程序，你肯定不想使用本地版本的GDB。DDD命令行中的第2个参数是你要调试的程序。请参考DDD的帮助手册，以了解更多详细信息。

使用图13-1中显示的命令工具[①]，就能够单步调试你的程序了。可以以图形化的方式设置断

---

　　① 选择View菜单中的Command Tool...就可以显示出这个命令工具。——译者注

点，或者是使用DDD屏幕下方的GDB控制台窗口。要想调试远程目标板，必须首先使用target命令将调试器连接至目标系统，就像我们在代码清单13-4中所做的那样。这个命令是在DDD主屏幕下方的GDB窗口中输入并执行的。

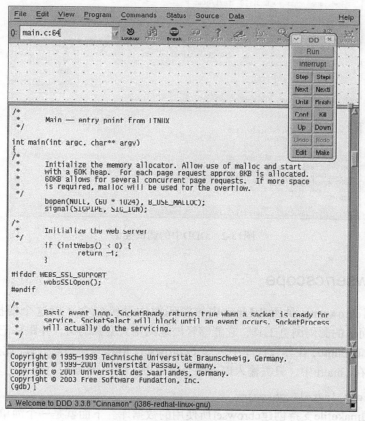

图13-1　数据显示调试器

当连接上目标板后，可以使用我们之前介绍的类似命令来定位程序的错误。图13-2显示了处于调试会话后期阶段的DDD。

注意，在图13-2中，我们已经显示了一些重要的程序变量，它们可以帮助定位段错误的产生原因。当我们使用图中显示的命令工具单步调试代码时，可以同步观察这些变量的值。

DDD是GDB的图形前端，功能很强大。它相对容易使用，也支持多种开发主机。请参考本章最后一节的内容，以获取有关GNU DDD的文档。

需要注意的是，随着时间的推移，Eclipse已经掩盖了DDD的光芒，逐渐成为开发人员首选的调试器。由于篇幅关系，我们不能在这里详细介绍Eclipse。本章最后介绍了对Eclipse相关资料，你可以从中了解更多的信息。

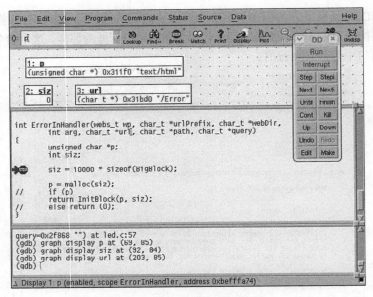

图13-2 DDD中的调试会话

13.3 cbrowser/cscope

之所以介绍cbrowser，是因为Linux内核源码树中已经包含了对这个便捷工具的支持。cbrowser是一个简单的源码浏览工具，它能够轻松地浏览大型源码树，并跟踪记录其中的符号。有些发行版，比如Ubuntu，在其软件库中包含了cbrowser，但其他一些发行版，比如最新的Fedora，就没有这么做。在Ubuntu中，只需输入以下命令就可以安装cbrowser：

```
$ sudo apt-get install cbrowser
```

Linux内核的makefile支持创建cbrowser所使用的数据库。下面就是一个简单的示例，在一个最新的Linux内核版本中执行这条命令：

```
$ make ARCH=powerpc CROSS_COMPILE=ppc_82xx- cscope
```

使用该命令会创建cscope符号数据库，供cbrowser使用。cscope是引擎，而cbrowser是图形用户界面。如果你愿意，也可以单独使用cscope。它是一个命令行工具，并且非常强大，但是在这个以图形界面为主的时代里，如果需要浏览大型源码树，命令行的方式也许不够迅速和方便。不过，如果vi是你最喜爱的编辑器，cscope可能正适合你！

要在命令行中执行cbrowser，只需进入包含cscope数据库[1]的目录，并输入命令cbrowser就可以了，不用带任何参数。图13-3中显示了一个会话示例。你可以参考本章最后一节中列出的文献，以了解更多有关这些工具的信息。

---

① cscope数据库是一个文件，名为cscope.out。——译者注

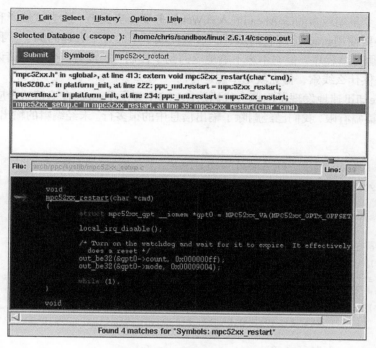

图13-3 运行中的cbrowser

13.4 追踪和性能评测工具

有很多有用的工具能够向你提供系统的各种视图。有些工具会提供一个全局视角，让你可以了解到系统中有哪些进程正在运行，哪些进程占用了最多的CPU带宽。其他一些工具则提供了非常细致的分析，比如内存是在哪里分配的，或者更实用的，它是在哪里泄漏的。我们将会在接下来的几节中介绍一些这方面最重要的工具和实用程序。篇幅有限，我们只能简要介绍这些工具；本章后面会提供一些参考，便于你获取更多详细信息。

13.4.1 strace

strace是一个有用的追踪工具，几乎可以在所有的Linux发行版中找到它。strace能够捕捉一个Linux应用程序所执行的每个内核系统调用，并显示相关信息。strace使用起来特别方便，因为它在追踪一个程序时并不需要程序源码。而且，与使用GDB时的情况不同，被追踪的程序在编译时不一定要包含调试符号。此外，strace也是一个非常富有"洞察力"的教育工具。正如它的帮助手册所说："新手、编程高手和其他好奇的人们会发现，通过追踪一个程序，即使程序很普通，他也能够了解到有关系统及系统调用的大量信息。"

本章前面讲述过GDB，当我为那一节的内容准备示例程序时，我决定使用一个我不太熟悉的软件项目——一个早期版本的GoAhead嵌入式Web服务器。当我第一次尝试编译和链接这个项目时，我发现有必要使用strace追踪它的运行，这就促成了下面这个有趣的例子。我先是在命令行中执行这个Web服务器程序，但它不声不响地返回到了控制台。没有产生任何错误信息，查看系统日志也没有提供什么线索，但它就是不能运行。

然而，strace却迅速地发现了问题。代码清单13-5中显示了strace在追踪这个应用程序时输出的信息。考虑到篇幅有限，我们已经删除了输出信息中的很多行。未经编辑的输出信息包含了100多行的内容。

代码清单13-5   strace的输出：GoAhead Web Demo

```
01 root@coyote:$ strace ./websdemo
02 execve("./websdemo", ["./websdemo"], [/* 14 vars */]) = 0
03 uname({sys="Linux", node="coyote", ...}) = 0
04 brk(0)                                  = 0x10031050
05 open("/etc/ld.so.preload", O_RDONLY)    = -1 ENOENT (No such file or
 directory)
06 open("/etc/ld.so.cache", O_RDONLY)      = -1 ENOENT (No such file or
 directory)
07 open("/lib/libc.so.6", O_RDONLY)        = 3
08 read(3, "\177ELF\1\2\1\0\0\0\0\0\0\0\0\0\3\0\24\0\0\1\0\1\322"..., 1024) =
1024
09 fstat64(0x3, 0x7fffefc8)               = 0
10 mmap(0xfe9f000, 1379388, PROT_READ|PROT_EXEC, MAP_PRIVATE, 3, 0) = 0xfe9f000
11 mprotect(0xffd8000, 97340, PROT_NONE)   = 0
12 mmap(0xffdf000, 61440, PROT_READ|PROT_WRITE|PROT_EXEC,MAP_PRIVATE|MAP_FIXED, 3,
0x130000) = 0xffdf000
13 mmap(0xffee000, 7228, PROT_READ|PROT_WRITE|PROT_EXEC,
MAP_PRIVATE|MAP_FIXED| MAP_ANONYMOUS, -1, 0) = 0xffee000
14 close(3)                                = 0
15 brk(0)                                  = 0x10031050
16 brk(0x10032050)                         = 0x10032050
17 brk(0x10033000)                         = 0x10033000
18 brk(0x10041000)                         = 0x10041000
19 rt_sigaction(SIGPIPE, {SIG_IGN}, {SIG_DFL}, 8) = 0
20 stat("./umconfig.txt", 0x7ffff9b8)      = -1 ENOENT (No such file or
directory)
21 uname({sys="Linux", node="coyote", ...}) = 0
22 gettimeofday({3301, 178955}, NULL)      = 0
23 getpid()                                = 156
24 open("/etc/resolv.conf", O_RDONLY)      = 3
25 fstat64(0x3, 0x7fffd7f8)               = 0
26 mmap(NULL, 4096, PROT_READ|PROT_WRITE, MAP_PRIVATE|MAP_ANONYMOUS, -1, 0) =
0x30017000
27 read(3, "#\n# resolv.conf  This file is th"..., 4096) = 83
28 read(3, "", 4096)                       = 0
```

```
29 close(3)                                          = 0
...    <<< 简洁起见，删除了30~81行
82 socket(PF_INET, SOCK_DGRAM, IPPROTO_IP) = 3
83 connect(3, {sa_family=AF_INET, sin_port=htons(53),
sin_addr=inet_addr("0.0.0.0")}, 28) = 0
84 send(3, "\267s\1\0\0\1\0\0\0\0\0\0\6coyotea\0\0\1\0\1", 24, 0) = 24
85 gettimeofday({3301, 549664}, NULL)               = 0
86 poll([{fd=3, events=POLLIN, revents=POLLERR}], 1, 5000) = 1
87 ioctl(3, 0x4004667f, 0x7fffe6a8)                 = 0
88 recvfrom(3, 0x7ffff1f0, 1024, 0, 0x7fffe668, 0x7fffe6ac) = -1
ECONNREFUSED (Connection refused)
89 close(3)                                          = 0
90 socket(PF_INET, SOCK_DGRAM, IPPROTO_IP) = 3
91 connect(3, {sa_family=AF_INET, sin_port=htons(53),
sin_addr=inet_addr("0.0.0.0")}, 28) = 0
92 send(3, "\267s\1\0\0\1\0\0\0\0\0\0\6coyote\0\0\1\0\1", 24, 0) = 24
93 gettimeofday({3301, 552839}, NULL)               = 0
94 poll([{fd=3, events=POLLIN, revents=POLLERR}], 1, 5000) = 1
95 ioctl(3, 0x4004667f, 0x7fffe6a8)                 = 0
96 recvfrom(3, 0x7ffff1f0, 1024, 0, 0x7fffe668, 0x7fffe6ac) = -1
ECONNREFUSED (Connection refused)
97 close(3)                                          = 0
98 exit(-1)                                          = ?
99 root@coyote:/home/websdemo#
```

我们在strace生成的输出信息中添加了行号，以增加代码清单的可读性。这个应用程序是在第01行中创建的。如果你想查看一个应用程序，最简单的方法就是直接在它的名称前加上strace命令。代码清单13-5中的输出信息就是这样生成的。

这个追踪信息中的每一行代表了一个独立的系统调用，它们是由应用程序websdemo向内核发起的。我们不需要分析和理解这里的每一行信息，当然这样做会让你获益良多。我们是在寻找一些异常现象，从而确定程序为什么不能运行。开始的几行是为程序准备执行环境。我们看到了几个open()系统调用，参数是/etc/ld.so.*，这表明Linux动态链接加载器（ld.so）正在工作。实际上，第06行为我们提供了一条线索，这个嵌入式开发板并没有配置好。系统中应该存在一个链接器缓存文件（/etc/ld.so.cache），它是由ldconfig生成的（链接器缓存能够显著提高系统搜索共享库引用的速度）。在目标板上运行一下ldcofig就可以解决这个问题①。

向下一直到第19行都是一些基本的"内务处理"，主要是加载器和libc在执行初始化。注意一下，在第20行中程序尝试寻找一个配置文件，但没有找到。当我们运行这个程序的时候，这可能是个重要的问题。从第24行起，程序开始设置和配置它所需要的合适的网络资源。第24行至第29行打开并读取了一个Linux系统文件，这个文件中包含了DNS服务所需的操作指令，用于解析主

---

①可以使用命令man ldconfig查看一下它的帮助手册，以了解如何为你的目标系统创建一个链接器缓存。

机名称。对本地网络的配置一直延续到第81行。这主要包括必要的网络设置和配置，从而为程序本身建立一个联网的基础环境。简洁起见，我们在代码清单中省略了这部分内容。

特别注意一下从第82行开始的网络操作。在这里程序尝试建立一个TCP/IP连接，目标IP地址是全0。方便起见，这里列出第82行的内容：

```
socket(PF_INET, SOCK_DGRAM, IPPROTO_IP) = 3
```

代码清单13-5中有几点值得关注。我们也许不能够掌握每个系统调用的所有细节，但可以对正在发生的事情有个大致的了解。socket()系统调用类似于文件系统中的open()调用。它的返回值（等号右边的3）是一个Linux文件描述符。知道了这一点，我们可以将第82行至第89行的所有操作联系起来，第89行是一个close()系统调用，它关闭了文件描述符3。

之所以对这组相关的系统调用感兴趣，是因为我们看到了第88行中的错误消息：Connection refused。这时，我们还不知道程序为什么不能执行，但这里看起来有些异常。让我们研究一下。第82行中，系统调用socket()建立了一个用于IP通信的端点。第83行很奇怪，因为它尝试建立一个到远端端点（套接字）的连接，但远端的IP地址是全0。就算不是网络专家，我们也会产生怀疑，有可能就是它给我们带来了麻烦[①]。第83行还提供了另一条重要的线索：端口参数被设置为53。快速在网上搜索一下TCP/IP端口号，我们发现端口53是由域名服务（Domain Name Service，DNS）使用的。

第84行也提供了一条线索，我们目标板的主机名称是coyote。这也可以从代码清单13-5的第01行中看出来，因为主机名称是命令行提示符的一部分。看起来这是在用DNS查找目标板的主机名称，但是失败了。作为一项试验，我们在目标系统的/etc/hosts文件[②]中添加了一个条目，将目标板本地定义的主机名称和板卡本地分配的IP地址关联起来，像下面这样：

```
coyote  192.168.1.21          #我们分配的IP地址
```

瞧，我们的程序开始正常运转了。虽然有可能我们没有完全弄清楚为什么这会导致程序的失败（TCP/IP网络方面的专家应该可以），但是strace命令的输出信息让我们知道了这样一个事实，程序在使用DNS查询目标板的名称时失败了。当我们纠正了错误后，程序可以正常运行，并且开始提供网页服务。简要重述一下，我们没有这个程序的源码可以参考，并且这个二进制镜像在编译时也没有包含调试符号。然而，使用strace，我们却能够确定程序失败的原因，并且实施了一个解决方案。

13.4.2 strace 命令行选项

strace实用程序有很多命令行选项。其中一个最有用的功能就是可以选择只追踪系统调用的一个子集。比如，如果只想观察一个进程的网络相关的活动，可以输入以下这条命令：

```
$ strace -e trace=network process_name
```

[①] 有时候在这种环境下全0地址是合适的。然而，我们是在调查程序异常终止的原因，应该对其持怀疑态度。
[②] 请使用命令man hosts看一下它的帮助手册，以了解这个系统管理文件的具体细节。

这条命令只会追踪所有与网络相关的系统调用，比如socket()、connect()、recvfrom()和send()。这是一种观察进程网络活动的有力途径。还可以设置其他一些子集。例如，你可以只观察进程中跟文件相关的活动，包括open()、close()、read()和write()等系统调用。其他可用的子集还包括进程相关的系统调用、信号相关的系统调用和进程间通信相关的系统调用。

值得注意的是，strace能够追踪那些会生成其他进程的程序。如果在调用strace时加上-f选项，strace就会追踪那些由fork()系统调用创建的进程。strace命令的功能很多。熟练掌握这个强大工具的最佳途径就是使用它。特别留意一下我们介绍的这几个工具，找出它们最新的开源文档并仔细阅读。在这种情况下，大多数Linux主机上的man strace就能提供足够的信息，光是试验就能花费你整个下午的时间！

strace的-c选项也非常有用。这个选项会生成一份关于应用程序的高层次性能分析报告。使用-c选项时，strace会收集每个系统调用的统计数据，包括调用次数（calls）、出错次数（errors）以及时间开销（seconds）。代码清单13-6显示了一个例子，其中我们使用strace -c对前面介绍过的webs演示程序进行性能评测。

代码清单13-6　使用strace进行性能评测

```
root@coyote$ strace -c ./webs
% time     seconds  usecs/call     calls    errors syscall
------ ----------- ----------- --------- --------- --------
 29.80    0.034262         189       181           send
 18.46    0.021226        1011        21        10 open
 14.11    0.016221         130       125           read
 11.87    0.013651         506        27         8 stat64
  5.88    0.006762         193        35           select
  5.28    0.006072          76        80           fcntl64
  3.47    0.003994          65        61           time
  2.79    0.003205        3205         1           execve
  1.71    0.001970          90        22         3 recv
  1.62    0.001868          85        22           close
  1.61    0.001856         169        11           shutdown
  1.38    0.001586         144        11           accept
  0.41    0.000470          94         5           mmap2
  0.26    0.000301         100         3           mprotect
  0.24    0.000281          94         3           brk
  0.17    0.000194         194         1         1 access
  0.13    0.000150         150         1           lseek
  0.12    0.000141          47         3           uname
  0.11    0.000132         132         1           listen
  0.11    0.000128         128         1           socket
  0.09    0.000105          53         2           fstat64
  0.08    0.000097          97         1           munmap
  0.06    0.000064          64         1           getcwd
  0.05    0.000063          63         1           bind
```

0.05	0.000054	54	1	setsockopt
0.04	0.000048	48	1	rt_sigaction
0.04	0.000046	46	1	gettimeofday
0.03	0.000038	38	1	getpid
------	----------	----------	---------	--------
100.00	0.114985		624	22 total

这是一个从较高层次剖析应用程序的有效途径，它能够分析出应用程序在哪儿花费了时间，以及在哪儿出现了错误。有些错误可能是应用程序正常运行的一部分，但其他一些耗时的错误也许并不是你所期望的。从代码清单13-6中我们可以看到，持续时间最长的系统调用是execve()，shell正是使用这个系统调用来创建应用程序的。你还可以看到，它只被调用了一次。另一个有趣的现象是，send()系统调用是最常用的一个。这合乎情理，因为这个应用程序是一个小型Web服务器。

请记住，和我们在这里讨论的其他工具一样，strace必须是针对目标架构编译的。strace是在目标板上执行，而不是在开发主机上。你所使用的strace版本必须与目标架构兼容。如果购买商业嵌入式Linux发行版，你应该确保针对你所选架构的产品中包含了这个工具。

13.4.3 ltrace

ltrace和strace密切相关。ltrace追踪的是程序库调用，而strace追踪的是系统调用。它们的执行方式也是类似的。你只需要在应用程序前面加上追踪工具就行了，像下面这样：

```
$ ltrace ./example
```

代码清单13-7显示了我们使用ltrace追踪一个小程序时的输出，这个示例程序调用了一些标准C程序库中的函数。

代码清单13-7   ltrace 输出示例

```
$ ltrace ./example
__libc_start_main(0x8048594, 1, 0xbffff944, 0x80486b4, 0x80486fc <unfinished ...>
malloc(256)                                          = 0x804a008
getenv("HOME")                                       = "/home/chris"
strncpy(0x804a008, "/home", 5)                       = 0x804a008
fopen("foo.txt", "w")                                = 0x804a110
printf("$HOME = %s\n", "/home/chris"$HOME = /home/chris
)              = 20
fprintf(0x804a110, "$HOME = %s\n", "/home/chris") = 20
fclose(0x804a110)                                    = 0
remove("foo.txt")                                    = 0
free(0x804a008)                                      = <void>
+++ exited (status 0) +++
$
```

对于每个程序库调用，代码清单中显示了它的名称及传入参数。与strace类似，代码清单中接着显示了程序库调用的返回值。和strace一样，这个工具也可以用于追踪那些没有源码可参考的程序。

与strace类似，ltrace也有很多能够影响其行为的命令行选项（开关）。可以显示出程序在调用每个库函数时的PC（Program Counter）值[①]，这能够帮助你理解应用程序的执行流程。和strace一样，你也可以使用-c选项来收集一些统计数据，比如调用次数、错误次数和消耗时间等，从而对应用程序做一个简单的性能评测。代码清单13-8显示了一个ltrace命令的例子，其中我们使用-c选项追踪了一个简单的示例程序。

代码清单13-8　使用ltrace进行性能评测

```
$ ltrace -c ./example
$HOME = /home/chris
% time     seconds  usecs/call     calls      function
------ ----------- ----------- --------- --------------------
 24.16    0.000231         231         1 printf
 16.53    0.000158         158         1 fclose
 16.00    0.000153         153         1 fopen
 13.70    0.000131         131         1 malloc
 10.67    0.000102         102         1 remove
  9.31    0.000089          89         1 fprintf
  3.35    0.000032          32         1 getenv
  3.14    0.000030          30         1 free
  3.14    0.000030          30         1 strncpy
------ ----------- ----------- --------- --------------------
100.00    0.000956                     9 total
```

ltrace只适用于那些在编译时使用动态链接库的程序。这通常是应用程序的默认编译方式，所以，除非你在编译时指定了编译器的-static选项，否则你就可以使用ltrace来追踪编译出的二进制应用程序。还有一点和strace类似的是，你必须使用针对目标架构编译的ltrace二进制文件。这些工具运行在目标板上，而不是主机开发系统上。

13.4.4　ps

在众多开发工具中，除了strace和ltrace之外，最容易被嵌入式系统开发人员忽视的工具就属top和ps了。因为每个工具都有大量可用的命令行选项，我们可以轻松地为它们专门写上一章，详细讲述这两个有用的系统性能评测工具。几乎所有的嵌入式Linux发行版中都包含了它们。

这两个工具都使用了我们在第9章中介绍过的/proc文件系统。如果你知道在/proc文件系统中查找哪些地方以及如何解析得到的数据，你就能够从中了解到这些工具所传达的大部分信息。这些工具以一种方便的形式展现了这些信息，让人更容易理解。

---

　①使用-i选项。——译者注

ps可以列出一个机器上所有运行的进程。然而，它相当灵活，能够提供大量有关机器和进程状态的有用数据。例如，ps可以显示出每个进程的调度策略。对于那些使用了实时进程的系统来说，这个功能特别有用。

如果不带任何命令行选项，ps会显示所有满足以下条件的进程：它们的用户ID和执行此命令的用户相同，而且它们所关联的终端就是输入命令的终端。当一个用户在终端中生成了很多任务时，这种不带选项的执行方式很有用。

向ps传递命令行选项会让人感到困惑，因为ps支持很多标准（POSIX与UNIX）以及3种不同的选项风格：BSD、UNIX和GNU。一般来说，BSD选项是指一个或多个字母，不包含短划线（-）。UNIX选项是我们熟悉的短横加字母的组合，而GNU使用的是长参数格式，前面有两个短划线（--）。请查看ps的帮助手册以了解更多详细信息。

每个使用ps的人都有各自喜好的执行方式。一个特别有帮助的通用执行方式是ps aux，这会显示出系统中的每个进程。代码清单13-9是一个在嵌入式目标板上执行ps aux的例子。

代码清单13-9   进程列表

```
$ ps aux
USER       PID %CPU %MEM    VSZ   RSS TTY     STAT START   TIME COMMAND
root         1  0.0  0.8   1416   508 ?       S    00:00   0:00 init [3]
root         2  0.0  0.0      0     0 ?       S<   00:00   0:00 [ksoftirqd/0]
root         3  0.0  0.0      0     0 ?       S<   00:00   0:00 [desched/0]
root         4  0.0  0.0      0     0 ?       S<   00:00   0:00 [events/0]
root         5  0.0  0.0      0     0 ?       S<   00:00   0:00 [khelper]
root        10  0.0  0.0      0     0 ?       S<   00:00   0:00 [kthread]
root        21  0.0  0.0      0     0 ?       S<   00:00   0:00 [kblockd/0]
root        62  0.0  0.0      0     0 ?       S    00:00   0:00 [pdflush]
root        63  0.0  0.0      0     0 ?       S    00:00   0:00 [pdflush]
root        65  0.0  0.0      0     0 ?       S<   00:00   0:00 [aio/0]
root        36  0.0  0.0      0     0 ?       S    00:00   0:00 [kapmd]
root        64  0.0  0.0      0     0 ?       S    00:00   0:00 [kswapd0]
root       617  0.0  0.0      0     0 ?       S    00:00   0:00 [mtdblockd]
root       638  0.0  0.0      0     0 ?       S    00:00   0:00 [rpciod]
bin        834  0.0  0.7   1568   444 ?       Ss   00:00   0:00 /sbin/portmap
root       861  0.0  0.0      0     0 ?       S    00:00   0:00 [lockd]
root       868  0.0  0.9   1488   596 ?       Ss   00:00   0:00 /sbin/syslogd -r
root       876  0.0  0.7   1416   456 ?       Ss   00:00   0:00 /sbin/klogd -x
root       884  0.0  1.1   1660   700 ?       Ss   00:00   0:00 /usr/sbin/rpc.statd
root       896  0.0  0.9   1668   584 ?       Ss   00:00   0:00 /usr/sbin/inetd
root       909  0.0  2.2   2412  1372 ?       Ss+  00:00   0:00 -bash
telnetd    953  0.3  1.1   1736   732 ?       S    05:58   0:00 in.telnetd
root       954  0.2  2.1   2384  1348 pts/0 Ss   05:58   0:00 -bash
root       960  0.0  1.2   2312   772 pts/0 R+   05:59   0:00 ps aux
```

这只是使用ps查看输出数据的多种方式中的一种。各个列的含义如下。

- □ USER和PID字段一目了然。
- □ %CPU字段表示自从进程创建以来的CPU使用百分比，因此，CPU的使用几乎不会累积到100%。
- □ %MEM字段代表了进程的驻留内存大小占所有可用物理内存大小的百分比。
- □ VSZ字段是进程的虚拟内存大小，单位是KB。
- □ RSS是指驻留内存大小（Resident Set Size）。它代表的是一个进程使用的未交换的（实际驻留在内存中的）物理内存大小，单位也是KB。
- □ TTY是进程的控制终端。

这个例子中的大多数进程都没有和控制终端相关联。生成代码清单13-9的ps命令是从一个Telnet会话中发出的，代码清单中的终端设备pts/0表明了这一点。

STAT字段描述了在显示这个进程列表时的进程状态。S表示进程正在睡眠，等待某种类型的事件，一般是I/O事件。R表示进程处于可运行的状态（也就是说，如果没有更高优先级的进程等待执行，进程调度器就可以将CPU的控制权交给这个进程）。状态字符旁边的尖括号表示这个进程具有较高的优先级。

最后一列是命令的名称。显示在方括号中的是内核线程。ps还有很多其他可用的符号和选项，请参考ps的帮助手册以了解完整的详细信息。

13.4.5 top

ps是当前系统状态的一个瞬时"快照"，而top则会定期"抓拍"系统和进程状态的"快照"。与ps类似，top也有很多命令行和配置选项。它是交互式的，可以在运行的过程中（通过键盘按键）重新配置，以定制其输出信息，从而满足你的具体需求。

如果不带任何参数，top会显示出所有运行中的进程，显示方式非常类似于代码清单13-9中的ps aux命令，而且每隔3秒更新一次。当然，top的更新时间和其他参数都是用户可以配置的。top输出的开始几行显示了系统信息，它们也是3秒钟更新一次。这包括系统的运行时间、用户个数、进程个数及状态等。

代码清单13-10显示了采用默认配置时top命令的输出，也就是在执行top命令时不带任何参数的结果。

代码清单13-10 top的默认显示

```
top - 06:23:14 up  6:23,  2 users,  load average: 0.00, 0.00, 0.00
Tasks:  24 total,   1 running,  23 sleeping,   0 stopped,   0 zombie
Cpu(s):  0.0% us,  0.3% sy,  0.0% ni, 99.7% id,  0.0% wa,  0.0% hi,  0.0% si
Mem:    62060k total,    17292k used,    44768k free,        0k buffers
Swap:       0k total,        0k used,        0k free,    11840k cached

  PID USER      PR  NI  VIRT  RES  SHR S %CPU %MEM    TIME+  COMMAND
  978 root      16   0  1924  952  780 R  0.3  1.5   0:01.22 top
```

1	root	16	0	1416	508	452	S	0.0	0.8	0:00.47	init
2	root	5	-10	0	0	0	S	0.0	0.0	0:00.00	ksoftirqd/0
3	root	5	-10	0	0	0	S	0.0	0.0	0:00.00	desched/0
4	root	-2	-5	0	0	0	S	0.0	0.0	0:00.00	events/0
5	root	10	-5	0	0	0	S	0.0	0.0	0:00.09	khelper
10	root	18	-5	0	0	0	S	0.0	0.0	0:00.00	kthread
21	root	20	-5	0	0	0	S	0.0	0.0	0:00.00	kblockd/0
62	root	20	0	0	0	0	S	0.0	0.0	0:00.00	pdflush
63	root	15	0	0	0	0	S	0.0	0.0	0:00.00	pdflush
65	root	19	-5	0	0	0	S	0.0	0.0	0:00.00	aio/0
36	root	25	0	0	0	0	S	0.0	0.0	0:00.00	kapmd
64	root	25	0	0	0	0	S	0.0	0.0	0:00.00	kswapd0
617	root	25	0	0	0	0	S	0.0	0.0	0:00.00	mtdblockd
638	root	15	0	0	0	0	S	0.0	0.0	0:00.34	rpciod
834	bin	15	0	1568	444	364	S	0.0	0.7	0:00.00	portmap
861	root	20	0	0	0	0	S	0.0	0.0	0:00.00	lockd
868	root	16	0	1488	596	504	S	0.0	1.0	0:00.11	syslogd
876	root	19	0	1416	456	396	S	0.0	0.7	0:00.00	klogd
884	root	18	0	1660	700	612	S	0.0	1.1	0:00.02	rpc.statd
896	root	16	0	1668	584	504	S	0.0	0.9	0:00.00	inetd
909	root	15	0	2412	1372	1092	S	0.0	2.2	0:00.34	bash
953	telnetd	16	0	1736	736	616	S	0.0	1.2	0:00.27	in.telnetd
954	root	15	0	2384	1348	1096	S	0.0	2.2	0:00.16	bash

代码清单13-10中默认显示的列包括PID、用户名、进程优先级、进程的nice值、进程使用的虚拟内存、驻留内存的大小、任务使用的共享内存以及其他一些和前面ps示例中描述相同的字段。

由于篇幅有限，我们在这里只能简要介绍这些有用的工具。建议你查看一下top和ps的帮助手册，并花一个下午的时间来探究它们丰富的功能。

13.4.6　mtrace

mtrace是一个简单的实用程序，能够分析应用程序调用malloc()、realloc()和free()的情况，并输出报告。它便于使用，而且很可能会帮助你找出应用程序中的问题。和我们在本章前面介绍的其他用户空间工具一样，mtrace必须针对嵌入式架构进行配置和编译。mtrace安装在你的目标板上，是一个替换malloc的程序库。应用程序通过一个特殊的函数调用来开启它的功能。你的嵌入式Linux发行版中应该包含mtrace软件包。

为了说明这个工具的使用，我们编写了一个简单的程序，它能够在一个简单的链表上创建动态数据。每个链表项目都是动态创建的，而且链表项目中的数据项目也是动态创建的。代码清单13-11显示了这个简单的链表结构：

代码清单13-11 简单的线性链表

```
struct blist_s {
  struct blist_s *next;
  char *data_item;
  int item_size;
  int index;
};
```

每个链表项都是像下面这样通过调用malloc()动态创建的，之后被放置在链表的末尾：

```
struct blist_s *p = malloc( sizeof(struct blist_s) );
```

每个链表项中的数据项（结构体中的data_item，大小不定）也是动态生成的，链表项在设置了这个数据项后才会被放置到链表的末尾。这样的话，每个链表项的创建调用了两次malloc()——一次是创建链表项本身（由刚刚显示的结构体struct blist_s所代表），一次是创建大小不定的数据项。编写程序时，我们在链表中创建了10000个项，而每个项中包含一个变长的字符串数据，结果是调用了20000次malloc()。

要使用mtrace，应用程序必须满足3个条件：

❑ 源码文件中必须包含一个名为mcheck.h的头文件；

❑ 应用程序必须调用函数mtrace()以安装处理程序；

❑ 环境变量MALLOC_TRACE必须指定一个可写文件的名称，追踪数据会被写入这个文件中。

当这些条件都满足后，每当应用程序调用被追踪的某个函数（malloc()、realloc()或free()）时，都会在原始的追踪文件（由MALLOC_TRACE指定）中生成一行信息。这个文件中的追踪数据看上去像是这样：

```
@ ./mt_ex:[0x80486ec] + 0x804a5f8 0x10
```

@标志表示这行追踪数据中包含一个地址或函数名。程序的执行地址显示在方括号中，值为0x80486ec。使用一个二进制工具或调试器，很容易就能将这个地址和某个函数关联起来。加号（+）表示调用了分配内存的函数。如果调用的是free()函数，则会显示一个减号。下一个字段是分配或释放的内存块虚拟地址。最后一个字段是内存块的大小，在调用内存分配函数时会包含这个参数。

这个数据格式对于用户来说并不十分友好。因此，mtrace软件包中包含了一个实用程序，它能够分析原始的追踪数据，并报告程序中前后不一致的地方。这个分析工具实际上是一个Perl脚本（文件名也是mtrace）。在最简单的情况下，这个Perl脚本只会打印一行消息：No memory leaks。代码清单13-12显示了当mtrace检测到内存泄漏时产生的输出信息。

代码清单13-12 mtrace 错误报告

```
$ mtrace ./mt_ex mtrace.log

Memory not freed:
-----------------
```

```
    Address     Size    Caller
    0x0804aa70  0x0a    at /home/chris/temp/mt_ex.c:64
    0x0804abc0  0x10    at /home/chris/temp/mt_ex.c:26
    0x0804ac60  0x10    at /home/chris/temp/mt_ex.c:26
    0x0804acc8  0x0a    at /home/chris/temp/mt_ex.c:64
```

可以看到，这个简单的工具可以帮助我在问题出现之前发现它们，或是在问题出现时找到它们。注意一下，该Perl脚本显示出了每次调用malloc()时的文件名和行号，但它们分配的内存却没有相应地调用free()来释放。要想释放分配的内存，则需要在可执行程序中包含调试信息，这些信息是在编译程序时通过传递-g标志给编译器生成的。如果脚本没有找到调试信息，它只会打印出调用malloc()的函数的地址。

13.4.7 dmalloc

dmalloc实现了mtrace所欠缺的一些功能。mtrace软件包比较简单，对程序的影响也不大，它主要用于检测应用程序中不配对的malloc/free调用。dmalloc软件包则允许你检测更大范围的动态内存管理错误。与mtrace相比，dmalloc对程序的影响要大很多。根据具体配置，dmalloc能够让你的程序慢如蜗牛。如果你怀疑内存错误是由竞争条件或其他时序问题造成的，就不应该选择dmalloc来排查问题。因为dmalloc（和matrace，程度轻一些）必定会改变应用程序的时序。

dmalloc是一个非常强大的动态内存分析工具。它是高度可配置的，所以也比较复杂。学习和掌握这个工具需要一些时间。然而，从QA测试到消除程序故障，它都可以成为你最有力的开发工具之一。

dmalloc是一个替换 malloc的调试用的程序库。要想使用dmalloc，必须满足以下条件：

❑ 应用程序代码必须包含dmalloc.h头文件；

❑ 应用程序必须和dmalloc程序库链接在一起；

❑ dmalloc程序库及工具必须安装到嵌入式目标板上；

❑ 在目标板上运行应用程序之前，必须设置dmalloc程序库引用的一些环境变量。

虽然不是严格必须的，但你应该在应用程序中包含dmalloc.h。这允许dmalloc在输出信息中包含文件名和行号。

将你的应用程序和一个你选择的dmalloc程序库链接在一起。dmalloc软件包可以通过配置生成几个不同的程序库，这取决于配置时所做的选择。下面的几个例子使用了libdmalloc.so，它是一个共享程序库对象。将程序库（或是指向它的符号链接）放置在一个编译器能够找到的地方。用于编译应用程序的命令行看上去会像是下面这样：

```
$ ppc_82xx-gcc -g -Wall -o mtest_ex -L../dmalloc-5.4.2/ -ldmalloc mtest_ex.c
```

这个命令行假设你已经将dmalloc程序库（libdmalloc.so）放到了由-L选项指定的位置——具体来说，就是指目录../dmalloc-5.4.2，它位于当前目录的上一级目录中。

要在目标板上安装dmalloc程序库，首先将它放在一个自己喜欢的位置中（也许是

/usr/local/lib）。为了找到这个程序库，你可能需要配置自己的系统。在我们示例的Power架构系统中，在文件/etc/ld.so.conf中添加路径/usr/local/lib，并执行ldconfig工具来更新系统的程序库搜索缓存。

最后一步准备工作是设置一个环境变量，dmalloc程序库使用它来确定启用的调试级别。这个环境变量包含一个调试比特掩码，它将很多特性串联起来放到一个变量中以便使用。环境变量的设置看起来会像是这样：

```
DMALLOC_OPTIONS=debug=0x4f4ed03,inter=100,log=dmalloc.log
```

这里，debug就是指调试级别比特掩码，而inter则设置了一个间隔次数，每经过这么多次的内存函数调用，dmalloc就对其自身及堆进行一次彻底检查。dmalloc库将其日志输出写入由变量log指定的文件中。

dmalloc软件包中包含了一个实用程序（名称也是dmalloc），它可以根据传给它的标志来生成环境变量DMALLOC_OPTIONS的值。dmalloc软件包中的文档详细讲述了这个工具，我们就不在此复述了。刚才显示的那个例子是由下面这条dmalloc命令生成的：

```
$ dmalloc -p check-fence -l dmalloc.log -i 100 high
```

当这些步骤完成后，应该可以将你的应用程序链接到dmalloc调试程序库并运行它了。

dmalloc会生成一个相当详细的输出日志。代码清单13-13显示了一个dmalloc日志输出示例，它所检查的示例程序有意制造了一些内存泄漏。

代码清单13-13　dmalloc 的日志输出

```
2592: 4002: Dmalloc version '5.4.2' from 'http://dmalloc.com/'
2592: 4002: flags = 0x4f4e503, logfile 'dmalloc.log'
2592: 4002: interval = 100, addr = 0, seen # = 0, limit = 0
2592: 4002: starting time = 2592
2592: 4002: process pid = 442
2592: 4002: Dumping Chunk Statistics:
2592: 4002: basic-block 4096 bytes, alignment 8 bytes
2592: 4002: heap address range: 0x30015000 to 0x3004f000, 237568 bytes
2592: 4002:      user blocks: 18 blocks, 73652  bytes (38%)
2592: 4002:     admin blocks: 29 blocks, 118784 bytes (61%)
2592: 4002:     total blocks: 47 blocks, 192512 bytes
2592: 4002: heap checked 41

2592: 4002: alloc calls: malloc 2003, calloc 0, realloc 0, free 1999
2592: 4002: alloc calls: recalloc 0, memalign 0, valloc 0
2592: 4002: alloc calls: new 0, delete 0
2592: 4002:   current memory in use: 52 bytes (4 pnts)
2592: 4002:  total memory allocated: 27546 bytes (2003 pnts)
2592: 4002:  max in use at one time: 27546 bytes (2003 pnts)
2592: 4002: max alloced with 1 call: 376 bytes
2592: 4002: max unused memory space: 37542 bytes (57%)
```

```
2592: 4002: top 10 allocations:
2592: 4002:   total-size  count in-use-size  count  source
2592: 4002:       16000   1000          32      2  mtest_ex.c:36
2592: 4002:       10890   1000          20      2  mtest_ex.c:74
2592: 4002:         256      1           0      0  mtest_ex.c:154
2592: 4002:       27146   2001          52      4  Total of 3
2592: 4002: Dumping Not-Freed Pointers Changed Since Start:
2592: 4002:   not freed: '0x300204e8|s1' (10 bytes) from 'mtest_ex.c:74'
2592: 4002:   not freed: '0x30020588|s1' (16 bytes) from 'mtest_ex.c:36'
2592: 4002:   not freed: '0x30020688|s1' (16 bytes) from 'mtest_ex.c:36'
2592: 4002:   not freed: '0x300208a8|s1' (10 bytes) from 'mtest_ex.c:74'
2592: 4002:   total-size  count  source
2592: 4002:          32      2  mtest_ex.c:36
2592: 4002:          20      2  mtest_ex.c:74
2592: 4002:          52      4  Total of 2
2592: 4002: ending time = 2592, elapsed since start = 0:00:00
```

注意到这个日志是在程序退出时生成的，这一点很重要。（dmalloc有很多选项和操作模式，可以将dmalloc配置为在检测到错误时就打印输出信息。）

这个输出日志的前半部分报告了一些高层次的统计信息，它们与堆和应用程序的整体内存使用情况有关。其中包括每个malloc程序库调用（比如malloc()、free()和realloc()）的总的次数。有趣的是，这个默认的日志还显示了调用最多的前10名，并显示了它们在源码中出现的位置。这对于整体的系统层性能检测很有用。

在这个日志的后面，我们看到了应用程序中内存泄漏的证据。可以看到，dmalloc程序库检测到了4处内存泄漏，内存分配了但显然没有释放。因为我们在源码中包含了dmalloc.h，并且在编译时加上了调试符号，所以dmalloc能够在日志中显示出内存配置时的源码位置。

与本章介绍的其他工具一样，由于篇幅关系，我们只能简要介绍这个非常强大的调试工具。dmalloc能够检测很多其他情况和限制。例如，dmalloc能够检测到一个释放的指针何时又被写入了数据。它还能够判断一个指针是否用于访问超出其边界的数据，但此数据在应用程序允许访问的地址范围之内。实际上，我们可以配置dmalloc，使其记录几乎所有通过调用malloc系列函数完成的内存操作。花时间熟悉并掌握dmalloc这个工具，它一定会给你带来数倍的回报。

13.4.8　内核 oops

虽然严格来说内核oops并不是一个工具，但它却包含了很多有用信息，能够帮助你找到问题的根源。很多内核错误都会造成内核oops，从一个进程产生的简单的内存错误（在大多数情况下可以完全恢复）到一个致命的内核异常。除了原始的16进制地址值之外，最新的Linux内核还支持显示符号信息。代码清单13-14显示了一个Power架构目标板上的内核oops信息。

代码清单13-14　内核oops信息

```
$ modprobe loop
Oops: kernel access of bad area, sig: 11 [#1]
NIP: C000D058 LR: C0085650 SP: C7787E80 REGS: c7787dd0 TRAP: 0300  Not tainted
MSR: 00009032 EE: 1 PR: 0 FP: 0 ME: 1 IR/DR: 11
DAR: 00000000, DSISR: 22000000
TASK = c7d187b0[323] 'modprobe' THREAD: c7786000
Last syscall: 128
GPR00: 0000006C C7787E80 C7D187B0 00000000 C7CD25CC FFFFFFFF 00000000 80808081
GPR08: 00000001 C034AD80 C036D41C C034AD80 C0335AB0 1001E3C0 00000000 00000000
GPR16: 00000000 00000000 00000000 100170D8 100013E0 C9040000 C903DFD8 C9040000
GPR24: 00000000 C9040000 C9040000 00000940 C778A000 C7CD25C0 C7CD25C0 C7CD25CC
NIP [c000d058] strcpy+0x10/0x1c
LR [c0085650] register_disk+0xec/0xf0
Call trace:
 [c00e170c] add_disk+0x58/0x74
 [c90061e0] loop_init+0x1e0/0x430 [loop]
 [c002fc90] sys_init_module+0x1f4/0x2e0
 [c00040a0] ret_from_syscall+0x0/0x44
Segmentation fault
```

注意到上面的代码清单中还在一些合适的位置显示了符号信息（比如函数名称）。如果想要显示这些符号信息，内核在配置时必须开启KALLSYMS选项。图13-4显示了这个配置选项的位置，它位于General Setup主菜单的下面。

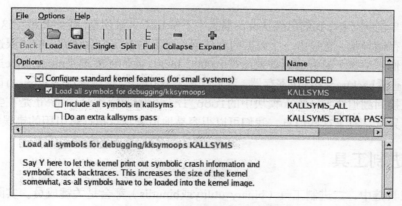

图13-4　配置oops中的符号信息

内核oops消息中的大多数信息都与处理器直接相关。为了完全理解oops消息，我们有必要了解一些有关底层硬件架构的知识。

分析一下代码清单13-14中显示的oops消息，我们可以立刻发现这个oops产生的原因是"kernel access of bad area，sig：11"（内核访问了错误的区域，信号：11）。从本章前面的例子中我们已经知道，信号值为11表示这是一个段错误。

　　第一段是一个总结，显示了产生oops的原因、几个重要的地址值以及引起问题的任务。在代码清单13-14中，NIP（Next Instruction Pointer）寄存器是指下一条指令指针，它的值在oops消息的后面被解码为对应的符号信息。它指向造成oops的出错代码。LR（Link Register）是一个Power架构的寄存器，一般用于存储当前执行的子函数的返回地址。SP寄存器存储了栈指针。REGS表示一个内核数据结构的地址，其中包含了寄存器的转储数据。TRAP表示与这个oops消息相关的异常类型。第7章的最后一节中引用了PowerPC架构用户手册，在参考这份文献之后，我们了解到TRAP 0300指的是一个数据存储中断（Data Storage Interrupt），而它是由数据内存的访问错误造成的。

　　在oops消息的第3行中，我们还看到了其他一些Power架构机器的寄存器，比如MSR（Machine State Register，机器状态寄存器），这个寄存器的一些比特位也被解码并显示出来。在下一行中，我们看到了DAR（Data Access Register，数据访问寄存器），它通常会包含引起问题的内存地址。通过查看DSISR寄存器的内容以及PowerPC架构的参考手册，我们可以详细了解产生异常的具体原因。

　　oops消息还包含了任务指针和解码后的任务名称，这可以帮助你快速确定oops消息产生时正在运行的任务或线程。我们还看到了详细的寄存器转储信息，这就给我们提供了更多的线索。同样，要想读懂这些寄存器值并理清线索，我们需要了解底层硬件架构以及编译器是如何使用寄存器的。例如，PowerPC架构使用r3寄存器来存放C函数的返回值。

　　oops消息的最后一部分提供了一个栈的回溯追踪，如果内核中包含符号信息的话，backtrace中的地址值会被解码成对应的符号。使用这个信息，我们能够构建导致问题产生的一连串事件。

　　在这个简单的例子中，我们已经从oops消息中了解到了大量信息。我们知道了这是一个Power架构中的数据存储异常，它是由一个数据内存访问（而不是指令内存访问）的错误造成的。DAR寄存器告诉我们产生这个异常的数据地址是0x0000_0000。我们还发现是modeprobe进程产生了这个错误。通过查看backtrace和NIP寄存器，我们了解到这个错误是在调用strcpy()时发生的，而该调用可以直接回溯追踪到loop.ko模块中的loop_init()函数，modeprobe正是在尝试安装这个模块时产生了异常。有了这些信息，我们可以很容易地追查到空指针解引用的错误根源。

13.5　二进制工具

　　在任何工具链中，二进制工具（binary utility或binutils）都会是关键成员。实际上，要想构建一个编译器，你必须首先成功构建二进制工具。本节将简要介绍一些比较有用的工具，嵌入式开发人员需要对它们有所了解。和本章介绍的其他工具一样，它们是交叉工具。这些工具运行在你的开发主机上，但它们操作的二进制文件则针对你所选的目标架构。或者，你也可以编译或获取这些工具的其他版本，让它们运行在你的目标板上，但我们在下面的例子都是以交叉开发环境为前提的。

13.5.1 readelf

readelf这个工具能够检查一个（ELF格式的）目标二进制文件的成分。在构建以ROM或闪存为目标的镜像时，这个工具特别有用，因为这时需要显式地控制镜像的布局。你还可以通过它来了解工具链是如何构建镜像的，并深入理解ELF文件格式。

例如，为了显示ELF镜像中的符号表，可以使用以下这条命令：

```
$ readelf -s <elf-image>
```

为了发现和显示ELF镜像中的所有段，可以使用下面这条命令：

```
$ readelf -e <elf-image>
```

使用-S标志可以列出ELF镜像中所有的段头部。你也许会惊讶地发现，即使一个简单的只有7行代码的Hello World程序也会包含38个不同的段。其中有些你可能比较熟悉，比如.text段和.data段。在代码清单13-15中，我们列出了这个Hello World程序中的部分段。简单起见，这里只显示了与嵌入式开发人员相关的（或他们熟悉的）一些段。

代码清单13-15 使用readelf读取文件的段头部

```
$ ppc_82xx-readelf -S  hello-ex
There are 38 section headers, starting at offset 0x32f4:

Section Headers:
[ Nr] Name        Type       Addr      Off    Size   ES Flg Lk Inf Al
...
[11] .text        PROGBITS   100002f0  0002f0 000568 00  AX  0   0  4
...
[13] .rodata      PROGBITS   10000878  000878 000068 00  A   0   0  4
...
[15] .data        PROGBITS   100108e0  0008e0 00000c 00  WA  0   0  4
...
[22] .sdata       PROGBITS   100109e0  0009e0 00001c 00  WA  0   0  4
[23] .sbss        NOBITS     100109fc  0009fc 000000 00  WA  0   0  1
...
[25] .bss         NOBITS     10010a74  0009fc 00001c 00  WA  0   0  4
...
```

.text段包含了可执行代码。.rodata段包含了程序中的常量数据。.data段一般包含已初始化的全局数据，由C程序库的启动代码（prologue code）使用，它还可以包含应用程序中使用的已初始化的数据成员。.sdata段用于较小的已初始化的全局数据项，而且它只存在于部分架构中。如果知道内存区域的相关属性，有些处理器架构能够使用优化的数据访问。.sdata和.sbss段就使这种优化成为可能。.bss和.sbss段中包含了程序中未初始化的数据。这两个段并不占用程序镜像的空间。它们的内存空间是在程序启动时由C程序库的启动代码分配的，并且被初始化为0。

我们可以查看任意段并显示其内容。如果你在C程序中函数外部定义了下面这一行，我们可以看到它是怎样放置在.rodata段中的。

```
char *hello_rodata = "This is a read-only data string\n";
```

执行readelf命令，并在命令行中指定预查看段的编号，编号代码清单13-15有显示：

```
$ ppc_82xx-readelf -x 13 hello-ex
Hex dump of section '.rodata':
  0x10000878 100189e0 10000488 1000050c 1000058c ................
  0x10000888 00020001 54686973 20697320 61207265 ....This is a read-
  0x10000898 61642d6f 6e6c7920 64617461 20737472 only data string
  0x100008a8 696e670a 00000000 54686973 20697320 .....This is
  0x100008b8 73746174 69632064 6174610a 00000000 static data.....
  0x100008c8 48656c6c 6f20456d 62656464 65640a00 Hello Embedded..
  0x100008d8 25730a00 25780a00                    %s..%x..
```

在.rodata段中，我们看到了前面声明的那个全局变量的初始值，以及程序中定义的其他所有常量字符串。

13.5.2　使用 readelf 查看调试信息

readelf有一个比较有用的特性，它能够显示出包含在ELF文件中的调试信息。如果在编译程序时使用了编译器的-g标志，编译器就会生成调试信息，并将它们放置在最终的ELF文件的一系列段中。我们可以使用readelf显示出这些ELF段头部：

```
$ ppc-linux-readelf -S ex_sync | grep debug
  [28] .debug_aranges    PROGBITS    00000000 000c38 0000b8 00    0   0   8
  [29] .debug_pubnames   PROGBITS    00000000 000cf0 00007a 00    0   0   1
  [30] .debug_info       PROGBITS    00000000 000d6a 00079b 00    0   0   1
  [31] .debug_abbrev     PROGBITS    00000000 001505 000207 00    0   0   1
  [32] .debug_line       PROGBITS    00000000 00170c 000354 00    0   0   1
  [33] .debug_frame      PROGBITS    00000000 001a60 000080 00    0   0   4
  [34] .debug_str        PROGBITS    00000000 001ae0 00014d 00    0   0   1
```

使用readelf并带上--debug-dump选项，可以显示所有.debug_*段的内容。第14章会讲述这些信息给我们带来的帮助，到时还将讨论内核调试及优化的挑战性。

调试信息的数量会非常大。如果显示出Linux内核文件vmlinux（ELF格式）中的所有调试信息，会有600多万行输出信息。这看起来很吓人，但熟悉一点调试信息至少有助于你成为一个更好的嵌入式工程师。

代码清单13-16显示了一个示例应用程序中的.debug_info段的部分内容。为了节省空间，这里只显示了几条记录。

代码清单13-16　部分调试信息

```
$ ppc-linux-readelf -debug-dump=info ex_sync
1 The section .debug_info contains:
2
3   Compilation Unit @ 0:
4   Length:          109
5   Version:         2
6   Abbrev Offset:   0
7   Pointer Size:    4
8   <0><b>: Abbrev Number: 1 (DW_TAG_compile_unit)
9     DW_AT_stmt_list    : 0
10    DW_AT_low_pc       : 0x10000368
11    DW_AT_high_pc      : 0x1000038c
12    DW_AT_name         :
../sysdeps/powerpc/powerpc32/elf/start.S
13    DW_AT_comp_dir     : /var/tmp/BUILD/glibc-2.3.3/csu
14    DW_AT_producer     : GNU AS 2.15.94
15    DW_AT_language     : 32769  (MIPS assembler)
...
394 <1><5a1>: Abbrev Number: 14 (DW_TAG_subprogram)
395     DW_AT_sibling      : <5fa>
396     DW_AT_external     : 1
397     DW_AT_name         : main
398     DW_AT_decl_file    : 1
399     DW_AT_decl_line    : 9
400     DW_AT_prototyped   : 1
401     DW_AT_type         : <248>
402     DW_AT_low_pc       : 0x100004b8
403     DW_AT_high_pc      : 0x10000570
404     DW_AT_frame_base   : 1 byte block: 6f       (DW_OP_reg31)
...
423 <2><5e9>: Abbrev Number: 16 (DW_TAG_variable)
424     DW_AT_name         : mybuf
425     DW_AT_decl_file    : 1
426     DW_AT_decl_line    : 11
427     DW_AT_type         : <600>
428     DW_AT_location     : 2 byte block: 91 20     (DW_OP_fbreg: 32)
...
```

第1条记录是由一个Dwarf2[①]标签DW_TAG_compile_unit标识的，它代表了这个Power架构可执行文件的第1个编译单元。它是一个名为start.S的文件，提供了C程序的启动代码。下一个由DW_TAG_subprogram标识的记录代表了用户程序的开始，也就是我们熟悉的main()函数。这个

---

① 这一章最后引用了一篇文献，它专门讲述Dwarf2调试信息标准。

Dwarf2调试记录包含了对文件和行号的引用，从而我们可以找到main()函数的位置。代码清单13-16中的最后一条记录代表了main()函数中的一个局部变量，名为mybuf。同样，这条记录也提供了行号和文件。你可以从这些信息中推导出，main()函数位于源文件的第9行，而mybuf则位于第11行。ELF文件中的调试记录都是通过名为DW_AT_decl_file的Dwarf2属性与文件名相关联。

本章最后一节中提供的参考文献，能够帮助你了解所有关于Dwarf2调试信息格式的具体细节。

13.5.3　objdump

objdump与readelf有很多功能是重叠的。然而，objdump有一个比较有用的特性，它能够显示反汇编后的目标代码。代码清单13-17提供了一个反汇编.text段的例子，它来自一个Power架构版本的Hello World程序。为了节省空间，我们只列了main()函数。全部反汇编信息，包括C程序库的启动代码和关闭代码，会占用几页纸的篇幅。

代码清单13-17　使用objdump进行反汇编

```
$ ppc_82xx-objdump -S -m powerpc:common -j .text hello
...
10000488 <main>:
10000488:       94 21 ff e0     stwu    r1,-32(r1)
1000048c:       7c 08 02 a6     mflr    r0
10000490:       93 e1 00 1c     stw     r31,28(r1)
10000494:       90 01 00 24     stw     r0,36(r1)
10000498:       7c 3f 0b 78     mr      r31,r1
1000049c:       90 7f 00 08     stw     r3,8(r31)
100004a0:       90 9f 00 0c     stw     r4,12(r31)
100004a4:       3d 20 10 00     lis     r9,4096
100004a8:       38 69 08 54     addi    r3,r9,2132
100004ac:       4c c6 31 82     crclr   4*cr1+eq
100004b0:       48 01 05 11     bl      100109c0
<__bss_start+0x60>
100004b4:       38 00 00 00     li      r0,0
100004b8:       7c 03 03 78     mr      r3,r0
100004bc:       81 61 00 00     lwz     r11,0(r1)
100004c0:       80 0b 00 04     lwz     r0,4(r11)
100004c4:       7c 08 03 a6     mtlr    r0
100004c8:       83 eb ff fc     lwz     r31,-4(r11)
100004cc:       7d 61 5b 78     mr      r1,r11
100004d0:       4e 80 00 20     blr
...
```

这是个简单的`main()`函数，其中的大部分代码用于创建和销毁栈帧。靠近代码清单中间的那条`bl`（branch link，跳转链接）指令是实际调用`printf()`函数的地方，其地址为0x100004b0，这是一个Power架构的函数调用指令。因为这个程序是被编译成一个动态链接的对象，所以直到运行时才会有`printf()`函数的地址，到那时，它会和共享程序库中的`printf()`函数链接到一起。如果将这个应用程序编译成一个静态链接的对象，我们就会看到调用`printf()`函数时的符号信息和相应的地址。

13.5.4　objcopy

objcopy用于将一个二进制目标文件的内容复制到另一个文件中（对其进行格式化），而且在这个过程中可能会转换目标文件的格式。当我们需要为存储在ROM或闪存中的镜像生成代码时，这个工具特别有用。我们在第7章中介绍过U-Boot引导加载程序，它会使用objcopy将最终的ELF文件转换成binary或s-record格式[1]的输出文件。下面是一个objcopy的例子，这里使用它来构建一个闪存镜像。

```
$ ppc_82xx-objcopy --gap-fill=0xff -O binary u-boot u-boot.bin
```

这条命令显示了如何为闪存创建一个镜像。输入文件（在这个例子中是u-boot）是一个完整的ELF格式的U-Boot镜像，其中包括符号和重定位信息。objcopy只提取包含了程序代码和数据的相关段，并将它们放置到输出文件中，也就是命令行中指定的u-boot.bin[2]。

闪存块在被擦除后其内容为全1。因此，将二进制镜像中的间隙都填充为全1能够提高烧写的效率并延长闪存寿命，毕竟闪存的写寿命是有限的。这是通过objcopy的命令行参数`--gap-fill`来完成的。

这只是一个使用objcopy的简单例子。它可以生成s-record格式的文件，而且能够转换文件格式。请参考它的帮助手册以了解完整的细节。

13.6　其他二进制实用程序

你的工具链中还会包含其他一些有用的实用程序，学习它们的使用是很容易的。你会发现这些工具的用处很多。

13.6.1　strip

strip可用于删除一个二进制文件中的符号和调试信息。为了节省嵌入式设备上的空间，我们常常使用它。在一个交叉开发环境中，我们可以将精简版本放到目标系统中，而将未精简版本放到开发主机中，这会给我们的开发带来便利。使用这种方法，开发主机中用于交叉调试的符号可用，同时也节省了目标系统上的空间。strip有很多选项，在其帮助手册中都有相关描述。

---

① s-record格式的文件是以ASCII码表示的二进制文件，很多设备烧写器和二进制实用程序都使用了这种格式。

② 输入文件u-boot的格式是ELF，而命令行中的`-O binary`指定了输出文件的格式是binary。——译者注

13.6.2 addr2line

我们在代码清单13-12中介绍了mtrace的使用，你可以看到这个分析脚本的输出信息中包含了文件名和行号。mtrace是一个用Perl语言编写的脚本，它使用了addr2line来读取可执行文件（ELF格式）中的调试信息，并显示出与地址相对应的行号。在代码清单13-12中，mtrace分析了可执行程序mt_ex，还是使用它，我们可以以用addr2line找出一个虚拟地址所对应的文件名和行号：

```
$ addr2line -f -e mt_ex 0x80487c6
    put_data
    /home/chris/examples/mt_ex.c:64
```

注意，除了文件和行号之外，上面的命令还显示了函数名称put_data()。这说明地址0x80487c6位于文件mt_ex.c的第64行，而且是在函数put_data()中。对于那些包含多个文件名的二进制文件，比如Linux内核，这就更有用了：

```
$ ppc_82xx-addr2line -f -e vmlinux c000d95c
    mpc52xx_restart
    arch/ppc/syslib/mpc52xx_setup.c:41
```

这个特别的例子突出了我们在本章中反复强调的一点：这是一个与具体架构相关的工具。必须针对目标架构配置和编译你的工具，这样，它才能和目标二进制文件的架构相匹配。和交叉编译器一样，addr2line也是一个交叉工具，而且它是二进制实用程序软件包的一部分。

13.6.3 strings

strings实用程序用于查看二进制文件中的ASCII码字符串数据。在查看内存的转储信息时，如果没有源码或调试符号可用，这个工具就显得特别有用。你常常会发现，通过追踪出错程序中的字符串能够缩小查找范围，从而定位到崩溃的原因。虽然strings的命令行选项较多，不过很容易学习和使用。请查看它的帮助手册以获得更多详细信息。

13.6.4 ldd

虽然严格来说ldd不是一个二进制实用程序，而是一个脚本，但它对嵌入式开发人员非常有用。它是C程序库软件包的一部分，而且几乎存在于所有的Linux发行版中。ldd可以列出一个或多个目标文件所依赖的共享对象库。我们在第11章中介绍过ldd。请看一下代码清单11-2中的示例，以了解它的使用方式。在开发ramdisk镜像的过程中，ldd脚本特别有用。在各种嵌入式Linux邮件列表中，一个最常提及的启动失败的问题就是在挂载根文件系统之后产生了内核异常：

```
VFS: Mounted root (nfs filesystem).
Freeing unused kernel memory: 96k init
Kernel panic - not syncing: No init found.  Try passing init=option to kernel.
```

一个最常见的原因是根文件系统镜像（ramdisk、闪存或NFS根文件系统）中没有包含可执行文件所依赖的程序库。使用ldd，你就可以知道一个可执行文件需要哪些程序库，并确保你的ramdisk或其他根文件系统镜像中包含了这些库。在前面那个内核异常的例子中，文件系统中确实有init，但没有Linux动态加载器ld.so.1。ldd的使用很简单：

```
$ xscale_be-ldd init
    libc.so.6 => /opt/mvl/.../lib/libc.so.6 (0xdead1000)
    ld-linux.so.3 => /opt/mvl/.../lib/ld-linux.so.3 (0xdead2000)
```

这个简单的例子说明了init需要两个动态程序库：libc和ld-linux。它们必须存在于你的目标系统中，而且init可以访问——也就说，它们必须是可读和可执行的。

13.6.5　nm

实用程序nm用于显示目标文件中的符号。它在很多地方都能派上用场，例如，假设你在交叉编译一个大型应用程序，但碰到了未解析的符号。你可以用nm来找出是哪些目标模块包含了这些符号，并相应地修改构建环境，将它们包含进来。

nm还提供了每个符号的属性。例如，你可以查看一个符号是局部的还是全局的，它是在一个特定的目标模块中定义的还是引用的。在代码清单13-18中，我们使用nm查看了u-boot（ELF格式的U-Boot镜像）中的符号，并显示了部分输出信息。

代码清单13-18　使用nm显示符号

```
$ ppc_85xx-nm u-boot
...
fff23140 b base_address
fff24c98 B BootFile
fff06d64 T BootpRequest
fff00118 t boot_warm
fff21010 d border
fff23000 A __bss_start
...
```

注意这些U-Boot符号的链接地址。它们是针对一个闪存设备而链接的，在这个目标板上，它们位于内存映射的最高部分。这里只列出了几个符号，以便讨论。中间一列是符号类型。大写字母表示的是全局符号，而小写字母则表示局部符号。B表示这个符号位于.bss段。T表示这个符号位于.text段。D表示这个符号位于.data段。A表示地址是绝对地址，在后续的链接阶段中不会改变。这个绝对符号代表了.bss段的开始，程序启动时负责清除.bss段的代码会用到，而这是C执行环境所要求的。

13.6.6　prelink

实用程序prelink常常用于那些启动时间比较重要的系统中。如果一个ELF格式的可执行文件是动态链接的，那么在程序首加载时，它必须在运行时进行连接。对于大型应用程序来说，这会花费较长的时间。prelink对共享程序库和依赖它们的目标文件进行预链接，从而事先处理未解析的程序库引用。最终，这能够缩短一个应用程序的启动时间。请参考它的帮助手册，以了解如何使用这个方便的工具。

13.7　小结

本章介绍了一些嵌入式Linux开发人员常用的重要工具。我们讲述了如何有效地使用常见的实用程序，以分析系统的行为。我们展示了二进制工具软件包中的很多实用程序，包括readelf、objdump、objcopy和其他一些工具。

❑ GNU调试器（GDB）是一个复杂而强大的调试器，功能很多。我们介绍了它的基本使用，让你能够快速上手。

❑ DDD是GDB的一个图形前端，它不仅能够以图形方式显示源码和数据，还集成了GDB命令行接口的强大功能。

❑ cbrowser有助于我们理解一个大型项目。它使用了cscope数据库来快速地查找和显示C代码中的符号及其他元素。

❑ Linux系统中有很多性能评测和追踪工具。我们介绍了其中的一些，包括strace、ltrace、top和ps，以及内存性能评测工具mtrace和dmalloc。

❑ 嵌入式开发人员常常需要构建定制的镜像，比如引导加载程序所需的镜像和固件镜像。为了完成这些任务，了解二进制工具是不可或缺的。

补充阅读建议

GDB：GNU 项目调试器
www.gnu.org/software/gdb/gdb.html

GDB Pocket Reference，Arnold Robbins，O'Reilly Media，2005。

数据显示调试器
www.gnu.org/software/ddd/

cbrowser主页
www.ziplink.net/~felaco/cbrowser/

cscope主页
http://cscope.sourceforge.net/index.html

dmalloc：调试Malloc程序库
http://dmalloc.com/

工具接口标准（TIS）

"可执行与可链接格式（Executable and Linking Format，ELF）规范"，版本1.2，TIS委员会，1995年5月。

工具接口标准

"DWARF调试信息格式规范"，版本2.0，TIS委员会，1995年5月。

Eclipse项目

www.eclipse.org/

## 第 14 章

内核调试技术

14

本章内容
- ❑ 内核调试带来的挑战
- ❑ 使用KGDB进行内核调试
- ❑ 内核调试技术
- ❑ 硬件辅助调试
- ❑ 不能启动的情况
- ❑ 小结

在实现开发进度表中的预定目标时，其关键因素常常归结为寻找和解决故障的效率。调试Linux内核是相当有挑战性的。不管你采用什么方法，调试内核总是很复杂。这一章会讲述其中的一些复杂性，并提供思路和方法，以提升你调试内核和驱动的技能。

14.1 内核调试带来的挑战

调试一个现代操作系统涉及很多挑战。虚拟内存操作系统更是有其独特之处。使用在线仿真器（In-Circuit Emulator，ICE）替代处理器的日子已经一去不复返了。处理器已经变得非常快速和复杂。而且，处理器内部的流水线架构隐藏了一些重要的代码执行细节。这是因为总线上的内存访问顺序可能和代码的执行不一致，特别是因为指令流的内部缓存机制。一般不太可能将外部总线的活动和内部处理器的指令执行关联起来，除非是在一个相当粗略的层次之上。

这里列出一些调试Linux内核代码时会遭遇的挑战。

- ❑ Linux内核代码在很多方面是针对执行速度而高度优化的。
- ❑ 编译器所使用的优化技术会使C源码与实际机器指令流之间的关系变得复杂。内联函数就是个很好的例子。
- ❑ 单步调试编译器优化的代码时会产生一些不寻常和意外的结果。
- ❑ 虚拟内存机制将用户空间内存和内核内存隔离开来，这会使各种调试场景特别地困难。
- ❑ 有些代码不能够使用传统的编译器进行单步调试。

❑ 调试内核的启动代码是非常困难的，因为它和硬件的联系很紧密，而且可用资源非常有限（比如没有控制台，内存映射有限，等等）。

Linux内核已经发展成为一个性能极高的操作系统，能够和最好的商业操作系统竞争。内核中的很多区域并不容易分析，不是简单地阅读一下源码就行的。要想理解某些特定的代码流程，我们常常需要理解硬件的架构和软件的详细设计。有几本书详细描述了内核的设计，它们都非常不错，请参考本章最后一节中的阅读建议。

GCC是一个能够优化代码的编译器。默认情况下，Linux内核在编译时会采用编译器标志-O2。这个标志开启了很多优化算法，能够改变内核代码的基本结构和顺序[1]。例如，Linux内核大量使用了内联函数。内联函数是指那些由inline关键字声明的小函数，结果是编译器会将函数体直接包含到执行线程中，而不是产生一个函数调用，从而省去了相关的开销[2]。内联函数要求优化级别至少为-O1。因此，不能够关闭编译器的优化，虽然这有利于调试。

在Linux内核中的很多地方，单步调试代码很困难，有时根本不可能。最明显的例子就是修改虚拟内存设置的那部分代码路径。当应用程序执行了一个系统调用并进入内核时，进程所看到的地址空间会发生改变。实际上，任何涉及处理器异常的转换都会改变运行环境，从而很难或不可能进行单步调试。

14.2　使用 KGDB 进行内核调试

有两种常见的方法允许我们在Linux内核中进行带符号的源码级调试：
❑ 使用KGDB作为一个远程GDB代理；
❑ 使用一个硬件JTAG探测器来控制处理器。
14.4节会介绍JTAG调试。

KGDB（Kernel GDB）是一系列Linux内核补丁，它们通过GDB的远程串行协议向它提供了一个接口[3]。KGDB实现了一个GDB stub，它和运行于主机开发工作站上的交叉调试器（cross-gdb）通信。直到最近，目标板上的KGDB都需要和开发主机之间进行串行连接。不过，有一些目标板支持基于以太网甚至USB的KGDB连接。对KGDB的完整支持还没有合入主线内核中（kernel.org发布的内核版本）。你需要自己将KGDB移植到所选的目标板上，或是购买一个针对所选架构和平台的嵌入式Linux发行版，并且其中包含对KGDB的支持。如今大多数商业嵌入式Linux发行版都支持KGDB。

值得注意的一点是，你会发现在对KGDB的支持程度上，不同架构和平台之间是有些差异的。除非这个平台的开发人员特别启用了KGDB，否则它可能不会在特定平台上正常工作。另外，在

---

① 请参考本章末尾的GCC手册，以了解更多有关优化级别的细节。

② 内联函数类似于宏，但它具有在编译时进行类型检查的优点。

③ 一个简化版的KGDB已经合入Linux 2.6.26主线版本中，但它缺乏对某些特性的支持，包括通过KGDB以太网调试及其他特性。

14

不同的平台和架构上，有关KGDB的内核配置选项也有所不同。确保你的平台支持KGDB的唯一方法就是自己移植，或者购买商业Linux内核和发行版，而它支持在你的平台上运行KGDB。请参考本章最后一节的参考文档。

图14-1显示了一个使用KGDB时的调试环境设置。开发主机和目标板之间最多存在3个连接。以太网用于NFS挂载根文件系统以及主机通过Telnet会话远程登录到目标板上。如果目标板的闪存中有一个ramdisk镜像，而且它会被挂载为根文件系统，你就可以去掉这个以太网连接。

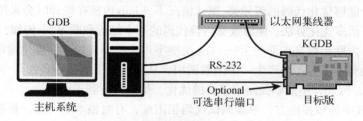

图14-1   使用KGDB时的调试环境设置

目标板上有一个串行端口专门用于KGDB和运行于开发主机上的GDB之间的连接，另一个串行端口则充当一个控制台。在只有一个串行端口的系统中，KGDB使用起来会比较麻烦。

正如图14-1所示，调试器（交叉版本的GDB）运行在开发主机上。而KGDB则是运行在目标板上的内核的一部分。KGDB实现了一些必要的钩子函数（hook），借助这些钩子函数，GDB能够连接到你的目标板，从而能够利用设置断点、查看内存和单步执行程序等功能。

14.2.1　KGDB 的内核配置

前面提到过，在对KGDB的支持方面，不同的架构和平台之间存在差异。下面这个例子基于CDS平台（来自飞思卡尔半导体公司）上的Power架构处理器MPC8548，并且使用了MontaVista公司出品的商业Linux发行版，而其中添加了对KGDB的支持。这个例子中的一些特性并不存在于主线内核源代码中，因为长期以来开发人员都不赞成在内核中包含对KGDB的支持，直到最近通用形式的KGDB（Linux 2.6.26）才开始出现。

KGDB是一个内核特性，必须在内核中开启它的功能。KGDB的配置选项位于Kernel hacking菜单下面，如图14-2所示（为了让图片能够显示在页面中，我们省略了Kernel hacking菜单下面的很多条目。实际上，在KGDB选项之前还有很多其他配置项）。作为配置的一部分，必须选择KGDB所使用的I/O驱动程序。在这个例子中，我们选择了串行端口驱动KGDB_8250。在图14-2中还要注意一点，我们选择了在编译内核时包含调试信息（DEBUG_INFO），这会在构建内核时加上编译器标志-g，从而可以进行符号调试。

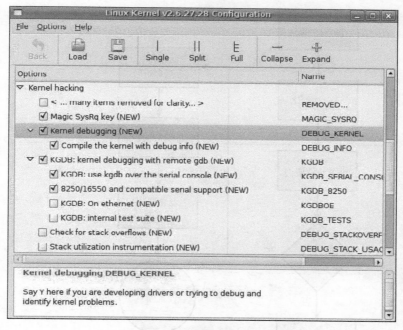

图14-2 有关KGDB的内核配置

14.2.2 在开启 KGDB 时引导目标板

构建了支持KGDB的内核之后,必须在运行时开启它的功能。一般而言,在内核命令行中传递一个命令行开关即可开启KGDB。如果你已经将KGDB编译进了内核,但没有使用命令行开关开启它的功能,它是不会起作用的。开启KGDB之后,可以在系统引导过程的早期设置一个断点,让内核停在那儿,然后你就能够在开发主机上使用GDB连接到目标板上。图14-3显示了在开启KGDB之后设置一个初始断点的逻辑流程。

KGDB需要和开发主机之间通过串行端口进行连接[①]。因此,设置KGDB的第一步就是在系统引导过程的早期阶段开启串行端口的功能。在很多架构中,在访问硬件UART之前,它必须首先被映射到内核内存中。在映射了地址范围之后,串行端口被初始化。接着会安装调试陷阱(debug trap)的处理函数,这样处理器异常能够陷入到调试器中。

代码清单14-1显示了在开启KGDB的情况下系统引导时的终端输出信息。这个例子基于飞思卡尔公司的MPC8548CDS参考板,它在出厂时预装了U-Boot引导加载程序。

---

① 在有些架构和平台上,你可以配置KGDB使用以太网甚至USB。

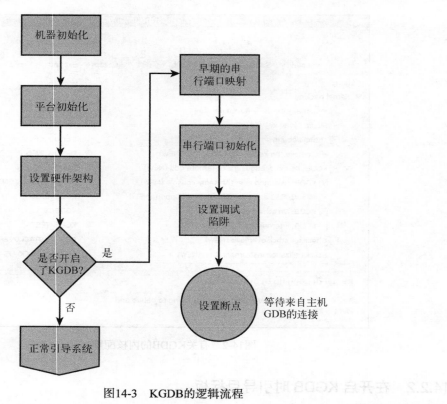

图14-3　KGDB的逻辑流程

代码清单14-1　在开启KGDB的情况下使用U-Boot引导内核

```
=> setenv bootargs console=ttyS1,115200 root=/dev/nfs rw ip=dhcp kgdbwait
kgdb8250=ttyS1,115200
=> tftp 600000 mpc8548.uImage
Speed: 1000, full duplex
Using eTSEC0 device
TFTP from server 192.168.0.9; our IP address is 192.168.0.18
Filename '8548/uImage'.
Load address: 0x600000
Loading: #################################################################
         ###########################################################
done
Bytes transferred = 1854347 (1c4b8b hex)
=> tftp c00000 mpc8548.dtb
Speed: 1000, full duplex
Using eTSEC0 device
TFTP from server 192.168.0.9; our IP address is 192.168.0.18
Filename '8548/dtb'.
```

```
Load address: 0xc00000
Loading: ##
done
Bytes transferred = 16384 (4000 hex)
=> bootm 600000 - c00000
## Booting kernel from Legacy Image at 00600000 ...
   Image Name:    MontaVista Linux 6/2.6.27/freesc
   Image Type:    PowerPC Linux Kernel Image (gzip compressed)
   Data Size:     1854283 Bytes =  1.8 MB
   Load Address: 00000000
   Entry Point:   00000000
   Verifying Checksum ... OK
## Flattened Device Tree blob at 00c00000
   Booting using the fdt blob at 0xc00000
   Uncompressing Kernel Image ... OK
   Loading Device Tree to 007f9000, end 007fffff ... OK
kgdb8250: ttyS1 init delayed, use io/mmio/mbase syntax for early init.
Using MPC85xx CDS machine description
Memory CAM mapping: CAM0=256Mb, CAM1=0Mb, CAM2=0Mb residual: 0Mb
Linux version 2.6.27.28.freescale-8548cds.0908010910 (chris@pluto) (gcc version
4.3.3 (MontaVista Linux Sourcery G++ 4.3-217) ) #1 PREEMPT Mon Mar 29 11:09:48 EDT
2010
console [udbg0] enabled
setup_arch: bootmem
mpc85xx_cds_setup_arch()
<…… 此处省略了很多消息 ……>
Serial: 8250/16550 driver4 ports, IRQ sharing enabled
serial8250.0: ttyS0 at MMIO 0xe0004500 (irq = 42) is a 16550A
serial8250.0: ttyS1 at MMIO 0xe0004600 (irq = 42) is a 16550A
console handover: boot [udbg0] -> real [ttyS1]
kgdb: Registered I/O driver kgdb8250.
kgdb: Waiting for connection from remote gdb...
```

这里的大部分输出信息看上去似曾相识，因为我们已经在第7章中介绍过U-Boot。回顾一下第7章的内容，U-Boot的环境变量bootargs定义了内核命令行的内容。注意到我们在命令行中添加了kgdbwait参数，它会让内核停在一个早期的断点上，并等待来自主机调试器（交叉版本的gdb）的连接。

另外需要注意的是，系统引导并没有完成。因为我们在内核命令行中指定了kgdbwait，内核的初始化流程会一直进行到串行端口驱动程序加载完成，然后停在一个预设断点上。这时，它会无限期地等待一个外部调试器和它建立连接。

你还应该注意到另一个新的内核命令行参数。这个特定的架构（Power）和平台（8548CDS）使用了8250串行端口驱动以及一个特殊的基于8250的KGDB驱动（它是由文件.../drivers/serial/

8250_kgdb.c实现的）。必须告诉KGDB用于调试的串行端口设备，这是在内核命令行中指定的，使用的语法格式类似于描述一个控制台设备。

现在内核已准备就绪并等待主机调试器，可以开始一个调试会话了。我们在主机开发工作站上执行一个交叉版本的gdb，并通过GDB的远程协议连接到目标板上。在这个例子中，由于我们和控制台共享一个串行端口，因而必须先断开终端仿真器程序与目标板的连接，然后再尝试用GDB进行连接。代码清单14-2突出显示了GDB的连接过程。这里假设我们已经退出了终端仿真器程序，并将串行端口空出来给GDB使用。

代码清单14-2　连接到KGDB

```
$ ppc_85xx-gdb -q vmlinux
(gdb) target remote /dev/ttyS0
Remote debugging using /dev/ttyS0
0xc0058360 in kgdb_register_io_module (new_kgdb_io_ops=0x1)
    at kernel/kgdb.c:1802
1802        wmb(); /* 断点之前的同步点*/
(gdb) l
1797    *  调试器
1798    */
1799    void kgdb_breakpoint(void)
1800    {
1801        atomic_set(&kgdb_setting_breakpoint, 1);
1802        wmb(); /* 断点之前的同步点*/
1803        arch_kgdb_breakpoint();
1804        wmb(); /* 断点之后的同步点*/
1805        atomic_set(&kgdb_setting_breakpoint, 0);
1806    }
(gdb)
```

我们在这里执行了3个动作：

- 执行交叉版本的gdb程序，并将内核ELF文件vmlinux传递给它；
- 使用命令target remote连接到目标板上；
- 使用命令list的缩写形式l显示我们所处的源码位置。

一个显而易见的事实是，我们传递给GDB的vmlinux镜像和运行于目标板上的内核二进制镜像必须是在同一次内核构建中生成的。在编译它时还必须加上-g标志，以包含调试信息。回顾一下13.5.2节，可以使用一个交叉版本的readelf工具来验证这个vmlinux镜像是否包含了调试符号。使用下面这条命令就可以验证ELF文件中是否包含了调试段。

```
$ ppc_85xx-readelf -S vmlinux | grep debug
```

当我们执行命令target remote的时候，GDB显示了程序计数器的位置。在这个例子中，内核停在了函数kgdb_breakpoint()中，位置是文件.../kernel/kgdb.c的第1802行。执行continue(c)命令时，程序会从这里开始继续运行。

14.2.3   一些有用的内核断点

现在，开发主机和目标板上的内核之间已经建立了一个调试连接。当我们执行GDB的 continue(c)命令时，内核会继续运行，而且，如果没有出现问题的话，引导过程会顺利完成。在这个阶段，你也许想设置几个断点，从而创建特定的调试会话。代码清单14-3中突出显示了两个最常用的断点。

代码清单14-3   常用的内核断点

```
(gdb) b panic
Breakpoint 1 at 0xc02d1a84: file arch/powerpc/include/asm/thread_info.h, line 87.
(gdb) b sys_sync
Breakpoint 2 at 0xc00baae4: file fs/sync.c, line 41.
(gdb) c
Continuing.
```

使用GDB的breakpoint命令（上面的例子中使用了其缩写形式），我们设置了两个断点。一个位于panic()，另一个位于sync系统调用的入口sys_sync()。如果随后有一个事件引起了内核异常，前一个断点会被命中。这样，我们就可以使用调试器查看出现panic时的系统状态。第二个断点的用处在于，当我们在一个运行于目标板上的终端输入sync命令时，这个命令会执行内核的sync系统调用，从而让内核停在这个断点上，并且让应用程序从用户空间陷入调试器中。

我们现在准备就绪，可以继续调试会话。目前的情况是，目标板上运行了一个开启KGDB功能的内核，并且它暂停在一个KGDB定义的断点上。之后，我们建立了主机交叉调试器（在这个例子里是ppc_85xx-gdb）与目标板之间的连接，并且设置了几个有用的系统断点。现在我们能够利用它们来完成手上的调试任务。

一个警告：根据定义，我们不能使用KGDB单步调试breakpoint()之前的代码，因为我们是使用它来建立（开启了KGDB功能的）内核和主机上的交叉gdb之间的连接。图14-3粗略地描述了KGDB获得控制权之前的代码执行流程。调试这段早期的代码需要使用一个辅助调试的硬件探测器。我们将在14.4节中讨论这个主题。

一旦设置好这些初始断点，并执行了continue命令，你可以在任何时候停止程序的执行，只需按Ctrl-C就行了，这会向交叉gdb发送一个信号。代码清单14-4显示了这个过程。

代码清单14-4   正在执行的内核调试会话

```
(gdb) c
Continuing.


<<<<<<<    用户在这里按下了 Ctl-C   >>>>>>>>>


Program received signal SIGTRAP, Trace/breakpoint trap.
0xc0058048 in kgdb_breakpoint () at kernel/kgdb.c:1802
1802            wmb(); /*断点之前的同步点*/                        /
```

```
(gdb) bt
#0   0xc0058048 in kgdb_breakpoint () at kernel/kgdb.c:1802
#1   0xc019bcdc in kgdb8250_interrupt (irq=<value optimized out>,
     dev_id=<value optimized out>) at drivers/serial/8250_kgdb.c:145
#2   0xc005a4f0 in handle_IRQ_event (irq=42, action=0xcf80af20)
     at kernel/irq/handle.c:140
#3   0xc005c19c in handle_fasteoi_irq (irq=42, desc=0xc039a950)
     at kernel/irq/chip.c:424
#4   0xc0004b04 in do_IRQ (regs=<value optimized out>)
     at include/linux/irq.h:289
#5   0xc000f310 in ret_from_except_full ()
#6   0xc0008144 in cpu_idle () at arch/powerpc/kernel/idle.c:59
#7   0xc02d022c in rest_init () at init/main.c:481
#8   0xc036e75c in start_kernel () at init/main.c:691
#9   0xc00003d0 in skpinv ()
(gdb)
```

可以在代码清单14-4中看到编译器优化的效果。14.3.2节将深入讨论这个主题。

14.2.4   KGDB 与控制台共享一个串行端口

虽然系统控制台和KGDB调试可以共用同一个串行端口，但这显然不够理想。在不同的架构和平台上，KGDB具备的功能有所不同。一旦离开了x86架构，事情就变得不太确定了。KGDB有很多连接选项，包括使用串行端口、以太网端口，甚至在某些平台上可以行使USB。可以确定的一点是，在任意一个给定的平台上，并不是所有这些组合都会经过测试。

本书的其他地方已经说过：如果你确信需要使用KGDB来进行内核调试，在目标板上添加一个串行端口无可非议，如果这个串行端口可以在生产阶段节省成本的话，就更是如此了。它所减轻的负担（可理解为开发人员的时间）足够补偿它所增加的开发成本。

要在控制台和KGDB之间共享一个串行端口，需要两个命令行参数。使用内核命令行参数kgdboc指定使用的串行端口，并使用kgdbcon表示KGDB会和控制台共享此串行端口。在使用kgdboc参数指定一个串行端口时，它所采用的方法类似于在内核命令行中描述一个控制台设备：

```
kgdbcon kgdboc=ttyS1,115200
```

当你引导内核并建立了KGDB连接后，所有的控制台消息都会由主机上的交叉gdb显示出来。代码清单14-5展示了这样的一个例子。首先，我们使用刚才所说的命令行参数引导目标板。目标板正常启动，直到显示一个登录提示符。现在，我们必须使用SysRequest开启KGDB的功能。在一个串行端口控制台中，最简单的方法是使用/proc接口：

```
root@8548:~# echo g >/proc/sysrq-trigger
SysRq : GDB
Entering KGDB
```

现在，我们将串行端口终端从控制台断开，释放它给KGDB使用。我们接着执行交叉gdb，代码清单14-5显示了之后的调试会话。

代码清单14-5　与KGDB共享串行端口控制台

```
$ ppc_85xx-gdb -q vmlinux
(gdb) target remote /dev/ttyS0
Remote debugging using /dev/ttyS0
0xc0058098 in sysrq_handle_gdb (key=0x11, tty=0x8ddf) at kernel/kgdb.c:1802
1802          wmb(); /*断点之前的同步点*/
(gdb) b sys_sync
Breakpoint 1 at 0xc00baae4: file fs/sync.c, line 41.
(gdb) b panic
Breakpoint 2 at 0xc02d1a84: file arch/powerpc/include/asm/thread_info.h, line 87.
(gdb) c
Continuing.
<<<< 在另一个终端窗口中通过SSH登录到目标板上之后，
<<<< 这时，执行命令'modprobe ipv6'
[New Thread 1665]
NET: Registered protocol family 10
lo: Disabled Privacy Extensions
ADDRCONF(NETDEV_UP): eth1: link is not ready
tunl0: Disabled Privacy Extensions
```

正如代码清单14-5所示，我们设置了断点，并执行continue命令让内核继续运行。在主机的另一个终端窗口中，使用SSH协议登录到目标板上，并加载一个模块，在这里，它是指ipv6.ko。具体加载哪个模块并不重要，我们的目的是生成一些内核的printk打印消息，以验证他们确实会被输出到GDB的终端窗口中。你可以看到这些消息是从[New Thread 1665]行开始的。内核printk消息先是被路由到系统控制台，接着被KGDB通过GDB远程协议路由到GDB控制台。真的是非常酷！

14.2.5　调试非常早期的内核代码

前面所述的那些技术不能够用于调试内核初始化过程中非常早期的代码。实际上，你所能做的最多是调试串行端口驱动程序加载和注册之后的初始化代码。在某些架构和平台上，这种能力是由两个内核命令行参数提供的：kgdbwait和kgdb8250。①

要想支持早期的内核调试，内核需要一个KGDB I/O驱动。在使用KGDB进行早期的内核调试时，最常用的（也是影响最小的）I/O方法是串行端口。前面所说的kgdb8250驱动就是这样的一个例子。显然，这个驱动应该被编译到内核中，以用于早期的内核调试。

---

① 这种调试早期内核代码的功能是由MontaVista公司在其针对MPC8548平台的商业嵌入式Linux发行版中提供的。目前，主线内核源码还不支持它。如果想复制这个功能，你必须为内核代码打补丁，在其中添加早期的串行端口驱动。

正如我们在代码清单14-1中所看到的，我们用kgdb8250告诉KGDB使用哪个串行端口。然而，使用另一种语法格式，我们就能够调用一个早期的初始化函数，从而可以调试非常早期的内核代码。使用kgdbwait能够让内核停在初始化流程非常早期的阶段，并等待来自用户的命令。将以下这些变量添加到内核命令行中，我们就能够使用KGDB调试非常早期的内核代码了：

```
kgdb8250=ttyS1,115200 kgdbwait
```

有一点需要注意，这些命令行参数的顺序非常关键。必须首先提供KGDB I/O驱动（在这个例子中是kgdb8250），这样内核在处理kgdbwait之前才能完成这个驱动的初始化。由于kgdbwait基本上是设置一个调试断点，所以在设置断点之前，目标板与调试器之间的通信基础设施必须到位。

另一点需要记住的是，这种调试支持一般是和具体平台相关的。也就是说，你的内核和平台必须支持某种类型的用于早期内核调试的I/O驱动。为了实现这种调试，你的平台也许使用了不同的硬件，所以这需要由你（或嵌入式Linux厂商）来提供这个早期的内核调试I/O驱动。

对于kgdb8250 I/O驱动来说，你还可以在命令行中提供一个全面的参数说明，从而向这个驱动提供目标板的详细信息。其中可以包括访问这个驱动所需的I/O类型、它的基地址及可选的寄存器移位值、IRQ和波特率。采用这种形式时，它看上去会像是下面这样：

```
kgdb8250=<io|mmio|mbase>,<address>[/<regshift>],<baud rate>,<irq>
```

14.2.6　主线内核对 KGDB 的支持

从Linux 2.6.26开始，通用的KGDB功能已经并入kernel.org发布的Linux内核版本中。如果如前所述在编译内核时选择了支持KGDB，有两个内核命令行参数可在运行时配置KGDB。kgdboc指定使用的串行端口，而kdgbwait让内核在引导时停在一个断点上，从而允许调试器（gdb）获得控制权。kgdboc使用的语法格式和kgdb8250相同，刚刚在14.2.5节中已经介绍过了，它可以指定串行端口设备和波特率。kgdbwait是独立使用的，不带参数值。与14.2.5节中的例子类似，如果要在Linux 2.6.26及以后版本的内核中开启KGDB，可以使用下面这些内核命令行参数。注意，这些参数的顺序很重要。必须先指定串行端口，之后才能让内核停在断点上。

```
kgdboc=ttyS1,115200 kgdbwait
```

在系统引导时，内核会完成大部分的系统初始化，然后等待来自调试器的连接。代码清单14-6说明了这个过程。

代码清单14-6　引导一个Kernel.org发布的内核，其中包含了通用的KGDB功能

```
<……使用命令行参数kgdboc=ttyS0,115200 kgdbwait引导内核……>
……(很多引导消息)
Serial: 8250/16550 driver, 2 ports, IRQ sharing enabled
serial8250.0: ttyS0 at MMIO 0xffe04500 (irq = 42) is a 16550A
console handover: boot [udbg0] -> real [ttyS0]
serial8250.0: ttyS1 at MMIO 0xffe04600 (irq = 42) is a 16550A
kgdb: Registered I/O driver kgdboc.
kgdb: Waiting for connection from remote gdb...
```

这时，内核正在等待一个来自远程GDB会话的连接，连接上之后就可以开始调试了。注意，这已经到了内核引导过程的后期阶段。如果想要在引导过程中的早期调试一个通用Linux内核，必须使用JTAG探测器进行硬件辅助调试。我们很快就会介绍相关内容。

14.3　内核调试技术

单步调试内核代码的常见原因之一是，你需要针对目标板的具体架构和平台修改或编写代码。让我们以AMCC公司的Yosemite开发板为例，看一下具体如何操作。我们在架构设置函数中放置了一个断点，这部分代码是与具体平台相关的，然后使用continue命令让内核继续执行直到命中这个断点。代码清单14-7显示了这个过程。

代码清单14-7　调试架构设置代码

```
(gdb) b yosemite_setup_arch
    Breakpoint 3 at 0xc021a488:
        file arch/ppc/platforms/4xx/yosemite.c, line 308.
(gdb) c
Continuing.
Can't send signals to this remote system.  SIGILL not sent.

Breakpoint 3, yosemite_setup_arch () at arch/ppc/platforms/4xx/yosemite.c:308
308                yosemite_set_emacdata();
(gdb) l
303        }
304
305        static void __init
306        yosemite_setup_arch(void)
307        {
308                yosemite_set_emacdata();
309
310                ibm440gx_get_clocks(&clocks, YOSEMITE_SYSCLK, 6 * 1843200);
311                ocp_sys_info.opb_bus_freq = clocks.opb;
312
(gdb)
```

当位于yosemiste_setup_arch()的断点被命中时，GDB获得了控制权，这个断点的位置是在文件yosemite.c的第308行。list(1)命令显示了这个断点附近的源码。执行continue命令之后，GDB输出了一条有关SIGILL的警告消息，我们完全可以忽略它。这是GDB在测试远端系统能力的过程中产生的。它首先会向目标板发送一条continue_with_signal命令。但这个目标板上的KGDB版本并不支持这条命令；因此，目标板对这条命令回复了NAK[①]。收到NAK之后，

---

① NAK是Negative Acknowledgement的缩写，含义是拒绝接收或没有响应。——译者注

GDB就会显示这条警告消息，并发送标准的continue命令。

14.3.1 gdb 远程串行协议

GDB包含了一个调试开关，它使我们能够观察开发主机上的GDB和目标板之间使用的远程协议。这对于理解协议的底层机制非常有用，而且能够帮助解决目标板的故障，并纠正其异常或错误行为。执行下面这条命令就可以开启调试模式：

```
(gdb) set debug remote 1
```

开启调试模式之后，我们可以观察GDB是如何处理continue命令的，这很有启发性。代码清单14-8以continue命令为例说明了远程协议的运作流程。

代码清单14-8 远程协议示例：continue命令

```
(gdb) c
Continuing.
Sending packet: $mc0000000,4#80...Ack
Packet received: c022d200
Sending packet: $Mc0000000,4:7d821008#68...Ack
Packet received: OK
Sending packet: $mc0016de8,4#f8...Ack
Packet received: 38600001
Sending packet: $Mc0016de8,4:7d821008#e0...Ack
Packet received: OK
Sending packet: $mc005bd5c,4#23...Ack
Packet received: 38600001
Sending packet: $Mc005bd5c,4:7d821008#0b...Ack
Packet received: OK
Sending packet: $mc021a488,4#c8...Ack
Packet received: 4bfffbad
Sending packet: $Mc021a488,4:7d821008#b0...Ack
Packet received: OK
Sending packet: $c#63...Ack
    <<< 程序正在运行，gdb在等待事件
```

虽然这么多消息初看起来有些吓人，但其原理却很容易理解。简而言之，GDB是在恢复目标板上的所有断点。回顾一下代码清单14-3，我们设置了两个断点——一个位于panic()，另一个位于sys_sync()。后来，在代码清单14-7中，我们又添加了第三个断点，位于yosemite_setup_arch()。因此，一共有3个用户指定的活动断点。GDB的info breakpoints命令可以用于查看这些断点的信息。像往常一样，我们使用了命令的缩写形式：

```
(gdb) i b
Num Type           Disp Enb Address    What
1   breakpoint     keep y   0xc0016de8 in panic at kernel/panic.c:74
```

```
2    breakpoint    keep y   0xc005bd5c in sys_sync at fs/buffer.c:296
3    breakpoint    keep y   0xc021a488 in yosemite_setup_arch at
arch/ppc/platforms/4xx/yosemite.c:308
        breakpoint already hit 1 time
(gdb)
```

代码清单14-8中显示了GDB和目标板之间发送和接收的数据包。其中，$m数据包代表一条"读取目标板内存"命令，$M数据包代表一条"写入目标板内存"命令。可以比较一下这些数据包中携带的地址和前面info breakpoints命令所显示的断点的地址。对于每个断点，GDB从目标板中读取该断点地址中的指令，存储在主机中（以便于在后面恢复它），并将它替换为Power架构的trap指令twge r2, r2 （0x7d821008）。这导致控制权交还给调试器。图14-4说明了这个过程。

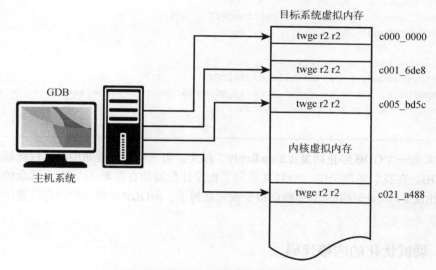

图14-4　GDB在目标内存中插入断点

你也许已经注意到了，GDB一共更新了4个断点，而我们只设置了3个。第一个断点是由GDB在启动时自动设置的，它在目标内存中的位置为0xc000_0000。这个位置是链接后的内核镜像的基地址——其实就是_start。这等价于在调试用户空间程序时，在main()函数的起始处设置了一个断点，而且是由GDB自动完成的。另外3个断点是我们在前面设置的。

当有事件（比如命中一个断点）发生时，控制权会交还给GDB，然后，同样的事情会按照相反的次序发生。代码清单14-9显示了位于yosemite_setup_arch()处的断点被命中时的详细过程。

代码清单14-9　远程协议：命中断点

```
Packet received: T0440:c021a488;01:c020ff90;
Sending packet: $mc0000000,4#80...Ack <<< 读取内存地址@c0000000中的内容
```

```
Packet received: 7d821008
Sending packet: $Mc0000000,4:c022d200#87...Ack  <<< 写入内存
Packet received: OK
Sending packet: $mc0016de8,4#f8...Ack
Packet received: 7d821008
Sending packet: $Mc0016de8,4:38600001#a4...Ack
Packet received: OK
Sending packet: $mc005bd5c,4#23...Ack
Packet received: 7d821008
Sending packet: $Mc005bd5c,4:38600001#cf...Ack
Packet received: OK
Sending packet: $mc021a488,4#c8...Ack
Packet received: 7d821008
Sending packet: $Mc021a488,4:4bfffbad#d1...Ack
Packet received: OK

Sending packet: $mc021a484,c#f3...Ack
Packet received: 900100244bfffbad3fa0c022
Breakpoint 3, yosemite_setup_arch () at arch/ppc/platforms/4xx/yosemite.c:308
308                  yosemite_set_emacdata();
(gdb)
```

$T报文是一个GDB停止回复（Stop Reply）报文。当一个断点被命中时，目标板会发送这个报文给GDB。在我们的例子中，$T报文返回了程序计数器和寄存器r1的值[1]。其余的过程与代码清单14-8相反。Power架构的`trap`断点指令被去除掉了，而GDB在相应的内存位置中恢复了原来的指令。

14.3.2   调试优化的内核代码

我们在本章开头说过，调试内核代码的挑战之一是由编译器的优化所引起的。我们还特别提到Linux内核在编译时采用的默认优化级别是-O2。下面举例说明为什么编译器的优化会使调试过程变得复杂。

因特网上的相关邮件列表里满是有关查找故障工具的问题。有时，发帖人说他的调试器正在"向后"单步调试，或者行号和源码中的不一致。我们在这里举一个例子，说明一下编译器的优化是如何让源码级调试变得复杂的。在这个例子中，当一个断点被命中时，GDB报告的行号和源码中的行号不匹配，而这是由内联函数引起的。

为了讲解这个例子，我们使用了和代码清单14-7相同的调试代码片段。代码清单14-10显示了这个调试会话的结果。

---

① 本书前面说过，GDB手册详细介绍了GDB远程协议，请参考本章末尾的文献。

代码清单14-10　优化后的架构设置代码

```
$ ppc_44x-gdb --silent vmlinux
(gdb) target remote /dev/ttyS0
Remote debugging using /dev/ttyS0
breakinst () at arch/ppc/kernel/ppc-stub.c:825
825             }
(gdb) b panic
Breakpoint 1 at 0xc0016b18: file kernel/panic.c, line 74.
(gdb) b sys_sync
Breakpoint 2 at 0xc005a8c8: file fs/buffer.c, line 296.
(gdb) b yosemite_setup_arch
Breakpoint 3 at 0xc020f438: file arch/ppc/platforms/4xx/yosemite.c, line 116.
(gdb) c
Continuing.

Breakpoint 3, yosemite_setup_arch ()
    at arch/ppc/platforms/4xx/yosemite.c:116
116             def = ocp_get_one_device(OCP_VENDOR_IBM, OCP_FUNC_EMAC, 0);
(gdb) l
111             struct ocp_def *def;
112             struct ocp_func_emac_data *emacdata;
113
114             /* 设置每个EMAC的mac_addr和phy模式*/
115
116             def = ocp_get_one_device(OCP_VENDOR_IBM, OCP_FUNC_EMAC, 0);
117             emacdata = def->additions;
118             memcpy(emacdata->mac_addr, __res.bi_enetaddr, 6);
119             emacdata->phy_mode = PHY_MODE_RMII;
120
(gdb) p yosemite_setup_arch
$1 = {void (void)} 0xc020f41c <yosemite_setup_arch>
```

参考代码清单14-7，我们可以知道函数yosemite_setup_arch()实际上位于文件yosemite.c的第306行。现在将它与代码清单14-10作个比较。我们命中了断点，但GDB报告说这个断点位于文件yosemite.c的第116行。第一眼看上去，调试器报告的行号和对应源码的行号不匹配。这是一个GDB的bug吗？我们先确认一下编译器生成了哪些调试信息。使用第13章中介绍的readelf工具[①]，我们就能够查看编译器生成的有关这个函数的调试信息了：

```
$ ppc_44x-readelf --debug-dump=info vmlinux | grep -u6 \
  yosemite_setup_arch | tail -n 7
    DW_AT_name        : (indirect string, offset: 0x9c04): yosemite_setup_arch
    DW_AT_decl_file   : 1
```

---

① 记得使用交叉版本的readelf，比如针对PowerPC 44x架构的ppc_44x-readelf。

```
DW_AT_decl_line     : 307
DW_AT_prototyped    : 1
DW_AT_low_pc        : 0xc020f41c
DW_AT_high_pc       : 0xc020f794
DW_AT_frame_base    : 1 byte block: 51        (DW_OP_reg1)
```

我们不用成为专家就可以读懂这些DWARF2格式的调试记录[①]，并发现问题函数位于源码的第307行。我们还可以使用addr2line工具（同样是在第13章中介绍的）来确认这一点。在执行addr2line命令时，我们使用了代码清单14-10中由GDB打印出的函数地址（p yosemite_setup_arch）：

```
$ ppc_44x-addr2line  -e vmlinux 0xc020f41c
  arch/ppc/platforms/4xx/yosemite.c:307
```

不过，GDB报告说断点位于文件yosemite.c的第116行，而不是这里的第307行。要想明白这里发生了什么，我们需要看一下汇编器的输出。代码清单14-11显示了函数yosemite_setup_arch()的反汇编码，这是由GDB的disassemble命令生成的。

代码清单14-11   反汇编yosemite_setup_arch

```
(gdb) disassemble yosemite_setup_arch
0xc020f41c <yosemite_setup_arch+0>:     mflr    r0
0xc020f420 <yosemite_setup_arch+4>:     stwu    r1,-48(r1)
0xc020f424 <yosemite_setup_arch+8>:     li      r4,512
0xc020f428 <yosemite_setup_arch+12>:    li      r5,0
0xc020f42c <yosemite_setup_arch+16>:    li      r3,4116
0xc020f430 <yosemite_setup_arch+20>:    stmw    r25,20(r1)
0xc020f434 <yosemite_setup_arch+24>:    stw     r0,52(r1)
0xc020f438 <yosemite_setup_arch+28>:    bl      0xc000d344 <ocp_get_one_device>
0xc020f43c <yosemite_setup_arch+32>:    lwz     r31,32(r3)
0xc020f440 <yosemite_setup_arch+36>:    lis     r4,-16350
0xc020f444 <yosemite_setup_arch+40>:    li      r28,2
0xc020f448 <yosemite_setup_arch+44>:    addi    r4,r4,21460
0xc020f44c <yosemite_setup_arch+48>:    li      r5,6
0xc020f450 <yosemite_setup_arch+52>:    lis     r29,-16350
0xc020f454 <yosemite_setup_arch+56>:    addi    r3,r31,48
0xc020f458 <yosemite_setup_arch+60>:    lis     r25,-16350
0xc020f45c <yosemite_setup_arch+64>:    bl      0xc000c708 <memcpy>
0xc020f460 <yosemite_setup_arch+68>:    stw     r28,44(r31)
0xc020f464 <yosemite_setup_arch+72>:    li      r4,512
0xc020f468 <yosemite_setup_arch+76>:    li      r5,1
0xc020f46c <yosemite_setup_arch+80>:    li      r3,4116
0xc020f470 <yosemite_setup_arch+84>:    addi    r26,r25,15104
0xc020f474 <yosemite_setup_arch+88>:    bl      0xc000d344 <ocp_get_one_device>
```

[①] 本章末尾引用了DWARFT调试标准。

```
0xc020f478 <yosemite_setup_arch+92>:      lis     r4,-16350
0xc020f47c <yosemite_setup_arch+96>:      lwz     r31,32(r3)
0xc020f480 <yosemite_setup_arch+100>:     addi    r4,r4,21534
0xc020f484 <yosemite_setup_arch+104>:     li      r5,6
0xc020f488 <yosemite_setup_arch+108>:     addi    r3,r31,48
0xc020f48c <yosemite_setup_arch+112>:     bl      0xc000c708 <memcpy>
0xc020f490 <yosemite_setup_arch+116>:     lis     r4,1017
0xc020f494 <yosemite_setup_arch+120>:     lis     r5,168
0xc020f498 <yosemite_setup_arch+124>:     stw     r28,44(r31)
0xc020f49c <yosemite_setup_arch+128>:     ori     r4,r4,16554
0xc020f4a0 <yosemite_setup_arch+132>:     ori     r5,r5,49152
0xc020f4a4 <yosemite_setup_arch+136>:     addi    r3,r29,-15380
0xc020f4a8 <yosemite_setup_arch+140>:     addi    r29,r29,-15380
0xc020f4ac <yosemite_setup_arch+144>:     bl      0xc020e338 <ibm440gx_get_clocks>
0xc020f4b0 <yosemite_setup_arch+148>:     li      r0,0
0xc020f4b4 <yosemite_setup_arch+152>:     lis     r11,-16352
0xc020f4b8 <yosemite_setup_arch+156>:     ori     r0,r0,50000
0xc020f4bc <yosemite_setup_arch+160>:     lwz     r10,12(r29)
0xc020f4c0 <yosemite_setup_arch+164>:     lis     r9,-16352
0xc020f4c4 <yosemite_setup_arch+168>:     stw     r0,8068(r11)
0xc020f4c8 <yosemite_setup_arch+172>:     lwz     r0,84(r26)
0xc020f4cc <yosemite_setup_arch+176>:     stw     r10,8136(r9)
0xc020f4d0 <yosemite_setup_arch+180>:     mtctr   r0
0xc020f4d4 <yosemite_setup_arch+184>:     bctrl
0xc020f4d8 <yosemite_setup_arch+188>:     li      r5,64
0xc020f4dc <yosemite_setup_arch+192>:     mr      r31,r3
0xc020f4e0 <yosemite_setup_arch+196>:     lis     r4,-4288
0xc020f4e4 <yosemite_setup_arch+200>:     li      r3,0
0xc020f4e8 <yosemite_setup_arch+204>:     bl      0xc000c0f8 <ioremap64>
End of assembler dump.
(gdb)
```

同样，我们不需要成为Power架构汇编语言的专家就可以理解这段代码。注意其中的bl指令以及相关的标号。在Power架构汇编语言的助记法中，bl代表函数调用。与bl指令相关的标号则代表函数的符号名称，它们是重要的数据点。粗略分析一下，我们看到在这段汇编代码起始附近有以下这些函数调用：

```
Address        Function
0xc020f438     ocp_get_one_device()
0xc020f45c     memcpy()
0xc020f474     ocp_get_one_device()
0xc020f48c     memcpy()
0xc020f4ac     ibm440gx_get_clocks()
```

代码清单14-12显示了源码文件yosemite.c的部分内容。将它与GDB反汇编命令输出的函数标号相关联，我们可以看到其中的一些函数调用发生在yosemite_set_emacdata()中。当yosemite_setup_arch()处的断点命中时，GDB报告的断点位置是在第116行，而这些函数调用正是出现在这一行的附近。理解这个异常现象的关键是要注意到yosemite_setup_arch()

最开始的那个子函数调用。编译器在处理对yosemite_set_emacdata()的调用时，将它内联化了，而不是生成相应的函数调用指令。简单地检查一下源码就能看出这一点。这个内联处理造成了GDB在命中断点时报告了不匹配的行号。虽然函数yosemite_set_emacdata()没有使用inline关键字进行声明，但从性能优化考虑，GCC编译器还是对它进行了内联处理。

代码清单14-12 源码文件yosemite.c的部分内容

```
109 static void __init yosemite_set_emacdata(void)
110 {
111         struct ocp_def *def;
112         struct ocp_func_emac_data *emacdata;
113
114         /*为每个EMAC设置mac_addr和phy模式*/
115
116         def = ocp_get_one_device(OCP_VENDOR_IBM, OCP_FUNC_EMAC, 0);
117         emacdata = def->additions;
118         memcpy(emacdata->mac_addr, __res.bi_enetaddr, 6);
119         emacdata->phy_mode = PHY_MODE_RMII;
120
121         def = ocp_get_one_device(OCP_VENDOR_IBM, OCP_FUNC_EMAC, 1);
122         emacdata = def->additions;
123         memcpy(emacdata->mac_addr, __res.bi_enet1addr, 6);
124         emacdata->phy_mode = PHY_MODE_RMII;
125 }
126
...
304
305 static void __init
306 yosemite_setup_arch(void)
307 {
308         yosemite_set_emacdata();
309
310         ibm440gx_get_clocks(&clocks, YOSEMITE_SYSCLK, 6 * 1843200);
311         ocp_sys_info.opb_bus_freq = clocks.opb;
312
313         /*初始化为某个合理的值，直到calibrate_delay()运行*/
314         loops_per_jiffy = 50000000/HZ;
315
316         /*设置PCI主机桥*/
317         yosemite_setup_hose();
318
319 #ifdef CONFIG_BLK_DEV_INITRD
320         if (initrd_start)
321                 ROOT_DEV = Root_RAM0;
322         else
```

```
323 #endif
324 #ifdef CONFIG_ROOT_NFS
325              ROOT_DEV = Root_NFS;
326 #else
327              ROOT_DEV = Root_HDA1;
328 #endif
329
330     yosemite_early_serial_map();
331
332     /* 识别系统信息*/
333     printk( "AMCC PowerPC " BOARDNAME " Platform\n" );
334 }
335
```

下面总结一下前述的讨论。

❑ 在GDB中设置了一个断点，位于yosemite_setup_arch()。

❑ 当这个断点被命中时，我们位于源码文件的第116行，而这和我们设置断点的实际函数位置相去甚远。

❑ 使用GDB的命令生成了函数yosemite_setup_arch()的反汇编码，并找出这段代码中的函数调用标号。

❑ 将这些标号和源码进行对比，我们发现编译器将子函数yosemite_set_emacdata()内联到了函数yosemiet_setup_arch()中（我们在此设置了断点），因而造成了潜在的混乱。

这就解释了为什么位于yosemite_setup_arch()处的断点被命中时GDB报告了不匹配的行号。

回顾一下代码清单14-4的内容，它包含了另一种类型的优化的几个例子，其中调试器报告说某些变量已经被优化掉了（value optimized out）。在函数的执行过程中，这些局部变量被处理器的寄存器替代了，并因此被编译器优化掉了。使用文件cmd_bootm.c中的一段U-Boot代码可以很容易地说明这一点。代码清单14-13显示了do_bootm()函数中的几行代码。

代码清单14-13 局部变量被优化掉的例子

```
584 int do_bootm (cmd_tbl_t *cmdtp, int flag, int argc, char *argv[])
585 {
586         ulong           iflag;
587         ulong           load_end = 0;
588         int             ret;

<……这里省略了很多行>

652         ret = bootm_load_os(images.os, &load_end, 1);
653
```

```
654              if (ret < 0) {
655                    if (ret == BOOTM_ERR_RESET)
656                          do_reset (cmdtp, flag, argc, argv);
...                                                               ]
```

使用交叉gdb和BDI-2000/3000单步跟踪这段代码时，会出现下面这样的情况：

```
(gdb) l 654
649              dcache_disable();
650    #endif
651
652              ret = bootm_load_os(images.os, &load_end, 1);
653
654              if (ret < 0) {
655                    if (ret == BOOTM_ERR_RESET)
656                          do_reset (cmdtp, flag, argc, argv);
657                    if (ret == BOOTM_ERR_OVERLAP) {
658                          if (images.legacy_hdr_valid) {
(gdb) p ret
$2 = <value optimized out>
```

注意一下，在调用了bootm_load_os()之后，我们读取了这个函数的返回值。根据源码的第652行，这个返回值存储在一个名为ret的局部变量中。当我们尝试显示ret的值时，结果却是一条<value optimized out>消息。因为我们知道Power架构会将函数调用的返回值放在R3寄存器中，所以为了获知返回值，可以在函数返回后立刻显示R3寄存器的内容。

```
(gdb) mon rd
GPR00: 0ff7c9ec 0ff4db40 0ff4df64 00000000
GPR04: 00000002 00000000 0ff50ac8 00002538
GPR08: 00001000 00000020 00003538 00000001
GPR12: 24044022 1001a5b8 00000000 00000000
GPR16: 0ff88af4 00000000 00000000 00000000
GPR20: 00000000 00000000 0fff10f4 00000000
GPR24: 00000001 00000000 0ffab9d0 00000004
GPR28: 0ff50a40 0fff0b34 0ffaf0f0 00000000
CR   : 42044048    MSR: 00021200
(gdb)
```

这个命令直接执行了BDI-2000/3000的rd命令（显示通用寄存器的内容）并返回结果。GPR03（R3）的内容是全零，这说明函数调用是成功的。

为了优化代码，编译器会使用多种不同类型的优化算法。这个例子只是展示了其中的一种：函数内联。每一种算法都会以不同方式给调试者（人和机器）带来困惑。作为开发人员，我们面临的挑战是要理解机器层次的代码行为，并将其转化成为我们想要做的。现在你应该能够体会到尽可能地降低优化级别是有利于调试的。

14.3.3 GDB 的用户自定义命令

你也许已经知道GDB在启动时会查找一个名为.gdbinit的初始化文件。当它第一次被调用时，GDB会加载这个初始化文件（通常位于用户主目录中），并执行其中的命令。一个常用的命令组合是连接目标系统并设置一些初始的断点。在这种情况下，.gdbinit文件的内容看上去会像代码清单14-14中所显示的那样。

代码清单14-14　一个简单的GDB初始化文件

```
$ cat ~/.gdbinit
set history save on
set history filename ~/.gdb_history
set output-radix 16

define connect
#    target remote bdi:2001
    target remote /dev/ttyS0
    b panic
    b sys_sync
end
```

这个简单的.gdbinit文件首先开启了将命令历史保存到用户指定文件的功能，并设置了打印输出值的默认基数（16进制）。接着，它定义了一个GDB的用户自定义命令，名为connect（用户自定义命令也常常称作宏）。当我们在GDB的命令行提示符后输入这个命令时，GDB会使用它所期望的方法（在这个例子中是串行端口）连接到目标系统上，并在panic()和sys_sync()处分别设置一个系统断点。命令中的网络方法（host:port）被注释掉了，我们将在14.4节介绍这种方法。

GDB用户自定义命令的创新使用是无止境的。在调试内核时，我们常常需要查看一些全局的数据结构，比如任务列表和内存映射，这对调试很有帮助。我们在下一节中会介绍几个有用的GDB用户自定义命令，它们能够显示内核调试过程中可能需要访问的一些具体内核数据。

14.3.4　有用的内核 GDB 宏

在进行内核调试时，查看系统中正在运行的进程和它们的一些公共属性通常很有用。内核维护了一个任务（进程）链表，其中的每个任务都由结构体struct task_struct描述。链表中第一个任务的地址保存在内核全局变量init_task中，它代表了内核在启动时生成的初始任务。每个任务结构体中包含一个struct list_head类型的成员，它们将任务链接成一个环形链表。这两个随处可见的内核结构是在下面的头文件中定义的：

```
struct task_struct        .../include/linux/sched.h
struct list_head          .../include/linux/list.h
```

通过使用GDB宏，我们能够遍历这个任务链表并显示出其中的有用信息。可以很容易地修改这些宏，从而提取出你所感兴趣的数据。它们也是了解内核内部细节的有效工具。

代码清单14-15中我们要查看的第一个宏（find_task）很简单，它的功能是搜索内核的任务链表（每个成员的类型是task_struct），直到找到给定的任务。如果找到的话，这个宏会显示出该任务的名称。

代码清单14-15　GDB的find_task宏

```
 1  # Helper function to find a task given a PID or the
 2  # address of a task_struct.
 3  # The result is set into $t
 4  define find_task
 5    # Addresses greater than _end: kernel data...
 6    # ...user passed in an address
 7    if ((unsigned)$arg0 > (unsigned)&_end)
 8      set $t=(struct task_struct *)$arg0
 9    else
10      # User entered a numeric PID
11      # Walk the task list to find it
12      set $t=&init_task
13      if (init_task.pid != (unsigned)$arg0)
14        find_next_task $t
15        while (&init_task!=$t && $t->pid != (unsigned)$arg0)
16          find_next_task $t
17        end
18        if ($t == &init_task)
19          printf "Couldn't find task; using init_task\n"
20        end
21      end
22    end
23    printf "Task \"%s\":\n", $t->comm
24  end
```

将这个宏的内容写入文件.gdbinit中并重启GDB，或者使用GDB的source命令[①]对它进行处理。（我们将在后面的代码清单14-19中解释find_next_task宏。）按照下面的方式执行它（参数是任务的PID）：

```
(gdb) find_task 910
   Task "syslogd":
```

注意，你也可以传递一个地址给find_task宏，像下面这样：

```
(gdb) find_task 0xCFFDE470
   Task "bash":
```

---

① 在GDB宏的开发过程中，GDB的source命令提供了一条捷径。这个命令打开并读取一个包含宏定义的源文件。

当然，你必须根据实际情况提供有效的参数。

代码清单14-15的第4行定义了这个宏的名称。第7行判断输入参数是任务的PID（数值范围从0到几百万）还是`task_struct`结构体的地址，如果是地址，它必须超过Linux内核镜像本身的末尾（由符号`_end`[①]定义）。如果入参是一个地址，所需的唯一动作就是将它转换为合适的指针类型，从而可以访问对应的`task_struct`结构体。这是在第8行中完成的。正如第3行中的注释所说，这个宏会返回一个GDB自由变量，其类型是指向`struct task_struct`结构体的指针。

如果入参是一个任务的PID，这个宏会遍历整个链表并查找匹配的`task_struct`。第12行和第13行初始化循环变量（GDB的宏命令语言中没有`for`语句），第15行至第17行定义了查找的循环体。其中的`find_next_task`宏用于提取任务链表中下一个`task_struct`的指针。最后，如果查找失败，返回值会被设置为一个合理的值（`init_task`的地址），从而它可以安全地用于其他宏。

在`find_task`宏的基础之上，很容易就可以编写一个简单的`ps`命令，用它来显示系统中运行的每个进程的信息。

代码清单14-16定义了一个名为`ps`的GDB宏，它可以显示所有正在运行的进程的信息，而这些信息来自进程的`struct task_struct`结构体。和其他GDB命令一样，执行这个命令的时候只需要输入它的名字和所需的参数即可。注意，`find_task`宏只需要一个参数，可以是任务的PID或是`task_struct`结构体的地址。

代码清单14-16　打印进程信息的GDB宏

```
 1 define ps
 2   # Print column headers
 3   task_struct_header
 4   set $t=&init_task
 5   task_struct_show $t
 6   find_next_task $t
 7   # Walk the list
 8   while &init_task!=$t
 9     # Display useful info about each task
10     task_struct_show $t
11     find_next_task $t
12   end
13 end
14
15 document ps
16 Print points of interest for all tasks
17 end
```

①符号`_end`是在最后的内核链接过程中由链接器脚本文件定义的。

这个ps宏类似于`find_task`宏，不同之处在于它不需要参数，并且还添加了另一个宏（`task_struct_show`），并用它来显示每个`task_struct`结构体中的信息。第3行打印了标题行，其中包含每一列的名称。第4行至第6行设置了循环体并显示了第一个任务的信息。第8行至第11行循环遍历每个任务，并调用`task_struct_show`宏来显示它们的信息。

注意，这个宏还包含了一条GDB `document`命令。这使GDB用户可以得到有关ps命令的帮助信息，只需要在GDB的命令行提示符后输入`help ps`命令即可，像下面这样：

```
(gdb) help ps
    Print points of interest for all tasks
```

代码清单14-17显示了在目标板上执行这个命令时的输出结果，从中可以看出，目标板上只运行了必需的服务程序。

代码清单14-17   ps宏的输出

```
(gdb) ps
Address          PID State           User_NIP  Kernel-SP  device comm
0xC01D3750         0 Running                   0xC0205E90 (none) swapper
0xC04ACB10         1 Sleeping        0x0FF6E85C 0xC04FFCE0 (none) init
0xC04AC770         2 Sleeping                  0xC0501E90 (none) ksoftirqd/0
0xC04AC3D0         3 Sleeping                  0xC0531E30 (none) events/0
0xC04AC030         4 Sleeping                  0xC0533E30 (none) khelper
0xC04CDB30         5 Sleeping                  0xC0535E30 (none) kthread
0xC04CD790        23 Sleeping                  0xC06FBE30 (none) kblockd/0
0xC04CD3F0        45 Sleeping                  0xC06FDE50 (none) pdflush
0xC04CD050        46 Sleeping                  0xC06FFE50 (none) pdflush
0xC054B7B0        48 Sleeping                  0xC0703E30 (none) aio/0
0xC054BB50        47 Sleeping                  0xC0701E20 (none) kswapd0
0xC054B410       629 Sleeping                  0xC0781E60 (none) kseriod
0xC054B070       663 Sleeping                  0xCFC59E30 (none) rpciod/0
0xCFFDE0D0       675 Sleeping        0x0FF6E85C 0xCF86DCE0 (none) udevd
0xCF95B110       879 Sleeping        0x0FF0BE58 0xCF517D80 (none) portmap
0xCFC24090       910 Sleeping        0x0FF6E85C 0xCF61BCE0 (none) syslogd
0xCF804490       918 Sleeping        0x0FF66C7C 0xCF65DD70 (none) klogd
0xCFE350B0       948 Sleeping        0x0FF0E85C 0xCF67DCE0 (none) rpc.statd
0xCFFDE810       960 Sleeping        0x0FF6E85C 0xCF5C7CE0 (none) inetd
0xCFC24B70       964 Sleeping        0x0FEEBEAC 0xCF64FD80 (none) mvltd
0xCFE35B90       973 Sleeping        0x0FF66C7C 0xCFEF7CE0 ttyS1  getty
0xCFE357F0       974 Sleeping        0x0FF4B85C 0xCF6EBCE0 (none) in.telnetd
0xCFFDE470       979 Sleeping        0x0FEB6950 0xCF675DB0 ttyp0  bash
0xCFFDEBB0       982<Running        0x0FF6EB6C 0xCF7C3870 ttyp0  sync
(gdb)
```

ps宏的大部分工作都是由`task_struct_show`宏完成的。正如代码清单14-17所示，`task_struct_show`宏显示了`task_struct`结构体中的以下字段：

- ❑ Address——进程的`task_struct`结构体的地址；
- ❑ PID——进程ID；
- ❑ State——进程的当前状态；
- ❑ User_NIP——用户空间的下一条指令指针；
- ❑ Kernel_SP——内核栈指针；
- ❑ device——和此进程相关联的设备；
- ❑ comm——进程的名称（或命令）。

很容易就可以修改这个宏，让它显示其他一些信息，从而完成特定的内核调试任务。唯一复杂的地方在于宏语言本身的功能比较简单。因为GDB的用户自定义命令语言不支持字符串处理函数（比如`strlen`），所以必须手工调整屏幕输出信息的格式。

代码清单14-18显示了`task_struct_show`宏，代码清单14-17中的输出信息就是由它生成的。

代码清单14-18 `task_struct_show`宏

```
 1 define task_struct_show
 2   # task_struct addr and PID
 3   printf "0x%08X %5d", $arg0, $arg0->pid
 4
 5   # Place a '<' marker on the current task
 6   #  if ($arg0 == current)
 7   # For PowerPC, register r2 points to the "current" task
 8   if ($arg0 == $r2)
 9     printf "<"
10   else
11     printf " "
12   end
13
14   # State
15   if ($arg0->state == 0)
16     printf "Running   "
17   else
18     if ($arg0->state == 1)
19       printf "Sleeping  "
20     else
21       if ($arg0->state == 2)
22         printf "Disksleep "
23       else
24         if ($arg0->state == 4)
25           printf "Zombie    "
26         else
27           if ($arg0->state == 8)
28             printf "sTopped   "
29           else
```

14

```
30              if ($arg0->state == 16)
31                printf "Wpaging    "
32              else
33                printf "%2d       ", $arg0->state
34              end
35           end
36        end
37     end
38   end
39 end
40
41 # User NIP
42 if ($arg0->thread.regs)
43   printf "0x%08X ", $arg0->thread.regs->nip
44 else
45   printf "           "
46 end
47
48 # Display the kernel stack pointer
49 printf "0x%08X ", $arg0->thread.ksp
50
51 # device
52 if ($arg0->signal->tty)
53   printf "%s   ", $arg0->signal->tty->name
54 else
55   printf "(none) "
56 end
57
58 # comm
59 printf "%s\n", $arg0->comm
60 end
```

　　第3行显示了task_struct结构体的地址。第8行至第12行显示了进程ID。如果这是当前进程（断点被命中时正在CPU上运行的进程），它会由一个"<"符号标记。

　　第14行至第39行解码并显示了进程的状态。接着显示了用户空间的下一条指令指针（NIP）和内核栈指针（SP）。最后显示了与此进程相关联的设备，随后是进程的名称（存储在task_struct结构体的成员->comm中）。

　　特别注意一点，这个宏是和具体的硬件架构相关的，正如第7行和第8行所示。一般而言，这类宏都是和硬件架构及版本密切相关的。一旦底层结构有所改动，就必须相应地更新这些宏。然而，如果需要花费很长时间使用GDB来调试内核，这么做是完全值得的。

　　为了叙述的完整性，我们在下面列出了find_next_task宏。它的实现原理并非显而易见，所以有必要解释一下。（这里假设你能够轻易地推导出task_struct_header宏的内容，而它是ps宏的必要组成部分。这个宏只不过是打印一行标题，并用合适数量的空格调整了列名称的位置。）代码清单14-19显示了 `find_next_task` 宏，前面列出的ps宏和 `find_task` 宏都使用了它。

代码清单14-19 `find_next_task` 宏

```
define find_next_task
  # Given a task address, find the next task in the linked list
  set $t = (struct task_struct *)$arg0
  set $offset=( (char *)&$t->tasks - (char *)$t)
  set $t=(struct task_struct *)( (char *)$t->tasks.next- (char *)$offset)
end
```

`find_next_task` 的功能很简单，但其实现原理却不太容易理解。这个宏的目的是返回任务链表中下一个 `task_struct` 结构体的指针（起始地址）。然而，`task_struct` 结构体是由它的成员 `tasks`（类型为 `struct list_head`）的地址，而不是 `task_struct` 本身的起始地址，链接在一起的。因为结构体成员 `tasks` 的 ->next 指针指向的是链表中下一个 `task_struct` 结构体的 `tasks` 成员，所以我们必须做减法，从而获得 `task_struct` 结构体自身的起始地址。我们从 ->next 指针中减去的值是一个偏移量，它代表结构体成员 `tasks` 的地址和结构体自身的起始地址之间的距离。我们首先计算了这个偏移量，然后用它来调整 ->next 指针，从而获得了 `task_struct` 结构体的起始地址。图14-5说明了这个过程。

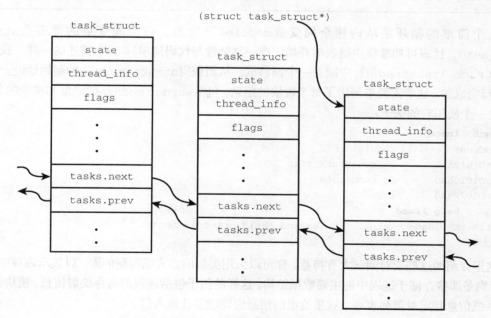

图14-5 任务结构体链表

现在介绍最后一个宏——lsmod。当我们在下一节中讨论可加载模块的调试时，它会很有用。代码清单14-20显示了这个简单的宏，它能够列出当前内核中所有已安装的可加载模块。

代码清单14-20　列出所有可加载模块的GDB宏

```
 1 define lsmod
 2   printf "Address\t\tModule\n"
 3   set $m=(struct list_head *)&modules
 4   set $done=0
 5   while ( !$done )
 6     # list_head is 4-bytes into struct module
 7     set $mp=(struct module *)((char *)$m->next - (char *)4)
 8     printf "0x%08X\t%s\n", $mp, $mp->name
 9     if ( $mp->list->next == &modules)
10       set $done=1
11     end
12     set $m=$m->next
13   end
14 end
15
16 document lsmod
17 List the loaded kernel modules and their start addresses
18 end
```

这个简单的循环是从内核全局变量modules开始的。该全局变量的类型是struct list_head，代表可加载模块链表的开始。唯一复杂性与代码清单14-19中描述的一样。我们必须从struct list_head指针中减去一个偏移量，从而获得struct module的起始地址。这是由第7行完成的。这个宏简单列出了每个模块的信息，包括struct module的地址和模块的名称。下面是一个使用它的例子：

```
(gdb) lsmod
Address          Module
0xD1012A80       ip_conntrack_tftp
0xD10105A0       ip_conntrack
0xD102F9A0       loop
(gdb) help lsmod
List the loaded kernel modules and their start addresses
(gdb)
```

这里介绍的这些宏对调试大有裨益。你可以采用类似的方式编写新的宏，以显示内核中的数据，特别是那些存储于链表中的主要数据结构。这样的例子包括进程的内存映射信息、模块信息、文件系统信息和定时器列表等。这里给出的信息应该能够让你入门了。

14.3.5 调试可加载模块

KGDB常用于调试可加载的内核模块——也就是设备驱动程序。可加载模块的一个比较有用的特性是，在大多数情况下，不需要重启内核就可以开始新的调试会话。你可以启动一个调试会话，作一些修改，然后重新编译并重新加载模块。在这个过程中，你不用重启内核，从而能够避免很多麻烦和延误。

调试可加载模块的难点在于获取模块目标文件中的符号调试信息。可加载模块是在它们被加载到内核中时进行动态链接的，因此，只有在调整了符号表之后，包含在目标文件中的符号信息才能起作用。

回顾一下我们在前面的例子中是怎样使用GDB调试内核的：

```
$ ppc_4xx-gdb vmlinux
```

这条命令会在你的主机上开启一个GDB调试会话，并从ELF格式的Linux内核文件vmlinux中读取符号信息。当然，你不会在这个文件中找到任何可加载模块的符号信息。每个可加载模块都是一个独立的编译单元，而且它们会被链接为单独的ELF目标文件。因此，如果想对一个可加载模块进行源码级调试，我们需要从ELF文件中加载它的符号信息。GDB的add-symbol-file命令提供了这个功能。

add-symbol-file命令从指定的目标文件中加载符号信息，它假设模块本身已经被加载到内核中了。然而，我们面临一个类似"鸡生蛋还是蛋生鸡"的难题。直到模块被加载到内核中之后，我们才能使用add-symbol-file命令来读取其中的符号信息。然而，在模块被加载之后，设置断点以及调试模块的*_init和相关函数就已经太迟了，因为这时它们已经被执行过了。

走出困境的方法是在负责加载模块的内核代码处设置一个断点，这时模块已经被链接，但它的初始化函数还没有被调用。这个工作是由内核源文件.../kernel/module.c完成的。代码清单14-21显示了文件module.c中的相关部分。

代码清单14-21　module.c：模块初始化

```
...
2292            /* 解锁以便递归 */
2293            mutex_unlock(&module_mutex);
2294
2295            blocking_notifier_call_chain(&module_notify_list,
2296                        MODULE_STATE_COMING, mod);
2297
2298            /* 启动模块 */
2299            if (mod->init != NULL)
2300                    ret = do_one_initcall(mod->init);
2301            if (ret < 0) {
2302                    /* 初始化函数失败：退出。尝试保护自己不受错误引用计数的影响。*/
2303
2304                    mod->state = MODULE_STATE_GOING;
...
```

14

我们使用modprobe工具（请参考第8章的代码清单8-5）加载一个模块，命令格式如下：

```
$ modprobe loop
```

这条命令会执行一个特殊的系统调用，指示内核加载这个模块。模块的加载是从module.c中的load_module()函数开始的。当模块加载到内核内存中并且被动态链接之后，控制权转交给了模块的*_init函数。相关代码位于module.c的第2299行至2300行，如代码清单14-21所示。我们就将断点放置在这里。这使我们能够将模块的符号信息添加到GDB中，并且随后在模块中设置断点。我们使用Linux内核的回环驱动（名为loop.ko）来说明这个过程。因为这个模块与其他模块没有依赖关系，所以讲解起来会比较容易。

代码清单14-22显示了用于发起这个调试会话的GDB命令。

代码清单14-22　发起一个模块调试会话: loop.ko

```
 1 $ ppc-linux-gdb --silent vmlinux
 2 (gdb) connect      <<< 记住，这是一个用户自定义函数
 3 breakinst () at arch/ppc/kernel/ppc-stub.c:825
 4 825          }
 5 Breakpoint 1 at 0xc0016b18: file kernel/panic.c, line 74.
 6 Breakpoint 2 at 0xc005a8c8: file fs/buffer.c, line 296.
 7 (gdb) b kernelmodule.c:2299
 8 Breakpoint 3 at 0xc0055b28: file kernel/module.c, line 2299.
 9 (gdb) c
10 Continuing.
11 >>>> 这里我们让内核完成启动，
12      接着在目标板上加载loop.ko模块
13
14 Breakpoint 3, sys_init_module (umod=0x48030000, len=<optimized out>,
15    uargs=<value optimized out>) at kernel/module.c:2299
16 2299                    ret = mod->init();
17 (gdb) lsmod
18 Address          Module
19 0xD1069A60       loop
20 (gdb) set $m=(struct module *)0xD1069a60
21 (gdb) p $m->module_core
22 $1 = (void *) 0xd1066000
23 (gdb) add-symbol-file ./drivers/block/loop.ko 0xd1066000
24 add symbol table from file "./drivers/block/loop.ko" at
25         .text_addr = 0xd1066000
26 (y or n) y
27 Reading symbols from /home/chris/sandbox/linux-2.6.27/
drivers/block          /loop.ko...done.
28 (gdb)
```

在第2行中，使用GDB的用户自定义宏connect（请参考代码清单14-14）连接到目标板上并设置一些初始的断点。接着在module.c中设置一个断点，如第7行所示，然后执行continue(c)命令。现在，内核会完成其启动流程，之后使用Telnet登录到目标板上并加载loop.ko模块（没有显示在代码清单中）。当loop模块被加载时，我们立刻命中了断点3。GDB接着显示了第14行至第16行的消息。

这时，我们需要知道Linux内核将模块的.text段链接到了哪个地址。Linux会将这个地址存储在结构体struct module的成员module_core中。使用代码清单14-20中定义的lsmod宏，先获取与loop.ko模块对应的struct module的地址。这显示为代码清单的第17行至第19行。然后使用这个地址从结构体成员module_core中获取模块的.text段的地址。将这个段地址传递给GDB的add-symbol-file命令，GDB使用这个地址来调整其内部的符号表，从而匹配模块的实际链接地址。从这里开始，我们可以像往常一样调试模块了，比如设置断点，单步跟踪代码，查看数据，等等。

作为这一节的结束，我们将在这里演示一个调试的例子。在回环模块的初始化函数中设置一个断点，从而可以单步跟踪模块的初始化代码。这里的难点在于内核会将模块的初始化函数加载到一个单独分配的内存中，目的是在函数调用结束后释放这块内存。回顾一下第5章中有关__init宏的讨论。这个宏展开后是一个编译器属性，它让链接器将标记的代码放置到一个特别命名的ELF段中。实际上，任何使用这个属性定义的函数都会被放到名为.init.text的ELF段中。它的使用方式类似于下面这样：

```
static int __init loop_init(void){...}
```

这会将编译后的loop_init()函数放到目标模块loop.ko的.init.text段中。当这个模块被加载时，内核会分配一块内存给这个模块的主体部分，其地址存储在struct module的成员module_core中。接着，内核会分配另一块单独的内存，用于存放.init.text段。当初始化函数的调用完成后，内核会释放这块包含初始化函数代码的内存。因为模块是以这种方式被分开存放的，所以需要将它们的地址信息都告诉GDB，以便它能够使用符号数据调试初始化函数。代码清单14-23演示了这些步骤。

代码清单14-23 调试模块的初始化代码

```
$ ppc-linux-gdb -q vmlinux
(gdb) target remote /dev/ttyS0
Remote debugging using /dev/ttyS0
breakinst () at arch/ppc/kernel/ppc-stub.c:825
825     }

<< 在调用模块的init函数前设置一个断点 >>
(gdb) b kernel/module.c:2299
Breakpoint 1 at 0xc0036418: file kernel/module.c, line 2299.
(gdb) c
Continuing.
```

```
[New Thread 1468]
[Switching to Thread 1468]

Breakpoint 3, sys_init_module (umod=0x48030000, len=<optimized out>,
    uargs=<value optimized out>) at kernel/module.c:2299
2299            if (mod->init != NULL)
```

<< 从结构体struct module中获取初始化地址信息 >>

```
(gdb) lsmod
Address          Module
0xD1069A60       loop
(gdb) set $m=(struct module *)0xD1069A60
(gdb) p $m->module_core
$1 = (void *) 0xd1066000
(gdb) p $m->module_init
$2 = (void *) 0xd101e000
```

<< 现在使用内核和初始化地址加载符号文件 >>

```
(gdb) add-symbol-file ./drivers/block/loop.ko 0xd1066000 -s .init.text 0xd101e000
add symbol table from file "./drivers/block/loop.ko" at
    .text_addr = 0xd1066000
    .init.text_addr = 0xd101e000
(y or n) y
Reading symbols from /home/chris/sandbox/linux-2.6.27/drivers/block/
loop.ko...done.
(gdb) b loop_init
Breakpoint 4 at 0xd101e008: file drivers/block/loop.c, line 1517.
(gdb) c
Continuing.
```

<< 断点被命中，继续调试模块的init函数 >>

```
Breakpoint 4, loop_init () at drivers/block/loop.c:1517
1517            part_shift = 0;
(gdb) l
1512                 * 加载，用户通过自己创建设备节点可进一步扩展环回设备，并确保内核按需自动实例化
1513                 * 实际的设备
1514                 *
1515                 */
1516
1517            part_shift = 0;
```

```
1518            if (max_part > 0)
1519                part_shift = fls(max_part);
1520
1521            if (max_loop > 1UL << (MINORBITS - part_shift))
(gdb)
```

14.3.6 printk 调试

使用printk()调试内核和设备驱动程序代码是一种很流行的技术，这主要是因为printk已经发展成为一个非常可靠的方法。几乎可以在任何环境下调用printk，包括在中断处理函数中。printk是内核版本的C库函数printf()。Printk是在文件.../kernel/prink.c中定义的。

为了进行调试，我们有必要了解printk在使用时的一些限制。首先，printk需要一个控制台设备。此外，虽然内核在其初始化流程中尽可能早地配置了控制台设备，但在控制台设备初始化之前，内核代码中有很多地方调用了printk。我们将在14.5节中介绍一种应对这些限制的方法。

printk函数允许调用者设置一个字符串标记，用它来表示消息的严重程度。头文件.../include/linux/kernel.h中定义了8个级别：

```
#define     KERN_EMERG      "<0>"   /* 系统不可用*/
#define     KERN_ALERT      "<1>"   /* 必须立即采取行动*/
#define     KERN_CRIT       "<2>"   /* 危急的情况*/
#define     KERN_ERR        "<3>"   /* 错误的情况*/
#define     KERN_WARNING    "<4>"   /* 告警的情况*/
#define     KERN_NOTICE     "<5>"   /* 正常但重要的情况*/
#define     KERN_INFO       "<6>"   /* 提示信息*/
#define     KERN_DEBUG      "<7>"   /* 调试级别的消息*/
```

一个简单的printk消息看上去会像是这样：

```
printk("foo() entered w/ %s\n", arg);
```

如果没有指定一个标记消息严重程度的字符串，如这里所示，内核会分配一个默认的严重性等级，它是在printk.c中定义的。在最新的内核版本中，这个默认等级被设为4，用KERN_WARING代表。一个指定了严重性等级的printk消息（这是首选的使用方式）看上去会像是这样：

```
printk(KERN_CRIT "vmalloc failed in foo()\n");
```

这个不寻常的C语法格式并不是笔误。KERN_CRIT本身是一个文本字符串，所以这里不需要使用逗号来分开参数。实际上，如果有逗号的话，这个函数不会产生预想的结果。编译器会自动将这两个字符串拼接成一个新的字符串。默认情况下，低于某个预定义日志级别的所有printk消息都会被打印到系统控制台设备上。在最新的Linux内核版本中，这个级别的值是7。这意味着任何比KERN_DEBUG（在.../include/linux/kernel.h中定义）更重要的printk消息都会显示在控制台上。

14

有多种方法可用来设置默认的内核日志级别。在系统启动时，可以传递合适的内核命令行参数给内核，从而设置目标板上的默认日志级别。文件main.c中定义了3个能够影响默认日志级别的内核命令行选项：

- □ debug设置控制台的日志级别为10；
- □ quite设置控制台的日志级别为4；
- □ loglevel=设置控制台的日志级别为一个自选值。

使用debug日志级别会显示出所有的printk消息。使用quiet则会显示出所有KER_ERR以及比KER_ERR更严重的printk消息。

可以将printk消息记录到目标板的文件中，或是通过网络进行传输。klogd（内核日志守护进程）和syslogd（系统日志守护进程）可以控制printk的日志行为。很多Linux帮助手册和参考文献都介绍了这两个流行的工具，这里就不再复述了。

14.3.7 Magic SysReq key

Magic SysReq key是一个有用的调试辅助手段，它通过一系列预定义的按键序列直接向内核发送消息。在很多架构和目标板上，可以使用一个简单的运行于串行端口之上的终端模拟器作为系统控制台。在这些架构中，Magic SysReq key被定义为一个中止（break）字符后面跟上一个命令字符。请参考终端模拟器的帮助文档，以了解如何发送中止字符。minicom是很多Linux开发人员使用的终端模拟器。对于minicom，可以通过按下Ctrl-A F来发送中止字符。如果你使用的是screen，则需按下Ctrl-A Ctrl-B。以这种方式发送了中止字符之后，你需要在5秒钟以内输入命令字符，否则命令序列就会超时。

这个工具对内核的开发和调试帮助极大，但它也会造成数据丢失和系统损坏。实际上，b命令会立刻重启系统，而且没有任何的提示或准备。打开的文件没有关闭，磁盘上的内容没有同步，而且文件系统没有卸载。当执行重启（b）命令时，控制权会立刻被转交给架构的复位向量（reset vector），让人感到非常突然和震惊。所以，使用这个强大的工具是有风险的，请务必小心！

在Linux内核源码的文档子目录中，有一个名为sysrq.txt的文件很好地讲述了这个特性。你可以从中找到很多架构的细节和可用命令的描述。

设置内核日志级别还有一种方法就是使用Magic SysReq key。命令是一个0～9的数字，它会将默认日志级别设置成传入的数值。对于minicom，按下Ctrl-A F之后再按一个数字，比如9。发送了这个中止命令序列后，终端上会显示出如下信息：

```
$ SysRq : Changing Loglevel
  Loglevel set to 9
```

该工具还有其他一些命令可用于查看寄存器内容，关闭系统，重启系统，查看进程列表和将当前内存使用情况输出到控制台，等等。请参考最新的Linux内核文档，以获取有关详细信息。

当系统因为某种原因锁死的时候，这个工具常常会派上用场。Magic SysReq key经常能够提供途径，让你从一个原本已经崩溃的系统中了解到一些情况。

14.4　硬件辅助调试

现在，你可能已经意识到不能够用KGDB来调试非常早期的内核启动代码。这是因为在大多数底层硬件初始化代码被执行之后KGDB才会被初始化。此外，如果分配给你的任务是将引导加载程序和Linux内核移植到一块新设计的板卡上并让它们正常工作，那么，硬件调试探测器无疑会是最有效的调试工具，它可以用于解决板卡移植早期阶段出现的问题。

有很多种类的硬件调试探测器供你选择。在这一节的例子中，我们使用了Abatron公司（www.abatron.ch）生产的BDI-2000。这些调试器通常被称为JTAG探测器，因为它们所使用的底层通信方法最初是由联合测试行动小组（Joint Test Action Group，JTAG）定义的，用于集成电路的边界扫描测试。Abatron已经推出了更新的BDI-3000，它的特点是包含一个更为快速的以太网（100 MB）接口。

JTAG探测器包含一个专门设计的小型连接器，用于连接到你的目标板上。它通常包含一个简单的方形排针接头和一条带状电缆。大多数主流高性能处理器都包含一个JTAG接口，专门提供这种软件调试能力。JTAG探测器的一端连接到目标板处理器的JTAG接口上，另一端通过以太网、USB或并行端口连接到主机开发系统上。图14-6详细显示了使用Abatron探测器时的环境设置。

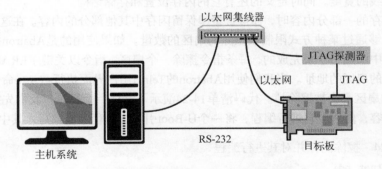

图14-6　使用硬件JTAG探测器进行调试

JTAG探测器的设置会很复杂。直接原因是它们连接的处理器太复杂了。当目标板加电之后处理器复位时，几乎所有的器件都还没有被初始化。实际上，很多处理器都至少需要一些少量的初始化信息才能开始工作。有很多方法可以将此初始配置设置到处理器中。有些处理器会读取一个硬件配置字或是某些特定引脚的初始值，从而获取它们的加电配置。其他一些处理器会从一个非易失性存储设备（比如闪存）的某个默认位置读取配置信息。当使用JTAG探测器，特别是用它来启动一个新设计的板卡时，在做任何其他事情之前必须先要完成处理器和板卡的最基本的初始化。很多JTAG探测器依靠一个配置文件来完成这项工作。

Abatron调试器使用一个配置文件来初始化它所连接的目标硬件，并且在其中定义调试器的其他一些运行参数。这个配置文件包含了一些指令，用于初始化处理器、内存系统和其他必需的板级硬件。开发人员需要针对具体的板卡来定制这个配置文件，并在其中添加合适的指令。JTAG

探测器的说明文档中包含了这些配置命令的详细语法规则。然而，只有嵌入式开发人员才能创建一个特定板卡所需的独特的配置文件。这需要深入了解处理器和板卡的设计特性。这非常类似于将Linux移植到一块新的板卡上，没有捷径也无法替代。

附录E中包含了一个Abatron配置文件示例，它是针对一块基于飞思卡尔MPC5200嵌入式控制器的定制板卡而编写的。在附录中，你会看到一个定制板卡所必需的设置。注意其中有很多注释，它们详细描述了各种寄存器和初始化的细节。这确保了后续的更新和维护更加容易，也能够帮助你从一开始就能编写出正确的配置文件。

硬件探测器的使用方式一般有两种。一种是通过探测器的用户界面使用它提供的功能，这样的例子包括对闪存进行编程和下载二进制镜像。另一种是将它作为GDB或其他源码级调试器的前端。我们将分别展示这两种使用场景。

14.4.1 使用 JTAG 探测器对闪存进行编程

很多硬件探测器都能够对多种型号的闪存芯片进行编程。Abatron公司的BDI-3000也不例外。BDI-3000的配置文件中包含一个[FLASH]段，用于定义目标板上闪存的特征。请参考附录E中的示例。[FLASH]段定义了用于某个特定硬件设计中的闪存芯片的属性，比如芯片类型、设备大小和它的数据总线的宽度。同时定义的还有它的内存位置和存储结构。

在更新闪存的一部分内容时，你常常希望保留闪存中其他部分的内容。在这种情况下，硬件探测器必须能够通过某种方式限制被擦除的扇区的数量。如果使用的是Abatron探测器，这是通过在配置文件中添加指令来完成的，每条指令擦除一个扇区，指令以关键字ERASE开头，后面跟着将要被擦除的扇区的地址。当我们使用Abatron的Telnet用户界面执行erase命令时，所有使用ERASE定义的扇区都会被擦除掉。代码清单14-24演示了这样一个场景：我们先擦除目标板上闪存的一部分内容，然后对它进行编程，将一个U-Boot引导加载程序镜像写入其中。

代码清单14-24 擦除闪存并对其进行编程

```
$ telnet bdi
Trying 192.168.1.129...
Connected to bdi (192.168.1.129).
Escape character is '^]'.
BDI Debugger for Embedded PowerPC
----------------------------------------
... (大量的帮助信息)

uei> erase
Erasing flash at 0xfff00000
Erasing flash at 0xfff10000
Erasing flash at 0xfff20000
Erasing flash at 0xfff30000
Erasing flash at 0xfff40000
Erasing flash passed
```

```
uei> prog 0xfff00000 u-boot.bin BIN
Programming u-boot.bin , please wait ...
Programming flash passed
uei>
```

　　首先我们建立一个Telnet会话连接到Abatron BDI-2000。经过一些初始化之后，我们看到了一个命令行提示符。在执行erase命令时，每擦除配置文件中定义的一个扇区，Abatron就会显示一行输出信息。在附录E的配置文件中，我们定义了5个要被擦除的扇区。这一共预留出256 KB的空间，用于存放U-Boot引导加载程序的二进制镜像。

　　上面代码清单中显示的prog命令使用了全部的3个可选参数。这些参数分别指定了镜像文件加载到内存中的位置、镜像文件的名称和文件格式——这里是一个二进制文件。你也可以在BDI-2000的配置文件中指定这些参数。在这种情况下，只需要输入prog命令就行了，不用带任何参数。

　　这个例子只是粗略介绍了BDI-2000的两个命令。BDI-2000还支持很多其他的命令组合和功能。每一种硬件JTAG探测器都会使用自己独特的方式对闪存进行擦除和编程，具体情况请参考其说明文档。

14.4.2　使用JTAG探测器进行调试

　　很多JTAG探测器能够与一个源码级调试器进行交互，而不是通过其用户界面直接和用户打交道。到目前为止，获得硬件探测器广泛支持的最流行的调试器就是GDB。在这种使用场景中，GDB开始一个调试会话，并使用一个外部连接（通常是以太网）连接到目标板上。这时，JTAG探测器不会通过其用户界面与开发人员直接通信，相反，调试器会在其自身和JTAG探测器之间来回传递命令。在这种模式下，JTAG探测器成为了调试器的代表，并且使用GDB远程协议来控制目标硬件。请参考图14-6中各个设备之间的连接情况。

　　JTAG探测器特别有助于引导加载程序和早期启动代码的源码级调试。在这个例子中，我们将会展示如何在一个Power架构的目标板上使用GDB和Abatron BDI-2000来调试U-Boot引导加载程序的部分代码。

　　很多处理器都包含一些调试寄存器，它们能够设置传统的地址断点（当程序执行到某个地址时停住）和数据断点（当有条件的访问某个特定的内存地址时停住）。在调试那些驻留在只读存储器（比如闪存）中的代码时，这是设置断点的唯一途径。然而，这些寄存器的数量通常是有限的。很多处理器只包含一个或两个这样的寄存器。在使用硬件断点之前你必须意识到这个限制。下面的例子说明了这一点。

　　使用如图14-6所示的开发环境设置，假设目标板上的U-Boot存储在闪存中。我们在第7章中介绍过，U-Boot和其他引导加载程序会在启动后尽早地将其自身复制到RAM中。这是因为硬件从RAM中读取（和写入）数据的速度要比一般的只读存储器（比如闪存）的快上几个数量级。这给调试带来了两个特定的挑战。首先，不能修改只读存储器的内容（比如添加一个软件断点），因此必须依靠处理器中的断点寄存器来设置断点。

第二个挑战基于这样一个事实：GDB是从ELF可执行文件中读取符号调试信息的，但这个文件只能代表一个执行环境（闪存或RAM）。对于U-Boot而言，因为最初它会被存放在闪存中，所以它是针对闪存环境进行链接的。然而，早期的代码会重新部署自身的位置并进行必要的地址调整。这就意味着我们需要同时在这两种执行环境中使用GDB。代码清单14-25显示了一个这样的调试会话。

代码清单14-25   使用JTAG探测器调试U-Boot

```
$ ppc-linux-gdb -q u-boot
(gdb) target remote bdi:2001
Remote debugging using bdi:2001
_start () at /home/chris/sandbox/u-boot-1.1.4/cpu/mpc5xxx/start.S:91
91              li      r21, BOOTFLAG_COLD      /* 正常加电*/
Current language:  auto; currently asm

<< 调试一段驻留在闪存中的代码 >>
(gdb) mon break hard
(gdb) b board_init_f
Breakpoint 1 at 0xfff0457c: file board.c, line 366.
(gdb) c
Continuing.

Breakpoint 1, board_init_f (bootflag=0x7fc3afc) at board.c:366
366             gd = (gd_t *) (CFG_INIT_RAM_ADDR + CFG_GBL_DATA_OFFSET);
Current language:  auto; currently c
(gdb) bt
#0  board_init_f (bootflag=0x1) at board.c:366
#1  0xfff0456c in board_init_f (bootflag=0x1) at board.c:353
(gdb) i frame
Stack level 0, frame at 0xf000bf50:
 pc = 0xfff0457c in board_init_f (board.c:366); saved pc 0xfff0456c
 called by frame at 0xf000bf78
 source language c.
 Arglist at 0xf000bf50, args: bootflag=0x1
 Locals at 0xf000bf50, Previous frame's sp is 0x0
<< 现在调试一段重定位之后驻留在内存中的代码 >>
(gdb) del 1
(gdb) symbol-file
Discard symbol table from '/home/chris/sandbox/u-boot-1.1.4-powerdna/u-boot'?
(y or n) y
No symbol file now.
(gdb) add-symbol-file u-boot 0x7fa8000
add symbol table from file "u-boot" at
```

```
                 .text_addr = 0x7fa8000
(y or n) y
Reading symbols from u-boot...done.
(gdb) b board_init_r
Breakpoint 2 at 0x7fac6c0: file board.c, line 608.
(gdb) c
Continuing.

Breakpoint 2, board_init_r (id=0x7f85f84, dest_addr=0x7f85f84) at board.c:608
608             gd = id;        /*初始化RAM中的全局数据*/
(gdb) i frame
Stack level 0, frame at 0x7f85f38:
 pc = 0x7fac6c0 in board_init_r (board.c:608); saved pc 0x7fac6b0
 called by frame at 0x7f85f68
 source language c.
 Arglist at 0x7f85f38, args: id=0x7f85f84, dest_addr=0x7f85f84
 Locals at 0x7f85f38, Previous frame's sp is 0x0
(gdb) mon break soft
(gdb)
```

请仔细研究这个例子。其中的一些微妙之处是绝对值得花时间去理解的。首先，我们使用命令target remote连接到Abatron BDI-2000上。这条命令中的符号名称bdi代表Abatron探测器的IP地址[1]。默认情况下，Abatron BDI-2000使用端口号2001来建立远程GDB协议的连接。

接着，使用GDB的mon命令向BDI-2000发出一条命令。mon命令告诉GDB将剩余的命令内容直接传递给远程的硬件设备。因此，mon break hard会设置BDI-2000进入硬件断点模式。

然后在board_init_f处设置一个硬件断点。这是一个在闪存中执行的函数，它的地址为0xfff0457c。定义了断点之后，使用continue(c)命令让程序继续执行。立刻，位于boad_init_f处的断点就被命中了，这时我们可以像往常一样随意进行调试，包括单步跟踪代码和查看数据。可以看到我们使用bt命令查看了栈回溯调用序列，并使用i frame命令查看了当前栈帧的细节。

现在我们继续调试，但这一次我们知道U-Boot会将自身复制到RAM中并在那里继续执行。所以我们需要在保持调试会话有效的同时改变调试环境。为此，我们丢弃了当前的符号表（使用symbol-file命令，且不带任何参数），并使用add-sysmbol-file命令再次加载同一个符号文件。这一次，命令GDB对符号表进行偏移，从而使它与U-Boot在内存中重新部署后的位置相匹配。这就保证了源码及符号调试信息与实际驻留在内存中的镜像相匹配。

加载了新的符号表之后，我们可以将断点设置在某个执行时位于内存中的位置。这个断点的设置是微妙而复杂的。因为我们知道U-Boot当前正在闪存中运行，但正准备将自身移到RAM中并跳转到那里，所以我们必须仍然使用一个硬件断点。考虑一下我们在这里使用一个软件断点会

---

① 主机系统中的/etc/hosts文件会包含一个条目，通过它我们能够得到符号名称（主机名称）所对应的IP地址。

发生什么情况。GDB会忠实地将断点指令写入指定的内存位置，但之后U-Boot在将其自身复制到内存时会覆盖它。结果是这个断点永远都不会被命中，而我们则会开始怀疑调试工具是否出了问题。当U-Boot已经在内存中执行，并且符号表也已经更新并反映内存地址之后，我们就可以随意使用基于RAM的断点（软件断点）了。代码清单14-25的最后一条命令表明了这一点，它将Abatron BDI-2000设置回软件断点模式。

为什么要关心硬件断点和软件断点在使用上的区别呢？如果硬件断点寄存器的数量没有限制，我们就不会关心了。但这种情况是不会出现的。如果你在一个调试会话中用完了处理器（比如4xx系列处理器）支持的所有硬件断点寄存器，你会遇到类似下面这样的情形：

```
(gdb) b flash_init
Breakpoint 3 at 0x7fbebe0: file flash.c, line 70.
(gdb) c
Continuing.
warning: Cannot insert breakpoint 3:
Error accessing memory address 0x7fbebe0: Unknown error 4294967295.
```

因为是在进行远程调试，所以直到我们设置了新的断点并尝试让程序继续执行时才知道资源不足了。这和GDB处理断点的方式有关。当一个断点被命中时，GDB会恢复所有断点所处的特定内存位置的原有指令。而当它继续执行时，会在指定位置恢复断点指令。可以通过开启GDB的远程调试模式来观察这个行为，正如前面所看到的：

```
(gdb) set debug remote 1
```

14.5   不能启动的情况

在各种有关嵌入式Linux的邮件列表中，经常提及这样一个问题：

我正尝试启动开发板上的Linux，但在控制台上打印了以下这条消息后就停住了：
"Uncompressing Kernel Image . . . OK."

因此我们开始了漫长的学习嵌入式Linux的过程，其间时而令人沮丧！在Linux的启动过程中，很多事情都会出错并造成这个常见的问题。储备一些基本知识并学会使用JTAG调试器之后，我们就有办法确定问题的原因了。

14.5.1   早期的串行端口调试输出

我们在第1版中介绍过CONFIG_SERIAL_TEXT_DEBUG，不过最新的Linux内核已经弃用它了。内核源码中对这个配置参数的引用也已经删除了。

然而，大多数架构可以使用CONFIG_EARLY_PRINTK。在大部分的内核配置中这个选项默认是打开的。如果打开的话，它会确保串行端口控制台尽早输出打印信息，这要比注册串行端口驱动的时间早很多。在移植Linux时，一般不需要特地打开它，因为默认就是打开的。

14.5.2 转储 **printk** 的日志缓冲区

在14.3.6节中讨论printk调试时，我们指出了这种方法在使用上的一些限制。printk本身的实现是非常可靠的，但它有一个缺点，那就是直到系统引导过程的后期，当控制台设备被初始化之后才能看到由printk打印出的消息。通常，当开发板在启动过程中挂起时，很多打印信息都已经存在于printk的缓冲区中了。如果知道在哪儿能够找到它们的话，就能够确定造成启动过程挂起的问题了。实际上，你经常会发现这是由于内核遇到了一个错误并导致它调用了panic()。panic()的输出很可能已经被转储到了printk的缓存区中，从而你可以从中找到出错代码的准确行号。

这项工作最好是由JTAG调试器来完成，不过，也可以使用引导加载程序和它的内存转储功能来显示复位后的printk缓冲区的内容。虽然复位会造成一些内存内容的损坏，但是日志缓冲区中的消息一般是很容易理解的。

实际存储printk消息文本的缓冲区是在源码文件.../kernel/printk.c中声明的：

```
static char __log_buf[__LOG_BUF_LEN];
```

很容易就能从Linux内核的映射文件System.map中找到这个缓冲区的链接地址：

```
$ grep __log_buf System.map
  c022e5a4 b __log_buf
```

如果系统在启动过程中碰巧是在显示了"Uncompressing Kernel Image . . . OK"这条消息后挂起的，你可以重启系统并使用引导加载程序来查看这个缓冲区的内容。因为在某个给定的架构中，内核虚拟内存和物理内存之间的关系是固定的，是一个常量，所以我们可以简单地进行转换。前面显示的__log_buf的地址是一个内核虚拟地址，而我们必须将它转换为一个物理地址。对于这个特定的Power架构处理器来说，转换过程只是简单地从中减去常量KERNELBASE的值，也就是0xc0000000。我们就是要使用这个内存地址来读取printk日志缓冲区中的内容。

代码清单14-26是使用U-Boot的内存转储命令来显示缓冲区内容的一个例子。

代码清单14-26　转储原始的printk的日志缓冲区

```
=> md 22e5a4
0022e5a4: 3c353e4c 696e7578 20766572 73696f6e    <5>Linux version
0022e5b4: 20322e36 2e313320 28636872 6973406a     2.6.13 (chris@
0022e5c4: 756e696f 72292028 67636320 76657273    junior) (gcc vers
0022e5d4: 696f6e20 332e342e 3320284d 6f6e7461    ion 3.4.3 (Monta
0022e5e4: 56697374 6120332e 342e332d 32352e30    Vista 3.4.3-25.0
0022e5f4: 2e37302e 30353031 39363120 32303035    .70.0501961 2005
0022e604: 2d31322d 31382929 20233131 20547565    -12-18)) #11 Tue
0022e614: 20466562 20313420 32313a30 353a3036     Feb 14 21:05:06
0022e624: 20455354 20323030 360a3c34 3e414d43     EST 2006.<4>AMC
0022e634: 4320506f 77657250 43203434 30455020    C PowerPC 440EP
0022e644: 596f7365 6d697465 20506c61 74666f72    Yosemite Platfor
0022e654: 6d0a3c37 3e4f6e20 6e6f6465 20302074    m.<7>On node 0 t
0022e664: 6f74616c 70616765 733a2036 35353336    otalpages: 65536
```

```
0022e674:  0a3c373e  2020444d  41207a6f  6e653a20      .<7>   DMA zone:
0022e684:  36353533  36207061  6765732c  204c4946      65536 pages, LIF
0022e694:  4f206261  7463683a  33310a3c  373e2020      O batch:31.<7>
=>
0022e6a4:  4e6f726d  616c207a  6f6e653a  20302070      Normal zone: 0
0022e6b4:  61676573  2c204c49  464f2062  61746368      pages, LIFO batch
0022e6c4:  3a310a3c  373e2020  48696768  4d656d20      :1.<7>   HighMemzone:
0022e6d4:  7a6f6e65  3a203020  70616765  732c204c      zone: 0 pages, L
0022e6e4:  49464f20  62617463  683a310a  3c343e42      IFO batch:1.<4>B
0022e6f4:  75696c74  2031207a  6f6e656c  69737473      uilt 1 zonelists
0022e704:  0a3c353e  4b65726e  656c2063  6f6d6d61      .<5>Kernel comma
0022e714:  6e64206c  696e653a  20636f6e  736f6c65      nd line: console
0022e724:  3d747479  53302c31  31353230  3020726f      =ttyS0,115200 ro
0022e734:  6f743d2f  6465762f  6e667320  72772069      ot=/dev/nfs rw i
0022e744:  703d6468  63700a3c  343e5049  44206861      p=dhcp.<4>PID ha
0022e754:  73682074  61626c65  20656e74  72696573      sh table entries
0022e764:  3a203230  34382028  6f726465  723a2031      : 2048 (order: 1
0022e774:  312c2033  32373638  20627974  6573290a      1, 32768 bytes).
0022e784:  00000000  00000000  00000000  00000000      ................
0022e794:  00000000  00000000  00000000  00000000      ................
=>
```

这些内容读起来有些费劲，但是数据都在那儿。在这个特定的例子中，我们可以看到内核在初始化完PID哈希表的表项之后崩溃了。我们可以在代码中增加一些printk消息，从而逐步确定系统崩溃的实际原因。

如本例所示，在使用这项调试技术时是不需要其他工具的。如果你正在将Linux移植到一块新的板卡上，你就能体会到这些早期串行端口输出的重要性。

需要注意的是，有些平台上的引导加载程序会在完成初始化之前对内存内容进行初始化。因此，在这些平台上，内核日志缓冲区的内容会遭到破坏，只有修改引导加载程序的代码才能使用这项调试技术。

14.5.3　使用 KGDB 调试内核异常

如果开启了KGDB，内核在遇到错误异常时会尝试将控制权转交给KGDB。在某些情况下，错误本身是显而易见的。为了使用这个特性，KGDB和GDB之间必须已经建立起了连接。当异常条件出现时，KGDB会发送一个停止回复（Stop Reply）数据包给GDB，指明陷入调试处理函数的原因和出现异常情况的地址。代码清单14-27说明了这个过程。

代码清单14-27　使用KGDB捕捉内核崩溃

```
$ ppc-_4xx-gdb -q vmlinux
(gdb) target remote /dev/ttyS0
Remote debugging using /dev/ttyS0

(gdb) c
```

```
Continuing.

<< 崩溃时KGDB从panic()获得控制权 >>
Program received signal SIGSEGV, Segmentation fault.
0xc0215d6c in pcibios_init () at arch/ppc/kernel/pci.c:1263
1263              *(int *)-1 = 0;
(gdb) bt
#0  0xc0215d6c in pcibios_init () at arch/ppc/kernel/pci.c:1263
#1  0xc020e728 in do_initcalls () at init/main.c:563
#2  0xc020e7c4 in do_basic_setup () at init/main.c:605
#3  0xc0001374 in init (unused=0x20) at init/main.c:677
#4  0xc00049d0 in kernel_thread ()
Previous frame inner to this frame (corrupt stack?)
(gdb)
```

这个例子中的崩溃是由于向一个无效的内存地址（全1）写入一个值而人为造成的。我们首先建立了从GDB到KGDB的连接，并让内核继续启动。注意，甚至不需要设置断点，当崩溃发生时，可以看到出错的那行代码以及栈中的回溯调用序列，从而帮助我们确定错误的原因。

14.6 小结

- Linux内核的调试非常复杂，特别是在交叉开发环境中。理清这些复杂的关系是成功进行内核调试的关键。
- KGDB是一个非常有用的内核级GDB stub，借助它我们能够直接在内核和设备驱动程序中进行带符号的源码级调试。它使用GDB远程协议与主机上的交叉gdb进行通信。
- 当单步跟踪优化代码时，你会碰到一些看似奇怪的调试器行为，理解（和最小化）编译器的优化级别能够帮助你分析其中的原因。
- GDB支持用户自定义命令，这对GDB自动完成一些繁琐的调试任务有极大帮助，比如遍历内核中的链表和访问复杂的变量。
- 内核可加载模块给源码级调试带来一些特有的挑战。为了调试模块的初始化函数，你可以在module.c中调用mod->init()的地方设置一个断点。
- printk和Magic SysReq key工具有助于定位内核开发和调试的过程中出现的问题。
- 利用JTAG探测器进行的硬件辅助调试能够调试驻留在闪存或只读存储器中的代码，而其他调试方法可能很麻烦或根本不可能调试这类代码。
- 在移植新的内核时，如果目标架构支持CONFIG_EARLY_PRINTK，那么开启这个选项会成为一个强大的调试工具。
- 通过查看printk的日志缓冲区往往可以定位内核引导时出现崩溃的原因。
- 在遇到内核异常时KGDB会将控制权交给GDB，这样你可以查看栈中的回溯调用并定位造成内核异常的原因。

14

补充阅读建议

《Linux内核设计与实现（原书第3版）》，Robert Love，机械工业出版社，2011年1月出版。

《Linux内核编程》，Claudia Salzberg Rodriguez等，人民邮电出版社，2011年5月出版。
"使用GNU编译器集合"，Richard M. Stallman和GCC开发者社区，GNU出版社（自由软件基金会部门）。
http://gcc.gnu.org/onlinedocs/

"使用GDB进行调试"，Richard Stallman，Roland Pesch，Stan Shebs等，自由软件基金会。
www.gnu.org/software/gdb/documentation/

"kgdb的基本工作原理及使用"
www.kernel.org/doc/htmldocs/kgdb.html

工具接口标准，"DWARF调试信息格式规范"，版本2.0，TIS委员会，1995年5月。

第 15 章

调试嵌入式Linux应用程序

前一章探讨了如何使用GDB调试内核代码以及驻留在闪存中的代码（比如引导加载程序）。这一章将继续介绍使用GDB调试用户空间应用程序的方法。我们继续介绍了远程调试工具和技术在这些特殊调试环境中的用法。

15.1　目标调试

我们在第13章中介绍过一些重要的调试工具。strace和ltrace可用于观察进程的行为并定位问题。dmalloc有助于检查内存泄漏问题和内存使用情况。ps和top可用于查看进程的状态。这些相对较小的工具都设计得能够直接运行于目标硬件上。

在嵌入式系统上调试Linux应用程序时会面临一些独特的挑战。嵌入式目标板上的资源一般有限。RAM和非易失性存储设备的限制可能会阻碍你运行基于目标板的开发工具。目标板上可能没有以太网口或其他高速接口。嵌入式系统也可能没有配备图形显示器、键盘或鼠标。

这时，交叉开发工具和使用NFS挂载根文件系统的方法就派上了大用场。很多工具，特别是GDB，都具备这样的能力：它们运行在你的开发主机上，但实际上是在调试远程目标板上的代码。GDB可以交互式地调试目标代码，或者对应用程序在崩溃时产生的核心文件进行事后分析。我们在第13章中详细讲述了如何分析应用程序的核心转储。

15.2　远程（交叉）调试

开发交叉开发工具的主要目的是为了克服嵌入式平台上的资源限制。一个普通大小的应用程序如果在编译时带上了符号调试信息, 它的大小会很容易超过几兆字节。在进行交叉调试时, 可以让开发主机来承担这些负担。当在开发主机上执行交叉版本的GDB时, 传递给它一个带有符号调试信息的ELF文件。在目标板上, 可以使用strip工具[①]去除掉ELF文件中所有不必要的调试信息, 从而确保最终的镜像保持最小尺寸。

我们在第13章中介绍了readelf工具, 并在第14章中用它来查看一个ELF文件中的符号调试信息。代码清单15-1显示了使用readelf查看一个应用程序时的输出, 这是一个针对ARM架构进行编译的Web服务器程序。

代码清单15-1　ELF文件中关于示例程序的调试信息

```
$ xscale_be-readelf -S websdemo
There are 39 section headers, starting at offset 0x3dfd0:

Section Headers:
```

[Nr]	Name	Type	Addr	Off	Size	ES	Flg	Lk	Inf	Al
[0]		NULL	00000000	000000	000000	00		0	0	0
[1]	.interp	PROGBITS	00008154	000154	000013	00	A	0	0	1
[2]	.note.ABI-tag	NOTE	00008168	000168	000020	00	A	0	0	4
[3]	.note.numapolicy	NOTE	00008188	000188	000074	00	A	0	0	4
[4]	.hash	HASH	000081fc	0001fc	00022c	04	A	5	0	4
[5]	.dynsym	DYNSYM	00008428	000428	000460	10	A	6	1	4
[6]	.dynstr	STRTAB	00008888	000888	000211	00	A	0	0	1
[7]	.gnu.version	VERSYM	00008a9a	000a9a	00008c	02	A	5	0	2
[8]	.gnu.version_r	VERNEED	00008b28	000b28	000020	00	A	6	1	4
[9]	.rel.plt	REL	00008b48	000b48	000218	08	A	5	11	4
[10]	.init	PROGBITS	00008d60	000d60	000018	00	AX	0	0	4
[11]	.plt	PROGBITS	00008d78	000d78	000338	04	AX	0	0	4
[12]	.text	PROGBITS	000090b0	0010b0	019fe4	00	AX	0	0	4
[13]	.fini	PROGBITS	00023094	01b094	000018	00	AX	0	0	4
[14]	.rodata	PROGBITS	000230b0	01b0b0	0023d0	00	A	0	0	8
[15]	.ARM.extab	PROGBITS	00025480	01d480	000000	00	A	0	0	1
[16]	.ARM.exidx	ARM_EXIDX	00025480	01d480	000008	00	AL	12	0	4
[17]	.eh_frame_hdr	PROGBITS	00025488	01d488	00002c	00	A	0	0	4
[18]	.eh_frame	PROGBITS	000254b4	01d4b4	00007c	00	A	0	0	4
[19]	.init_array	INIT_ARRAY	0002d530	01d530	000004	00	WA	0	0	4
[20]	.fini_array	FINI_ARRAY	0002d534	01d534	000004	00	WA	0	0	4
[21]	.jcr	PROGBITS	0002d538	01d538	000004	00	WA	0	0	4
[22]	.dynamic	DYNAMIC	0002d53c	01d53c	0000d0	08	WA	6	0	4
[23]	.got	PROGBITS	0002d60c	01d60c	000118	04	WA	0	0	4
[24]	.data	PROGBITS	0002d728	01d728	0003c0	00	WA	0	0	8
[25]	.bss	NOBITS	0002dae8	01dae8	0001c8	00	WA	0	0	4

---

① 记得使用交叉版本的strip, 比如ppc_82xx-strip。

```
[26] .comment          PROGBITS      00000000 01dae8 000940 00      0  0  1
[27] .debug_aranges    PROGBITS      00000000 01e428 0004a0 00      0  0  8
[28] .debug_pubnames   PROGBITS      00000000 01e8c8 001aae 00      0  0  1
[29] .debug_info       PROGBITS      00000000 020376 013d27 00      0  0  1
[30] .debug_abbrev     PROGBITS      00000000 03409d 002ede 00      0  0  1
[31] .debug_line       PROGBITS      00000000 036f7b 0034a2 00      0  0  1
[32] .debug_frame      PROGBITS      00000000 03a420 003380 00      0  0  4
[33] .debug_str        PROGBITS      00000000 03d7a0 000679 00      0  0  1
[34] .note.gnu.arm.ide NOTE          00000000 03de19 00001c 00      0  0  1
[35] .debug_ranges     PROGBITS      00000000 03de35 000018 00      0  0  1
[36] .shstrtab         STRTAB        00000000 03de4d 000183 00      0  0  1
[37] .symtab           SYMTAB        00000000 03e5e8 004bd0 10     38 773 4
[38] .strtab           STRTAB        00000000 0431b8 0021bf 00      0  0  1
Key to Flags:
W (write), A (alloc), X (execute), M (merge), S (strings)
I (info), L (link order), G (group), x (unknown)
O (extra OS processing required) o (OS specific), p (processor specific)
$
```

你可以从代码清单15-1中看到很多段都包含了调试信息。其中的.comment段包含了超过2KB（0x940）的信息，但它们并不是应用程序正常工作所必需的。算上调试信息，这个示例文件的大小超过了275 KB，如下所示：

```
$ ls -l websdemo
-rwxrwxr-x  1 chris chris 283511 Nov 8 18:48 websdemo
```

如果我们使用交叉版本的strip工具处理一下这个文件，可以将它的尺寸最小化，从而节省目标系统上的资源。代码清单15-2显示了处理后的结果。

代码清单15-2 使用strip工具处理目标应用程序

```
$ xscale_be-strip -s -R .comment -o websdemo-stripped websdemo
$ ls -l websdemo*
-rwxrwxr-x  1 chris chris 283491 Apr  9 09:19 websdemo
-rwxrwxr-x  1 chris chris 123156 Apr  9 09:21 websdemo-stripped
$
```

这里同时删除了可执行文件中的符号调试信息和.comment段。我们在命令行中使用-o选项指定了处理后的二进制文件的名称。你可以看到精简后的二进制文件还不到原来大小的一半。当然，对于大一些的应用程序，节省的空间就更多了。Linux内核如果在编译时带上了调试信息，它的大小会超过18 MB。然而在使用strip工具精简之后，它的大小只是2 MB多一点儿！

在进行交叉调试时，可以将精简后的二进制文件放到目标系统中，并将包含符号信息的副本放在开发主机上。然后，可以在目标板上使用gdbserver运行精简后的二进制文件，并在开发主机上使用交叉gdb运行原来的二进制文件，而这两者之间则会通过网络进行通信来完成调试。

15

gdbserver

gdbserver允许你在开发主机而不是目标嵌入式平台上运行GDB。这种运行方式的优点是显而易见的。对于初学者而言,开发主机一般会拥有比嵌入式平台更强的处理器、更多的内存和更大的硬盘存储空间。另外,你要调试的应用程序的源码一般也是存放在开发主机,而不是嵌入式平台中的。

gdbserver是一个小程序,它运行在目标板上并且允许远程调试目标板上的进程。在开发板上执行gdbsever时需要指定要调试的程序以及IP地址和端口,gdbserver会在这个地址和端口上侦听来自GDB的连接请求。代码清单15-3显示了在开发板上启动gdbserver时的情况。

代码清单15-3 在目标板上启动gdbserver

```
$ gdbserver localhost:2001 websdemo-stripped
Process websdemo-stripped created; pid = 197
Listening on port 2001
```

这个例子中的gdbserver会在端口2001上侦听以太网TCP/IP连接请求,并准备调试一个精简后的二进制应用程序webdemo-stripped。

然后,我们在开发主机上运行GDB,并将一个包含符号调试信息的二进制可执行文件作为参数传递给它。在GDB初始化之后,执行一条命令连接到远程目标板上。代码清单15-4显示了这个过程。

代码清单15-4 启动一个远程GDB会话

```
$ xscale_be-gdb -q websdemo
(gdb) target remote 192.168.1.141:2001
Remote debugging using 192.168.1.141:2001
0x40000790 in ?? ()
(gdb) p main            <<<< 显示main函数的地址
$1 = {int (int, char **)} 0x12b68 <main>
(gdb) b main            <<<< 设置一个断点
Breakpoint 1 at 0x12b80: file main.c, line 72.
(gdb)
```

在代码清单15-4中,先在开发主机上执行交叉gdb。当GDB运行时,再执行GDB的`target remote`命令。这个命令会让GDB发起一个TCP/IP连接,用命令行中的IP地址(192.168.1.141)和端口(2001)连到目标板上。当目标板上的gdbserver接受了这个连接请求之后,它会打印如下信息:

```
Remote debugging from host 192.168.0.10
```

现在GDB已经连接到了目标板上的gdbserver进程,并准备接收来自GDB的命令。这个调试会话的剩余过程和调试一个本地应用程序完全一样。这真是个强大的工具。它使你在调试会话中能够利用开发主机上的丰富资源，只将很小的相对不起眼的GDB stub和被调试的程序放在目标板上。你也许会对gdbserver的大小感到好奇，其实在这个特定的ARM目标板上它的大小仅有54 KB，如下所示：

```
root@coyote:~# ls -l /usr/bin/gdbserver
-rwxr-xr-x  1 root root 54344 Jun 26  2009 /usr/bin/gdbserver
```

这里提醒一点，也是邮件列表的FAQ中常被问及的一个问题：必须在开发主机上使用一个配置为交叉调试器的GDB，它是一个运行于开发工作站（通常采用x86架构）上的二进制程序，并且能够理解针对其他架构而编译的二进制可执行文件镜像。这个事实非常重要但常常被忽视。不能使用本地GDB（比如Ubuntu桌面Linux发行版中自带的GDB）调试一个采用Power架构的目标板。你所使用的GDB必须是针对主机和目标的架构组合而配置的。

在执行GDB时，它会先显示几行标题信息，然后再显示它的编译配置。代码清单15-5是一个执行GDB的例子，本书示例多次用到这个GDB示例。它来自一个由MontaVista软件公司提供的嵌入式Linux发行版，并且是针对Power架构的交叉开发环境而配置的。

代码清单15-5　执行一个交叉gdb

```
$ ppc_82xx-gdb
GNU gdb 6.0 (MontaVista 6.0-8.0.4.0300532 2003-12-24)
Copyright 2003 Free Software Foundation, Inc.
GDB is free software, covered by the GNU General Public License, and
you are welcome to change it and/or distribute copies of it under
certain conditions.  Type "show copying" to see the conditions.
There is absolutely no warranty for GDB. Type "show warranty" for
details.
This GDB was configured as "--host=i686-pc-linux-gnu
--target=powerpc-hardhat-linux".
(gdb)
```

注意以上GDB启动消息中的最后几行，它们说明了这个GDB版本的编译配置。它会运行在一个采用x86（i686）架构并运行GNU/Linux的PC主机上，而它所调试的程序则是针对一个采用Power架构并运行GNU/Linux的目标板而编译的。这两部分配置分别是由消息中的--host和--target变量指定的。在构建GDB时，它们也会作为配置字符串的一部分被传递给./configure。

15.3　调试共享程序库

既然你已经理解了如何使用GDB（运行在主机上）和gdbserver（运行在目标板上）来启动一个远程调试会话，那么我们现在将注意力转向共享程序库和调试符号，它们也是很复杂的。除非你的应用程序是一个静态链接的可执行文件（链接时使用了-static选项），否则应用程序中的很多符号都会引用程序外部的代码。明显的例子包括使用标准C程序库中的函数，比如fopen、printf、malloc和memcpy。不太明显的例子包括调用一些与具体应用程序相关的函数，比如

`jack_transport_locate()`(一个来自JACK低延时音频服务器的函数),而它会调用一个标准C程序库以外的库函数。

要获取这些函数的符号信息,必须满足GDB的两个条件:

❑ 必须有程序库的调试版本;
❑ GDB必须知道在哪儿可以找到它们。

如果没有程序库的调试版本,仍然可以调试应用程序,只是不会有应用程序调用的库函数的符号信息。通常这是完全可以接受的——当然,除非你正在为嵌入式项目开发一个共享程序库。

回顾一下代码清单15-4的内容,我们使用GDB调试了一个远程目标板。在执行`target remote`命令连接到目标板后,GDB打印了以下两行信息:

```
Remote debugging using 192.168.1.141:2001
0x40000790 in ?? ()
```

这表明GDB确实已经连接到了目标板的指定IP地址和端口上了。接着,GDB报告说程序计数器的位置是0x40000790。但后面接着显示的是两个问号而不是函数的符号地址,为什么呢?因为这个地址在Linux动态加载器(ld-x.y.z.so)中,而这个特定的平台中并没有此共享程序库的调试符号。我们是怎么知道这个原因的呢?

回顾一下第9章中有关/proc文件系统的内容。/proc文件系统中一个比较有用的条目是各个进程目录下的maps文件(请看第9章的代码清单9-16)。通过观察代码清单15-3中gdbserver的输出,我们可以得知目标应用程序的进程ID(PID)是197。有了这个PID,我们就可以查看进程在启动后使用的各个内存段了,如代码清单15-6所示。

代码清单15-6　被调试进程的初始内存映射

```
root@coyote:~# cat /proc/197/maps
00008000-00026000 r-xp 00000000 00:0e 4852444    ./websdemo-stripped
0002d000-0002e000 rw-p 0001d000 00:0e 4852444    ./websdemo-stripped
40000000-40017000 r-xp 00000000 00:0a 4982583    /lib/ld-2.3.3.so
4001e000-40020000 rw-p 00016000 00:0a 4982583    /lib/ld-2.3.3.so
bedf9000-bee0e000 rwxp bedf9000 00:00 0          [stack]
root@coyote:~#
```

这里我们看到目标应用程序websdemo-stripped占用了两个内存段。首先是一个只读的可执行代码段,从0x8000开始;其次是一个可读写的数据段,从0x2d000开始。我们感兴趣的是第三个内存段。它就是Linux动态链接器的可执行代码段。注意,它的起始地址是0x40000000。如果再深入调查一下,我们就能够确定GDB确实是停在了动态链接器的第一行代码上,而此时目标应用程序还没有被执行。我们可以使用交叉版本的readelf来确认链接器的起始地址,如下所示:

```
# xscale_be-readelf -S ld-2.3.3.so | grep \.text
[ 9] .text    PROGBITS    00000790 000790 012c6c 00  AX  0   0 16
```

我们能够从以上数据推断出GDB在启动时报告的那个地址（0x40000790）就是Linux动态链接器/加载器（ld-2.3.3.so）的第一条指令的地址。如果在调试某个进程或共享程序库时没有它们的符号调试信息，可以使用这个技术来了解代码的大概位置。

回忆一下我们是在开发主机上执行了这个交叉版本的readelf命令。因此，开发主机必须能够访问ld-2.3.3.so文件（它本身是一个XScale架构的二进制目标文件）。通常，这个文件是主机中安装的嵌入式Linux发行版的一部分，就存放在开发主机中。

GDB 中的共享程序库事件

GDB能够通知你有关共享程序库的事件。这可以帮助我们理解应用程序或Linux加载器的行为，或是在共享库函数中设置断点并对它们进行调试和单步跟踪。代码清单15-7演示了这个技术。正常情况下，程序库的完整路径会被显示出来。但为了提高代码清单的可读性，我们用省略号替换了长路径名的中间部分。

代码清单15-7　发生共享程序库事件时停止GDB

```
$ xscale_be-gdb -q websdemo
(gdb) target remote 192.168.1.141:2001
Remote debugging using 192.168.1.141:2001
0x40000790 in ?? ()
(gdb) i shared        <<< 显示已加载的共享程序库
No shared libraries loaded at this time.
(gdb) b main          <<< 设置一个断点
Breakpoint 1 at 0x12b80: file main.c, line 72.
(gdb) c
Continuing.
Breakpoint 1, main (argc=0x1, argv=0xbec7fdc4) at main.c:72
72              int localvar = 9;
(gdb) i shared
From        To          Syms Read    Shared Object Library
0x40033300  0x4010260c  Yes          /opt/mvl/.../lib/tls/libc.so.6
0x40000790  0x400133fc  Yes          /opt/mvl/.../lib/ld-linux.so.3
(gdb) set stop-on-solib-events 1
(gdb) c
Continuing.
Stopped due to shared library event
(gdb) i shared
From        To          Syms Read    Shared Object Library
0x40033300  0x4010260c  Yes          /opt/mvl/.../lib/tls/libc.so.6
0x40000790  0x400133fc  Yes          /opt/mvl/.../lib/ld-linux.so.3
0x4012bad8  0x40132104  Yes          /opt/mvl/.../libnss_files.so.2
(gdb)
```

15

在调试会话刚开始的时候，还没有任何共享程序库被加载进来。你可以从第一条命令 i shared 的输出中看到这一点。这条命令会显示当前已加载的共享程序库。我们在应用程序的 main() 函数处设置了一个断点并让它继续执行，当断点被命中时，两个共享程序库被加载进来。它们分别是 Linux 动态链接器/加载器和标准 C 程序库组件 libc。

接着，执行 set stop-on-solib-event 命令并让程序继续执行。当应用程序尝试执行另一个共享程序库中的函数时，那个程序库就会被加载。在这个例子中，应用程序调用 gethostbyname() 函数，造成下一个共享程序库被加载进来。

这个例子说明了一个很重要的交叉开发概念。运行在目标板上的二进制应用程序（ELF 格式的镜像）中包含了它对其他库文件的依赖关系，并且需要使用它们来解析外部引用。我们可以使用 ldd 命令（请参考第 11 章和第 13 章）来查看这些信息。代码清单 15-8 显示了在目标板上执行 ldd 时的输出。

代码清单 15-8　在目标板上执行 ldd

```
root@coyote:/workspace# ldd websdemo
        libc.so.6 => /lib/tls/libc.so.6 (0x40020000)
        /lib/ld-linux.so.3 (0x40000000)
root@coyote:/workspace#
```

注意，代码清单中显示了共享程序库的绝对路径，它们都位于目标板根文件系统的/lib 目录下。但是，运行于主机开发工作站上的 GDB 不能使用这些路径来找到所需的库文件。你应该认识到这样做会导致 GDB 加载错误的库文件（架构不对）。主机系统一般采用 x86 架构，其/lib 目录下存放的库文件也都是针对 x86 架构而编译的，但这个例子中的目标板采用了 ARM XScale 架构。

如果在主机上执行交叉版本的 ldd，你会看到那些预先配置在工具链中的程序库路径。工具链必须知道这些库文件在开发主机中的位置才能正常工作[1]。代码清单 15-9 说明了这一点。同样，为了提高代码清单的可读性，长路径名的中间部分已经被省略号代替了。

代码清单 15-9　在开发主机上执行 ldd

```
$ xscale_be-ldd websdemo
    libc.so.6 => /opt/mvl/.../xscale_be/target/lib/libc.so.6 (0xdead1000)
    ld-linux.so.3 => /opt/mvl/.../xscale_be/target/lib/ld-linux.so.3 (0xdead2000)
$
```

交叉工具链中应该已经预先配置好了这些库文件的路径。不仅主机上的 GDB 需要知道它们的位置，编译器和链接器也同样需要知道[2]。GDB 的 show solib-absolute-prefix 命令会告诉你它会在哪个预先配置的路径中查找这些库文件：

---

[1] 当然也可以在使用编译器、链接器和调试器时将这些位置信息传递给它们，但一个出色的嵌入式 Linux 发行版会将这些默认值配置在工具链中，从而为开发人员带来便利。

[2] 当然，编译器还需要知道其他一些目标文件的位置，比如与具体架构相关的系统头文件和程序库的头文件。

```
(gdb) show solib-absolute-prefix
Prefix for loading absolute shared library symbol files is
"/opt/mvl/pro/devkit/arm/xscale_be/target".
(gdb)
```

通过使用GDB的set solib-absolute-prefix和set solib-search-path命令，你还能够设置或修改GDB的库文件搜索路径。如果你正在开发自己的共享程序库或是还有其他存放程序库的路径，可以使用solib-search-path命令告诉GDB。请参考本章末尾列出的GDB手册，以了解这些命令的详细信息。

关于ldd的使用，最后再提醒一点。你可能已经注意到了，代码清单15-8和代码清单15-9中还显示了每个库文件的一个相关地址。它们是库文件的起始加载地址，当程序被Linux动态链接器/加载器加载时，这些代码段就会被加载到对应的地址中。代码清单15-8中的ldd命令是在目标板上执行的，这时，输出信息中的加载地址是有意义的，而且我们可以将这些地址和/proc/<pid>/maps中的地址关联起来。当目标进程（websdemo-stripped）完全加载并运行之后，我们在目标板上查看了这个进程的各个内存段，如代码清单15-10所示。

代码清单15-10　目标板上/proc/<pid>/maps中的内存段

```
root@coyote:~# cat /proc/197/maps
00008000-00026000 r-xp 00000000 00:0e 4852444    /workspace/websdemo-stripped
0002d000-0002e000 rw-p 0001d000 00:0e 4852444    /workspace/websdemo-stripped
0002e000-0005e000 rwxp 0002e000 00:00 0          [heap]
40000000-40017000 r-xp 00000000 00:0a 4982583    /lib/ld-2.3.3.so
40017000-40019000 rw-p 40017000 00:00 0
4001e000-4001f000 r--p 00016000 00:0a 4982583    /lib/ld-2.3.3.so
4001f000-40020000 rw-p 00017000 00:0a 4982583    /lib/ld-2.3.3.so
40020000-4011d000 r-xp 00000000 00:0a 4982651    /lib/tls/libc-2.3.3.so
4011d000-40120000 ---p 000fd000 00:0a 4982651    /lib/tls/libc-2.3.3.so
40120000-40124000 rw-p 000f8000 00:0a 4982651    /lib/tls/libc-2.3.3.so
40124000-40126000 r--p 000fc000 00:0a 4982651    /lib/tls/libc-2.3.3.so
40126000-40128000 rw-p 000fe000 00:0a 4982651    /lib/tls/libc-2.3.3.so
40128000-4012a000 rw-p 40128000 00:00 0
4012a000-40133000 r-xp 00000000 00:0a 4982652    /lib/tls/libnss_files-2.3.3.so
40133000-4013a000 ---p 00009000 00:0a 4982652    /lib/tls/libnss_files-2.3.3.so
4013a000-4013b000 r--p 00008000 00:0a 4982652    /lib/tls/libnss_files-2.3.3.so
4013b000-4013c000 rw-p 00009000 00:0a 4982652    /lib/tls/libnss_files-2.3.3.so
becaa000-becbf000 rwxp becaa000 00:00 0          [stack]
root@coyote:~#
```

注意代码清单15-8中ldd输出的地址和/proc文件系统中显示的地址之间的关联。从代码清单15-10中可以看到，Linux加载器的起始位置（.text段的开始）是0x40000000，libc的起始位置是0x40020000。它们都是虚拟地址，应用程序的这些部分就是被加载到这些位置上；这和ldd输出的地址是一致的。然而，代码清单15-9中交叉版本的ldd所报告的加载地址（0xdead1000和

15

0xdead2000）并没有意义，它们只是提醒你这些库文件不能够被加载到主机系统中（它们是ARM架构的二进制文件，而主机系统是x86架构的）。

15.4 调试多个任务

在处理多个执行线程时，开发人员一般会面对两种不同的调试场景。一种场景是各个进程存在于自己的内存空间中；另一种场景是进程之间共享一个地址空间（或其他系统资源）。在第一种场景中（进程之间相互独立，不共享地址空间），我们必须使用单独的调试会话来调试每个进程。你完全可以在目标板上为每个进程启动一个gdbserver，并在开发主机上执行多个GDB，分别与这些gdbserver相连接，从而调试多个相互协作但彼此独立的进程。

15.4.1 调试多个进程

在使用GDB调试一个进程的过程中，如果它调用了fork()系统调用①来生成新的进程，这时GDB有两种处理方式。它可以继续控制和调试父进程，或者停止调试父进程并附着到新创建的子进程上。可以使用set follow-fork-mode命令来控制这个行为。两种可设置的模式分别是parent和child。GDB的默认行为是继续调试父进程（parent模式）。在这种情况下，子进程在成功调用fork()后立即执行。

代码清单15-11显示了一个程序片段，这个简单的程序在其main()函数中使用fork()生成了多个子进程。

代码清单15-11　使用fork()生成子进程

```
...
  for( i=0; i<MAX_PROCESSES; i++ ) {
    /*创建子进程*/
    pid[i] = fork();                 /*父进程获得非0PID*/
    if ( pid[i] == -1 ) {
      perror("fork failed");
      exit(1);
    }

    if ( pid[i] == 0 ) {             /*说明子进程代码路径*/
      worker_process();             /*子进程调用worker_process()*/
    }
  }

  /*父进程的主控制循环体*/
  while ( 1 ) {
...
  }
```

---

① 这里的fork()并不是系统调用，实际上它是一个C库函数，调用了Linux的sys_fork()系统调用。

这是个简单的for循环，它调用fork()系统调用创建了MAX_PROCESSES个进程。每个新创建的进程都会调用函数worker_function()。当我们使用GDB在默认模式下调试这段代码时，GDB会检测到新的进程被创建了，但是依然会附着在父进程上。代码清单15-12显示了这个GDB会话的过程。

代码清单15-12　parent模式下的GDB

```
(gdb) target remote 192.168.1.141:2001
0x40000790 in ?? ()
(gdb) b main
Breakpoint 1 at 0x8888: file forker.c, line 104.
(gdb) c
Continuing.
[New Thread 356]
[Switching to Thread 356]

Breakpoint 1, main (argc=0x1, argv=0xbe807dd4) at forker.c:104
104          time(&start_time);
(gdb) b worker_process
Breakpoint 2 at 0x8784: file forker.c, line 45.
(gdb) c
Continuing.
Detaching after fork from child process 357.
Detaching after fork from child process 358.
Detaching after fork from child process 359.
Detaching after fork from child process 360.
Detaching after fork from child process 361.
Detaching after fork from child process 362.
Detaching after fork from child process 363.
Detaching after fork from child process 364.
```

这段程序创建了8个子进程，PID为357～364。父进程的PID是356。当位于main()处的断点被命中时，我们在worker_process()处设置了另一个断点，而这正是每个子进程在fork()之后要调用的函数。让程序从main()函数中继续执行，我们看到每个子进程被创建后与调试器分离了。它们永远都不会命中断点，因为GDB是附着在主进程上的，而主进程并不调用worker_process()。

如果你需要调试每个进程，你必须执行一个单独的GDB会话并在fork()之后附着到子进程上。GDB的文档（请见本章末尾）中介绍了一个有用的调试技术，你可以在子进程中调用sleep()，从而留出时间将调试器附着到新创建的进程上。15.5.2节解释了如何附着到一个新创建的进程上。

如果只需要调试子进程，可以在父进程调用fork()之前将follow-fork-mode的值设置为child，如代码清单15-13所示。

代码清单15-13 child模式下的GDB

```
(gdb) target remote 192.168.1.141:2001
0x40000790 in ?? ()
(gdb) set follow-fork-mode child
(gdb) b worker_process
Breakpoint 1 at 0x8784: file forker.c, line 45.
(gdb) c
Continuing.
[New Thread 401]
Attaching after fork to child process 402.
[New Thread 402]
[Switching to Thread 402]

Breakpoint 1, worker_process () at forker.c:45
45              int my_pid = getpid();
(gdb) c
Continuing.
```

这里我们可以看到父进程的PID是401。当fork()系统调用创建了第一个子进程时，GDB离开了父进程并附着到新创建的子进程上（PID为402）。GDB现在控制了第一个子进程并停在了worker_prcocess()处的断点上。不过需要注意的是，代码清单15-11中创建的其他子进程不会被调试，它们将继续运行直到结束。

总而言之，以这种方式使用GDB时只能一次调试一个进程。你可以在fork()系统调用后继续调试，但你必须在两者之间作出选择——父进程或子进程。正如我们在前面提到的，如果必须一次调试多个相互协作的进程，可以使用多个独立的GDB会话。

15.4.2 调试多线程应用程序

如果你的应用程序使用了POSIX线程库来实现其线程功能，GDB能够同时调试这种程序中的多个线程。在Linux系统（包括嵌入式Linux系统）中，NPTL（Native POSIX Thread Library，本地POSIX线程库）已经成为了事实上的线程库标准。在下面的讨论中，我们假设你正是使用了这个线程库。

为了方便这里的讨论，我们编写了一个演示程序，它在一个简单循环里重复调用库函数pthread_create()，从而创建了多个线程。在创建了这些线程后，main()函数只是等待键盘输入以终止程序。每个线程会打印一条简短的消息，并睡眠一段预定的时间。代码清单15-14显示了这个程序在目标板上的启动过程。

代码清单15-14 演示程序在目标板上的启动过程

```
root@coyote:/apps # gdbserver localhost:2001 ./tdemo
Process ./tdemo created; pid = 671
Listening on port 2001
```

```
Remote debugging from host 192.168.1.10
    ^^^^^  由gdbserver显示的前三行

tdemo main() entered: My pid is 671
Starting worker thread 0
Starting worker thread 1
Starting worker thread 2
Starting worker thread 3
```

和前面的例子一样，目标板上的gdbserver准备好了运行要调试的应用程序，并等待来自主机交叉gdb的连接。当主机GDB发起连接之后，gdbserver会打印一条Remote debugging...消息说明具体的连接情况。现在，我们在主机上启动GDB并连接到目标板。代码清单15-15显示了这个调试会话的前半部分。

代码清单15-15　主机GDB连接到目标板并进行调试

```
$ xscale_be-gdb -q tdemo
(gdb) target remote 192.168.1.141:2001
0x40000790 in ?? ()
(gdb) b tdemo.c:97
Breakpoint 1 at 0x88ec: file tdemo.c, line 97.
(gdb) c
Continuing.
[New Thread 1059]
[New Thread 1060]
[New Thread 1061]
[New Thread 1062]
[New Thread 1063]
[Switching to Thread 1059]

Breakpoint 1, main (argc=0x1, argv=0xbefffdd4) at tdemo.c:98
98                  int c = getchar();
(gdb)
```

这里，我们先连接到目标板上（连接后会产生代码清单15-14中的Remote debugging...消息），然后在创建新线程的那个循环语句的后面设置一个断点，并让程序继续运行。当新的线程被创建时，GDB会显示一条提示消息以及线程ID。线程1059是应用程序tdemo的主线程，它从main()函数开始执行。线程1060至1063是由调用pthread_create()创建的新线程。

当GDB命中断点时，它显示了一条[Switching to Thread 1059]消息，表示是该线程在执行时遇到了断点。这是调试会话中处于活动状态的线程，也就是GDB文档中所说的当前线程。

GDB使我们可以在线程间切换并像往常一样进行调试，比如设置断点，检查数据，显示栈中的回溯调用以及单独查看当前线程的每个栈帧。代码清单15-16提供了这些操作的例子，它是代码清单15-15的延续。

15

代码清单15-16　GDB对线程的操作

```
...
(gdb) c
Continuing.

                    <<< 按Ctl-C中断程序的执行
Program received signal SIGINT, Interrupt.
0x400db9c0 in read () from /opt/mvl/.../lib/tls/libc.so.6
(gdb) i threads
  5 Thread 1063  0x400bc714 in nanosleep ()
    from /opt/mvl/.../lib/tls/libc.so.6
  4 Thread 1062  0x400bc714 in nanosleep ()
    from /opt/mvl/.../lib/tls/libc.so.6
  3 Thread 1061  0x400bc714 in nanosleep ()
    from /opt/mvl/.../lib/tls/libc.so.6
  2 Thread 1060  0x400bc714 in nanosleep ()
    from /opt/mvl/.../lib/tls/libc.so.6
* 1 Thread 1059  0x400db9c0 in read ()
    from /opt/mvl/.../lib/tls/libc.so.6
(gdb) thread 4                   <<<设置线程4为当前线程
[Switching to thread 4 (Thread 1062)]
#0  0x400bc714 in nanosleep ()
    from /opt/mvl/.../lib/tls/libc.so.6
(gdb) bt
#0  0x400bc714 in nanosleep ()
    from /opt/mvl/.../lib/tls/libc.so.6
#1  0x400bc4a4 in __sleep (seconds=0x0) at sleep.c:137
#2  0x00008678 in go_to_sleep (duration=0x5) at tdemo.c:18
#3  0x00008710 in worker_2_job (random=0x5) at tdemo.c:36
#4  0x00008814 in worker_thread (threadargs=0x2) at tdemo.c:67
#5  0x40025244 in start_thread (arg=0xffffffdfc) at pthread_create.c:261
#6  0x400e8fa0 in clone () at../sysdeps/unix/sysv/linux/arm/clone.S:82
#7  0x400e8fa0 in clone () at../sysdeps/unix/sysv/linux/arm/clone.S:82
(gdb) frame 3
#3  0x00008710 in worker_2_job (random=0x5) at tdemo.c:36
36          go_to_sleep(random);
(gdb) l                    <<<列出源代码
31      }
32
33      static void worker_2_job(int random)
34      {
35          printf("t2 sleeping for %d\n", random);
36          go_to_sleep(random);
37      }
```

```
38
39          static void worker_3_job(int random)
40          {
(gdb)
```

这里有几点值得注意。GDB会自己为每个线程分配一个代号，并用它们来引用对应的线程。当某个线程命中断点时，进程中的所有线程都会停止以接受检查。GDB用一个星号（*）来标记当前线程。可以为每个线程设置不同的断点——当然，假设它们会执行不同的代码。如果你在一段所有线程都会执行的公共代码中设置了断点，任意线程都可能首先命中断点。

本章末尾参考的GDB用户手册中包含了更多有关多线程调试的有益信息。

15.4.3　调试引导加载程序/闪存代码

开发人员在调试驻留于闪存中的代码时会遇到一些独特的挑战。最明显的一个限制是GDB和gdbserver合作设置目标断点的方式。当我们在第14章中讨论GDB远程串行协议时，你已经了解到了如何在一个应用程序中插入断点[①]。GDB是用一个架构相关的断点指令替换了断点位置上的原有指令。然而，在ROM或闪存中，GDB不能够修改原有指令，所以这种设置断点的方法就不起作用了。

大多数主流处理器都包含一定数量的调试寄存器，它们可用于绕开这个限制。这些功能是与具体的架构和处理器相关的，而且需要有硬件探测器的支持才能使用。在调试驻留于闪存或ROM中的代码时，最常用的技术就是使用JTAG硬件探测器。这些探测器能够利用处理器内部的调试寄存器来设置硬件断点。我们在第14章中详细介绍了这些内容，请参考14.4.2节以了解更多细节。

15.5　其他远程调试选项

有时你可能想使用串行端口来进行远程调试。有时你又可能需要让调试器附着到一个已经运行的进程上。下面就介绍这些简单但有用的调试技术。

15.5.1　使用串行端口进行调试

使用串行端口进行调试很简单。当然，你的目标板上必须有一个空闲的串行端口，而它没有被其他进程，比如串行端口控制台所使用。另外，主机上也必须要有一个可用的串行端口。如果这两个条件都能满足的话，只需要在执行gdbserver的时候将传递给它的IP地址:端口号替换成串行端口设备名就行了。在主机上运行GDB连接到目标板上时也是这样。

在目标板上执行以下命令：

---

① 请参考代码清单14-7。

```
root@coyote:/apps # gdbserver /dev/ttyS0 ./tdemo
Process ./tdemo created; pid = 698
Remote debugging using /dev/ttyS0
```

在主机上执行以下命令：

```
$ xscale_be-gdb -q tdemo
(gdb) target remote /dev/ttyS1
Remote debugging using /dev/ttyS1
0x40000790 in ?? ()
```

15.5.2　附着到运行的进程上

使用gdbserver，我们能够很容易地连接到一个正在运行的进程上并查看其状态，而不需要终止该进程并重新启动它：

```
root@coyote:/apps # ps ax | grep tdemo
 1030 pts/0    S1+    0:00 ./tdemo
root@coyote:/apps # gdbserver localhost:2001 --attach 1030
Attached; pid = 1030
Listening on port 2001
```

查看完进程的状态后，可以使用GDB的detach命令来结束调试。这条命令会让gdbserver离开该应用程序进程并终止调试会话，而该进程则会继续运行。这是一个非常有用的调试技术，但要注意，当调试器附着到进程上时，它会停下来并等待来自调试器的指令。除非使用continue或detach命令让它继续执行，否则它是不会这么做的。还需要注意的是，几乎可以在任何时候使用detach命令来终止调试会话并确保应用程序在目标板上继续运行。

15.6　小结

- □ 远程（交叉）调试使你能够在进行符号调试时充分利用主机开发工作站上的资源，让它承担更多的工作，从而减轻目标板的资源负担。
- □ 运行于开发主机上的交叉gdb通过gdbserver来调试目标板上的进程，运行于目标板上的gdbserver则充当了它们之间的“粘合剂”。
- □ 主机上的GDB一般通过以太网（IP地址:端口号）与目标板上的gdbserver建立连接，并使用GDB远程协议连接在它们之间收发命令。
- □ GDB可以在收到共享程序库事件时停住，并自动加载可用的共享程序库符号。交叉开发系统上的工具链中应该预先配置好默认的程序库路径。此外，你也可以使用GDB命令来设置共享程序库的搜索路径。
- □ GDB可用于调试多个相互独立的进程，这时需要使用多个并行的GDB会话。
- □ 当被调试的进程调用fork()系统调用创建了新的进程后，可以配置GDB调试新创建的进程。它的默认模式是调试父进程——即调用fork()的那个进程。

□ GDB能够很方便地调试使用POSIX线程API的多线程应用程序。目前Linux系统上默认的线程库是NPTL。

□ GDB能够附着到一个正在运行的进程上并在之后离开它。

补充阅读建议

"GDB：GNU项目调试器"，在线文档。
http://sourceware.org/gdb/onlinedocs/

GDB Pocket Reference，Arnold Robbins，O'Reilly Media，2005。

## 第 16 章

开源构建系统

16

本章内容
- ❏ 为什么使用构建系统
- ❏ Scratchbox
- ❏ Buildroot
- ❏ OpenEmbedded
- ❏ 小结

软件构建系统已经存在很长时间了。过去，它们的形式多种多样，有简单的由脚本驱动或基于make工具的系统，也有复杂的（通常是专有的）用于构建某个特定项目的软件程序。不少开源构建系统现在都已销声匿迹了，只有少数几个经受住了时间的考验。

这一章将介绍几个比较流行的构建系统，并重点讲述一个用于构建嵌入式Linux系统的领先的竞争者——OpenEmbedded。

16.1 为什么使用构建系统

嵌入式Linux发行版的来源很多，你可以从网上免费下载或是购买商业产品。通常这些嵌入式Linux发行版的功能是固定的，而且很难修改。它们往往只包含编译好的二进制文件，比如重要的工具链和软件包，但不会告诉你如何从源码生成这些东西。

一个功能强大的嵌入式Linux构建系统能够帮助你创建一个满足独特需求的嵌入式Linux发行版。它必须包含一个交叉工具链和项目所需的所有软件包。构建系统应该能够根据你的选择和配置创建根文件系统、Linux内核镜像、引导加载程序镜像和其他必需的文件和实用程序，从而正确地部署它们。

从头开始构建嵌入式Linux发行版，或任何Linux发行版都绝非易事。只要试想一下自己组装一个桌面Linux发行版，你就能有所体会了。另外，不要忘了还有工具链。因为对于嵌入式应用程序来说，与流行的看法相反，获取商业品质的针对非x86架构的工具链是非常困难的，除非你有开发和测试针对自己所选架构的交叉工具链的专业知识及经验。

编译你所需要的所有组件会成为第一个挑战。工具链从哪儿来？从哪儿获取必需的系统库和引导加载程序？需要哪些软件包来支持产品中的各种硬件设备和软件应用？每个软件包都依赖哪些其他组件？使用哪些文件系统，如何构建它们？怎样跟踪软件包的版本和它们之间的依赖关系？怎样能够确定哪些版本的软件包和工具是相互兼容的？怎样管理嵌入式Linux发行版的更新以及嵌入式产品的后续升级？如何在事后集成补丁程序？

当项目计划逐渐成形时，嵌入式系统开发人员就需要面对这样或那样的问题。一个设计良好并且容易获得支持的嵌入式Linux构建系统会是个完美的工具，它能够帮助你解答这些问题，并确保项目能够快速部署和易于维护。

下面的几节将介绍一些比较流行的构建系统。其中我们会用大量篇幅讲述一个最有前途和最流行的嵌入式Linux构建系统——OpenEmbedded。

16.2 Scratchbox

Scratchbox是一个交叉编译工具包，它在Maemo项目中得到使用并开始流行起来。Maemo是一个针对手持电脑（比如诺基亚N770）的软件平台。Maemo项目已经和Moblin合并为MeeGo（www.meego.com）。

根据Scratchbox网站的描述，它支持基于ARM和x86架构的目标板，并且实验性支持PowerPC和MIPS架构。最新的安装手册声称它支持基于PowerPC架构的目标板。

16.2.1 安装 Scratchbox

安装过程很简单，只要按照Scratchbox网站上的指示进行操作即可。在基于Debian的系统，比如Ubuntu中，首先将下面这行添加到文件/etc/apt/sources.list中：

```
deb http://scratchbox.org/debian stable main
```

然后执行一下更新，安装需要的软件包，并将你的用户名[①]添加到Scratchbox中。代码清单16-1显示了这个过程。

代码清单16-1　安装Scratchbox

```
$ sudo apt-get update
$ sudo apt-get install scratchbox-core
$ sudo sb-adduser <your username>
```

注意，以上这些命令都需要root权限。只要你有开发主机的root权限，这不是什么大问题。但是根据公司的IT政策，很多大型企业中的开发人员是没有root权限的。你应该考虑是否会遇到这个问题。

还要注意，在使用sb-adduser命令将用户名添加到Scratchbox中之后，必须先注销然后用一个新的shell重新登录才能让组员关系的修改生效[②]。Scratchbox的文档详细描述了这一点。

16

① 必须是你当前使用的Linux用户名。
② 在安装scratchbox-core时，它会创建一个名为sbox的用户组。——译者注

16.2.2 创建一个交叉编译目标

安装了Scratchbox之后，必须完成几个步骤才能开始构建。首先，必须安装工具链和用于模拟目标设备的qemu（一个流行的处理器模拟程序）。然后，必须登录到Scratchbox中并使用配置工具进行一些初始设置。如果你使用的是基于Debian的发行版，比如Ubuntu，工具链的安装并不困难。Scratchbox提供了好几个工具链，可以在其网站的下载页面中查看它们的当前版本。在这个例子中，我们选择一个ARM编译器：

```
$ sudo apt-get install scratchbox-toolchain-arm-linux-cs2010q1-202
$ sudo apt-get install scratchbox-devkit-qemu
```

接着，以Scratchbox用户的身份登录，并创建一个交叉编译目标。具体是使用Scratchbox的login程序进行登录：

```
$ /scratchbox/login
```

登录之后，执行配置工具sb-menu。这是一个基于菜单的工具，命令如下：

```
$ [sbox-NO-TARGET: ~] > sb-menu
```

图16-1显示了执行这条命令后的主配置界面。

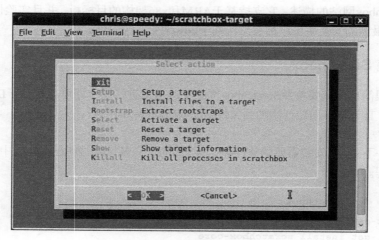

图16-1 Scratchbox的菜单配置界面

使用Scratchbox网站上的安装文档（installdoc.pdf）作为指南（www.scratchbox.org/documentation/docbook/installdoc.html），并按照以下步骤设置Scratchbox的环境。

(1) 选择主菜单中的Setup创建一个新的目标，并命名为mytarget。

(2) 选择一个交叉编译器。

(3) 在选择devkits时，选择qemu。

(4) 选择CPU transparency，再选择qemu-arm-sb。

完成这些步骤后，退出sb-memu配置工具。现在你可以开始研究Scratchbox的开发环境了。

我们将演示如何编译和运行一个简单的Hello World程序。在Scratchbox的shell中使用文本编辑器（比如vi）创建一个的简单的Hello World程序，如代码清单16-2所示。

代码清单16-2　简单的Hello World示例

```
#include <stdio.h>

int main(int argc, char **argv)
{
    printf("Hello world\n");
        return 0;
}
```

现在，在Scratchbox的环境中编译这个程序：

```
[sbox-mytarget: ~] > gcc -o hello-arm hello.c
```

这会使用你刚刚安装的ARM工具链来编译hello.c。这条命令通过一个Scratchbox 包裹程序[①]来调用ARM工具链。你可以在/scratchbox/compilers/bin目录下看到这个工具链包裹程序。它会根据你创建的目标规格来决定使用哪个编译器。编译完成后，你可以核实生成的文件是一个ARM二进制文件，并且在Scratchbox的shell中运行这个文件，如下所示：

```
[sbox-mytarget: ~] > file hello-arm
hello-arm: ELF 32-bit LSB executable, ARM, version 1 (SYSV), for GNU/Linux 2.6.16,
dynamically linked (uses shared libs), not stripped
[sbox-mytarget: ~] > ./hello-arm
Hello
```

虽然这是个微不足道的例子，但它说明了Scratchbox的环境和使用方法。Scratchbox的模式是为开发人员提供一个与目标设备类似的开发环境。这种方法的优点是：使用模拟目标设备使很多原本有难度的开源软件包的交叉编译容易得多了。

当然，Scratchbox的实际使用情况会比这个例子复杂很多，但基本架构和方法都很简单。在实际的应用场景中，你可能会使用一系列makefile或者专门的构建脚本来编译大量的软件包和其他程序。

Scratchbox还包含一个远程shell特性，它允许开发人员直接在一个真实的目标硬件上执行一些操作（互动式的或非互动式的）。它的工作原理类似于我们熟悉的远程shell（rsh）。我称这种特性为sbrsh，并且是Scratchbox安装程序的一部分。可以在Scratchbox的文档中找到更多有关sbrsh的详细信息。

Scratchbox有很多优秀的文档。如果你想深入了解Scratchbox，可以将它安装到系统中并按照网站（www.scratchbox.org）上的文档进行学习。

16.3　Buildroot

Buildroot是一组设计用于构建完整嵌入式Linux发行版的makefile和补丁。根据Buildroot网站的描述，它的主要特性包括以下几点。

---

① 包裹程序的名称是sb_gcc_wrapper，命令中的gcc实际上是一个指向它的符号链接。——译者注

- □ 它能够编译嵌入式Linux产品需要的所有组件，包括交叉编译器、根文件系统、内核镜像和引导加载程序。
- □ 可以使用大家熟悉的Linux内核配置工具（比如menuconfig）对它进行简单的配置。
- □ 它支持几百个用户空间的应用程序和程序库，包括GTK2、Qt、GStreamer和很多网络实用程序。
- □ 它支持uClibc或glibc，以及其他目标程序库。
- □ 它的结构以makefile语言为基础，简单且易于理解。

16.3.1 安装 Buildroot

你需要做的第一件事情是找到并下载一份Buildroot代码。最简单的方式是使用git。当然，如果使用git时没有指定一个标签，它会下载最新的代码。然而，在任何开源项目中，最新的代码一般都有不稳定的风险。如果不想冒险的话，你也可以从以下网址[①]下载稳定版本：http://buildroot.uclibc.org/downloads/buildroot.html。在下面的例子中，我们将使用git：

```
$ git clone git://git.buildroot.net/buildroot
```

16.3.2 配置 Buildroot

下载了代码（或git仓库）后，就可以配置它了。进入Buildroot的安装目录，并执行以下配置命令：

```
$ make menuconfig
```

这条命令会生成一个你非常熟悉的配置工具，这与Linux内核以及Scratchbox的配置是类似的。图16-2显示了这个配置工具。

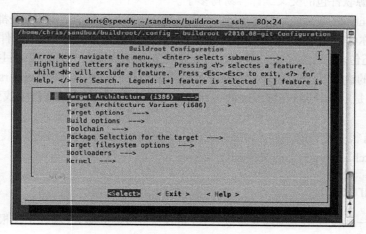

图16-2　Buildroot的配置

---

① 下载网址应该是http://buildroot.net/downloads/，文中的网页是一篇介绍Buildroot的文档。——译者注

Buildroot的配置范围很广,有很多选项可供选择。Buildroot会根据配置的属性来创建嵌入式Linux发行版。下面列出一些必须选择的重要属性:

- 目标架构;
- 架构的变种,比如PowerPC 603e或ARM 920t;
- 目标选项,比如板载设备和串行端口;
- 构建选项,比如构建目录和下载目录,并行性(同时执行的任务数量)和其他构建属性;
- 工具链选项,包括程序库的类型(uClibc或glibc)和编译器版本;
- 软件包的选择,比如目标板上会包含哪些软件包。

16.3.3 构建 Buildroot

在进行简单配置之后,只需要输入make就可以开始构建了。如果配置正确而且你很幸运的话[1],最终会获得一个完整的嵌入式Linux发行版。构建过程可能需要一些时间,因为它要下载和编译很多软件组件并执行一系列步骤以实现目标。在此过程中,你的串行端口终端会有大量输出信息。Buildroot一般会执行以下步骤:

- 根据配置下载所有软件包和工具链的源文件;
- 构建交叉编译工具链;
- 使用交叉工具链配置和编译所有需要的软件包;
- 如果配置需要,构建一个内核镜像;
- 使用你选择的格式创建一个根文件系统。

当构建结束时,结果会放在.../output目录中,如代码清单16-3所示。

代码清单16-3 Buildroot输出目录的结构

```
chris@speedy:~/sandbox/buildroot$ ls -l output
total 28
drwxr-xr-x  7 chris chris 4096 2010-07-31 16:45 build
drwxr-xr-x  3 chris chris 4096 2010-07-31 16:45 host
drwxr-xr-x  2 chris chris 4096 2010-07-31 16:45 images
drwxr-xr-x  5 chris chris 4096 2010-07-31 16:34 staging
drwxr-xr-x  2 chris chris 4096 2010-07-31 16:44 stamps
drwxr-xr-x 16 chris chris 4096 2010-07-31 16:45 target
drwxr-xr-x 18 chris chris 4096 2010-07-31 16:41 toolchain
```

根文件系统镜像会被放置到.../output/images目录中。因为我们在配置时指定了ext2文件系统,所以images子目录中有一个名为rootfs.ext2的镜像文件:

[1] 很多原因都可能造成构建失败,我们稍后就会讲述它们。

```
chris@speedy:~/sandbox/buildroot$ ls -l ./output/images/
total 3728
-rw-r--r-- 1 chris chris 3817472 2010-07-31 16:45 rootfs.ext2
-rwxr-xr-x 1 chris chris   65656 2010-07-31 17:31 u-boot.bin
```

Buildroot相当灵活并且有很多配置选项。Buildroot能够为具体的目标板构建U-Boot镜像，只需要在配置Buildroot时指定目标板的名称（来自U-Boot的makefile，但不包含_config后缀）即可。在上面的例子中，我们指定了目标板的名称为ap920t，所以还会生成一个U-Boot镜像（u-boot.bin）。U-Boot文档对此有更多详细描述。

output目录中还包含其他一些子目录，代码清单16-3中有所显示。Staging子目录用于存放软件包的构建目标，这些软件包本身被其他软件包所依赖。toolchain目录包含了编译交叉工具链所需的组件。host目录包含了与主机相关的工具，用于支持Buildroot的操作。其中包括fakeroot（用于在没有root权限的情况下构建根文件系统）和生成镜像的程序。target目录几乎是根文件系统镜像的复本，但它不能直接用作根文件系统。因为其中的用户、组、权限和设备节点都不正确。fakeroot会使用这个目标目录来创建最终的镜像。最终，所有组件（除了交叉工具链之外）都是在build目录中构建的。

Buildroot是一个强大的构建系统，能够构建出完整的嵌入式Linux发行版。请参考以下网址中的文档并了解更多详细信息：http://buildroot.uclibc.org/docs.html。

16.4 OpenEmbedded

人们常常会争论某种技术是否是从以前的技术进化而来的，但当提到OpenEmbedded时，答案迅速变得显而易见。OpenEmbedded的某些概念起源于Gentoo中的Portage构建系统，并借鉴了其他构建系统（包括Buildroot）的一些概念。

OpenEmbedded的主页（www.openembedded.org）中声称它"……提供了一流的交叉编译环境"。考虑到其他开源构建系统的限制以及OpenEmbedded的灵活性，这样的描述也许很准确。网站上还列出了OpenEmbedded的以下优点。

- □ 它支持很多硬件架构。
- □ 它支持这些架构的多个发行版本。
- □ 它包含一些工具，能够在作出修改后加快重建代码的速度。
- □ 它易于定制。
- □ 它可以运行于任何Linux发行版之上。
- □ 它可以交叉编译数千个软件包，包括GTK+、Qt、X Windows、Mono和Java。

在商业和开源项目中，OpenEmbedded都展示了极大的魅力。很多商业开发组织已经将OpenEmbedded作为首选的构建系统。实际上，一些嵌入式Linux的提供商，包括Mentor Graphics和MontaVista Software都已经将OpenEmbedded作为他们商业嵌入式Linux产品的基础。

16.4.1 OpenEmbedded 的组成

OpenEmbedded主要是由两部分组成的，如图16-3所示。BitBake是构建引擎，它是一个强大而灵活的构建工具。元数据是一组指令，它告诉BitBake要构建什么。

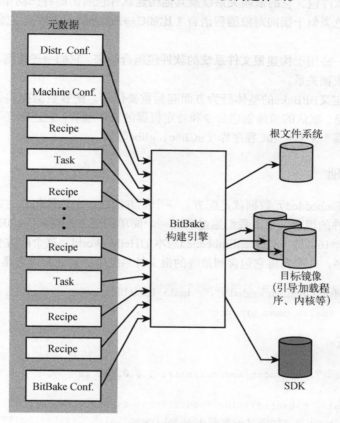

图16-3 BitBake和元数据

BitBake处理元数据，并按照它的指示进行构建。在构建过程的最后阶段，BitBake会生成所有要求的镜像，包括根文件系统、内核、引导加载程序和中间镜像（比如Power架构特有的设备树二进制文件）。OpenEmbedded的一个非常强大的特性是它能够创建软件开发包（SDK）。这些SDK包含工具链、程序库和头文件，应用程序开发人员可以在一个独立的开发环境中使用它们。

16.4.2 BitBake 元数据

元数据可以大致划分为4类，分别担当不同的角色：

❑ 配方（recipe）；
❑ 类；

□ 任务；

□ 配置。

最常见的元数据是配方文件。配方通常包含了BitBake为构建某个软件包所需要执行的一组指令。配方描述了软件包，它的依赖关系以及其他构建软件包所需的特殊动作。

类所扮演的角色类似于面向对象编程语言（比如C++或Java）中的类。它们用于封装配方普遍使用的公共功能。

任务通常会将一些用于构建根文件系统的软件包组合起来。它们一般是简单的文件，只是描述了软件包之间的依赖关系。

配置元数据在定义BitBake的整体行为方面起到重要作用。配置数据提供了一些全局的构建变量，比如构建路径、默认的镜像创建命令和特定机器的具体细节。它还定义了要创建的发行版的特征，比如使用哪个工具链和C程序库（uClibc、glibc等）。

16.4.3　配方基础

最常见的OpenEmbedded元数据就是配方。一个配方构建一个软件包，它通常是一个单独的文件，或几个小文件的组合。下面我们通过研究一个简单的配方来理解OpenEmbedded使用的元数据语言。代码清单16-4是一个OpenEmbedded版本的Hello World。这个配方会构建一个简单的Hello World应用程序，并准备将它包含到最终的根文件系统中，它的文件名是hello_1.0.0.bb。

代码清单16-4　简单的OpenEmbedded配方：hello_1.0.0.bb

```
DESCRIPTION = "Hello demo project"
PR = "r0"
LICENSE = "GPL"

SRC_URI = "http://localhost/sources/hello-1.0.0.tar.gz"

SRC_URI[md5sum] = "90a8ffd73e4b467b6d4852fb95e493b9"
SRC_URI[sha256sum] = "fd626b829cf1df265abfceac37c2b5629f2ba8fbc3897add29f-
9661caa40fe12"

do_install() {
        install -m 0755 -d ${D}${bindir}
        install -m 0755 ${S}/hello ${D}${bindir}/hello
}
```

前几个字段只不过是一些管理信息：

□ DESCRIPTION——有关软件包本身的描述信息；

□ PR——软件包（配方）的版本号；

□ LICENSE——软件包的许可类型。

每个配方中都必须有SRC_URI。它定义了BitBake用于获取软件包源文件的方法（这个例子中是http）和位置（localhost/sources/hello-1.0.0.tar.gz）。BitBake可以使用多种方法来获取[1]源码，比如从本地或远端（因特网服务器上）的git、svn或cvs仓库中导出代码。源码的形式也不固定，可以是一个文件或是一个打包工具。

SRC_URI[md5sum]是一种指定校验值的方法，可用于验证源码文件的完整性。如果远端服务器上有md5或sha256格式的签名文件，BitBake会用签名文件中的值和配方中的这些值作比较，从而确保下载的文件是正确的。

do_install方法是一个函数，它能覆盖BitBake的默认安装方法。在这个配方示例中，do_install方法使用Linux的install命令定义了两个步骤：第一步创建用于存放构建结果（二进制文件hello）的输出目录；第二步将二进制文件复制到刚刚创建的输出目录中。以上命令中用于指定目录名的语法结构常见于autotools配置脚本和构建文件中。{bindir}指的是目标板上的/bin目录。S和D是OpenEmbedded元数据中的快捷变量，分别指源目录和目的目录。你可以从install命令的帮助手册中（man install）了解更多详细信息。

OpenEmbedded中的配方可以包含用Python语言或bash脚本语言编写的指令。代码清单16-4所示的例子中只使用了bash脚本语言。有关Python语言的讨论超出了本节的范围。

你也许在想这个简单的配方是如何构建出Hello World应用程序的。我们看到配方中定义了安装应用程序的步骤，但没有发现其他有关构建的指令。BitBake会使用一组默认的步骤来处理每个配方，而这些步骤是由OpenEmbedded的类定义的。BitBake类是以.bbclass结尾的文件。大多数默认的处理步骤都来自一个名为base.bbclass的基类。正是这个类定义了获取源码、解压、配置、编译和安装的默认命令。

代码清单16-5显示了BitBake在构建hello软件包时的输出。BitBake可以接受任何配方或任务[2]作为构建的目标。

代码清单16-5　BitBake处理Hello配方

```
chris@speedy:~/sandbox/build01$ bitbake hello
<...>
NOTE: Executing runqueue
NOTE: Running task 10 of 38 (ID: 5, NOTE: Running task 10 of 38 (ID: 5,
/hello_1.0.0.bb, do_fetch)
NOTE: Running task 11 of 38 (ID: 0, /hello_1.0.0.bb, do_unpack)
NOTE: Running task 15 of 38 (ID: 1, /hello_1.0.0.bb, do_patch)
NOTE: Running task 16 of 38 (ID: 7, /hello_1.0.0.bb, do_configure)
NOTE: Running task 17 of 38 (ID: 8, /hello_1.0.0.bb, do_compile)
NOTE: Running task 18 of 38 (ID: 2, /hello_1.0.0.bb, do_install)
NOTE: Running task 19 of 38 (ID: 10, /hello_1.0.0.bb, do_package)
```

16

---

[1] BitBake中有一个名为fetcher的模块。

[2] 回顾一下，"任务"是一种特殊类型的OpenEmbedded元数据（配方），通常用于将一些软件包组合起来，以便于放到根文件系统中。

```
NOTE: Running task 25 of 38 (ID: 13, /hello_1.0.0.bb, do_package_write_ipk)
NOTE: Running task 26 of 38 (ID: 9, /hello_1.0.0.bb, do_package_write)
NOTE: Running task 29 of 38 (ID: 3, /hello_1.0.0.bb, do_populate_sysroot)
NOTE: Running task 30 of 38 (ID: 12, /hello_1.0.0.bb, do_package_stage)
NOTE: Running task 37 of 38 (ID: 11, /hello_1.0.0.bb, do_package_stage_all)
NOTE: Running task 38 of 38 (ID: 4, /hello_1.0.0.bb, do_build)
NOTE: Tasks Summary: Attempted 38 tasks of which 25 didn't need to be rerun and 0
failed.
```

　　注意，为了方便阅读，我们已经调整了代码清单的格式。每行输出中省略了配方文件（hello_1.0.0.bb）的完整路径，同时，一些和讨论无关的输出信息也已经被删除了。

　　我们可以从代码清单16-5中看到BitBake在构建软件包（由配方文件hello_1.0.0.bb定义）时执行的每个步骤。第一步（fetch）从服务器上下载hello源码的打包工具。第二步（unpack）将这个打包工具解压到一个由配置元数据定义的工作目录中。我们在代码清单16-4中看到可以用一个名为S的元数据变量来引用这个工作目录。接着，do_patch根据需要对源码打补丁。

　　打完补丁之后是配置源码。在这个简单的配方中，它是一个空方法。它没有做任何事情，因为没有什么需要配置的。下一个步骤是编译。BitBake会在hello源码的工作目录中执行make命令，并利用makefile来完成构建软件包的工作。编译之后是安装。注意，代码清单16-5中使用了我们自己定义的安装步骤，而不是默认的安装步骤。它会按照代码清单16-4中描述的步骤来安装hello二进制文件。

　　接下来的几个步骤与软件打包有关，结果是构建出一个包含所有已安装文件的二进制软件包。有关打包的详细讨论超出了本节的范围，但需要认识到每个配方会按照元数据指定的格式创建出一个二进制软件包。.ipk是最常用的软件包格式——这是一个紧凑的轻量级的打包技术，而且是专门为嵌入式Linux应用程序而设计的。最后生成的软件包会被放到一个特殊的由BitBake专门创建的输出目录中。

　　填充（populate）和暂存（stage）这两个步骤会将构建出的文件移动到一个特殊的暂存位置中，以便依赖这个软件包的其他软件包能够获取到这些构建结果。而且，根文件系统最终也是由特定的配方相关的目录（构建结果在此汇总）内容编译而来的。这项工作由do_build方法完成。

　　在BitBake成功处理了这个配方之后，软件包就构建好了。然后，构建结果（通常是一个或一组二进制文件或软件包）会被放置到一个特殊的与具体配方相关的目录中，以便其他程序在构建时能够引用它们。后续用于构建镜像的配方也可以从这些目录中收集构建结果并放到最终的根文件系统中。

　　下面几节将讨论其他几种主要的元数据——任务、类和配置。

16.4.4　任务

　　任务是一种用于将软件包组合起来的配方，通常是为了构建根文件系统。任务本身不会产生软件包或构建结果，因为任务都是空的。它们的文件名中不一定包含"task"。

注意，在OpenEmbedded的术语中，任务一词被重载了。当我们说到BitBake任务时，它们指的是BitBake执行的步骤，比如do_compile；另外，它们也可以指这里讲的配方。请注意这个术语在不同环境中的含义！

代码清单16-6显示了一个简单的任务，它来自一个最新的OpenEmbedded版本。这个任务指定了Java需要的一些软件包，而且它们会被包含在最终生成的根文件系统中（task-java.bb）。

代码清单16-6　task-java.bb

```
DESCRIPTION = "Base task package for Java"
PR = "r2"
LICENSE = "MIT"

inherit task

RDEPENDS_${PN} = "\
    cacao \
    classpath-awt \
    java2-runtime \
    librxtx-java \
"
```

有些任务很复杂，但是这个任务相对比较简单并且能够说明任务的基本思想。首先是几个必需的头域字段，包括DESCRIPTION、PR和LICENSE。然后是inherit关键字，这表明该配方使用了我们将要讨论的下一种元数据——类。你可以将这条指令看做C语言中的#include。它表示task.bbclass中定义的变量和方法应该包含到这个配方中并由BitBake进行处理。

代码清单16-6中的变量RDEPENDS_${PN}定义了运行时软件包的依赖关系。其中的PN代表软件包的名称，一般是配方的文件名，但不包括扩展名——在这个例子中就是task-java。如果在构建镜像时包含了这个配方（task-java.bb），REDPENDS中列出的软件包就会被构建并包含在最终的镜像中。如果下载了OpenEmbedded的代码快照，可以在镜像配方x11-gpe-java-image.bb中看到它使用了task-java.bb任务。

16.4.5　类

OpenEmbedded中的类和面向对象语言（比如C++和Java）中的类是相似的。它用于封装一些由多个配方共享的公共功能，而且，OpenEmbedded中的很多公共功能也是由类实现的。

我们在代码清单16-6所示的配方（task-java.bb）中看到了一个使用task类的例子。task类是由文件task.bbclass定义的，这个文件位于OpenEmbedded代码仓库的classes子目录中。它负责完成一些所有任务都需要的基本功能。其中的一些指令用于告诉BitBake这个配方本身不会生成任何需要打包或放到最终根文件系统中的构建结果。另外，它还包括一些处理逻辑，用于生成任务中包含的软件包的-dbg和-dev版本。

16

　　一个较为常用的类是autotools.bbclass。这个类提供了我们熟悉的autotools功能，很多常用的Linux软件包都是由autotools构建而来的。你可能已经熟悉autotools的使用方法了。在Linux桌面系统中，先下载和解压源码，然后使用命令序列./configure、make和make install来配置、编译和安装软件包，就可以构建一个基于autotools的软件项目。

　　autotools.bbclass类提供了这个功能。如果你的源码包使用了autotools，那么配方会相当简单，不过软件包本身并不简单。代码清单16-7显示了一个基于autotools的配方。为了提高可读性，我们稍微调整了它的格式，但不会减少它的功能。

代码清单16-7　简单的基于autotools的配方：rdesktop_1.5.0.bb

```
DESCRIPTION = "Rdesktop rdp client for X"
HOMEPAGE = "http://www.rdesktop.org"
DEPENDS = "virtual/libx11 openssl"
SECTION = "x11/network"
LICENSE = "GPL"
PR = "r2"

inherit autotools

SRC_URI = "${SOURCEFORGE_MIRROR}/rdesktop/rdesktop-${PV}.tar.gz"

EXTRA_OECONF = "--with-openssl=${STAGING_EXECPREFIXDIR}"
```

　　几乎不能再简单了。这个配方提供了用于构建rdesktop（X窗口系统的rdp客户端）的指令。首先是几个标准头域，包括DESCRIPTION、LICENSE和PR等。接着它使用inherit关键字将autotools.bbclass的功能包含进来。SRC_URI则是告诉BitBake到哪里可以获取到源码。

　　最后一行说明了基于autotools的项目的一个重要特性。如果你曾经在构建项目时将参数传递给./configure脚本，你会对此很熟悉。在配置源码时，EXTRA_OECONF变量会被传递给rdesktop的./configure脚本。在这个例子中，--with-openssl参数（它的值是一个目录）被传递给了配置脚本。这样rdesktop就配置了openssl功能，并告知编译器在哪个目录中可以找到openssl的支持文件，从而编译这个特性。

　　类在OpenEmbedded中的应用很广泛。可以在.../openembedded/classes目录中看到当前所有已定义的类。

16.4.6　配置元数据

　　使用OpenEmbedded的最困难的方面之一是获得一个可用的配置。为了构建一个嵌入式Linux发行版，你需要定义很多配置选项。下面列出一些必须定义的常见属性：

- ❑ 目标架构；
- ❑ 处理器类型；

❑ 机器特性，比如串行端口配置，波特率和闪存的组织结构；

❑ 选择的C程序库，比如glibcb或其他针对嵌入式系统而优化的替代品；

❑ 工具链和binutils的版本及源码（来自外部或由BitBake构建）；

❑ 根文件系统镜像的类型；

❑ 内核版本。

当然，需要配置的还远远不止这些。配置元数据可大致分为4类：BitBake配置、机器配置、发行版配置和本地配置。BitBake配置（bitbake.conf）在很多方面都像是BitBake的底层基础设施。它定义了一些系统级的变量，比如系统路径、目标文件系统的布局以及很多与具体架构相关的构建变量。除非需要做一些特别的事情，否则你不应该编辑这个文件。

描述某个机器的配置文件是以机器的名称命名的。最近的OpenEmbedded代码快照中包含了250多个不同的机器[①]配置文件。这里适合定义一些与具体机器相关的特性，比如串行端口配置、镜像格式的特定需求、内核版本和引导加载程序的版本等。目标架构通常也是由这个配置文件指定的。

发行版配置定义了你要构建的嵌入式Linux发行版的各个方面。当前版本的OpenEmbedded中包含了超过35个不同的发行版配置文件。其中，Angstrom和OpenMoko已经得到了OpenEmbedded开发人员的极大关注。

在发行版配置文件中定义的属性包括工具链的类型、C程序库的类型和发行版的版本。你通常还会在这个配置文件中指定根文件系统必需的规格参数。请参考OpenEmbedded代码中的例子[②]，以了解更多详情。

最后一种配置文件是local.conf。你可以在这个文件中根据自己的喜好调整和定制发行版。local.conf可简单也可复杂，这取决于你的需求。local.conf至少需要定义你选择的机器和发行版的类型，而它们是和定制嵌入式Linux发行版的机器配置及发行版配置紧密相联的。OpenEmbedded的代码中包含一个local.conf示例[③]，其中的注释很详细，是个不错的入门参考。网上也有很多的local.conf的例子。比如，你可以在BeagleBoard开发板的wiki页面（http://elinux.org/BeagleBoard#OpenEmbedded）中找到针对BeagleBoard的OpenEmbedded指令。

16.4.7　构建镜像

功能最强的OpenEmbedded配方是镜像配方。使用一个构建良好的镜像配方，你能够构建出整个嵌入式Linux发行版。OpenEmbedded的代码中包含了差不多100个镜像配方。可以直接使用或对它们进行修改以满足特定需求。

两个比较常用的镜像配方是console-image和x11-image。前者会构建出一个基本的可引导镜像，能够引导系统直至出现命令行提示符。后者会构建出一个驱动图形显示器的镜像，其中包含了必需的图形库，以支持X11（X窗口系统）。使用BitBake很容易就可以构建这些镜像，命令如下：

```
$ bitbake console-image
```

这条简单的命令将构建一个根文件系统，其中会包含充足的软件包，能够引导嵌入式设备直至出现命令行提示符。此外，完全可以在镜像配方中增加其他输出项。例如，可以编写一个配方，输出根文件系统、内核镜像、引导加载程序镜像和其他目标板需要的文件。

OpenEmbedded的内容很多，可以用一整本书的篇幅来讨论它。希望这段简短的介绍能够帮助你开始了解这个强大的构建系统。如果你想掌握一项技术，除了潜心研究并动手实践之外，别无它法。

16.5　小结

在构建嵌入式Linux发行版时，有好几种开源构建系统可供选择。我们在这一章中介绍了目前最流行的3种，而OpenEmbedded则是其中最新的一个。它已经获得了广泛的认可并且吸引了大批开发人员为该项目工作。当你需要构建一个定制的嵌入式Linux发行版时，这三者中的任何一个都能够帮助你应对挑战。

❑ Scratchbox是一种为了便于交叉编译而模拟目标架构的环境。

❑ Buildroot已经在很多项目中得到了应用，它的开发社区也聚集了众多的开发人员和用户。

❑ OpenEmbedded采用了最先进的技术并代表了嵌入式Linux构建系统的最新水平。

补充阅读建议

Scratch网站及文档

www.scratchbox.org/

Buildroot主页

www.buildroot.org

OpenEmbedded主页

www.openembedded.org

第 17 章

实时Linux

17

当支持英特尔i386处理器的Linux初次发布时，没有人预料到它会在服务器领域取得成功。这一成功促使Linux被移植到很多不同架构的处理器上，并且被应用到各种嵌入式系统中，从手机到电信交换设备。就在不久之前，如果你的应用程序有实时性方面的需求，你也许还不会选择Linux。但这种状况已经有所改观，这主要是由于音频和多媒体等应用推动了实时Linux的发展。

这一章首先介绍实时Linux的开发历史。然后看一下实时Linux中可用的功能并讲述如何使用它们。

17.1　什么是实时

如果你向5个人问起"实时"的含义，你很可能会得到5种不同的答案。有些人甚至会列举数字。为了这里的讨论，我们将介绍几种场景并提出一个定义。很多需求可以被称为软实时，而其他一些则被称为硬实时。

17.1.1　软实时

大多数人都同意软实时意味着操作有时间限制。如果超过了时间限制后操作还没有完成的话，体验的质量就会下降，但不会带来致命后果。桌面工作站就是一个需要软实时功能的绝好例子。编辑文档时，你期望在按键之后立刻在屏幕上看到结果。在播放mp3文件时，你期望听到没有任何杂音、爆音或中断的高品质音乐。

一般而言，普通人无法分辨出小于几十毫秒的延时。当然，音乐家能够听出比这更短的延时，

17

并告诉你是它们影响了音乐的质量。如果这些所谓的软实时事件错过了时限，结果可能不尽如人意，并导致体验的质量有所下降，但这并不是灾难性的。

17.1.2　硬实时

硬实时的特点是错过时限会造成严重结果。在一个硬实时系统中，如果错过了时限，后果往往是灾难性的。当然，"灾难"是相对而言的。但如果你的嵌入式设备正在控制喷气式飞机引擎的燃料流，而它没有能够及时响应飞行员输入的命令或操作特性的变化，致命后果就不可避免了。

注意，时限的持续时间并不是硬实时的特征。原子钟中处理每个滴答的服务程序就是这样的一个例子。只要在下一个滴答到来之前的持续1秒的时间窗口内完成处理，数据就依然有效。但如果错过了某个滴答，全球定位系统就可能会产生几英尺或甚至几英里的误差！

考虑到这一点，我们借鉴了一组常用的软实时和硬实时的定义。对于软实时系统，如果错过了时限，系统的计算值或结果会不太理想。然而，对于硬实时系统，如果错过了某个时限，系统就是失败的，而且可能会造成灾难性的后果。

17.1.3　Linux 调度

UNIX和Linux在设计其进程调度算法时主要考虑的是公平性。也就是说，调度器尽可能将可用的资源平均分配给所有需要处理器的进程，并保证每个进程都能得以运行。但这个设计目标是和实时进程的需求背道而驰的。当一个实时进程准备就绪时，调度器必须给予它绝对的优先权。实时意味着延时是可预测和可重复的。

17.1.4　延时

实时进程通常和某个物理事件相关联，比如外围设备的中断。图17-1说明了Linux系统中延时的组成。延时的测量是从接收到中断的那一刻开始的，这表示为图17-1中的t0时刻。一段时间之后，中断的控制权被转交给了中断服务程序（Interrupt Service Routine，ISR），这表示为图中的t1时刻。中断延时几乎是由最大的中断关闭时间[①]决定的——这是指某个执行线程在运行时禁止硬件中断的时间[②]。

一个设计良好的中断处理程序通常分为两个部分：上半部（top half）和下半部（bottom half）。上半部是实际的ISR，在其中完成的工作应该尽可能的少。事实上，这个执行上下文的能力是受限的（比如，ISR不能调用阻塞函数，也就是可能会睡眠的函数）。因此，ISR应该只完成一些紧急的硬件操作，而将耗时的数据处理留给下半部（也被称为softirq）来完成。Linux中包含多种下半部的处理机制，它们在Robert Love撰写的《Linux内核设计与实现》一书中有详尽的描述。具体细节请参考本章末尾的文献。

---

① 我们忽略了处理中断时的上下文切换时间，因为这与中断关闭时间相比可以忽略不计。
② 有些中断服务程序会在处理中断时关闭硬件中断，其他中断就不能得到及时处理。——译者注

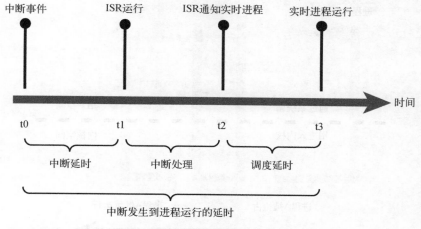

图17-1 延时的组成

ISR/下半部完成处理后，通常会唤醒正在等待数据的用户空间进程，这表示为图17-1中的t2时刻。一段时间之后，调度器选择运行实时进程，并将处理器分配给它，这表示为图17-1中的t3时刻。调度延时主要受以下因素影响：等待处理器的进程数量和它们的优先级。通过设置某个进程的实时属性（SCHED_FIFO或SCHED_RR），可以使它的优先级高于普通的Linux进程，从而让调度器在下次调度时选择运行此进程，这里假设它是所有等待处理器的实时进程（设置了实时属性的进程）中优先级最高的那一个。优先级最高的实时进程一旦准备好（没有阻塞在I/O操作上）就会被调度器选中并运行。你很快就会看到如何设置这个属性。

17.2 内核抢占

早期的Linux 1.x内核中没有内核抢占。这意味着当一个用户空间进程正在请求内核服务时，除非该进程处于阻塞状态（进入睡眠）并等待某个事件（一般是I/O事件）或者它请求的内核处理完成了，否则其他任务是不会被调度运行的。内核可抢占[①]则意味着当一个进程正在内核中运行时，即使它在内核中的处理还没有完成，另一个进程也可以抢占它并运行。图17-2说明了这一系列事件。

在图17-2中，进程A通过系统调用进入内核。这可能是一个write()调用，用于向某个设备（比如控制台或磁盘文件）写入数据。当进程A正在内核中执行时，高优先级的进程B被一个中断唤醒了。这时，虽然进程A既没有被阻塞也没有完成它在内核中的处理，内核还是会抢占进程A并将处理器分配给进程B。

17

---

① 有趣的是，关于抢占（preemptable）一词的正确拼写方法还存在不少争论。我遵从Rick Lehrbaum通过网上问卷得到的调查结果：www.linuxdevices.com/articles/AT5136316996.html。

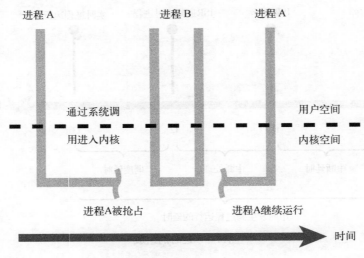

图17-2   内核抢占

17.2.1   抢占的障碍

让内核完全可抢占的难点在于找出内核中所有不能够被抢占的代码，也就是内核中不允许抢占发生的临界区（critical section）代码。例如，假设图17-2中的进程A正在内核中执行一个文件系统操作。在某个时刻，此进程可能需要更新一个代表文件的内核数据结构。为了保护数据结构免受损坏，它必须阻止其他所有进程访问这个共享的数据结构。代码清单17-1使用一段C代码说明了这个概念。

代码清单17-1   对临界区加锁

```
...
    preempt_disable();
    ...
    /*临界区*/
    update_shared_data();
    ...
    preempt_enable();
...
```

如果我们没有用这种方式保护共享数据，更新共享数据结构的那个进程可能会在更新数据的过程中被抢占。如果另一个进程尝试更新同一共享数据，那么数据损坏几乎是不可避免的。一个经典的例子是两个进程都直接操作公共变量并根据变量的值来决定下一步的操作。图17-3说明了这种情况。

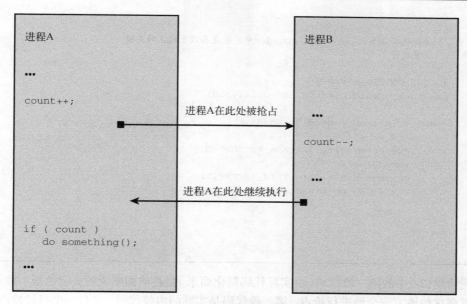

图17-3   并发访问共享数据时的错误

在图17-3中，进程A在更新了共享数据后被中断（抢占）了，此时它还没有检查该数据的值。按照设计，进程A不能检测出它已经被抢占了。在进程B修改了共享数据的值之后，进程A再次运行。可以看到，这时进程A会根据进程B设定的值来决定其下一步操作。如果这不是你所期望的结果，必须在进程A访问共享数据的过程中（这里是指对变量count的修改和判断）禁止内核抢占。

17.2.2   抢占模式

实现内核抢占的第一个方案是在内核代码的一些关键位置加上检查语句。这是一些可以安全地抢占当前执行线程的地方，包括系统调用的入口和出口、某些内核锁的释放点以及中断处理的返回点。在这些检查点上，类似代码清单17-2中的代码用于执行抢占操作。

代码清单17-2   Linux 2.4 + 抢占补丁中的抢占检查代码

```
...
/*
 * 此部分代码在Linux内核的关键
 * 位置执行，在这些位置执行
 * 抢占当前线程比较安全。
 */
if (kernel_is_preemptable() && current->need_resched)
    preempt_schedule();
...
```

17

```
/*
 * 这段代码位于.../kernel/sched.c中，也是在以上提及的关键
 * 位置执行
 */
#ifdef CONFIG_PREEMPT
asmlinkage void preempt_schedule(void)
{
  while (current->need_resched) {
      ctx_sw_off();
      current->state |= TASK_PREEMPTED;
      schedule();
      current->state &= ~TASK_PREEMPTED;
      ctx_sw_on_no_preempt();
  }
}
#endif
...
```

代码清单17-2中的第一段代码（由实际代码简化而来）是在前面所说的关键位置上被调用的，内核可以在这些地方安全地进行抢占。第二段代码是实际的内核代码，来自一个打过抢占补丁的早期Linux 2.4内核。这个while循环很有趣，每次循环通过调用schedule()产生一次上下文切换，直至所有的抢占请求都已满足。

虽然这种方法能够减少Linux系统中的延时，但它并不理想。致力于降低系统延时的开发人员很快发现他们需要"调整一下思维逻辑"。早期的抢占模型具有以下特点。

❑ Linux内核在大多数时候还是不可抢占的。

❑ 抢占的检查点遍布于内核中可安全进行抢占的关键位置上。

❑ 内核只会在这些安全的位置上执行抢占操作。

为了进一步降低延时，我们需要达到以下目标。

❑ Linux内核在任何地方都是完全可抢占的。

❑ 只有临界区代码才会禁止抢占。

自从最初的内核抢占补丁发布以来，内核开发人员一直在朝这个方向努力。然而，这并不是一项轻松的工作。因为它涉及审阅整个内核代码，准确分析哪些数据必须被保护从而使其免受并发操作的破坏，并且只在这些代码区域中禁止抢占。用于此目的的方法一直以来都是利用内核进行延时测量，找到那些产生最长延时的代码路径并作出修改。由于开发人员在"锁分解"（lock-breaking）方面的努力，最新的Linux 2.6内核已经可以配置用于那些需要极低延时的应用。

17.2.3　SMP 内核

注意一个有趣的现象：Linux在优化其SMP性能方面所做的大部分工作也会有助于提升它的实时性能。对称多处理（Symmetric Multiprocessing，SMP）是一种多处理架构，其中的多个处理

器（通常是在一块板卡上）共享内存和其他资源。SMP带来的挑战要比单处理器复杂很多，这是因为SMP中的并发途径较多，从而对共享数据的保护也就更加复杂。在单处理器模型中，某个时刻只会有一个任务在内核中执行。并发保护只涉及防止中断或异常处理程序对数据造成的破坏。在SMP模型中，除了要应对来自中断或异常处理程序的威胁之外，并发保护还要考虑到内核中可能有多个线程在同时执行。

　　Linux从早期的2.x版本开始就已经支持SMP了。在从单处理器模型转移到多处理器模型的过程中，它使用一个BKL（Big Kernel Lock，大内核锁）来保护并发操作。BKL是一个全局的自旋锁（spinlock），它能够阻止任何其他任务在内核中执行。Robert Love在《Linux内核设计与实现》一书中将它描述为"被内核遗弃的孤儿"。在列举BKL的特征时，Robert还开玩笑似地加上了"邪恶"一项！

　　早期基于BKL实现的SMP内核在进行调度时效率很低。人们发现某个处理器可能会长时间处于空闲状态。为了提升内核的SMP性能，开发人员做了大量工作，而这些工作也直接给实时应用带来了好处——主要是降低了延时。BKL被替换为更小粒度的锁，它们只在实际的共享数据周围进行保护，从而显著降低了抢占延时。

17.2.4　抢占延时的根源

　　实时系统必须能够在一个给定的时间上限内为实时任务提供服务。对于实时系统来说，实现一致的低抢占延时非常关键。抢占延时主要受两大因素影响：中断上下文处理和中断被禁止的临界区处理。开发人员已经在减小临界区的大小（也就减少了执行时间）方面付出了很多努力。这样中断上下文处理就成为开发人员需要面对的下一个挑战。Linux 2.6的实时补丁就是解决这个问题的。

17.3　实时内核补丁

　　kernel.org发布的主线内核版本还不支持硬实时。为了开启硬实时的功能，必须对代码打补丁。实时内核补丁是多方努力的共同成果，目的是为了降低Linux内核的延时。这个补丁有多位代码贡献者，目前由Ingo Molnar维护，补丁网址如下：www.kernel.org/pub/linux/ kernel/projects/rt/。自从2.6版本的内核发布以来，Linux内核的软实时性能已经有了显著改进。当2.6版本的内核首次发布时，2.4版本的软实时性能要比2.6版本好很多。从2.6.12版本之后，Linux内核已经可以在较快的x86处理器上实现10毫秒以内的软实时性能了。但如果想实现可重复的微秒级的延时，实时补丁就必不可少了。

　　实时补丁在Linux内核中添加了几个重要特性。在配置已经打过实时补丁的内核代码时，我们可以从多种抢占模式中选择一种，如图17-4所示。

　　实时补丁添加了第4种抢占模式，称为PREEMPT_RT（实时抢占）。4种抢占模式的含义如下。
- □ PREEMPT_NONE——没有强制性的抢占。整体的平均延时较低，但偶尔也会出现一些较长的延时。它最适合那些以整体吞吐率为首要设计准则的应用。

17

- ❑ PREEMPT_VOLUNTARY——降低延时的第一阶段。它会在内核代码的一些关键位置上放置额外的显式抢占点，以降低延时。但这是以牺牲整体吞吐率为代价的。
- ❑ PREEMPT_DESKTOP——这种模式使内核在任何地方都是可抢占的，临界区除外。这种模式适用于那些需要软实时性能的应用程序，比如音频和多媒体。这也是以牺牲整体吞吐率为代价的。
- ❑ PREEMPT_RT——这在内核中增加了实时补丁的某些特性，包括使用可抢占的互斥量来替代自旋锁。除了使用 preempt_disable() 保护的区域以外，内核中的所有地方都开启了非自愿式抢占（involuntary preemption）功能。这种模式能够显著降低抖动（延时的变化），并且使那些对延时要求很高的实时应用具有可预测的较低延时。

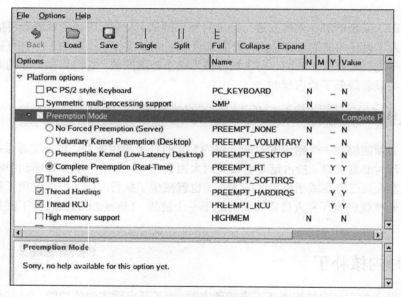

图17-4　抢占模式和实时补丁

　　如果在内核配置中开启了内核抢占功能，可以在系统引导时向内核传递以下命令行参数来关闭它：

```
preempt=0
```

17.3.1　实时补丁的特性

　　配置选项 CONFIG_PREEMPT_RT 在 Linux 内核中增加了几个新的特性，图17-4中显示了一些新的配置选项。下面就介绍这些实时补丁的特性。

　　实时补丁将系统中大多数的自旋锁替换成了支持优先级继承的互斥量。这能够降低系统的整体延时，但同时会增加额外的处理自旋锁（互斥量）方面的开销，结果是系统的整体吞吐率也降低了。将自旋锁转换成互斥量的好处是它们能够被抢占。如果进程A持有一个锁，更高优先级的进程B也需要同一个锁，当它持有一个互斥量时，进程B能够抢占进程A。

选择CONFIG_PREEMPT_HARDIRQS，会强制中断服务程序（ISR）在进程上下文中运行。这样开发人员能够控制ISR的优先级，因为这时它们已经变成了可调度的实体。同样，它们也变成可抢占的，从而允许优先级高的硬件中断先得到处理。由于它们能够被调度，你就可以根据系统的需要来分配它们的优先级。

这是个强大的特性。有些硬件架构并不支持中断的优先级，即使支持，硬件中的优先级设置也有可能与实时系统的设计目标不一致。通过使用CONFIG_PREEMPT_HARDIRQS，你就可以随意设置每个IRQ的运行优先级了。

CONFIG_PREEMPT_SOFTIRQS通过在ksoftirqd（内核softirq守护程序）的上下文中运行softirq来降低延时。ksoftirqd本身就是一个Linux任务（进程）。因而，可以设置它的优先级并能够与其他任务一起被调度。如果你的内核是针对实时应用而配置的，并且开启了配置选项CONFIG_PREEMPT_SOFTIRQS，ksoftirqd内核任务的优先级会被提升为实时优先级，以处理softirq进程[①]。代码清单17-3显示了实现这一功能的内核代码，具体的文件路径是.../kernel/softirq.c。

代码清单17-3   将ksoftirqd提升为实时状态

```
static int ksoftirqd(void * __data)
{
    /* 优先级别应低于硬中断(hardirgs)*/
    struct sched_param param = { .sched_priority = MAX_USER_RT_PRIO/2 - 1};
    struct softirqdata *data = __data;
    u32 softirq_mask = (1 << data->nr);
    struct softirq_action *h;
    int cpu = data->cpu;

    sys_sched_setscheduler(current->pid, SCHED_FIFO, &param);
    current->flags |= PF_SOFTIRQ;
...
```

这里我们看到通过使用内核函数sys_sched_setscheduler()，内核任务ksoftirqd被提升为一个实时任务（SCHED_FIFO）。

17.3.2   O(1)调度器

Linux内核从2.5版本开始支持O(1)调度器，而它是Linux实时解决方案的重要组成部分。O(1)调度器相对以往的调度器有很大改进。对于那些有很多进程同时运行的系统而言，它的扩展性更好，而且能够帮助降低系统的整体延时。

你也许在想O(1)是什么意思，它是个代表一阶系统的数学标记。在这里它代表算法复杂度，

[①] 请参考本章末尾列出的《Linux内核设计与实现》一书，以了解更多有关softirq的知识。

其含义是指调度器作出一个调度决定所花费的时间与运行队列中的进程数量无关，是个常量。早期的Linux调度器并没有这个特点，它的性能会随着进程数量的增加而下降[①]。

17.3.3　创建实时进程

可以通过设置进程属性（调度策略）将某个进程指定为实时进程，而调度器会在其调度算法中使用这个属性。代码清单17-4显示了一种通用的设置方法。

代码清单17-4　创建实时进程

```
#include <sched.h>

#define MY_RT_PRIORITY MAX_USER_RT_PRIO /* 可能的最高优先级 */

int main(int argc, char **argv)
{
    ...
    int rc, old_scheduler_policy;
    struct sched_param my_params;
    ...

    /* 传递参数0表示采用调用者的策略 */
    old_scheduler_policy = sched_getscheduler(0);

    my_params.sched_priority = MY_RT_PRIORITY;
    /* 传递参数0表示采用调用者的PID */
    rc = sched_setscheduler(0, SCHED_RR, &my_params);
    if ( rc == -1 )
        handle_error();
    ...
}
```

这段代码通过调用sched_setscheduler()完成了两件事情。一是将进程的调度策略改为SCHED_RR，二是将进程的优先级提升到系统所允许的最大值。Linux支持3种调度策略。

- ❑ SCHED_OTHER——普通Linux进程，公平调度。
- ❑ SCHED_RR——带时间片的实时进程。也就是说，如果它不阻塞，它会运行一段由调度器决定的时间（即时间片的长度）。
- ❑ SCHED_FIFO——实时进程，它会一直运行，直到它阻塞，主动放弃处理器或是有其他更高优先级的SCHED_FIFO进程变成可运行状态。

sched_setscheduler()的帮助手册中提供了更多有关这3种不同调度策略的详细信息。

[①] 我们再次向你推荐Robert Love撰写的《Linux内核设计与实现》一书，其中关于O(1)调度器和算法复杂度的内容很精彩，值得一看。

17.4　实时内核的性能分析

过去用于检测实时内核性能的方法多少有些随意，但这都是过去的事了。Ftrace已经取代了以前那些较旧的追踪机制（第1版出版的时候使用的还是旧的追踪机制）。Ftrace包含了一组功能强大的工具，能够让开发人员仔细查看内核中正在发生的情况。内核源码树中有一篇文档全面地讲解了Ftrace系统，具体的文件路径是.../Documentation/trace/ftrace.txt。

17.4.1　使用 Ftrace 追踪内核行为

在使用Frace之前必须先在内核配置中开启它。图17-5显示了最新内核发布版本中相关的内核配置参数。

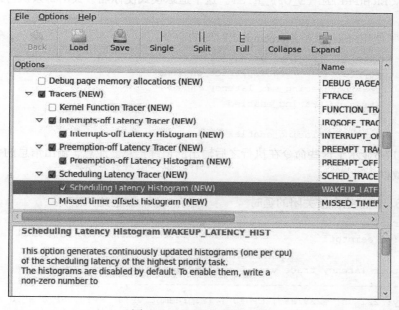

图17-5　Ftrace的内核配置

Ftrace有很多可用的模块。在某个特定的测试会话中，明智的做法是只选择那些可能会用到的模块，因为每个模块都会给内核增加额外的负担。

开启追踪功能的一般方式是通过使用它导出到debugfs文件系统中的接口。假设你已经在内核配置中正确配置了Ftrace，接着必须挂载debugfs，命令如下：

```
# mount -t debugfs debug /sys/kernel/debug
```

挂载完成后，应该会在/sys/kernel/debug目录中找到一个名为tracing的子目录。tracing目录中包含了所有关于Ftrace数据的控制文件和输出文件。在下面几节中我们会介绍几个使用该系统的例子，到时候你就会清楚这些文件的作用了。我们遵照内核文档中所建议的，创建一个名为

/tracing的符号链接来简化Ftrace子系统的使用：

```
# ln -s /sys/kernel/debug/tracing /tracing
```

从这里开始，我们将引用/tracing来代替一长串的/sys/kernel/debug/tracing。

17.4.2 检测抢占被关闭的延时

内核在处理临界区中的共享数据结构时会调用函数来禁止抢占。当抢占被禁止时，中断还是可以发生的，但更高优先级的进程却不能运行了。你可以使用Ftrace的preemptoff功能来检测每次抢占被关闭（禁止）的时间。

要检测抢占关闭延时，必须首先在内核配置菜单的Kernel hacking子菜单中开启PREEMPT_TRACER和PREEMPTE_OFF_HIST。这个追踪模式使你能够找出哪条执行路径关闭抢占的时间最长。

下面列出了使用Ftrace来检测preemptoff时间的命令：

```
# echo preemptoff >/tracing/current_tracer
# echo latency-format > /tracing/trace_options
# echo 0 >/tracing/tracing_max_latency
# echo 1 > /tracing/tracing_enabled
 < 做一些处理 >
# echo 0 > /tracing/tracing_enable
```

代码清单17-5显示了这些命令在执行之后输出的追踪信息。注意，输出信息的头部显示最长的延时为221微秒（us）。

代码清单17-5　追踪抢占被关闭的延时

```
# cat /tracing/trace
# tracer: preemptoff
#
# preemptoff latency trace v1.1.5 on 2.6.33.4-rt20
# --------------------------------------------------------------------
# latency: 221 us, #239/239, CPU#0 | (M:preempt VP:0, KP:0, SP:0 HP:0 #P:8)
#    -----------------
#    | task: -0 (uid:0 nice:0 policy:0 rt_prio:0)
#    -----------------
#  => started at: acpi_idle_enter_bm
#  => ended at:   rest_init
#
<…… 为了简洁这里省略了很多行……>
#                    _------=> CPU#
#                   / _-----=> irqs-off
#                  | / _-----=> need-resched
#                  || / _---=> hardirq/softirq
#                  ||| / _---=> preempt-depth
```

```
#                     |||| /_--=> lock-depth
#                     |||||/       delay
#  cmd     pid   |||||| time  |  caller
#    \     /     ||||||   \   |   /
 <idle>-0      0d..1.    0us : acpi_idle_do_entry <-acpi_idle_enter_bm
 <idle>-0      0d..1.    1us : ktime_get_real <-acpi_idle_enter_bm
 <idle>-0      0d..1.    1us : getnstimeofday <-ktime_get_real
 <idle>-0      0d..1.    1us : ns_to_timeval <-acpi_idle_enter_bm
 <idle>-0      0d..1.    1us : ns_to_timespec <-ns_to_timeval
<…… 简洁起见，这里省略了许多行 ……>
 <idle>-0      0d..3.  220us : native_apic_mem_write <-lapic_next_event
 <idle>-0      0d..3.  220us : _raw_spin_unlock_irqrestore
<-tick_broadcast_oneshot_control
 <idle>-0      0d..2.  220us : _raw_spin_unlock_irqrestore <-clockevents_notify
 <idle>-0      0d..1.  220us : enter_idle <-cpu_idle
 <idle>-0      0d..1.  221us : __rcu_read_lock <-__atomic_notifier_call_chain
 <idle>-0      0d..1.  221us : __rcu_read_unlock
<-__atomic_notifier_call_chain
 <idle>-0      0d..1.  221us : cpu_idle <-rest_init
 <idle>-0      0d..1.  221us : stop_critical_timings <-rest_init

# cat /tracing/tracing_max_latency
221
```

同时注意，代码清单17-5的最后两行也显示了Ftrace检测出的最大延时，也就是文件tracing_max_latency的内容。这个值总是和追踪文件（/tracing/trace，代码清单17-5显示了其完整内容）中输出的最大延时保持一致，追踪文件中还记录了产生这个最长延时的函数执行路径。

17.4.3　检测唤醒延时

实时系统开发人员最关心的一项关键检测数据是高优先级任务从获得运行通知到真正运行需要花多长时间。当一个实时进程（调度属性为SCHED_FIFO或SCHED_RR）在系统中运行时，按照定义它会和其他任务共享处理器。当系统需要处理某个事件时，这个实时进程会被唤醒。也就是说，调度器了解到这个实时进程需要运行。唤醒延时是指从唤醒事件发生到任务真正占有处理器并开始运行的这段时间。

Ftrace包含了追踪wakeup和wakeup_rt延时的功能。它们能够记录和追踪进程从唤醒到运行的最长延时。

代码清单17-6是由一个简单的C语言测试程序生成的，它创建了一个文件并向其中写入数据。在进行文件读写之前，测试程序将其自身提升为实时进程（调度策略为SCHED_RR，优先级为99），并通过写入标准输入输出来设置追踪系统，类似于在shell中执行以下命令：

```
# echo 0 > /tracing/tracing_enabled
# echo 0 > /tracing/tracing_max_latency (resets the max record back to zero)
# echo wakeup > /tracing/current_tracer
# echo 1 > /tracing/tracing_enabled
```

测试程序执行了这些命令之后，追踪过程就完成了。代码清单17-6显示了结果。注意，这次检测到的最大唤醒延时为7微秒。

代码清单17-6　追踪唤醒延时

```
root@speedy:~# cat /tracing/trace
# tracer: wakeup
#
# wakeup latency trace v1.1.5 on 2.6.33.4-rt20
# --------------------------------------------------------------------
# latency: 7 us, #35/35, CPU#4 | (M:preempt VP:0, KP:0, SP:0 HP:0 #P:8)
#    -----------------
#    | task: -6006 (uid:0 nice:0 policy:2 rt_prio:99)
#    -----------------
#
#                  _------=> CPU#
#                 / _-----=> irqs-off
#                | / _----=> need-resched
#                || / _---=> hardirq/softirq
#                ||| / _--=> preempt-depth
#                |||| /_--=> lock-depth
#                |||||/      delay
# cmd     pid   |||||| time  |  caller
#    \   /      ||||||   \   |   /
    sshd-1789    4d.h3.   0us :   1789:120:R   + [004]  6006:  0:S rt
    sshd-1789    4d.h3.   1us : wake_up_process <-hrtimer_wakeup
    sshd-1789    4d.h2.   1us : check_preempt_wakeup <-try_to_wake_up
    sshd-1789    4d.h2.   1us : resched_task <-check_preempt_wakeup
    sshd-1789    4dNh2.   2us : task_woken_rt <-try_to_wake_up
    sshd-1789    4dNh2.   2us : _raw_spin_unlock_irqrestore <-try_to_wake_up
    sshd-1789    4dNh1.   2us : preempt_schedule <-_raw_spin_unlock_irqrestore
    sshd-1789    4dNh..   2us : preempt_schedule <-try_to_wake_up
    sshd-1789    4dNh..   2us : _raw_spin_lock <-__run_hrtimer
    sshd-1789    4dNh1.   3us : _raw_spin_unlock <-hrtimer_interrupt
    sshd-1789    4dNh..   3us : preempt_schedule <-_raw_spin_unlock
    sshd-1789    4dNh..   3us : tick_program_event <-hrtimer_interrupt
    sshd-1789    4dNh..   3us : tick_dev_program_event <-tick_program_event
    sshd-1789    4dNh..   4us : ktime_get <-tick_dev_program_event
    sshd-1789    4dNh..   4us : clockevents_program_event
  <-tick_dev_program_event
    sshd-1789    4dNh..   4us : lapic_next_event <-clockevents_program_event
```

```
sshd-1789    4dNh..    4us : native_apic_mem_write <-lapic_next_event
sshd-1789    4dNh..    4us : irq_exit <-smp_apic_timer_interrupt
sshd-1789    4dN.1.    4us : rcu_irq_exit <-irq_exit
sshd-1789    4dN.1.    5us : idle_cpu <-irq_exit
sshd-1789    4dN...    5us : preempt_schedule_irq <-retint_kernel
sshd-1789    4dN...    5us : __schedule <-preempt_schedule_irq
sshd-1789    4dN...    5us : rcu_sched_qs <-__schedule
sshd-1789    4dN.1.    6us : _raw_spin_lock_irq <-__schedule
sshd-1789    4d..2.    6us : put_prev_task_fair <-__schedule
sshd-1789    4d..2.    6us : update_curr <-put_prev_task_fair
sshd-1789    4d..2.    6us : task_of <-update_curr
sshd-1789    4d..2.    6us : cpuacct_charge <-update_curr
sshd-1789    4d..2.    6us : __rcu_read_lock <-cpuacct_charge
sshd-1789    4d..2.    7us : __rcu_read_unlock <-cpuacct_charge
sshd-1789    4d..2.    7us : __enqueue_entity <-put_prev_task_fair
sshd-1789    4d..2.    7us : pick_next_task_rt <-__schedule
sshd-1789    4d..2.    7us : dequeue_pushable_task <-pick_next_task_rt
sshd-1789    4d..3.    8us : __schedule <-preempt_schedule_irq
sshd-1789    4d..3.    8us :    1789:120:R ==> [004]  6006:  0:R rt
```

当测试程序运行时，它首先执行文件读写操作，然后睡眠。这就保证了它会释放处理器，即使没有阻塞在I/O上。代码清单17-6中显示的追踪结果相当有趣。从头部可以看到，测试程序的进程号（PID）是6006，优先级是99。还可以看到最大延时是7微秒——我们当然非常愿意接受这个值。

追踪信息中的第一行代表唤醒事件[①]。此时进程号为1789的进程（ssh守护进程）正在运行。最后一行代表实际的上下文切换，从sshd切换到测试程序（进程号为6006，且具有实时优先级）。唤醒事件和上下文切换之间的消息描述了内核的执行路径和相对时间。

请参考Linux内核源码树的.../Documentation子目录，并查看其中的文件trace/ftrace.txt，以了解更多详细信息。

另一个追踪文件也单独记录了最大延时的值。为了显示某次追踪过程中的最大唤醒延时，只需要执行以下命令：

```
root@speedy:~# cat /tracing/tracing_max_latency
7
```

17.4.4 检测中断被关闭的延时

要检测中断被关闭的最大延时，首先必须确保已经在内核配置中开启了IRQSOFF_TRACER。这个选项能够检测程序在关闭了IRQ的临界区中花费的时间。其检测方式和检测唤醒延时的方式相同。要进行检测，只需以root身份执行以下命令：

---

① 这里的唤醒事件是指测试程序的睡眠时间到期了。——译者注

17

```
# echo irqsoff >/tracing/current_tracer
# echo latency-format > /tracing/trace_options
# echo 0 > /tracing/tracing_max_latency
# echo 1 > /tracing/tracing_enabled
< …… 一些处理 ……>
# echo 0 > /tracing/tracing_enabled
```

要获取当前的最大延时，只需显示文件/tracing/tracing_max_latency的内容即可：

```
# cat /tracing/tracing_max_latency
97
```

也许你已经注意到了，唤醒延时和中断关闭延时的检测都使用了相同的文件。这显然意味着在某个时刻只能进行一项检测，否则检测结果可能是无效的。因为这些检测机制会显著增加内核运行时的负担，所以同时启用多项检测并不是个明智的做法。

17.4.5　检测 Soft Lockup

要检测soft lockup，首先需要在内核配置中开启DETECT_SOFTLOCKUP。这个特性能够检测内核模式下长时间不发生上下文切换的情况。这个特性也存在于非实时内核中，但它对于实时内核更加有用，可以检测出延时非常大的路径或软死锁的情况。要使用这个特性，只需要开启它并关注控制台或系统日志中的输出就可以了。输出信息类似于下面这样：

```
BUG: soft lockup detected on CPU0
```

当内核输出这条消息时，它一般还会输出函数的回溯调用和其他一些信息，比如进程名称和进程号，看上去类似于处理器寄存器完成的内核的oops消息。请参考内核源码中的.../kernel/softlockup.c以获取更多详情。这些信息可以帮助我们定位问题的源头。

17.5　小结

Linux越来越多地被应用于那些需要实时性能的系统中，比如多媒体应用和机器人、工业设备以及汽车中的控制器。这一章介绍了一些基本概念和分析技术，以帮助你开发和调试实时应用。

- □ 实时系统的特征是时间限制。在一个实时系统中，如果错过时间限制只是给用户带来不便或降低用户体验的质量，这种系统被称为软实时系统。相对地，如果硬实时系统错过了时间限制，那么它就是完全失败的。
- □ 内核抢占是Linux内核中第一个为了解决系统级延时问题而产生的重要特性。
- □ 最新的Linux内核支持几种抢占模式，从无抢占到完全的实时抢占。
- □ 实时补丁在Linux内核中增加了几个关键特性，实现了可靠的低延时。
- □ 实时补丁包含了几个重要的检测工具，可以帮助我们调试一个实时Linux系统并了解它的实现特征。

补充阅读建议

《Linux内核设计与实现（原书第3版）》，Robert Love，机械工业出版社，2011年1月出版。

第 18 章

通用串行总线

本章内容

- ❑ USB概述
- ❑ 配置USB
- ❑ sysfs和USB设备命名
- ❑ 实用的USB工具
- ❑ 通用USB子系统
- ❑ USB调试
- ❑ 小结

从任何人的角度来讲，通用串行总线（Universal Serial Bus，USB）都可以算是非常成功的。USB最初只是设计用于克服PC架构上各种I/O接口的缺点，而如今已经很难在电子商城中找到不带USB接口的电子设备了。数码相机、打印机、手机、IP电话和鼠标键盘都是典型的USB设备。然而，USB设备的种类还远远不止这些，甚至我的一些吉他踏板上也有USB接口。（一般读者肯定猜不到吧？）

需要专门的输入/输出硬件才能连接某种设备的日子已经一去不复返了。跟其他昙花一现的技术不同，USB已经实现了它的承诺。实际上，本书这一版写作过程中，针对USB 3.0的首个实验性Linux驱动刚刚发布。而且值得一提的是，Linux是第一个支持它的操作系统！

18.1 USB 概述

USB乍看起来很复杂，因为它涉及大量不同的设备和各种各样的嵌入式主机控制器。此外，它的操作模式也很多。处理器中的（或外部的）主机控制器也可能支持多种操作模式。如果曾经看过最新Linux内核版本中的所有USB配置选项，你很快就会意识到对它进行配置将是一件令人困惑的事情。理解USB的一些基本概念可以帮助我们消除部分困惑。

18.1.1 USB 的物理拓扑结构

USB采用主/从（master/slave）式的总线拓扑结构。每条USB总线上只有一个主设备（master），

18

它被称为主机控制器（host controller）。图18-1说明了基本的拓扑结构。

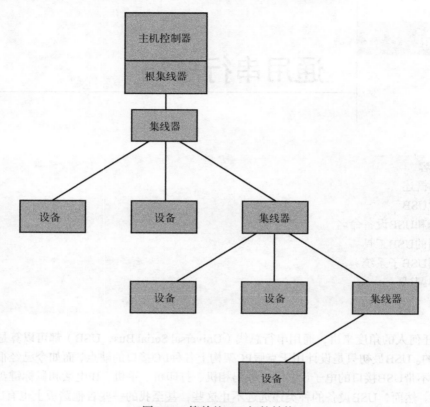

图18-1　简单的USB拓扑结构

主机控制器总是和根集线器（root hub）相关联。根集线器提供了到主机控制器的附着点，并且在USB拓扑结构的顶部提供了集线器的功能。最常见的安排方式是主机控制器和根集线器组合在一起（通过一个收发器芯片）直接连接至板卡边缘的连接器，也就是最终用户看到的连接器。

图18-1中显示的设备（device）代表端点——插入USB集线器的物理USB装置。一个设备可能支持几种功能（function），比如一个提供输入输出功能的音频接口。这里的重点是每个USB设备只会插入到唯一一个集线器中，在拓扑结构中它位于USB设备的上游。

主机控制器会以查询方式来控制USB总线上的设备。某个时刻只有一个设备能够在总线上通信，而具体选择哪个设备是由主机控制器决定的。USB规范中还规定了一种机制，它可以专门分配一部分带宽给某个设备中的一个特定功能。

USB最有用的特性之一是支持动态热插拔，设备可以随时插入USB总线中。当USB设备出现在拓扑结构中时，计算机上的软件（这里当然指Linux）负责配置它们，而计算机中包含了主机控制器。

18.1.2 USB 的逻辑拓扑结构

为了更好地理解USB系统中的软件组件和数据流，我们需要理解USB的逻辑拓扑结构。图18-2显示了一个假想的USB设备的逻辑组成。

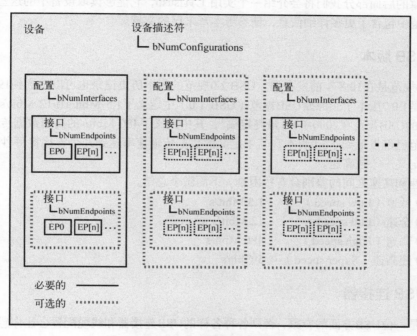

图18-2 USB设备的功能框图

每个USB设备都包含许多描述符[①]，它们允许软件了解设备的能力并配置其功能。每个设备必须有一个设备描述符，其中包含的信息有厂商（idVendor）、产品（idProduct）、序列号（iSerialNumber）和配置数目（bNumConfigurations）。括号中的标识符都是USB 2.0规范中实际使用的字段名称。

设备描述符中的每个配置都有一个配置描述符。配置描述符中包含了每个配置可用的接口数目（bNumInterfaces）和该配置在运行时需要的最大功耗（bMaxPower）。最常见的情况是一个USB设备只包含一个单独的配置。不过，有些设备可能有高功耗和低功耗两种模式，或者一个设备上可能包含多个不同的功能，这类设备就会包含多个配置。例如，如果将iPod插入电脑的USB接口中，可以看到它包含了多个配置，接口和端点！

配置描述符中的每个接口有一个接口描述符。接口描述符中有一个字段指定了它所包含的端点数目（bNumEndpoints）。这个数目不包括端点0，端点0默认总是存在的。接口描述符中还包含了USB规范定义的接口类型、子类型和协议等信息。

18

---

① 第9章（涉及USB 2.0规范）讲述了这些描述符，请参考本章末尾的文献。

在USB设备运行的过程中，USB端点是实际与软件进行通信的逻辑组件。接口描述符中的每个端点（除了端口0以外）都有一个端点描述符。端点描述符定义了端点的通信参数，包括端点地址和各种端点属性，它们描述了每个端点传输数据的特点。

在这一章的后面部分我们将会介绍一个实用工具lsusb，它能够读取设备中的这些描述符。

USB规范中包含了更多详细信息，请参考本章末尾的文献。

18.1.3 USB 版本

USB 1.0规范是在10多年前发布的。USB 2.0规范的版本历史记录也可以追溯到1994年11月，而那时已经是1.0.7版本了。原始USB规范（USB 1.0）中定义了1.5 Mbit/s和12 Mbit/s两种传输速率。2.0版本的USB规范在2000年4月最终定稿[①]，其中定义了480 Mbit/s的高速数据传输速率。目前，USB规范已经发展到了3.0版本，其中定义的数据传输速率达到几个吉比特每秒，并添加了另一种速率定义——超高速。

记住全速和高速之间的差别会有些困难。下面做个总结。

USB 1.0 低速（Low speed）   1.5 Mbit/s

USB 1.0 全速（Full speed）   12 Mbit/s

USB 2.0 高速（High speed）   480 Mbit/s

USB 3.0 超高速（Super speed）   5 Gbit/s

18.1.4 USB 连接器

除非你是一位USB方面的专家，否则各种各样的USB连接器和线缆配置会让你感到困惑。原始USB规范中定义的USB A型连接器是我们最熟悉的一种，这种长方形开口的连接器常见于笔记本电脑和台式机上。USB A型连接器的插头总是指向拓扑结构的上游，向着主机控制器/根集线器。图18-3显示了一个标准的USB A型连接器（插头和插座）。

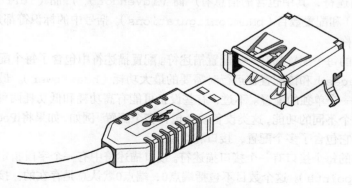

图18-3　USB A型连接器

---

① 根据USB 2.0规范的版本历史记录。

　　外围设备（比如打印机或扫描仪）通常有一个USB B型插座，可以将USB B型插头插入其中，这种类型的USB连接器也是由原始的USB规范定义的。连接主机（比如PC）和外设（比如打印机）的USB线缆的两头分别是A型插头和B型插头。B型插头比A型插头要窄，而且它的开口形状不是长方形的，而是像英文字母D。USB B型连接器的插头总是指向拓扑结构的下游，或者说是远离主机控制器/根集线器。图18-4显示了一个USB B型连接器（插头和插座）。

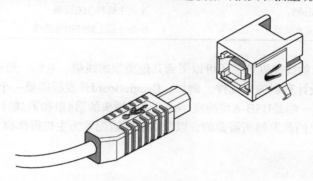

图18-4　USB B型连接器

　　除了以上介绍的标准连接器之外，还有一些小型的USB连接器，用于连接较小的设备（比如手机和PDA）。其中，USB Mini-A型连接器虽然还在使用，但它已经被USB规范废弃了，而Mini-B型连接器则广泛使用于小型外设上。

　　Micro-USB规范还定义了另外3种连接器——Micro-B型插头和插座、Micro-AB型插座和Micro-A型插头。Micro-AB型插座只用于USB OTG（On-The-Go）设备，后面我们会讨论它。

　　下面总结一下标准的A型和B型连接器，A型插座总是位于主机一侧（A型插头总是指向上游），而B型插座总是位于外设一侧（B型插头总是指向下游）。表18-1总结了这些连接器的特点。

表18-1　USB连接器小结

连　接　器	插　　头	插　　座
A系列	指向主机（或集线器）	作为主机（集线器）的输出
B系列	指向外设	作为外设（或集线器）的输入

18.1.5　USB 线缆

　　最新的USB规范中定义了几种不同类型的线缆，如表18-2所示。

表18-2　USB线缆和典型应用

线缆类型	典型应用
标准A型插头转标准B型插头	连接标准主机（PC）和外设（比如打印机）
标准A型插头转Mini-B型插头	连接标准主机（PC）和小型外设（比如手机或相机）

18

（续）

线缆类型	典型应用
带标准A型插头的不可分离线缆（captive cable）	USB鼠标或键盘上的USB连接线
Micro-A型插头转Micro-B型插头	连接OTG外设和普通外设，比如连接相机和打印机
Micro-A型插头转标准A型插座	Micro-A适配器，比如连接键盘和PDA
Micro-B型插头转标准A型插头	连接主机和OTG设备
带Micro-A型插头的不可分离线缆	小型外设上的USB连接线

除了以上符合规范的线缆以外，还可以买到其他类型的线缆。它们一般用于解决特殊情况，比如连接淘汰的（或设计有误的）硬件。例如，BeagleBoard开发板需要一个特殊的适配器，一端是Mini-A型插头，另一端是USB-A型插座。Mini-A型插头的第4根和第5根针脚较短，看上去像是BeagleBoard开发板上的收发器所需要的，以便它能够被配置为主机操作模式。

18.1.6   USB 模式

对于非专业人员而言，USB更令人困惑的一个方面是它的各种操作模式。我们常常会听到USB OTG、小装置和外设这样的术语。通过前面的介绍，希望你已经能够区分USB的各种不同速率和连接器。这一节将接着介绍USB控制器和设备的各种模式。

标准桌面PC上的USB控制器和插座被称为USB主机。因为USB是一种主从式总线，根据定义，USB总线上必须有一个节点充当主控端。这就是主机，它还被称作主机模式或USB主机。主机控制器和根集线器是运行USB总线协议的底层硬件。USB主机总是充当总线上的主控端。

在简单的USB网络中，与主机相对的另一端是设备。有时它也被称作USB gadget（小装置）①。Linux内核中的gadget功能仅仅是指某个设备能够工作于从（slave）模式。嵌入式设备一般不会工作于主机模式。例如，你也许会有一部运行Linux的智能手机，它带有USB接口和USB控制器，可以让手机工作于设备模式，或者说充当USB链路的从属端。

很多嵌入式系统需要同时工作于主模式（主机）和从模式（设备）。PDA（个人数字助理）就是个很好的例子。一方面，你的PDA可能需要连接到一个USB主机（比如桌面PC），以同步数据或更新软件。另一方面，你也许想连接一个USB键盘到PDA上，以方便输入。这些USB设备必须能够同时支持主机模式和设备模式。这被称作USB OTG。USB OTG的另一个好处是设备之间可以动态切换角色，而不需要重新插拔USB线。

18.2   配置 USB

USB并不是Linux内核的核心功能，相反，它是一个可选功能，所以必须在内核配置中开启它。和其他大多数辅助功能一样，USB可以被编译到内核镜像中或是被配置为可加载模块，以便

---

① Linux的USB开发人员创造了gadget一词，以避免和过度使用的device一词混淆。

于动态加载进内核。在下面的讨论中，我们将使用可加载模块，因为这种方式能够帮助我们看清楚某个特定功能所需的组件。

正确配置USB的一个难点就在于内核配置中关于USB的选项非常多。在一个最新的被配置为allmodconfig[1]的内核中，差不多有300个与USB相关的设备驱动模块（*.ko文件）。当然，这些设备驱动主要是针对特定的USB设备的，但通过浏览USB的配置选项，我们可以发现掌握一些窍门显然是很有用的！

在下面的例子中，我们将研究i.MX31 PDK开发平台中的i.MX31应用处理器（由飞思卡尔半导体公司出品）。这个平台很有趣，因为它包含3个主机控制器，而且可以配置为各种操作模式。

图18-5显示了Linux内核配置中的部分USB配置选项，这是针对ARM架构和飞思卡尔半导体公司的i.MX31 PDK参考平台而配置的。

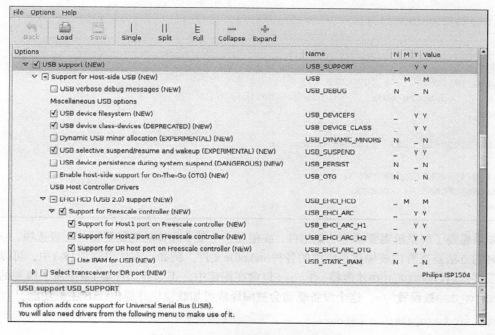

图18-5　i.MX31的部分USB配置选项

上图中只显示了最开始的一部分选项，还有很多配置选项没有能够显示在这里。必须首先选择USB_SUPPORT才能看到更多的USB配置选项。注意，USB被配置为M（模块），这意味着内核构建系统会把USB驱动编译成可加载模块。

现在让我们看一看i.MX31最少需要哪些配置选项才能让USB正常工作。所有的USB配置都需

18

---

[1] 这是Linux内核makefile中的一个make目标，它会尽可能地以模块方式构建每项功能，通常用于测试。

要一个名为usbcore.ko的模块。选择CONFIG_USB时[1]，该模块会自动被选上。只需要看一下用于支持核心USB驱动的makefile文件就清楚了，文件内容如代码清单18-1所示。这个makefile的具体路径是.../drivers/usb/core/Makefile[2]。

代码清单18-1　针对USB Core的Makefile

```
#
# Makefile for USB Core files and filesystem
#

usbcore-objs     := usb.o hub.o hcd.o urb.o message.o driver.o \
                    config.o file.o buffer.o sysfs.o endpoint.o \
                    devio.o notify.o generic.o quirks.o

ifeq ($(CONFIG_PCI),y)
        usbcore-objs     += hcd-pci.o
endif

ifeq ($(CONFIG_USB_DEVICEFS),y)
        usbcore-objs     += inode.o devices.o
endif

obj-$(CONFIG_USB)        += usbcore.o

ifeq ($(CONFIG_USB_DEBUG),y)
EXTRA_CFLAGS += -DDEBUG
endif
```

如果想要了解系统需要哪些功能组件，或相反——某个具体功能需要哪些配置选项，一个屡试不爽的方法是查看内核构建系统中的各种makefile文件。例如，在代码清单18-1中，可以看到我们需要开启CONFIG_USB才能将usbcore包含在构建中。正如我们在第4章中所了解到的，如果CONFIG_USB被设置为m，这个设备驱动会被编译成可加载模块并提供USB主机功能。

```
obj-$(CONFIG_USB) += usbcore.o
```

USB 初始化

启动了i.MX31之后，我们可以使用以下命令加载usbcore模块：

```
# modprobe usbcore
```

---

[1] 回顾一下前面几章内容，你会发现实际的配置变量都是以CONFIG_开头的，但在内核配置工具的GUI（图形用户界面）中它们被省略了。例如，图18-3中的USB_SUPPORT实际上会转换为内核配置文件.config中的CONFIG_USB_SUPPORT。

[2] 回忆一下，这里的省略号代表内核源码的顶层目录。

　　usbcore是USB子系统的核心模块，它实现了众多USB驱动程序的通用功能，包括注册和去注册各种组件，同时还提供了用于驱动USB硬件的接口。这就大大降低了编写USB硬件驱动的复杂度。可以通过交叉版本的nm工具来查看这个模块中的公共符号。第13章已讲述了nm实用程序。下面就是一个使用交叉nm来显示模块中有关USB注册函数的例子：

```
$ arm_v6_vfp_le-nm usbcore.ko  | grep T.*_register
0000adc0 T usb_register_dev
000094b0 T usb_register_device_driver
00009560 T usb_register_driver
0000fcf8 T usb_register_notify
```

　　usbcore还包含缓冲区处理功能，对usbfs和hub class驱动的支持以及很多其他与底层USB控制器通信的功能。

　　usbcore本身的用处不是很大。它不包含任何底层的主机控制器驱动。这些驱动都是独立的模块，它们的功能随着具体硬件的不同而各有差异。以BeagleBoard开发板为例，它包含一块德州仪器OMAP3530应用处理器，其中有一个内置的双重角色（dual-role）[①]控制器。这个控制器是Inventra™ USB高速双重角色控制器，针对这个主机控制器的驱动程序被称为musb_hdrc。

　　很多平台上的USB主机控制器都是按照EHCI（Enhanced Host Controller Interface，增强主机控制器接口）规范[②]设计的，这个规范为工业级USB主机控制器定义了寄存器级别的接口。在这种情况下，当驱动被编译成可加载模块时，它的名称为ehci-hcd.ko。下面我们在飞思卡尔i.MX31参考板上加载这个驱动，并观察输出信息，如代码清单18-2所示。

代码清单18-2　在i.MX31上安装USB主机控制器驱动

```
root@imx31:~# modprobe ehci-hcd
usbcore: registered new interface driver usbfs
usbcore: registered new interface driver hub
usbcore: registered new device driver usb
fsl-ehci fsl-ehci.0: Freescale On-Chip EHCI Host Controller
fsl-ehci fsl-ehci.0: new USB bus registered, assigned bus number 1
fsl-ehci fsl-ehci.0: irq 35, io mem 0x43f88200

fsl-ehci fsl-ehci.0: USB 2.0 started, EHCI 1.00, driver 10 Dec 2004
usb usb1: configuration #1 chosen from 1 choice
hub 1-0:1.0: USB hub found
hub 1-0:1.0: 1 port detected
fsl-ehci fsl-ehci.1: Freescale On-Chip EHCI Host Controller
fsl-ehci fsl-ehci.1: new USB bus registered, assigned bus number 2
fsl-ehci fsl-ehci.1: irq 36, io mem 0x43f88400
fsl-ehci fsl-ehci.1: USB 2.0 started, EHCI 1.00, driver 10 Dec 2004
usb usb2: configuration #1 chosen from 1 choice
```

[①] 双重角色控制器能够充当USB主机或USB外设，而且能够在运行时在这两种功能之间切换。你很快就会了解到，这被称为USB On-The-Go（OTG）。

[②] 请参考本章末尾列出的EHCI规范。

18

```
hub 2-0:1.0: USB hub found
hub 2-0:1.0: 1 port detected
fsl-ehci fsl-ehci.2: Freescale On-Chip EHCI Host Controller
fsl-ehci fsl-ehci.2: new USB bus registered, assigned bus number 3
fsl-ehci fsl-ehci.2: irq 37, io mem 0x43f88000
fsl-ehci fsl-ehci.2: USB 2.0 started, EHCI 1.00, driver 10 Dec 2004
usb usb3: configuration #1 chosen from 1 choice
hub 3-0:1.0: USB hub found
hub 3-0:1.0: 1 port detected
```

这里有很多有用的信息。注意,我们已经事先设置了控制台的日志级别,以便这些消息能够显示在控制台上。首先,我们看到了usbcore的注册函数在起作用。一共有3条注册消息,分别注册了usbfs接口驱动,hub接口驱动和EHCI(usb主机模式)驱动本身。你很快就会了解usbfs。

接着,我们看到有3个主机控制器正在被初始化。回顾一下,飞思卡尔i.MX31应用处理器中包含3个独立的USB控制器。我们看到这些控制器分别被枚举为fsl-ehci.0、fsl-ehci.1和fsl-ehci.2。还可以看到系统为每个USB控制器分配的中断(IRQ)号和寄存器阵列(register bank)的基地址。注意,在每次设备枚举的过程中,根集线器都会被枚举。根集线器是USB体系结构的基本组成部分,而且总是和主机控制器相关联。它是将外围设备(集线器或其他USB设备)连接到主机控制器必需的一个组件。

值得注意的是,这里我们不需要单独安装usbcore(本节开始时我们也没有安装),因为modprobe能够理解和确定某个模块的依赖关系,只需执行以下命令即可:

```
# modprobe ehci-hcd
```

这条命令会在加载ehci-hcd驱动之前先加载它所依赖的usbcore。我们在第8章中讲述过这个机制。实际上,在很多使用udev系统的平台中,这些步骤都是由udev自动完成的。我们会在第19章中讲述udev。

18.3   sysfs 和 USB 设备命名

第9章介绍过,从根本上说,sysfs文件系统是描述内核对象(kobject)的一个视图。每个USB设备在sysfs中都有对应的代表,它们位于目录/sys/bus/usb/devices中。代码清单18-3显示了在飞思卡尔i.MX31 PDK参考板上显示的该目录的内容。注意,为了适应页面宽度,我已经调整了ls -l命令的输出格式,删除了文件名以外的列。

代码清单18-3   i.MX31上的/sys/bus/usb/devices目录

```
root@imx31:~# ls -l /sys/bus/usb/devices/
total 0
1-0:1.0 -> ../../../devices/platform/fsl-ehci.0/usb1/1-0:1.0
2-0:1.0 -> ../../../devices/platform/fsl-ehci.1/usb2/2-0:1.0
2-1 -> ../../../devices/platform/fsl-ehci.1/usb2/2-1
```

```
2-1.1 -> ../../../devices/platform/fsl-ehci.1/usb2/2-1/2-1.1
2-1.1:1.0 -> ../../../devices/platform/fsl-ehci.1/usb2/2-1/2-1.1/2-1.1:1.0
2-1:1.0 -> ../../../devices/platform/fsl-ehci.1/usb2/2-1/2-1:1.0
3-0:1.0 -> ../../../devices/platform/fsl-ehci.2/usb3/3-0:1.0
usb1 -> ../../../devices/platform/fsl-ehci.0/usb1
usb2 -> ../../../devices/platform/fsl-ehci.1/usb2
usb3 -> ../../../devices/platform/fsl-ehci.2/usb3
```

目录/sys/bus/usb/devices中的所有条目都是链接，指向sysfs层次结构的其他位置。注意其中的数字式名称，比如1-0:1.0。在这种命名方式中，第一个数字代表根集线器，或这个特定总线上的USB层次结构的顶层。第二个数字代表该设备连接的集线器端口号。第三个数字（冒号后的那个数字）代表USB设备的配置数目，最后的数字是设备的接口数目。正如18.1.2节所讲述的，配置和接口都是USB设备的逻辑组成部分。

命名方式总结如下：

```
1-0:1.0
| | | |----- 接口号
| | |------- 配置号
| |--------- 集线器端口号
|----------- 根集线器
```

如果有其他集线器被添加到了拓扑结构中，设备名称中的集线器端口号之后会多出一个点号（.），表示这个新集线器连接到了上游集线器的某个端口中。例如，如果我们在刚才显示的拓扑结构中添加一个集线器，设备名称会变为1-0.2:1.0。这里假设我们添加了一个下游的集线器，它至少包含两个端口，而且设备被插入到2号端口中。

目录/sys/bus/usb/devices中的每个链接都指向一个目录，查看一下目录的内容，你就可以确定链接所引用的具体组件。例如，在代码清单18-3中，通过查看第一个条目（符号链接1-0:1.0）所指向的目录中的文件（也被称作sysfs属性），你可以判断出它代表一个逻辑上的USB接口。这个目录中包含了接口描述符的一些属性，比如bInterfaceNumber和bNumEndpoints，它们都是USB 2.0接口描述符中的成员。代码清单18-3中的前两个条目代表接口，分别与飞思卡尔i.MX31处理器中的两个内部USB控制器/根集线器相关联。

代码清单18-3中的第三个条目代表一个连接至第二条USB总线的外部集线器。具体来说，它代表了这个集线器的struct usb_device结构体。

代码清单18-3中以usb开头的3个条目代表总线本身。你可以看到这个系统有3条总线，因为飞思卡尔i.MX31处理器中包含3个USB控制器。名称中usb后面的数字代表总线号，USB总线是从1开始计数的。

作为总结，下面列举了几个例子。

- 3-0:1.0代表一个连接至3号总线的接口（struct usb_interface）。这是3号总线的根集线器接口。
- 2-1代表一个设备（struct usb_device）。在这个例子的配置中，它是一个连接至2号

18

总线根集线器的外部集线器。

- 2-1.3代表一个位于设备2-1下游的设备（struct usb_device），它连接至集线器的3号端口。
- usb2代表一条USB总线，编号为2（也是一个struct usb_device）。
- 2-1.3.4:1.0代表一个运行于配置1的接口（作者的iPod），连接至上游集线器的4号端口，而这个集线器又连接到更上游集线器的3号端口，它又连接至2号总线的根集线器！

18.4　实用的 USB 工具

有很多有用的工具和实用程序能够帮助你理解你的系统，配置驱动并获取USB子系统的详细信息。这一节将介绍它们。

18.4.1　USB 文件系统

USB文件系统（USBFS）是另一种虚拟文件系统，需要先挂载它才能使用。有些Linux系统会自动挂载USBFS，但也有很多不会自动挂载。要使用USBFS，必须在内核配置中开启它。在内核配置的USB Support菜单下选择CONFIG_USB_DEVICEFS。注意，这个系统已经被淘汰了，但最新的Linux内核中仍然包含它，它也有助于理解USB系统的配置。因为有几个工具依赖它，所以它还会存在一段时间。

在内核配置中开启USB_DEVICEFS（大多数Linux发行版会默认开启这个选项）之后，在使用这个虚拟文件系统之前，必须挂载它：

```
# mount -t usbfs usbfs /proc/bus/usb
```

以上命令执行完毕之后，应该可以查看文件系统的内容了，类似代码清单18-4。

代码清单18-4　目录列表: /proc/bus/usb

```
root@imx31:~# ls -l /proc/bus/usb
total 0
dr-xr-xr-x 2 root root 0 Jun  7 14:00 001
-r--r--r-- 1 root root 0 Jun  7 14:36 devices
```

USBFS被挂载之后，可以从中读取USB拓扑结构中的设备列表，如代码清单18-5所示。

代码清单18-5　读取文件/proc/bus/usb/devices

```
root@imx31:~# cat /proc/bus/usb/devices
T:  Bus=03 Lev=00 Prnt=00 Port=00 Cnt=00 Dev#=  1 Spd=480 MxCh= 1
B:  Alloc=  0/800 us ( 0%), #Int=  0, #Iso=  0
D:  Ver= 2.00 Cls=09(hub  ) Sub=00 Prot=01 MxPS=64 #Cfgs=  1
P:  Vendor=0000 ProdID=0000 Rev= 2.06
```

```
S:  Manufacturer=Linux 2.6.24-335-g47af517 ehci_hcd
S:  Product=Freescale On-Chip EHCI Host Controller
S:  SerialNumber=fsl-ehci.2
C:* #Ifs= 1 Cfg#= 1 Atr=e0 MxPwr=   0mA
I:* If#= 0 Alt= 0 #EPs= 1 Cls=09(hub ) Sub=00 Prot=00 Driver=hub
E:  Ad=81(I) Atr=03(Int.) MxPS=   4 Ivl=256ms

T:  Bus=02 Lev=00 Prnt=00 Port=00 Cnt=00 Dev#=  1 Spd=480 MxCh= 1
B:  Alloc=   0/800 us ( 0%), #Int=  1, #Iso=  0
D:  Ver= 2.00 Cls=09(hub ) Sub=00 Prot=01 MxPS=64 #Cfgs=  1
P:  Vendor=0000 ProdID=0000 Rev= 2.06
S:  Manufacturer=Linux 2.6.24-335-g47af517 ehci_hcd
S:  Product=Freescale On-Chip EHCI Host Controller
S:  SerialNumber=fsl-ehci.1
C:* #Ifs= 1 Cfg#= 1 Atr=e0 MxPwr=   0mA
I:* If#= 0 Alt= 0 #EPs= 1 Cls=09(hub ) Sub=00 Prot=00 Driver=hub
E:  Ad=81(I) Atr=03(Int.) MxPS=   4 Ivl=256ms

T:  Bus=02 Lev=01 Prnt=01 Port=00 Cnt=01 Dev#=  2 Spd=480 MxCh= 4
D:  Ver= 2.00 Cls=09(hub ) Sub=00 Prot=01 MxPS=64 #Cfgs=  1
P:  Vendor=05e3 ProdID=0608 Rev= 7.02
S:  Product=USB2.0 Hub
C:* #Ifs= 1 Cfg#= 1 Atr=e0 MxPwr=100mA
I:* If#= 0 Alt= 0 #EPs= 1 Cls=09(hub ) Sub=00 Prot=00 Driver=hub
E:  Ad=81(I) Atr=03(Int.) MxPS=   1 Ivl=256ms

T:  Bus=01 Lev=00 Prnt=00 Port=00 Cnt=00 Dev#=  1 Spd=480 MxCh= 1
B:  Alloc=   0/800 us ( 0%), #Int=  0, #Iso=  0
D:  Ver= 2.00 Cls=09(hub ) Sub=00 Prot=01 MxPS=64 #Cfgs=  1
P:  Vendor=0000 ProdID=0000 Rev= 2.06
S:  Manufacturer=Linux 2.6.24-335-g47af517 ehci_hcd
S:  Product=Freescale On-Chip EHCI Host Controller
S:  SerialNumber=fsl-ehci.0
C:* #Ifs= 1 Cfg#= 1 Atr=e0 MxPwr=   0mA
I:* If#= 0 Alt= 0 #EPs= 1 Cls=09(hub ) Sub=00 Prot=00 Driver=hub
E:  Ad=81(I) Atr=03(Int.) MxPS=   4 Ivl=256ms
```

　　这里输出信息的格式是在内核源码树的以下文档中定义的：.../Documentation/usb/proc_usb_info.txt。总的来说，每个T行描述一种新的USB设备，T代表拓扑。T行中包含的其他信息可用于建立当前USB总线的拓扑结构图。每个T行按顺序包含以下信息：总线号（Bus）、拓扑结构中的层次（Lev）、父层次设备（Prnt）、连接到父设备的端口（Port）、这一层次中的设备数目（Cnt）、设备号（Dev#）、速率（Spd）和子设备的最大个数（MxCh）。

　　其他行分别描述了带宽需求（B:）、设备描述符（D:）、产品ID（P:）、设备的字符串描述（S:）、配置描述符（C:）、接口描述符（I:）和端点描述符（E:）。

18

18.4.2 使用 usbview

利用这些信息的最佳途径是使用它们来构建一个总线拓扑结构图。为此，Greg Kroah-Hartman 编写了一个usbview程序（目前在许多Linux发行版上还可用）。这个程序使用GTK程序库图形化地显示出USB总线的拓扑结构，而其中的拓扑信息则是从usbfs文件系统中获取的。我对这个程序作了修改，去掉了其中的GTK部分，以便它能够以文本模式运行在没有图形界面的嵌入式系统上。可以在本书的配套网站上找到这个程序，搜索usbview-text即可。

代码清单18-6显示了在飞思卡尔i.MX31上运行usbview-text时的输出信息。由于篇幅关系，这里只显示了一种设备（作者的iPod）的信息。这个设备包含多个配置并且说明了我们之前介绍的很多概念。

代码清单18-6 usbview-text的输出

```
root@imx31:~# /tmp/usbview-text
Bus 2 Device 3  ********    新设备    *********
Device Name: iPod
Manufacturer: Apple Inc.
Serial Number: 00xxxxxxxxxx
Speed: 480Mb/s (high)
USB Version:  2.00
Device Class: 00(>ifc )
Device Subclass: 00
Device Protocol: 00
Maximum Default Endpoint Size: 64
Number of Configurations: 2
Vendor Id: 05ac
Product Id: 1261
Revision Number:  0.01

Config Number: 1
    Number of Interfaces: 1
    Attributes: c0
    MaxPower Needed: 500mA

Interface Number: 0
    Name: usb-storage
    Alternate Number: 0
    Class: 08(stor.)
    Sub Class: 06
    Protocol: 50
    Number of Endpoints: 2

        Endpoint Address: 83
        Direction: in
```

```
                Attribute: 2
                Type: Bulk
                Max Packet Size: 512
                Interval: 0ms

                Endpoint Address: 02
                Direction: out
                Attribute: 2
                Type: Bulk
                Max Packet Size: 512
                Interval: 0ms

    Config Number: 2
        Number of Interfaces: 3
        Attributes: c0
        MaxPower Needed: 500mA

        Interface Number: 0
            Name:
            Alternate Number: 0
            Class: 01(audio)
            Sub Class: 01
            Protocol: 00
            Number of Endpoints: 0

        Interface Number: 1
            Name:
            Alternate Number: 0
            Class: 01(audio)
            Sub Class: 02
            Protocol: 00
            Number of Endpoints: 0

        Interface Number: 1
            Name:
            Alternate Number: 1
            Class: 01(audio)
            Sub Class: 02
            Protocol: 00
            Number of Endpoints: 1

                Endpoint Address: 81
                Direction: in
                Attribute: 1
                Type: Isoc
                Max Packet Size: 192
                Interval: 1ms
```

18

```
Interface Number: 2
   Name:
   Alternate Number: 0
   Class: 03(HID  )
   Sub Class: 00
   Protocol: 00
   Number of Endpoints: 1

      Endpoint Address: 83
      Direction: in
      Attribute: 3
      Type: Int.
      Max Packet Size: 64
      Interval: 125us
```

这里列出了iPod中各种描述符（设备、配置、接口和端点描述符）的信息。首先要注意的是它包含两个配置——分别代表大容量存储设备和音频录放设备。

配置1包含1个接口，其中有两个端点，它们都用于批量数据传输，每个方向一个端点。这些端点用于读取和存储设备内部闪存中的数据。

配置2包含3个接口。接口0中没有端点。接口1包含一个等时（isochronous）类型的端点。这种端点传输类型常用于实时数据（比如音频或视频）的连续播放，这类数据会占用预先定义的一段带宽。接口2包含一个中断（interrupt）类型的端点。这种端点传输类型常用于及时而可靠地传输数据，比如来自鼠标或键盘的输入数据。

18.4.3　USB 实用程序（lsusb）

usbutils软件包中有一个名为lsusb的实用程序，它提供了类似lspci的功能。因为lsusb使用了libusb，所以在使用lsusb之前必须首先确保系统中有libusb。检查一下你的嵌入式Linux发行版并确保其中包含这两个软件包（这是必须要做的）。

lsusb能够枚举系统中的所有USB总线并显示总线上每个设备的信息。将-t选项传递给lsusb，就可以显示出物理总线的拓扑结构，如代码清单18-7所示。

代码清单18-7　USB总线的物理拓扑结构

```
root@imx31:~# lsusb -t
/:  Bus 03.Port 1: Dev 1, Class=root_hub, Driver=fsl-ehci/1p, 480M
/:  Bus 02.Port 1: Dev 1, Class=root_hub, Driver=fsl-ehci/1p, 480M
    |__ Port 1: Dev 2, If 0, Class=hub, Driver=hub/4p, 480M
        |__ Port 1: Dev 3, If 0, Class=stor., Driver=usb-storage, 480M
/:  Bus 01.Port 1: Dev 1, Class=root_hub, Driver=fsl-ehci/1p, 480M
```

这里可以看到i.MX31的3条总线，有一个集线器插在第二条总线中，而作者的iPod又插在这个集线器的1号端口中。

还可以显示所有设备或单个设备的描述符：

```
root@imx31:~# lsusb -s 2:3
Bus 002 Device 003: ID 05ac:1261 Apple, Inc. iPod Classic
```

以上命令显示了2号总线上的3号设备。在命令行中加上-v选项会显示出设备的所有描述符信息。如果你有一部iPod，可以尝试一下，lsusb的输出信息会很有趣，因为它有两种配置以及多个接口和端点。

18.5 通用 USB 子系统

这一节将介绍一些你可能会碰到的较为通用的USB子系统。大多数USB设备都很容易设置和使用。当你插入USB设备之后，udev（在第19章中介绍）还能够自动配置它们，实现真正的即插即用。

下面几节将详细介绍标准的USB设备类，它们都是由相应的USB类规范文档定义的。将USB设备类标准化的目的在于使用一个通用的类驱动来支持各种不同厂商生产的设备。如果设备生产厂商遵循类规范，不需要厂商提供针对具体设备的驱动，只要有设备类的驱动，就可以操作设备了。

18.5.1 USB 大容量存储类

USB大容量存储类可能是嵌入式系统中最主要的USB"类"（也可以叫子系统）。它能够驱动外部USB闪存驱动器（U盘）和其他一些带有内部存储功能的外围设备，以及高速移动硬盘（比如西部数据的My Book™）。必须在内核中配置USB存储。USB存储有一个比较令人费解的方面，那就是它需要SCSI子系统的支持。实际上，对最新的内核，当你选择支持USB大容量存储时，CONFIG_SCSI和CONFIG_BLK_DEV_HD都会自动被选上。

和往常一样，可以将这些模块静态编译到内核中或是配置为动态可加载的模块。我们将在下面的例子中使用模块，因为这种方式能够说明系统正常工作所需要的组件和相应的配置。当然，现在你应该知道usbcore和ehci-hcd是两个必需的模块，它们是USB驱动的基础。（注意，这里假设我们在这些例子中继续使用飞思卡尔i.MX31应用处理器。其他参考板可能需要不同的主机控制器驱动，例如，BeagleBoard开发板使用的是musb_hdrc。）

为了识别USB存储类，需要加载usb_storage驱动。不过，这个驱动依赖scsi_mod，所以也需要加载它。如果系统配置正确，加载usb_storage时，modprobe应该能够检测出模块的依赖关系并自动加载scsi_mod。这些模块间的依赖关系是在文件modules.dep中描述的，它的完整路径是/lib/modules/、uname −r、/modules.dep。只需要在这个文件中搜索usb-storage就可以找到它的依赖关系。

现在让我们看看加载usb-storage的情况，代码清单18-8显示了结果。

代码清单18-8　usb-storage依赖的模块

```
root@imx31:~# modprobe usb-storage
SCSI subsystem initialized
Initializing USB Mass Storage driver...
usbcore: registered new interface driver usb-storage
USB Mass Storage support registered.
root@imx31:~# lsmod
Module            Size  Used by
usb_storage      35872  0
scsi_mod         97552  1 usb_storage
ehci_hcd         30836  0
usbcore         129752  3 usb_storage,ehci_hcd
```

现在将一个USB存储设备插入某个集线器端口中，usb-storage驱动就会检测到一个usb_storage设备：

```
usb 2-1.2: new high speed USB device using fsl-ehci and address 6
usb 2-1.2: configuration #1 chosen from 2 choices
scsi1 : SCSI emulation for USB Mass Storage devices
scsi 1:0:0:0: Direct-Access     Apple    iPod     1.62 PQ: 0 ANSI: 0
```

然而，要想访问USB存储设备上的分区，我们还需要其他驱动。这就是SCSI模拟层发挥作用的地方。sd_mod驱动负责管理SCSI磁盘设备。加载这个模块后，它会枚举USB存储设备中的"磁盘设备"，以及设备上的所有分区。代码清单18-9显示了结果。

代码清单18-9　加载sd_mod驱动

```
root@imx31:~# modprobe sd_mod
sd 1:0:0:0: [sda] 19488471 4096-byte hardware sectors (79825 MB)
sd 1:0:0:0: [sda] Write Protect is off
sd 1:0:0:0: [sda] Assuming drive cache: write through
sd 1:0:0:0: [sda] 19488471 4096-byte hardware sectors (79825 MB)
sd 1:0:0:0: [sda] Write Protect is off
sd 1:0:0:0: [sda] Assuming drive cache: write through
 sda: sda1
sd 1:0:0:0: [sda] Attached SCSI removable disk
root@imx31:~# lsmod
Module            Size  Used by
sd_mod           20720  0
usb_storage      35872  0
scsi_mod         97552  2 sd_mod,usb_storage
ehci_hcd         30836  0
usbcore         129752  3 usb_storage,ehci_hcd
```

现在万事俱备，可以挂载磁盘分区并访问其中的内容了。从代码清单18-9中可以看到USB存储设备上的唯一分区被枚举为sda1。假设我们有一个设备节点/dev/sda1，而且内核支持这种文件系统类型，我们现在就可以挂载这个设备：

```
# mount /dev/sda1 /your/favorite/mount/point
```

如果嵌入式设备中安装和配置了udev，所有设备节点的创建工作都会由它自动完成。下一章会详细介绍udev。出于完整性考虑，我们看一下在没有udev的情况下如何创建设备节点。sysfs文件系统中包含一个与sda1对应的条目：

```
root@imx31:~# find /sys -name sda1
/sys/block/sda/sda1
```

这个sysfs条目（目录）中包含一个名为dev的属性（文件）。这个属性列出了内核分配给/dev/sda1的主设备号和次设备号。在飞思卡尔i.MX31参考板上，内核为它分配的主设备号是8，次设备号是1。我们先使用这一信息创建设备节点，然后就能挂载并访问分区内容了。代码清单18-10显示了最终结果。

代码清单18-10　创建设备节点并挂载SD设备

```
root@imx31:~:# cat /sys/block/sda/sda1/dev
8:1
root@imx31:~# mknod /dev/sda1 b 8 1
root@imx31:~# mkdir /media/disk
root@imx31:~# mount /dev/sda1 /media/disk
root@imx31:~# dir /media/disk
total 80
drwxr-xr-x 2 root root 16384 Oct 13  2008 Calendars
drwxr-xr-x 2 root root 16384 Oct 13  2008 Contacts
drwxr-xr-x 2 root root 16384 Oct 13  2008 Notes
drwxr-xr-x 2 root root 16384 Oct 13  2008 Recordings
drwxr-xr-x 8 root root 16384 Oct 13  2008 iPod_Control
```

第8章详细讲述了mknod。

18.5.2　USB HID 类

USB HID（Human Input Devices，人体学输入设备）可能是安装Linux系统的台式电脑中最常见的USB设备，同时也见于一些嵌入式设备中。HID设备使用起来相对简单。有关USB HID的内核配置选项位于Device Drivers菜单下的HID Devices。你需要开启其中的CONFIG_HID_SUPPORT、CONFIG_HID和CONFIG_USB_HID。USB HID是通用的HID驱动，它实现了USB规范定义的HID类的驱动支持。加载usbhid模块时，modprobe会自动加载它依赖的HID核心驱动（hid）：

```
root@imx31:~# modprobe usbhid
usbcore: registered new interface driver usbhid
usbhid: v2.6:USB HID core driver
```

18

```
root@imx31:~# lsmod
Module             Size  Used by
usbhid            18980  0
hid               31428  1 usbhid
ehci_hcd          30836  0
usbcore          129752  3 usbhid,ehci_hcd
```

这些基础设施到位之后，大多数遵循HID类驱动规范的HID设备（比如鼠标、键盘和游戏手柄）都应该能够被识别并正常工作。比如，插入Kensington USB无线鼠标会看到以下信息：

```
usb 2-1.4: new low speed USB device using fsl-ehci and address 4
usb 2-1.4: configuration #1 chosen from 1 choice
input: Kensington USB Mouse as /devices/platform/fsl-ehci.1/usb2/2-1/
2-1.4/2-1.4:1.0/input/input2
input: USB HID v1.10 Mouse [Kensington Kensington USB Mouse] on
usb-fsl-ehci.1-1.4
```

和前面的USB存储设备一样，我们可以在sysfs文件系统中找到内核分配给鼠标的主从设备号。因为我们已经知道设备号存放在dev属性中，可以据此进行搜索：

```
root@imx31:~# find /sys -name dev | grep input
/sys/devices/platform/fsl-ehci.1/usb2/2-1/2-1.4/2-1.4:1.0/input/input2/event2/dev
/sys/devices/virtual/input/input0/event0/dev
/sys/devices/virtual/input/input1/event1/dev
```

因为我们是将鼠标设备插入一个外部集线器的4号端口，所以选择物理地址为2-1.4:1-0的设备：

```
root@imx31:~# cat /sys/devices/platform/fsl-ehci.1/usb2/2-1/2-1.4/2-1.4:1.0/input
➥/input2/event2/dev
13:66
```

最后，使用以上设备号来创建设备节点：

```
root@imx31:~# mknod /dev/mouse c 13 66
```

你现在就可以使用鼠标了。和USB存储设备一样，如果系统中配置了udev，你就不需要手动创建设备节点了，因为这正是udev的工作。

18.5.3　USB CDC 类驱动

　　USB通信设备类（CDC）驱动为众多通信设备提供了一个通用的驱动框架。USB规范已经定义了几种标准的CDC类，包括ATM、以太网、ISDN PSTN（普通电话）、无线移动设备和有线调制解调器等。

　　以太网CDC功能最大程度地利用了CDC类驱动。一个不带以太网接口的嵌入式设备可以通过这个功能连接到以太网中，从而给我们的开发带来便利。这类设备的例子有很多，比如手机和PDA。

　　有两种方法能够实现这个功能。第一种方法是使用标准USB线缆在主机和外设之间建立一条点到点的链路。另一种方法是使用以太网"转接器"（USB网卡），它的一端是以太网接口，另一端是USB插头。下面分别讲述这两种方法①。

在主机和外设之间建立一条直连的USB链路是很简单的。当然，必须有合适的硬件。例如，单独一根USB线缆是不能将笔记本电脑和台式电脑连接起来的。这是因为所有USB链路的一端必须是"上游"设备（主机或集线器），而另一端必须是"下游"设备（外设或小装置）。回忆一下，USB是一种主/从式总线协议。

我们将以BeagleBoard开发板为例，演示如何使用CDC类驱动来实现USB-USB直连网络。必须首先在内核配置中开启这个功能。当然，还必须有主机控制器的驱动程序，对于BeagleBoard开发板来说，这就是musb_hdrc.ko。与这个驱动对应的内核配置选项是USB_MUSB_HDRC。对于BeagleBoard开发板，还需要选择其他几个配置选项。要开启USB收发器，需要选择TWL4030_USB②。要开启外设模式，需要选择USB Gadget support下面的USB_GADGET_MUSB_HDRC。最后，还需要选择USB Gadget Drivers下面的Ethernet Gadget（USB_ETH）。这就是支持CDC以太网功能的驱动，它负责链路外设（从属）侧的通信。

台式电脑或笔记本电脑需要加载usbnet.ko。在大多数主流桌面发行版上，将USB线缆（另一端连接到BeagleBoard开发板）插入电脑中时，udev会自动完成这项工作。这里假设你已经在BeagleBoard开发板上加载了g_ether驱动，并配置了接口。代码清单18-11显示了相关的步骤。

代码清单18-11　在BeagleBoard开发板上加载g_ether

```
# modprobe twl4030_usb
twl4030_usb twl4030_usb: Initialized TWL4030 USB module
# modprobe g_ether
musb_hdrc: version 6.0, musb-dma, peripheral, debug=0
musb_hdrc: USB Peripheral mode controller at d80ab000 using DMA, IRQ 92
g_ether gadget: using random self ethernet address
g_ether gadget: using random host ethernet address
usb0: MAC ae:9e:55:32:0a:c9
usb0: HOST MAC c2:de:61:36:21:9c
g_ether gadget: Ethernet Gadget, version: Memorial Day 2008
g_ether gadget: g_ether ready
# lsmod
Module              Size  Used by
g_ether            23664  0
musb_hdrc          35524  1 g_ether
twl4030_usb         5744  0
# ifconfig usb0 192.168.4.2
```

如代码清单18-11所示，当我们加载了两个设备驱动之后，usb0接口已经被创建和枚举了。lsmod显示了已加载的模块。注意，modprobe自动加载了musb_hdrc模块。

① 虽然以太网转接器会用到CDC的一些通用组件，但严格来说，它不是通过CDC类驱动实现通信的。
② 因为没有什么删除它的理由，所以将TWL4030_USB直接编译进内核（y=）会更加方便。所有的USB模式都需要它，而且它占用的空间也很少。

18

最后一步是为接口配置一个有效的IP地址。配置完成后，usb0上的以太网接口就可以使用了。当另一端连接BeagleBoard开发板的USB线缆连接到作者的Ubuntu 8.04笔记本上时，产生了以下日志消息：

```
usb 7-3: new high speed USB device using ehci_hcd and address 13
usb 7-3: configuration #1 chosen from 1 choice
usb0: register 'cdc_ether' at usb-0000:00:1d.7-3, CDC Ethernet Device,
32:89:fb:38:00:04
usbcore: registered new interface driver cdc_ether
ADDRCONF(NETDEV_CHANGE): usb0: link becomes ready
```

注意，链路的主机侧（笔记本电脑）已经自动安装了cdc_ether.ko和它依赖的usbnet.ko模块。在作者的Ubuntu 8.04笔记本上显示：

```
$ lsmod | head -n 3
Module                  Size  Used by
cdc_ether               7168  0
usbnet                 20232  1 cdc_ether
```

现在需要为主机侧的usb0接口配置一个有效的IP地址（最简单的情况是它们处于相同的子网中），配置好之后全部工作就完成了。现在我们有了一个可以正常工作的以太网接口，将BeagleBoard开发板连接到笔记本的USB主机接口中。注意，如果你电脑上的Linux发行板没有运行udev（因为某些想象不到的原因）或者它的配置不正确，那么你就必须在链路的主机侧手动加载usbnet和cdc_ether。如果将一个配置好的外设（比如BeagleBoard开发板）连接到电脑的USB主机接口中，加载这些模块就会创建和枚举一个usb0接口。

18.5.4　USB 网络支持

另一种为嵌入式设备添加以太网功能的方法是使用以太网"转接器"，并将它插入到设备的USB主机端口中。这些转接器在电子市场上很容易买到。下面的例子中使用的是从Radio Shark购买的一款产品。它是在中国生产的，其中包含一块ASIX芯片。将它插入USB主机端口中，它就成为了一个功能完备的以太网端口。

要使用这个功能，需要在内核配置中开启相关选项。对于这个转接器来说，必须开启USB_USBNET和USB_NET_AX8817X。这些选项位于内核配置工具的以下位置：Device Drivers → Network Devices → USB Network Support。加载了必需的USB底层驱动之后，我们接着加载ASIX驱动并插入以太网转接器。ASIX驱动的加载过程如下：

```
# modprobe asix
usbcore: registered new interface driver asix
# usb 1-1.3: new high speed USB device using musb_hdrc and address 3
usb 1-1.3: configuration #1 chosen from 1 choice
eth0 (asix): not using net_device_ops yet
eth0: register 'asix' at usb-musb_hdrc-1.3, ASIX AX88772 USB 2.0 Ethernet,
00:50:b6:03:c8:f8
```

首先你看到了底层USB驱动打印出的消息，表明它正在枚举新的USB设备（1-1.3）。接着，ASIX驱动接手并创建了一个新的以太网接口eth0。除非在加载ASIX驱动时通过传递参数修改了默认设置，否则它会生成一个随机的MAC地址。

下一步是为接口配置一个有效的IP地址。

```
# ifconfig eth0 192.168.4.159
eth0: link up, 100Mbps, full-duplex, lpa 0xCDE1
eth0: link up, 100Mbps, full-duplex, lpa 0xCDE1
# ping 192.168.4.1
PING 192.168.4.1 (192.168.0.1) 56(84) bytes of data.
64 bytes from 192.168.4.1: icmp_seq=1 ttl=64 time=1002 ms
64 bytes from 192.168.4.1: icmp_seq=2 ttl=64 time=0.305 ms
64 bytes from 192.168.4.1: icmp_seq=3 ttl=64 time=0.336 ms
```

大功告成了，就这么简单！

18.6　USB 调试

内核配置中有很多关于USB调试的选项。详细的调试消息能够帮助你观察系统中正在发生的事情。在内核配置中开启USB_DEBUG就可以看到由usbcore和集线器驱动（usbcore的一部分）打印的调试消息。如果开启了USB_ANNOUNCE_NEW_DEVICES，每当有新设备插入时，usbcore就会打印出设备的详细信息，包括厂商、产品名称、生产商以及设备描述符中的序列号字符串。这两个选项都会将消息打印到syslog，它们的位置是USB Support → Support for Host-side USB。

如果内核配置中开启了上述的调试选项，当你插入前面例子中的以太网转接器后，syslog中就会有相应的调试消息，如代码清单18-12所示。

代码清单18-12　插入以太网转接器之后的调试输出

```
user.info  kernel: usb 1-1.3: new high speed USB device using musb_hdrc
and address 3
user.debug kernel: usb 1-1.3: default language 0x0409
user.info  kernel: usb 1-1.3: New USB device found, idVendor=0b95, idProduct=7720
Jan  1 00:02:38 (none) user.info kernel: usb 1-1.3: New USB device strings:
Mfr=1, Product=2, SerialNumber=3
user.info  kernel: usb 1-1.3: Product: AX88772
user.info  kernel: usb 1-1.3: Manufacturer: ASIX Elec. Corp.
user.info  kernel: usb 1-1.3: SerialNumber: 000001
user.debug kernel: usb 1-1.3: uevent
user.debug kernel: usb 1-1.3: usb_probe_device
user.info  kernel: usb 1-1.3: configuration #1 chosen from 1 choice
user.debug kernel: usb 1-1.3: adding 1-1.3:1.0 (config #1, interface 0)
user.debug kernel: usb 1-1.3:1.0: uevent
user.debug kernel: drivers/usb/core/inode.c: creating file '003'
```

18

大多数的日志消息都一目了然。不过，你也许会对最后一条消息感到疑惑，它声称有一个名为003的文件被创建了。当你在目标系统上找不到这个文件时就更加困惑了。实际上，它是usb设备文件系统（usbfs）的一部分，在挂载usbfs之前它是不可见的：

```
# mount -t usbfs usbfs /proc/bus/usb
```

挂载usbfs之后，可以在/proc/bus/usb/001下面看到这个新创建的文件，它代表刚刚被实例化的USB接口。001是总线号，003代表设备。这个文件不方便阅读，它包含了来自USB接口描述符的数据。

有些平台和驱动可能还会有一些特殊的调试选项。例如，使用musb_hdr驱动的BeagleBoard开发板就是如此。在内核配置中开启USB_MUSB_DEBUG就可以打开调试功能。要使用它，必须在加载musb_hdrc驱动的时候向它传递一个调试级别。这个特定的内核配置选项能够打印出详细的调试信息，包括设备之间发送的每条USB消息。你也许已经回想起来了，可以在modprode命令行中或是发行版指定的配置文件中向模块传递参数。下面这个例子将musb_hdrc驱动的调试级别设置为3：

```
# modprobe musb_hdrc debug=3
```

18.6.1　usbmon

如果你喜欢挑战难题，可以尝试一下usbmon。这是一个类似于tcpdump的USB数据包（packet）捕获工具。USB实际上并不使用"数据包"一词，但概念是一样的。usbmon允许你捕捉USB总线上设备之间的原始数据传输。如果你正在从头开始开发一个USB设备，这也许会很有用。

要使用usbmon，必须首先在内核配置中开启DEBUG_FS，它位于内核配置的Kernel Hacking菜单下。此外，必须开启USB_MON，位置是Device Drivers → USB Support → Support for host side USB。

启用了这些配置选项后，必须挂载debugfs文件系统，命令如下：

```
# mount -t debugfs debugfs /sys/kernel/debug
```

然后加载usbmon.ko驱动：

```
# modprobe usbmon
```

这些步骤都完成之后，usbmon驱动会在目录/sys/kernel/debug/usbmon中创建一些调试套接字。内核会将数据包发送到这些调试套接字中。和tcpdump一样，数据包是以文本格式存储的，这样我们看起来会（稍微）方便一些。只需启动cat进程就可以查看套接字的内容。代码清单18-13显示了将USB闪存驱动器（U盘）插入BeagleBoard开发板中产生的追踪消息。

代码清单18-13　usbmon产生的追踪消息

```
# cat /sys/kernel/debug/usbmon/0u
c717ee40 1830790883 C Ii:1:002:1 0:2048 1 D
c717ee40 1830790944 S Ii:1:002:1 -115:2048 1 <
c717e140 1830791005 S Ci:1:002:0 s a3 00 0000 0003 0004 4 <
```

```
c717e140 1830791249 C Ci:1:002:0 0 4 = 01010100
c717e140 1830791279 S Co:1:002:0 s 23 01 0010 0003 0000 0
c717e140 1830791524 C Co:1:002:0 0 0
c717e140 1830791554 S Co:1:002:0 s 23 03 0016 0003 0000 0
```

在插入USB闪存驱动器之前我们就已经启动了cat进程。一共生成了53行输出消息，表示传输了53个USB数据包[①]。我们不再仔细研究这些追踪消息的格式和细节，它们已经超出了本书的讨论范畴。要了解这些细节，可以参考内核源码树中的一篇文档：.../Documentation/usb/usbmon.txt。然而，要想完全理解这篇文档的内容，你还需要详细了解USB的内部架构。本章末尾列出的参考文献可以帮助你进一步研究USB。

18.6.2 实用 USB 杂记

通常，将一个USB设备插入主机不会发生什么特别的事情。其实，这个过程中很多事情都有可能出错，最常见的情况是主机找不到合适的设备驱动。如果在插入USB设备时你在syslog中看到了类似的消息，这就意味着系统已经识别出这个设备，读取了它的描述符信息并选择了一个配置，但Linux找不到一个适合该设备的驱动：

```
usb 1-1.1: new high speed USB device using ehci_hcd and address 5
usb 1-1.1: configuration #1 chosen from 1 choice
```

解决办法是加载正确的驱动程序。当然，作为一名嵌入式开发人员，你可以自己编写一个驱动。

如果系统依赖键盘和鼠标这样的USB设备，那么应该将这些设备驱动静态编译到内核中（=y）。这一点看似显而易见，但还是有必要强调一下。假设键盘和鼠标的驱动程序被编译成模块并加载到系统中，当这些模块被卸载时，依赖它们的系统控制台就会失去响应。将它们静态编译到内核中就能够避免这种情况的发生。

18.7 小结

这一章介绍了一些USB的基础知识，从而帮助我们理解这个相当复杂的系统。它描述了USB的拓扑结构和概念，并详细说明了如何配置和使用USB。我们还讨论了最常使用的USB子系统。

- ❑ 研究USB的物理和逻辑拓扑结构可以帮助我们更好地理解这个系统。
- ❑ 介绍了一些不同种类的USB线缆和连接器。
- ❑ 举例介绍了几种不同的USB配置。
- ❑ 第9章介绍了sysfs，而这一章则讲述了其中与USB相关的信息。
- ❑ 详细介绍了几个有用的USB工具，它们能够帮助我们理解USB并解决故障。

18

[①] USB的术语中没有"数据包"（packet）一词。然而，相关细节的讨论超出了本书的范围。请参考本章末尾的文献以了解更多详细信息。

❑ 介绍了设备类驱动，包括大容量存储、HID和CDC。
❑ 最后介绍了一些有用的调试工具和技巧。

补充阅读建议

《通用串行总线系统架构》（第2版），Don Anderson，Mindshare公司，2001。

"USB增强主机控制器接口规范"，1.0版，英特尔公司。
www.intel.com/technology/usb/download/ehci-r10.pdf

《精通Linux设备驱动程序开发》（第11章），Sreekrishnan、Venkateswaran，人民邮电出版社，2010年6月出版。

《Linux 设备驱动（第3版）》（第13章），Jonathan Corbet、Alessandro Rubini 和 Greg Kroah-Hartman，中国电力出版社，2006年1月出版。

"通用串行总线规范"，2.0版，2000年4月27日。
www. usb. org/developers/docs/usb_20_052709.zip

"USB协议标准文档"
www. usb. org/developers/devclass_docs

udev

本章内容

- □ 什么是udev
- □ 设备发现
- □ udev的默认行为
- □ 理解udev规则
- □ 加载平台设备驱动程序
- □ 定制udev的行为
- □ 持久的设备命名
- □ uedv和busybox配合使用
- □ 小结

和很多其他Linux内核子系统一样，udev是随着时间的推移不断演进和发展的。在这个过程中，它吸取了来自用户、开发人员和发行版维护人员的各种意见，同时也借鉴了早期解决类似问题的历史经验。Linux系统中的设备管理一度很混乱，/dev目录中的很多文件都是无效的，它们对应的设备实际上并不存在。为了解决这一问题，内核开发人员开发了devfs，它能够根据系统中实际存在的硬件动态创建/dev目录中的条目。不过，由于devfs自身的一些缺陷，目前它已经被udev取代了。

和本书中的很多其他主题一样，详细深入地讲述udev需要单独的一本书。在这一章中我们只能快速地浏览一下udev并介绍它的作用和工作方式。

19.1 什么是 udev

简单回顾一下，Linux系统的/dev目录中存放着被称为设备节点的特殊文件。我们在8.3.3节中曾经介绍过设备节点。可以将这些特殊文件看做是指向实际设备驱动程序的“指针”，而设备驱动程序控制和管理了应用程序对设备的访问。设备节点将设备名称和内核中的主次设备号关联起来。设备节点中还有一个属性表明了设备的类型，比如块设备或字符设备。

在不久之前，Linux系统的/dev目录中会包含数千个设备节点，它们通常是由脚本文件（比如MAKEDEV）静态创建的。如果你的家庭或工作电脑上运行着Linux，仍然可以在系统中找到

MAKEDEV脚本。

因为没有办法自动检测出系统中实际存在的设备，Linux发行版的维护人员只能简单地运行MAKEDEV，结果是在/dev目录中创建了几乎所有可能会遇到的设备。不难理解这种穷举型的设备管理方式并不理想。

udev是最新和最优秀的设备管理子系统，它使用内核在发现设备时提供的信息动态创建/dev目录中的内容。它已经发展成为一个非常灵活和强大的方式，能够在系统检测到硬件设备时运用策略。注意，我并没有说在系统检测到硬件设备时"加载设备驱动程序"或"创建设备节点"。实际上，udev会默认执行这些操作，但你也可以自定义系统在发现某个特定设备时所执行的操作。udev的默认行为是使用内核提供的设备名称创建一个同名的设备节点。

在Linux系统启动完毕之后，设备可能会以多种方式突然出现在系统中。明显的例子有将USB设备插入USB端口或打开笔记本电脑上的无线网络开关。另外，在带电情况下将硬盘驱动器插入到一个有容错功能的机架中也算是个例子。

19.2 设备发现

当内核发现一个新的设备时，它会创建一个uevent事件，并通过netlink套接字[①]将它发送给一个用户空间的侦听者。这个侦听者正是udev。代码清单19-1显示了一个典型的由内核发送的uevent。我们先启动了用于捕捉uevent事件的实用程序udevadm，然后将一个4端口USB集线器插入到BeagleBoad开发板的USB主机端口中：

```
# udevadm monitor --environment
```

（注意，早期版本的udev使用单独的命令，比如udevmonitor或udevtrigger。新版本已经将它们都整合到udevadm管理程序中了，如上所示。如果这个命令无效的话，请检查一下你使用的udev版本。）

代码清单19-1 典型的uevent：插入USB设备

```
KERNEL[1244031028.077331] add  /devices/platform/musb_hdrc/usb1/1-1 (usb)
ACTION=add
DEVPATH=/devices/platform/musb_hdrc/usb1/1-1
SUBSYSTEM=usb
DEVTYPE=usb_device
DEVICE=/proc/bus/usb/001/002
PRODUCT=5e3/608/702
TYPE=9/0/1
BUSNUM=001
DEVNUM=002
SEQNUM=321
MAJOR=189
MINOR=1
```

---

① 请参考 http://en.wikipedia.org/wiki/Netlink。

代码清单19-1显示了当内核检测到这个4端口USB集线器被插入时发出的第一个uevent。第一行表示这个uevent是个"添加"（add）操作，意味着内核检测到了一个新的USB设备。它的内核名称是

```
/devices/platform/musb_hdrc/usb1/1-1
```

当内核检测到一个新设备时，它采取的默认操作之一是在sysfs文件系统（通常挂载于/sys目录）中创建一个条目。DEVPATH属性代表它在/sys目录中的位置，udev规则和工具的很多地方都引用了这个属性。其他属性描述了设备类型、设备、产品（厂商ID和/或设备ID）和设备在USB总线物理拓扑结构中的位置。DEVICE属性描述了内核中的设备节点信息。内核在001号USB总线上发现了这个设备，并将设备号002分配给它。

在代码清单19-1中，产品厂商ID是5e3，设备ID是608。通过参考www.linux-usb.org/usb.ids中维护的设备列表，我们了解到05e3代表Genesys Logic公司，而产品ID 608则是代表一款4口USB 2.0集线器。

每个uevent都有一个序列号，内核每发送一个uevent，序列号就递增1。Uevent序列号的最后是设备驱动程序的主次设备号。在这个例子里，内核分配的主设备号是189，次设备号是1。

当udev接收到uevent时，它会扫描其规则数据库（参考19.4节）。udev将使用设备的属性在数据库中查找匹配的条目，这些条目规定了它要执行的动作。如果找不到任何匹配的规则，udev的默认动作只是创建一个设备节点，其名称由内核提供，主次设备号由uevent指定。在这个例子里，udev会创建以下设备节点，如ls -l命令所示：

```
crw-rw---- 1 root root 189, 0 Jun  4 16:37 usbdev1.1
```

系统设计人员或发行版维护人员可以定制udev的规则，从而让它执行适合具体应用的操作。在大多数情况下，默认规则是在/dev目录中创建合适的设备节点。此外，它们一般还会生成符号链接，指向这些新创建的设备节点。符号链接的名称可能是一个大家熟知的简短名称，应用程序使用它来访问设备。我们一会儿就会详细介绍udev的规则。

19.3　udev 的默认行为

你也许会惊讶地发现代码清单19-1中uevent是内核发送的众多uevent中的第一条。代码清单19-2显示了当插入4口USB集线器时内核生成的每个uevent。这个代码清单是由以下udev命令生成的：

```
# udevadm monitor --kernel
```

代码清单19-2　插入4口集线器时内核生成的uevent

```
KERNEL× add    /devices/platform/musb_hdrc/usb1/1-1 (usb)
KERNEL× add    /devices/platform/musb_hdrc/usb1/1-1/1-1:1.0 (usb)
KERNEL× add    /class/usb_endpoint/usbdev1.2_ep81 (usb_endpoint)
KERNEL× add    /class/usb_device/usbdev1.2 (usb_device)
KERNEL× add    /class/usb_endpoint/usbdev1.2_ep00 (usb_endpoint)
```

19

　　注意，我们已经去除了时间戳并用×代替，以便这个代码清单能够适应页宽，同时也让我们阅读起来更加容易。实际上，每个uevent都带有一个类似代码清单19-1所示的时间戳。可以看到，在插入4口USB集线器时内核生成了5个uevent。它们代表了USB设备层次结构中的各种成员。第18章介绍了USB及其架构。

　　代码清单19-3中显示了到此为止udev已经创建的设备节点。这些设备节点位于/dev目录中，它们代表了udev的默认行为。在这个介绍性的例子中，我们没有定制任何udev规则。

代码清单19-3　udev创建的初始USB设备

```
crw-rw---- 1 root root 189, 0 Jan  1 02:03 usb1
crw-rw---- 1 root root 189, 0 Jan  1 02:03 usbdev1.1
crw-rw---- 1 root root 253, 1 Jan  1 02:03 usbdev1.1_ep00
crw-rw---- 1 root root 253, 0 Jan  1 02:03 usbdev1.1_ep81
crw-rw---- 1 root root 189, 1 Jan  1 02:04 usbdev1.2
crw-rw---- 1 root root 253, 3 Jan  1 02:04 usbdev1.2_ep00
crw-rw---- 1 root root 253, 2 Jan  1 02:04 usbdev1.2_ep81
```

　　图19-1显示了与代码清单19-3相对应的硬件配置。

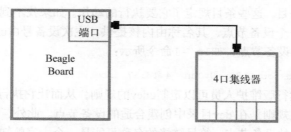

图19-1　4口USB集线器

　　代码清单19-3中的第一行代表BeagleBoard开发板上的主机控制器。正如我们在第18章中所学习到的，可以通过查看它在/sys中的属性来了解它。它是德州仪器OMAP3530芯片中内置的高速双速率USB控制器（一般被称作USB主机控制器）。使用以下命令查看了/sys中的设备属性：

```
# cd /sys/devices/platform/musb_hdrc/usb1
# cat idVendor idProduct product
1d6b
0002
MUSB HDRC host driver
```

　　代码清单19-3中接下来的3行代表内部的单端口集线器，在USB架构中它总是和主机控制器关联在一起。这就是第18章中所讨论的根集线器。可以将开发板上的物理USB连接器看成这个单口集线器。正如第18章所讨论的，USB设备中包含接口和端点等逻辑实体。名为usbdev1.1的设备代表USB接口，而名为usbdev1.1_ep00和usbdev1.1_ep81的设备则代表集线器中的逻辑端点——它们是实际在USB总线上进行通信的逻辑实体。

　　当我们将4口集线器插入BeagleBoard开发板的USB端口中后，udev默认创建了代码清单19-3
中的最后3个设备。注意这些设备节点的编号，名称中的.2代表级联的USB集线器层次结构中的
第二个集线器。

　　你也许想知道是否有其他名称能够更好地代表这类设备。如果应用程序需要直接使用某个设
备，比如USB鼠标，像usbdev1.3_ep00[①]这样的名称是不易于使用的。这时，udev的规则就派上用
场了。

19.4　理解 udev 规则

　　udev真正的强大功能来自于它的规则引擎。系统设计人员和发行版维护人员可以使用udev的
规则来组织/dev目录中的层次结构、创建设备节点以及为这些设备节点分配易于使用的名称。通
常情况下，udev会用内核提供的名称创建设备节点，并用一个易于使用的名称创建相应的符号链
接，从而将这两个名称关联起来。

　　udev的规则引擎还可用于加载设备驱动程序（模块）。实际上，通过使用udev规则，你可以
在系统检测到设备插入或拔出时执行几乎任何你能想到的操作。然而，udev规则最常用于设备的
重命名（创建具有易读名称的符号链接）和设备驱动程序的加载。

　　让我们看一组典型的udev规则，它们决定了udev在收到内核uevent时该做哪些操作。在最新
的udev版本中，udev规则（文件）的默认存放位置是目录/lib/udev/rules.d。在接下来的讨论中，
我们会将它作为默认位置。很多发行版都将udev规则存放在目录/etc/udev/rules.d中，规则文件一
般都是由发行版维护人员定制的。常常根据功能将它们分类，从而易于维护。如果你正坐在一台
Linux电脑前，可以花点时间浏览一下这些规则文件。

　　虽然udev查看的默认目录是/lib/udev/rules.d，udev同样会查看目录/etc/udev/rules.d。如果这两
个目录中有同名的规则文件，以后一个目录中的为准，你能够覆盖默认规则。

　　在主流的Linux发行版中，多个规则文件合在一起形成了一张路线图，它们共同决定了在发现
或删除设备时的需要执行的操作。作者笔记本上的发行版中有31个规则文件，总共有差不多1400
行的内容，定义了将近700条规则！浏览一下这些规则文件，你就会感受到udev的灵活和强大。

　　当udev第一次启动时，它会读取/lib/udev/rules.d中的所有规则，并创建一个内部的规则表。
当内核发现一个设备时，udev使用内核uevent中的动作和属性在规则表中查找匹配项。当找到
匹配项时，udev就会执行那条规则（或一组规则）规定的动作。让我们看一个例子。

　　继续以前面的BeagleBoard开发板为例，让我们看一下在插入一个普通USB鼠标时会发生什么
情况。在没有规则的情况下，udev会使用内核在uevent中提供的原始名称创建必要的设备节点。

```
root@beagle:~# ls -l /dev/usbdev1.2*
crw-rw---- 1 root root 189, 1 Jan  1 00:21 /dev/usbdev1.2
crw-rw---- 1 root root 253, 3 Jan  1 00:21 /dev/usbdev1.2_ep00
crw-rw---- 1 root root 253, 2 Jan  1 00:21 /dev/usbdev1.2_ep81
```

---

　　① 如果将鼠标（或其他设备）直接插入到4口USB集线器中，设备节点的名称就会是这样。

这些设备代表了基本的USB基础设施。udev没有创建其他设备。如果你很熟悉Linux中的输入设备，你也许想找到一个名称中有mouse的设备。很多常见的应用程序都期望能找到一个这样命名的鼠标设备。此外，也没有加载处理这个新插入鼠标的驱动程序。在一个配置好的桌面系统中，假设其中安装了主流的Linux发行版且能够正常工作，你就会找到一个以通用名称（比如mouse*）命名的设备，而且也加载了输入设备驱动程序和鼠标驱动。[①]

回顾一下第8章的内容，我们可以使用 lsmod 命令来查看系统中已经加载了哪些模块：

```
root@beagle:~# lsmod
Module                 Size  Used by
musb_hdrc             36352  0
usbcore              143324  2 musb_hdrc
```

请记住，这是一个非常基本的系统，其中没有任何udev规则。当前只加载了主机控制器驱动（musb_hdrc）和USB核心子系统（usbcore），而且它们是为了这个例子的需要而手动加载的。我们将会在后面看到udev如何能够自动加载这些平台驱动。这里有趣的一点是处理鼠标（输入）设备的驱动程序还没有被加载到内核中！

现在让我们添加一些udev规则，如代码清单19-4所示。

代码清单19-4　简单的udev规则

```
DRIVER!="?*", ENV{MODALIAS}=="?*", RUN{ignore_error}+="/sbin/modprobe -b
$env{MODALIAS}"
KERNEL=="mouse*|mice|event*",         NAME="input/%k", MODE="0640"
```

我们将这两条规则存放在一个随机命名的规则文件中，文件的后缀名为.rules，并将这个文件放到目录/lib/udev/rules.d中[②]。第一条规则用于加载设备驱动程序。这条规则的匹配条件是没有设置内核uevent中的DRIVER属性（表示内核不知道或没有提供驱动的名称）。这条规则指示udev运行modprobe程序，并将环境变量MODALIAS的值传递给它。我们一会儿就会介绍MODALIAS，现在只需要知道它是一条"线索"，modprobe利用它来加载合适的设备驱动程序。

加载了设备驱动程序之后，鼠标设备就可以被识别出来，而不仅仅是被当作一个普通的USB设备。驱动能够识别鼠标的功能并将其自身注册为鼠标驱动。当这个驱动被加载时，内核会产生另外一系列uevent，从而使udev开始处理其他规则。这时第二条规则便起作用了。

第二条规则的匹配条件是内核uevent中的设备名称是mouse*、mice或event*。当找到匹配项时，这条规则指示udev在一个名为input的子目录中创建设备节点。除非另外指定（在一个实际产品中永远都不应该这么做），udev假设/dev是设备节点的根目录。设备节点的名称就是内核设备的名称，这是由替换操作符%k指定的。设备节点的模式是0640，这意味着文件的拥有者可以读写该设备，同一组中的用户只能读，而其他用户则不能访问。代码清单19-5显示了加载设备驱动程序之后产生的设备节点，代码清单19-6则显示了插入鼠标，udev处理完规则之后系统中已加载的模

---

① 这里假设系统被配置为动态加载设备驱动。

② 当然，在真实产品中，我们会为规则文件起有意义的名称，并合理组织它们的结构。

块。注意，usbhid、mousedev和evdev模块都已经被加载了，应用设备可以使用它们。还可以输入以下命令以确认模块都已经被正确加载了：

```
# cat /dev/input/mouse0
```

输入这条命令后，移动鼠标就可以看到设备接收到的控制字符。当然，它们并不方便阅读，终端设备也可能会报错！不过，在作者安装了Ubuntu 80.4的电脑上，运行于ttyUSB0（USB转串行端口线）上的screen程序完美地显示了这些数据。

代码清单19-5　/dev中有关鼠标设备的条目

```
root@beagle:~# ls -l /dev/input/
total 0
crw-r----- 1 root root 13, 64 Jan  3 21:38 event0
crw-r----- 1 root root 13, 63 Jan  3 21:38 mice
crw-r----- 1 root root 13, 32 Jan  3 21:38 mouse0
```

名为event0的设备代表第一个事件流，它是输入事件的高层描述。名为mice的设备代表所有鼠标设备（所以这里用了mouse的复数形式）的混合输入！名为mouse0的设备则是底层鼠标设备本身。

代码清单19-6　udev处理完成后执行lsmod

```
root@beagle:~# lsmod
Module              Size  Used by
evdev               9080  0
mousedev           11692  0
usbhid             16548  0
hid                36944  1 usbhid
musb_hdrc          36352  0
usbcore           143324  3 usbhid,musb_hdrc
```

你也许想知道代码清单19-4中的两条简单规则是如何加载代码清单19-6中的所有模块的。这些设备驱动程序都是通过modalias（模块别名）定位和加载的。

19.4.1　Modalias

当检测到一个设备，比如USB鼠标时，内核会发出一系列uevent，宣告它添加了这个设备。代码清单19-7详细显示了当USB鼠标插入BeagleBoard开发板的USB端口时内核发送的uevent。代码清单19-7的内容是由以下命令生成的：

```
# udevadm monitor --kernel
```

代码清单19-7　插入USB鼠标时内核生成的uevent

```
KERNEL× add     /devices/platform/musb_hdrc/usb1/1-1 (usb)
KERNEL× add     /devices/platform/musb_hdrc/usb1/1-1/1-1:1.0 (usb)
```

```
KERNEL× add      /class/usb_endpoint/usbdev1.2_ep81 (usb_endpoint)
KERNEL× add      /class/usb_device/usbdev1.2 (usb_device)
KERNEL× add      /class/usb_endpoint/usbdev1.2_ep00 (usb_endpoint)
KERNEL× add      /module/hid (module)
KERNEL× add      /bus/hid (bus)
KERNEL× add      /module/usbhid (module)
KERNEL× add      /bus/hid/drivers/generic-usb (drivers)
KERNEL× add      /devices/platform/musb_hdrc/usb1/1-1/1-1:1.0/
0003:047D:1035.0001 (hid)
KERNEL× add      /class/input/input0 (input)
KERNEL× add      /bus/usb/drivers/usbhid (drivers)
KERNEL× add      /module/mousedev (module)
KERNEL× add      /class/input/mice (input)
KERNEL× add      /class/input/input0/mouse0 (input)
KERNEL× add      /class/misc/psaux (misc)
KERNEL× add      /module/evdev (module)
KERNEL× add      /class/input/input0/event0 (input)
```

为了提高可读性，代码清单中的时间戳已经被简化为×。实际上，每个内核事件都会包含一个类似代码清单19-1所示的时间戳。你也许会惊讶地发现插入一个简单的USB鼠标竟然导致内核发送了18个事件。前5个事件表示内核添加了原始的USB设备本身，它们代表USB的架构成员。它们是USB设备、接口和端点。让我们仔细查看一下针对USB接口1-1:1.0[①]的uevent。代码清单19-8显示了这个内核uevent的完整内容，它是由udevadm生成的：

```
# udevadm monitor --environment
```

代码清单19-8　针对USB接口1-1:1.0的内核uevent

```
KERNEL× add      /devices/platform/musb_hdrc/usb1/1-1/1-1:1.0 (usb)
ACTION=add
DEVPATH=/devices/platform/musb_hdrc/usb1/1-1/1-1:1.0
SUBSYSTEM=usb
DEVTYPE=usb_interface
DEVICE=/proc/bus/usb/001/002
PRODUCT=47d/1035/100
TYPE=0/0/0
INTERFACE=3/1/2
MODALIAS=usb:v047Dp1035d0100dc00dsc00dp00ic03isc01ip02
SEQNUM=322
```

注意其中的MODALIAS字段。乍看起来它像是乱码。实际上，这个字符串可以被分解为多个单独的字段，它们是USB设备暴露给设备驱动程序的属性。其中一些字段的含义是显而易见的：

---

① 这种命名方式是在第18章中介绍的。

v047D 厂商ID（047D代表Kensington）

p1035 产品ID（1035是Kensington生产的一款无线鼠标的产品ID）

其他字段是与设备、设备类和子系统具体相关的。它们可能包含设备、设备类和子类等方面的属性。这些属性为驱动提供了设备的底层硬件细节。有关这些细节的讨论超出了本书的范围。重要的是认识到modprobe工具可以使用MODALIAS来加载模块。让我们看看这是如何工作的。

在BeagleBoard开发板的命令行中执行以下命令会加载两个驱动。这里假设你已经事先加载了平台USB驱动（musb_hdrc）和usbcore，而且udevd没有运行：

```
# modprobe usb:v047Dp1035d0100dc00dsc00dp00ic03isc01ip02
```

执行这条modprobe命令会加载两个模块——hid和usbhid。可以通过再次执行lsmod命令来确认这一点：

```
root@beagle:~# lsmod
Module              Size  Used by
usbhid              16548  0
hid                 36944  1 usbhid
musb_hdrc           36352  0
usbcore            143324  3 usbhid,musb_hdrc
```

modprobe会尝试加载usbhid。因为usbhid依赖hid，所以hid先被加载。执行modprobe时，它会查看位于目录/lib/modules/'uname -r'中的文件module.alias。这个文件是由depmod生成的，depmod的作用是创建模块依赖关系的数据库。看一下文件modules.alias的内容，你会发现其中的很多行都和代码清单19-8中的MODALIAS字符串类似。modprobe使用命令行中的参数在文件modules.alias中寻找匹配的行。如果找到匹配行，其中指定的模块就会被加载。下面显示了modules.alias中的匹配行：

```
alias usb:v*p*d*dc*dsc*dp*ic03isc*ip* usbhid
```

仔细看一下这一行的内容，其中ic字段的含义是很清楚的。USB接口类0x03定义了人体学输入设备（HID）。这一行的意思是：如果其他字段是任意值（因为其中的通配符*），并且接口类（interface class，ic）字段是0x03，那么就加载usbhid。那就是了！

文件modules.alias中的modalias条目来自设备驱动程序本身。在这个例子中，你会在内核源码文件hid.mod.c中发现下面这行代码：

```
MODULE_ALIAS("usb:v*p*d*dc*dsc*dp*ic03isc*ip*");
```

当模块被编译和安装到系统中时，depmod工具会收集所有这些字符串并将它们放到文件modules.alias中，以供modprobe引用。看一下你的Linux电脑中的modules.alias文件，然后再看一下最新的Linux内核源码的drivers子目录，你会发现其中的条目可以匹配起来。udev就是通过这种方式使得模块自动加载的——通过MODALIAS。在代码清单19-4所示的示例规则中，第一条规则的实际含义是：如果没有设置环境变量DEVICE，而且内核uevent中的MODALIAS环境变量不为空，那么就将MODALIAS传递给modprobe，让它加载此模块。这个模块依赖的其他模块（比如示例中的hid）也会一同被加载。这是udev的一个非常强大的功能。

19

19.4.2　典型的 udev 规则配置

如前所述，在嵌入式Linux系统中，用于控制udev行为的规则是由系统设计人员或嵌入式发行版的维护人员负责制定的。在某些情况下，软件包的提供者也会添加规则，从而支持一些特定的功能。主流Linux发行版中一般都有这样的例子。代码清单19-9显示了一个最新的Moblin发行版中的默认规则。

代码清单19-9　Moblin Linux发行版中的默认udev规则

```
$ ls -l /Moblin/lib/udev/rules.d/
total 60
-rw-r--r-- 1 root root  652 2009-05-10 04:02 10-moblin.rules
-rw-r--r-- 1 root root  348 2009-05-10 04:02 40-alsa.rules
-rw-r--r-- 1 root root  172 2009-05-10 04:02 50-firmware.rules
-rw-r--r-- 1 root root 4548 2009-05-10 04:02 50-udev-default.rules
-rw-r--r-- 1 root root  141 2009-05-10 04:02 60-cdrom_id.rules
-rw-r--r-- 1 root root  715 2009-05-10 04:02 60-persistent-serial.rules
-rw-r--r-- 1 root root 1518 2009-05-10 04:02 60-persistent-storage-tape.rules
-rw-r--r-- 1 root root  708 2009-05-10 04:02 60-persistent-v4l.rules
-rw-r--r-- 1 root root  525 2009-05-10 04:02 61-persistent-storage-edd.rules
-rw-r--r-- 1 root root  390 2009-05-10 04:02 75-cd-aliases-generator.rules
-rw-r--r-- 1 root root 2403 2009-05-10 04:02 75-persistent-net-generator.rules
-rw-r--r-- 1 root root  137 2009-05-10 04:02 79-fstab_import.rules
-rw-r--r-- 1 root root  779 2009-05-10 04:02 80-drivers.rules
-rw-r--r-- 1 root root  234 2009-05-10 04:02 95-udev-late.rules
```

注意这些规则文件的分组。它们的命名方式类似于system V风格的init脚本，文件名中的数字确定了文件的读取顺序。udev就是以代码清单19-9所示的顺序处理这些规则文件的，其中有几个文件值得研究一番。

规则文件50-udev-default.rules是udev软件包的一部分（来自当前的udev版本），并且是udev开发小组提供的一个示例。事实表明，Moblin版本非常接近于udev软件包中的默认版本。这个规则文件为很多通用的Linux设备定义了一组默认规则，包括字符设备（比如tty、pty和串行端口设备），内存设备（比如/dev/null和/dev/zero）和其他很多Linux系统中常见的设备。

其他规则文件提供了与具体发行版相关的属性和操作，以访问特定类别的设备。在Moblin发行版中，它们包括针对声卡设备的ALSA规则，针对CD-ROM的规则和几组用于为几类设备提供持久设备名称的规则。可以从udev文档（请参考本章末尾的文献）中了解更多细节。

关于udev规则还有一点值得一提。除非使用特殊的语法规则改变了它的行为，否则udev规则的作用是累加的。也就是说，可以为单个设备定义多个规则，它们分布在多个不同的规则文件中，每条规则匹配不同的属性。这些规则中定义的动作都会被应用到相关设备或子系统上。例如，可以将为设备命名的规则和设置设备访问权限的规则分开。最新的Ubuntu发行版中就有一个这样的例子，两个相关的规则文件分别是20-names.rules和40-basic-permissions.rules。

20-names.rules和40-basic-permissions.rules很好地说明了udev规则的"累加"属性。单个设备能够匹配多条规则，而这些规则合在一起定义了对某个子系统或设备执行的操作。例如，考虑一个通用的声卡设备controlC0（声卡接口）。规则文件20-names.rules中有如下规则：

```
KERNEL=="controlC[0-9]*", NAME="snd/%k"
```

这条规则会和名称为controlC0、controlC1之类的内核设备匹配，并为设备分配名称snd/%k。%k代表内核传递给udev的实际名称——这里是controlC。设备名称前面的snd/则是让udev在/dev目录的snd子目录中创建设备节点。结果是/dev/snd/controlC0成为第一个声卡接口的设备节点。

下一条来自40-permissions.rules的规则看上去会像是这样：

```
KERNEL="controlC[0-9]*",  MODE="0666"
```

当udev扫描这条规则时，它会将这条规则和前面那条规则合并在一起。这条规则中指定的模式（0666）使所有用户（文件拥有者、组成员和其他用户）都可以访问新创建的设备节点。

通过这种方式，Linux发行版能够根据规则的功能将它们划分到不同的文件中，以便于维护。在这里的讨论中，可以看到两个规则文件，一个专门用于分配设备的名称并将它们归类（比如将不同种类的设备节点放在/dev目录的不同子目录中），另一个专门用于设置这些设备的访问权限。这样的结构很清晰，同时也容易维护。

如果想成为这方面的专家，你应该研究一下由Daniel Drake撰写的一篇出色文档"编写udev规则"，本章末尾也引用了这篇文献。

关于规则最后还需要注意一点：udev是事件驱动的。除非有事件触发，否则udev什么都不会做。例如，虽然udev会使用inotify检测它的规则目录，并在你修改了规则文件后重新扫描规则，但是直到某个使用此规则文件的设备被移除或重新安装时，udev才会采取动作并允许对规则的修改生效[①]。

19.4.3　udev 的初始系统设置

udev是一个用户空间程序。因此，在内核启动完毕并挂载了根文件系统之前它不能运行。正如第6章所述，大多数的嵌入式或非嵌入式Linux系统都会首先运行init进程。如果udev负责创建系统中的设备节点，那么我们必须提供某种机制，确保init进程和它的子进程能够在udev运行之前访问一些必要的设备，这通常包括控制台设备、输入/输出设备（包括stdin、stdout和stderr）和其他一些设备。

对于小型嵌入式系统来说，最简单也是最常用的方法是在/dev目录中事先创建几个静态的设备节点，然后将tmpfs文件系统挂载到/dev目录，之后再启动udev。代码清单19-10显示了一个简化的udev启动脚本的例子。

---

① 可以使用udevadm trigger手工触发，从而使修改生效。

代码清单19-10　简单的udev启动脚本

```
#!/bin/sh
# Simplified udev init script
# Assumes we've already mounted our virtual file systems, i.e. /proc, /sys, etc.

# mount /dev as a tmpfs
mount -n -t tmpfs -o mode=0755 udev /dev

# Copy default static devices, which were duplicated here
cp -a -f /lib/udev/devices/* /dev

# udev does all the work of hotplug now
if [ -e /proc/sys/kernel/hotplug ]; then
    echo "" > /proc/sys/kernel/hotplug
fi

# Now start the udev daemon
/sbin/udevd --daemon

# Process devices already created by the kernel during boot
/sbin/udevadm trigger

# Wait until initial udevd processing (from the trigger event)
# has completed
/sbin/udevadm settle
```

为了配置系统使用udev动态创建设备节点，它所需的最少功能都包含在这个脚本中了。脚本的第一个动作将tmpfs（一种基于RAM的文件系统，使用的是虚拟内存）挂载到/dev。挂载成功后，之前/dev目录中的内容都不可见了，现在/dev是一个空目录。

下一步动作是复制一组静态设备节点到/dev目录，以取代启动所需的那些设备，比如控制台、标准输入/输出等。代码清单19-11显示了这些设备，它们是在创建文件系统时被放置在/lib/udev/devices中的。这个原始位置由你决定，它并不是特别重要。

代码清单19-10中脚本的最后一步动作是确认/proc中没有指定任何hotplug代理程序。内核会将uevent发送给它指定的用户空间代理程序。然而，如前所述，我们希望udev通过netlink套接字接收这些消息，所以将这个文件（/proc/sys/kernel/hotplug）的内容清空。

代码清单19-11　默认的静态设备节点

```
root@beagle:~# ls -l /lib/udev/devices/
total 8
crw------- 1 root root 5, 1 Jun  8  2009 console
crw-rw-rw- 1 root root 1, 3 Jun  8  2009 null
crw-rw-rw- 1 root root 5, 2 Jun  8  2009 ptmx
```

```
drwxrw-r-- 2 root root 4096 Jun  8 2009 pts
drwxrw-r-- 2 root root 4096 Jun  8 2009 shm
lrwxrwxrwx 1 root root   15 Jun  8 2009 stderr -> /proc/self/fd/2
lrwxrwxrwx 1 root root   15 Jun  8 2009 stdin -> /proc/self/fd/0
lrwxrwxrwx 1 root root   15 Jun  8 2009 stdout -> /proc/self/fd/1
```

现在一切都已设置完毕，可以启动udevd守护进程了。你可以在代码清单19-10中看到调用/sbin/udevd的那行命令。如果已经研究过这个启动脚本，你也许想知道最后几项操作的意图。

coldplug处理

在内核的启动过程中，各个子系统都会得到初始化，而且内核会发现和注册很多设备，并创建/sys中的对应条目。在BeagleBoard开发板的/sys中有差不多200个设备，通常情况下，它们应该由udev处理，以创建设备节点或加载设备驱动程序。问题是init运行一段时间之后udev才会运行。因此，这将近200个设备并没有得到udev的处理。这就是udev中存在触发机制的原因。

看一下代码清单19-10中的最后两条shell命令。udevadam trigger命令使udev回放内核uevent，并按正常方式处理/sys中的所有条目。为了简要说明这个处理过程，使用以下命令分别显示触发事件前后/dev中的设备数量：

```
root@beagle:~# find /dev -type c -o -type b -o -type l | wc -l
6
```

注意这条find命令找到的3个设备节点与代码清单19-11的内容完全匹配。最初的静态设备正好包含3个字符设备和3个符号链接，一共6个条目。代码清单19-11中还有两个条目是目录，这里的find命令将它们过滤掉了。

运行了代码清单19-10所示启动脚本中的udevadam trigger命令（会引导Udev回放所有的内核Uevent）之后，我们看到100多个新的设备和400多个符号链接被创建了。以下一系列命令说明了这一点：

```
root@beagle:~# udevadm trigger
root@beagle:~# udevadm settle
root@beagle:~# find /dev -type c -o -type b | wc -l
135
root@beagle:~# find /dev -type c -o -type b -o -type l | wc -l
410
```

现在udev已经处理了内核在启动过程中发现的所有设备，我们找到了132个新的设备节点，设备总数为135（加上之前静态创建的3个）。算上符号链接，/dev中总共有410个能够用于访问设备的文件。这就说明了udev如何"事后处理"内核在启动过程中创建的设备。从现在起，只要udevd守护进程一直运行，内核会向udev报告设备的添加和删除情况，udev也会根据其规则做相应处理。

19.5 加载平台设备驱动程序

使用udev可以很容易地动态加载平台驱动程序。嵌入式系统中可以安装一条udev软件包中的

19

默认规则。这条规则看起来应该和代码清单19-4中的第一条规则类似。为了方便引用，我们将它复制在这里：

```
DRIVER!="?*", ENV{MODALIAS}=="?*", RUN{ignore_error}+="/sbin/modprobe
-b $env{MODALIAS}"
```

这条规则的含义是：如果驱动设置了MODALIAS并且环境变量DRIVER没有被设置，那么就运行modprobe，并将MODALIAS传递给它。只要你在驱动中以正确格式包含了MODULE_ALIAS宏，它会被depmod收集并放置在文件modules.alias中。modprobe在运行时会使用传递给它的MODALIAS在这个文件中查找匹配的条目。19.4.1节详细讲述了这个过程。

BeagleBoard开发板上的OMAP3530处理器中内置了一个Inventra双重角色USB控制器，让我们以此为例看一下它的平台驱动。代码清单19-12显示了这个USB主机控制器驱动程序中的几行内容。其中的最后一行中会被收集到文件modules.alias中，而modprobe也会使用它来加载对应的驱动。

代码清单19-12　musb_hdrc.c的一部分内容

```
#define MUSB_DRIVER_NAME "musb_hdrc"
const char musb_driver_name[] = MUSB_DRIVER_NAME;


MODULE_DESCRIPTION(DRIVER_INFO);
MODULE_AUTHOR(DRIVER_AUTHOR);
MODULE_LICENSE("GPL");
MODULE_ALIAS("platform:" MUSB_DRIVER_NAME);
```

MODULE_ALIAS宏实际上会创建一个常量字符串（const char），而它会被放置到设备驱动程序（模块）目标文件的一个特殊的段中。这个字符串类似于环境变量，存在形式是alias="string"。这个特殊段的名称是.modinfo，其中包含的属性描述了驱动的各方面特征。可以使用交叉版本的readelf来查看这个段的头部信息。回顾一下第13章中介绍的readelf细节，具体命令如下所示：

```
$ arm_v7_vfp_le-readelf -e drivers/usb/musb/musb_hdrc.ko | grep modinfo
  [11] .modinfo        PROGBITS        00000000 0063dc 0001ec 00   A  0   0  4
```

这里显示的.modinfo的内容并不便于阅读，为此，我们可以使用module-init-tools软件包中的modinfo工具：

```
$ modinfo drivers/usb/musb/musb_hdrc.ko
filename:      drivers/usb/musb/musb_hdrc.ko
alias:         platform:musb_hdrc
license:       GPL
author:        Mentor Graphics, Texas Instruments, Nokia
description:   Inventra Dual-Role USB Controller Driver, v6.0
srcversion:    70956E00448DDC456F54F73
depends:       usbcore
vermagic:      2.6.29.1_omap3-omap3530_evm-00003-g1c23d15 mod_unload
```

```
modversions ARMv7
parm:              debug:Debug message level. Default = 0 (uint)
parm:              fifo_mode:initial endpoint configuration (ushort)
parm:              use_dma:enable/disable use of DMA (bool)
```

注意其中的模块别名（alias）——platform:musb_hdrc。如果一切准备就绪，你应该可以使用modalias字符串手工加载设备驱动程序，而udev也正是将这个字符串传递给modprobe：

```
# modprobe platform:musb_hdrc
```

当然，如果udev配置正确，而且有类似代码清单19-4所示的规则，udev会使用modalias字符串替你加载这个模块。代码清单19-10中显示了一个示例的udev启动脚本，当其中的udevadm trigger命令执行完毕后，这个驱动就会被加载。如此而已！

19.6 定制 udev 的行为

在使用udev时，想象力可能会限制你的作为。首先，可以在插入或拔出设备时运行你自己的程序。例如，当一个USB存储设备被插入嵌入式Linux设备中时，下面这条规则可用于启动软件的升级程序：

```
ACTION="add", KERNEL=="sd[a-d][0-9]", RUN+="/bin/myloader"
```

/bin/myloader就是你自己的程序，udev会传递给它一份与此设备相关的环境参数。接着，你的程序可以验证刚刚安装的USB设备中的内容，并开始执行必要的操作。这是一种在嵌入式Linux设备中实现自动安装新软件镜像的方法。

如果你选择了这种方法，比较明智的做法是在程序中派生出一个新的进程，然后与udev父进程分离，从而让父进程完成工作并返回。如果udev现在或将来决定终止那些占用太多时间的子进程，这么做可以避免产生一些不愉快的意外结果。同时，还要考虑一下程序独特的执行环境。当你的程序运行时，它只继承udev提供的必需的执行环境。这可能无法满足你的需求，你也许需要创建自己的环境，从而让处理函数程序能够顺利完成任务。

udev 定制示例：USB 自动挂载

代码清单19-13展示了一组规则，它们能够自动挂载一个插入嵌入式Linux设备中的USB闪存驱动器（U盘）。

代码清单19-13　实现USB自动挂载的规则

```
# Handle all usb storage devices from sda<n> to sdd<n>
ACTION=="add", KERNEL=="sd[a-d][0-9]", SYMLINK+="usbdisk%n", NAME="%k"
ACTION=="add", KERNEL=="sd[a-d][0-9]", RUN+="/bin/mkdir -p /media/usbdisk%n"
ACTION=="add", KERNEL=="sd[a-d][0-9]", RUN+="/bin/mount /dev/%k /media/usbdisk%n"
ACTION=="remove", KERNEL=="sd[a-d][0-9]", RUN+="/bin/umount /media/usbdisk%n"
ACTION=="remove", KERNEL=="sd[a-d][0-9]", RUN+="/bin/rmdir /media/usbdisk%n"
```

19

当检测到设备时，udev会创建一个名为usbdisk$n$（n是设备号）的符号链接，指向实际的设备。例如，考虑一下usbdisk0，当udev处理完毕后，你会拥有一个名为/dev/usbdisk0的符号链接指向实际的设备。接着，规则中的RUN指令会在/media目录下创建一个相同名称的目录。注意，因为mkdir命令中带-p选项，所以文件路径的中间目录如果不存在的话新目录也会被创建。最后，新发现的设备会被挂载到/media目录中新创建的挂载点上。相应地，移除设备时，umount命令会被执行，而且目录也会被删除。

上述规则位于文件/lib/udev/rules/99-usb-automount.rules中，将U盘插入BeagleBoard开发板中时，结果如下：

```
# ls /media
usbdisk1
# ls /media/usbdisk1/
u-boot.bin            uImage-beagle
```

19.7　持久的设备命名

udev默认实现了持久的设备命名，它使用了最初由Hannes Reinecke提出的方案。与持久命名相关的规则都位于文件名包含"persistent"的规则文件中。下面让我们看一下它是如何工作的。

在一个使用udev的系统中查看它的/dev目录，你会发现udev为磁盘设备（比如U盘）分配了持久的名称。

代码清单19-14中显示了BeagleBoard开发板上/dev/disk目录中的文件，作者事先将两个U盘插入USB集线器中，而这个集线器则是连接到BeagleBoard开发板的USB端口中。

代码清单19-14　目录/dev/disk/by-id中的符号链接

```
# ls -l /dev/disk/by-id/
mmc-SD02G_0x5079cde8 -> ../../mmcblk0
mmc-SD02G_0x5079cde8-part1 -> ../../mmcblk0p1
mmc-SD02G_0x5079cde8-part2 -> ../../mmcblk0p2
usb-Flash_Drive_SM_USB20_AA04012700008398-0:0 -> ../../sdb
usb-Flash_Drive_SM_USB20_AA04012700008398-0:0-part1 -> ../../sdb1
usb-SanDisk_Cruzer_Mini_SNDK8BA6040286306704-0:0 -> ../../sda
usb-SanDisk_Cruzer_Mini_SNDK8BA6040286306704-0:0-part1 -> ../../sda1
```

我们精简了ls -l命令的输出信息，只保留那些我们感兴趣的内容。这个目录（by-id）中的7个符号链接都是以id命名的。每个符号链接指向一个由udev为相关设备创建的设备节点。这里一共有3个设备，从上至下依次是：SD卡、通用USB闪存驱动器和Cruzer Mini USB闪存驱动器。这里列出了每个磁盘设备以及设备上的每个分区。例如，SD卡上有两个分区（mmcblk0是磁盘设备本身，mmcblk0p1和mmcblk0p2是上面的分区）。类似地，USB闪存驱动器上的每个分区也被列举出来。

这些符号链接就是设备的持久名称。可以拔出U盘并将它们重新插入集线器的其他端口中。udev会通过它的辅助工具usb_id为设备分配相同的名称（符号链接），它们指向正确的原始设备节点，而这些原始设备节点的名称可能和你第一次插入设备时的原始设备节点名称不同。

udev 辅助工具

在代码清单19-14中，每个符号链接的名称中都包含一个唯一的ID字符串，这是由udev辅助工具通过读取原始设备或查询/sys中的data属性生成的。这组辅助工具位于udev源码树的extras目录中。（可以使用git下载udev的源码。）这些工具包括scsi_id、cdrom_id、path_id和volume_id等。以usb_id为例来看一下它们的工作原理。

生成持久名称（唯一ID）的规则来自于udev源码树中的规则文件60-persistent-storage.rules：

```
KERNEL=="sd*[!0-9]|sr*", ENV{ID_SERIAL}!="?*", SUBSYSTEMS=="usb",
IMPORT{program}="usb_id --export %p"
```

这条规则的含义是：对于任何内核设备，如果uevent中的ACTION是add或change[①]，设备名称是sd*或sr*且不包含设备号（这代表磁盘设备本身，而不是其中的一个分区），那么就执行程序usb_id，并将它在stdout中的输出信息作为环境变量。%p是udev的一个字符串替换操作符，代表DEVPATH——/sys中的设备路径。让我们看看如果在控制台中手工执行这条命令会是什么情况：

```
# /lib/udev/usb_id --export /devices/platform/musb_hdrc/usb1/1-1/1-1.2/1-1.2:1.0
/host1/target1:0:0/1:0:0:0/block/sda/sda1
ID_VENDOR=SanDisk
ID_VENDOR_ENC=SanDisk\x20
ID_VENDOR_ID=0781
ID_MODEL=Cruzer_Mini
ID_MODEL_ENC=Cruzer\x20Mini\x20\x20\x20\x20\x20
ID_MODEL_ID=5150
ID_REVISION=0.1
ID_SERIAL=SanDisk_Cruzer_Mini_SNDK8BA6040286306704-0:0
ID_SERIAL_SHORT=SNDK8BA6040286306704
ID_TYPE=disk
ID_INSTANCE=0:0
ID_BUS=usb
ID_USB_INTERFACES=:080650:
ID_USB_INTERFACE_NUM=00
ID_USB_DRIVER=usb-storage
```

当这条usb_id命令作为规则的一部分被执行时，其输出信息会成为这个udev事件的一部分环境变量。在同一个规则文件（60-persistent-storage.rules）的后面，可以找到以下规则：

[①] 在规则文件60-persistent-storage.rules的最上方有一条伪if语句用于判断ACTION的类型，如果ACTION不是add或change，那么整个规则文件的内容都会被忽略。

```
KERNEL=="sd*|sr*", ENV{DEVTYPE}=="disk", ENV{ID_SERIAL}=="?*",
SYMLINK+="disk/by-id/$env{ID_BUS}-$env{ID_SERIAL}"
```

这条规则实际上是使用usb_id生成的环境变量创建了设备的持久名称。这条规则的含义是：如果内核uevent的ACTION是add或change，内核设备名称是sd*或sr*（SCSI类型的磁盘设备），udev环境变量DEVTYPE是disk，udev环境变量ID_SERIAL是一个非空字符串，那么就创建一个符号链接，它的名称是由ID_BUS和ID_SERIAL通过短横（-）串联而成的。这就是代码清单19-14中显示的最终的符号链接。

这些工具并不一定是为终端用户设计的。如果你想获取有关持久设备名称的信息，使用udevadm info命令会方便很多。代码清单19-15是一个使用udevadm info的例子，这条命令查询了Cruzer Mini USB闪存驱动器的相关环境变量。这个工具更容易使用，适合系统管理员或开发人员。我们将/dev中的设备名称传递给它——在这个例子中是sda设备的第一个分区。

代码清单19-15　使用udevadm查询设备信息

```
# udevadm info --query=env --name=/dev/sda1
DEVPATH=/devices/platform/musb_hdrc/usb1/1-1/1-1.2/1-1.2:1.0/host1/
target1:0:0/1:0:0:0/block/sda/sda1
MAJOR=8
MINOR=1
DEVTYPE=partition
DEVNAME=/dev/sda1
ID_VENDOR=SanDisk
ID_VENDOR_ENC=SanDisk\x20
ID_VENDOR_ID=0781
ID_MODEL=Cruzer_Mini
ID_MODEL_ENC=Cruzer\x20Mini\x20\x20\x20\x20\x20
ID_MODEL_ID=5150
ID_REVISION=0.1
ID_SERIAL=SanDisk_Cruzer_Mini_SNDK8BA6040286306704-0:0
ID_SERIAL_SHORT=SNDK8BA6040286306704
ID_TYPE=disk
ID_INSTANCE=0:0
ID_BUS=usb
ID_USB_INTERFACES=:080650:
ID_USB_INTERFACE_NUM=00
ID_USB_DRIVER=usb-storage
DEVLINKS=/dev/block/8:1 /dev/disk/by-id/usb-SanDisk_Cruzer_Mini_SNDK-
8BA6040286306704-0:0-part1 /dev/usbdisk1
```

那么我们怎样使用这些数据呢？我们在前面看过一种使用udev规则挂载USB闪存驱动器的方法。我们可以利用这里由udevadm info生成的唯一ID在规则文件中创建规则。注意，我们可以使用其中任何有意义的属性。

最常见的方法是使用这些信息为设备提供易读或方便识别的名称（持久命名方式）。例如，考虑以下规则：

```
ACTION=="add", ENV{ID_SERIAL}=="SanDisk_Cruzer_Mini_SNDK8BA6040286306704-0:0",
SYMLINK+="cruzer"
```

这会在/dev目录中添加一个新的符号链接，指向内核和udev为这个设备创建的设备名称：

```
# ls -l /dev/cruzer
lrwxrwxrwx  1 root  root  4 Jan  1 22:12 /dev/cruzer -> sda1
```

回顾一下代码清单19-13中的自动挂载USB的规则，我们可以创建规则，始终将Cruzer Mini USB闪存驱动器的分区挂载到某个特定的目录上，而不论它的插入顺序和它在USB设备层次结构中的位置：

```
ACTION=="add", ENV{ID_SERIAL}=="SanDisk_Cruzer_Mini_SNDK8BA6040286306704-0:0",
RUN+="/bin/mkdir -p /media/cruzer"
ACTION=="add", ENV{ID_SERIAL}=="SanDisk_Cruzer_Mini_SNDK8BA6040286306704-0:0",
RUN+="/bin/mount /dev/%k /media/cruzer"
```

将这些规则添加到规则文件99-usb-automount.rules中，每当插入Cruzer Mini USB闪存驱动器时（不论何时插入，或插入集线器的哪个端口），它总是会被挂载到目录/media/cruzer，从而可以通过这个目录访问U盘中的内容。这就是udev和持久设备命名的神奇之处！

19.8　udev 和 busybox 配合使用

回顾一下代码清单19-4中的第一条规则。这条规则在执行modprobe命令时使用了-b标志，这个标志用于检查模块黑名单。目前，这和busybox中的modprobe是不兼容的[①]。如果不对modprobe作修改，任何驱动都不会被加载。但是这个错误不容易发现，因为udev守护进程在执行程序（比如modprobe）时会接收它打印到stdout和stderr中的消息。因此，错误消息不会显示在控制台上。

解决这个问题的最简单方法是使用modprobe的真实版本——也就是在你的嵌入式系统中使用module-init-tools软件包。这个软件包中包含了完整版本的modprobe、lsmod和insmod。此外，还需要在编译busybox时禁用其中的depmod，或者至少是将那些指向busybox以实现module-init-tools功能的符号链接都删除掉。根据busybox的具体配置，你可能会使用链接或scriptlet（简单的脚本包裹程序）为每种支持的功能执行busybox。请参考第11章，以了解更多有关安装选项的详细信息。

19.8.1　busybox mdev

busybox中包含了很多流行的实用Linux工具的简化版本，那么为什么不实现一个简化版的udev呢？简单来说，mdev就是busybox版的udev。发现设备时，mdev会在/dev目录中动态创建设备节点。因为它是简化的实现版本，它的功能和灵活性都不如独立的udev软件包。

---

① 在busybox v1.41.1中测试。

和udev一样，busybox mdev需要内核支持sysfs和热插拔。很难想象一个主流的嵌入式Linux系统不包含这些内核子系统[1]。

mdev使用早期的热插拔机制来接收内核uevent。回顾代码清单19-10中的udev启动脚本，我们需要确认/proc文件系统中热插拔代理的名称为空字符串（禁用），从而内核不会将uevent传递给这个代理。然而，busybox mdev需要将热插拔代理设置为其自身，也就是/bin/mdev。所以启动脚本的首要工作是设置这个/proc中的文件指向mdev：

```
echo "/bin/mdev" > /proc/sys/kernel/hotplug
```

当然，启动脚本必须事先挂载/proc文件系统。另外，它还需要挂载/sys，这一点不太明显。当这些步骤都完成后，就可以启动程序了。代码清单19-16是一个使用busybox mdev的示例启动脚本。

代码清单19-16　使用busybox mdev的示例启动脚本

```sh
#!/bin/sh

# mount virtual file systems
mount -t proc /proc /proc
mount -t sysfs /sys /sys
mount -t tmpfs /tmp /tmp
mount -t devpts /pts /dev/pts

# mount /dev as a tmpfs
mount -n -t tmpfs -o mode=0755 udev /dev

# Copy default static devices, which were duplicated here
cp -a -f /lib/udev/devices/* /dev

# Set hotplug agent
echo "/bin/mdev" > /proc/sys/kernel/hotplug

# Start busybox mdev
/bin/mdev -s
```

mdev的默认行为只是使用uevent中的内核设备名称在/dev目录中创建设备节点。如果你不需要udev的灵活性，这个功能相当有用。相关设备的名称一般也都是大家所熟知的。

在代码清单19-16中，脚本在执行mdev时使用了-s标志，这类似于udevadm trigger的功能。它会让mdev扫描/sys目录并为其中的设备创建设备节点。在init（在使用busybox的情况下是指busybox init）运行之前，内核已经发现一些初始设备，通过这种方式，mdev就可以为这些设备创建设备节点。

---

① 实际上，可以想象出一个不支持sysfs和热插拔的最小系统，但它的功能会非常特殊和有限。

启动一个配置了busybox但不包含udev的系统。在启动mdev之前，/dev目录中的设备数量如下：

```
# find /dev -type b -o -type c | wc -l
3
```

执行/bin/mdev（这是一个busybox链接或scriptlet，指向/bin/busybox本身）之后，结果是：

```
# find /dev -type b -o -type c | wc -l
130
```

19.8.2 配置 mdev

可以使用一个名为/etc/mdev.conf的配置文件来定制busybox mdev的行为。它一般用于设置mdev所创建的设备节点的访问权限。默认情况下，mdev在创建设备节点时会将文件拥有者的uid:gid设置为root:root，并将访问权限设置为0660。/etc/mdev.conf中的条目很简单，它们采用如下形式：

```
device uid:gid octal permissions
```

device是一个描述设备名称的简单正则表达式（regex），类似于udev的设备名称规范。其余字段就无须解释了，但要注意uid和gid是数字形式的，而不是ASCII字符串形式的用户名/组名。

下面列举几个例子。下面这条mdev规则将默认的访问权限改为777，默认的user:group则保持不变，还是root:root。当然，也可以使用类似规则修改默认的user和group：

```
.* 0:0 777
```

还可以使用/etc/mdev.conf重命名（并重定位）设备节点。以下这条规则将所有鼠标设备移动到dev目录的input子目录中。

```
mouse* 0:0 660 input/
```

可以从busybox源码树的文档中了解更多有关busybox mdev的知识。

19.9 小结

这一章详细介绍了udev，它是一个实用的Linux工具，可以大幅提升Linux发行版的价值。正确使用udev有助于创建一个对用户非常友好的系统，它不需要人为干预就能自动发现和配置设备。

- ❑ 首先介绍了udev并描述了它的作用。
- ❑ 介绍了udev的默认行为，这是理解如何定制udev的基础。
- ❑ 查看了一个典型的系统设置以展示udev的使用复杂度。
- ❑ 通过定制udev，系统设计人员和发行版维护人员能够根据具体需求来构建系统。
- ❑ 对于busybox用户，我们介绍了busybox中的mdev工具，它是一个轻量级的udev替代品。
- ❑ 本章最后我们看了几个配置busybox mdev的例子。

19

补充阅读建议

"Udev: devfs的用户空间实现"，Greg Kroah-Hartman。
www.kroah.com/linux/talks/ols_2003_udev_paper/Reprint-Kroah-Hartman-OLS2003.pdf

"Linux分配的设备"，维护人员Torben Mathiasen。
www.lanana.org/docs/device-list/devices.txt

《Linux设备驱动程序（第3版）》（特别注意第14章的内容），Jonathan Corbet，Alessandro Rubini
和Greg Kroah-Hartman，中国电力出版社，2006年1月出版。

"编写udev规则"，Daniel Drake。
http://reactivated.net/writing_udev_rules.html

"Linux 2.6.x中的持久设备名称"，Hannes Reinecke，2004年7月12日。

附录 A

可配置的U-Boot命令

U-Boot包含70多个可配置的命令，表A-1中总结了这些命令。除此以外，还有很多非标准命令，其中一些与具体的硬件有关或仍处于实验阶段。如果你想获取最新的完整命令列表，请直接参考源码。这里列出的命令都是在头文件.../include/config_cmd_all.h中定义的，路径中的...代表U-Boot顶层源码目录。

表A-1 可配置的U-Boot命令

命 令 集	命令的含义
CONFIG_CMD_AMBAPP	打印AMBA总线的即插即用信息
CONFIG_CMD_ASKENV	询问环境变量
CONFIG_CMD_AT91_SPIMUX	最新的U-Boot源码中没有实现这个命令
CONFIG_CMD_AUTOSCRIPT	支持Autoscript
CONFIG_CMD_BDI	显示板卡信息（bdinfo）
CONFIG_CMD_BEDBUG	包含BedBug调试器
CONFIG_CMD_BMP	支持BMP
CONFIG_CMD_BOOTD	默认引导命令（bootd）
CONFIG_CMD_BSP	与具体板卡相关的功能
CONFIG_CMD_CACHE	icache和dcache命令
CONFIG_CMD_CDP	思科发现协议（Cisco Discovery Protocol）
CONFIG_CMD_CONSOLE	显示控制台信息（coninfo）
CONFIG_CMD_DATE	支持RTC、日期/时间等
CONFIG_CMD_DHCP	支持DHCP
CONFIG_CMD_DIAG	诊断命令
CONFIG_CMD_DISPLAY	支持显示
CONFIG_CMD_DOC	支持Disk-on-chip
CONFIG_CMD_DTT	数码温度计和调温器
CONFIG_CMD_ECHO	回显参数
CONFIG_CMD_EDITENV	互动式编辑环境变量

（续）

命　令　集	命令的含义
CONFIG_CMD_EEPROM	支持读/写EEPROM
CONFIG_CMD_ELF	ELF（VxWorks）加载/引导命令
CONFIG_CMD_EXT2	支持EXT2
CONFIG_CMD_FAT	支持FAT
CONFIG_CMD_FDC	支持软盘
CONFIG_CMD_FDOS	支持软盘DOS
CONFIG_CMD_FLASH	闪存相关命令（比如erase、protect）
CONFIG_CMD_FPGA	支持FPGA配置
CONFIG_CMD_HWFLOW	RTS/CTS硬件流控
CONFIG_CMD_I2C	支持I²C串行总线
CONFIG_CMD_IDE	支持IDE硬盘驱动器
CONFIG_CMD_IMI	IMI相关信息
CONFIG_CMD_IMLS	列出所有找到的镜像
CONFIG_CMD_IMMAP	支持IMMR dump
CONFIG_CMD_IRQ	中断相关信息
CONFIG_CMD_ITEST	整数（和字符串）测试
CONFIG_CMD_JFFS2	支持JFFS2
CONFIG_CMD_KGDB	kgdb
CONFIG_CMD_LICENSE	打印GPL许可证文本
CONFIG_CMD_LOADB	loadb
CONFIG_CMD_LOADS	loads
CONFIG_CMD_MEMORY	md、mm、nm、mw、cp、cmp、crc、base、loop、mtest
CONFIG_CMD_MFSL	支持Microblaze FSL
CONFIG_CMD_MG_DISK	支持Mflash
CONFIG_CMD_MII	支持MII
CONFIG_CMD_MISC	其他功能，比如sleep
CONFIG_CMD_MMC	支持MMC
CONFIG_CMD_MTDPARTS	支持管理MTD分区
CONFIG_CMD_NAND	支持NAND
CONFIG_CMD_NET	bootp、tftpboot、rarpboot
CONFIG_CMD_NFS	支持NFS
CONFIG_CMD_ONENAND	支持OneNAND子系统
CONFIG_CMD_PCI	PCI相关信息
CONFIG_CMD_PCMCIA	支持PCMCIA

（续）

命 令 集	命令的含义
CONFIG_CMD_PING	支持ping
CONFIG_CMD_PORTIO	端口I/O
CONFIG_CMD_REGINFO	寄存器转储
CONFIG_CMD_REISER	支持Reiserfs
CONFIG_CMD_RUN	在环境变量中运行命令
CONFIG_CMD_SAVEENV	保存环境命令
CONFIG_CMD_SAVES	保存S record dump
CONFIG_CMD_SCSI	支持SCSI
CONFIG_CMD_SDRAM	打印SDRAM DIMM SPD信息
CONFIG_CMD_SETEXPR	通过eval表达式设置环境变量
CONFIG_CMD_SETGETDCR	在4xx上支持DCR
CONFIG_CMD_SNTP	支持SNTP
CONFIG_CMD_SOURCE	从内存中运行脚本（源码）
CONFIG_CMD_SPI	SPI工具
CONFIG_CMD_TERMINAL	在某个端口上启动终端仿真器
CONFIG_CMD_UNIVERSE	支持Tundra Universe
CONFIG_CMD_UNZIP	解压一块内存区域
CONFIG_CMD_USB	支持USB
CONFIG_CMD_VFD	支持VFD（TRAB）
CONFIG_CMD_XIMG	加载多镜像的一部分

附录 B

BusyBox命令

B usyBox包含很多有用的命令。表B-1列出了最新BusyBox版本中有文档说明的命令。

表B-1　BusyBox命令

命　令	描　述
adduser	添加一个用户
adjtimex	读取和设置系统的时间参数
ar	提取或列出ar文档中的文件
arp	操作ARP缓存
arping	发送ARP请求/响应
ash	一个小型的shell程序，默认情况下一般使用它
basename	去除文件路径中的目录和后缀
bbconfig	打印构建BusyBox时使用的配置文件
bbsh	bbsh shell（命令解释器）
blkid	打印所有文件系统的UUID
brctl	管理以太网桥
bunzip2	解压文件
busybox	Hello world!
bzcat	解压至标准输出
bzip2	以bzip2算法压缩文件
cal	显示日历
cat	将文件内容串联起来并打印到标准输出中
catv	以^x或M\-x显示非打印字符
chat	与一个连接到标准输入/标准输出的调制解调器互动
chattr	在ext2文件系统中修改文件属性
chcon	修改文件的安全上下文
chgrp	修改文件的组成员关系
chmod	修改文件的访问权限

（续）

命　　令	描　　述
chown	修改文件的拥有者和/或用户组
chpasswd	从标准输入中读取"用户名：密码"并相应地更新/etc/passwd
chpst	修改进程状态并运行PROG
chroot	将根目录设置为NEWROOT并运行COMMAND
chrt	操作进程的实时属性
chvt	将前台虚拟终端设置为/dev/ttyN
cksum	计算文件的CRC32校验和
clear	清屏
cmp	比较文件FILE1和FILE2，如果没有指定FILE2，则比较FILE1和标准输入
comm	比较文件FILE1和FILE2，如果FILE2被设置为"-"，则比较FILE1和标准输入
cp	将源文件复制到目标文件，或者将多个源文件复制到目录
cpio	从一个cpio文档中提取文件，或创建一个cpio文档
crond	一个守护进程，用于运行预先安排的命令
crontab	为各个用户维护crontab文件
cryptpw	输出一个加密字符串
cttyhack	打印输入文件中的已选字段至标准输出
date	显示（使用+FMT）或设置时间
dc	小型RPN计算器
dd	复制文件，并可以在复制过程中转换和修改文件格式
deallocvt	释放未用的虚拟终端/dev/ttyN
delgroup	从系统中删除组或从组中删除用户
deluser	从系统中删除用户
depmod	管理devfs的访问权限和旧的设备名称符号链接
devmem	读/写一个物理地址
df	打印文件系统的使用统计
dhcprelay	将来自客户端设备的DHCP请求中转至服务器设备
diff	逐行比较两个文件的内容并输出它们之间的差别
dirname	去除文件名中的非目录后缀
dmesg	打印或管理内核环形缓冲区
dnsd	小型静态NDS服务器守护进程
dos2unix	转换文件格式，从DOS到UNIX
dpkg	安装、删除和管理Debian软件包

（续）

命　令	描　述
dpkg-deb	操作 Debian 软件包（.deb 文件）
du	总结每个文件或目录使用的磁盘空间
dumpkmap	在标准输出中打印二进制键盘转换表
dumpleases	显示 udhcpd 准许的 DHCP 租约时间
e2fsck	检查 ext2/ext3 文件系统
echo	在标准输出中回显输入的参数
ed	弹出指定设备（默认是/dev/cdrom）
env	打印当前环境或是在设置环境之后运行程序
envdir	根据指定文件设置环境变量
envuidgid	设置账户的 UID 和 GID 并运行 PROG
ether-wake	发送一个神奇数据包（magic packet）以唤醒机器
expand	将制表符转换成空格，并输出至标准输出
expr	将 EXPRESSION 的值打印到标准输出
fakeidentd	提供 fake ident（auth）服务
FALSE	返回退出码 FALSE（1）
fbset	显示和修改帧缓冲（frame buffer）的设置
fbsplash	启动图片
fdflush	强制软盘驱动器检测软盘变化
fdformat	格式化软盘
fdisk	修改分区表
fgrep	搜索文件
findfs	根据标号或 UUID 寻找文件系统设备
fold	折叠每个文件（默认是标准输入）中的输入行
free	显示可用和已使用的系统内存
freeramdisk	释放指定 ramdisk 所使用的所有内存
fsck	检查和修复文件系统
fsck.minix	检查 MINIX 文件系统
ftpget	通过 FTP 下载文件
ftpput	将本地文件上传到 FTP
fuser	寻找使用某些文件或端口的进程
getenforce	解析命令行选项
getsebool	获取 SELinux 布尔值
getty	打开一个 tty，提示输入登录名称，并执行/bin/login
grep	在每个文件或标准输入中搜索文本

（续）

命 令	描 述
gunzip	解压文件（或标准输入）
gzip	压缩文件（或标准输入）
halt	中止系统
hd	hexdump的别名
hdparm	获取/设置hd设备参数
head	在标准输出中打印每个文件的前10行
hexdump	以用户指定的格式显示文件或标准输入的内容
hostid	为机器打印一个独特的32位标识符
hostname	获取或设置主机名或DNS域名
httpd	侦听HTTP请求
hush	查询或设置硬件时钟（RTC）
id	打印用户信息
ifconfig	配置网络接口
ifdown	关闭网络接口
ifenslave	配置多个网络接口的并发路由
ifup	启用网络接口
inetd	侦听网络连接并启动程序
init	init是所有进程的父进程
inotifyd	在文件系统变化时启动用户空间代理程序
insmod	加载指定的内核模块
install	复制文件并设置属性
ip	显示/操作路由、设备、策略路由和隧道
ipaddr	ipaddr {add | delete} IFADDR dev STRING
ipcalc	根据IP地址计算IP网络的设置
ipcrm	大写选项MQS会通过shmkey的值删除一个对象
ipcs	提供ipc机制的相关信息
iplink	iplink set DEVICE { up | down | arp | multicast { on | off }
iproute	iproute { list | flush } SELECTOR
iprule	iprule [list | add | del] SELECTOR ACTION
iptunnel	iptunnel { add | change | del | show } [NAME]
kbd_mode	报告或设置键盘模式
kill	向某些进程ID发送信号（默认是TERM信号）
killall	向某些进程发送信号（默认是TERM信号）
killall5	向当前会话之外的所有进程发送信号（默认是TERM信号）
klogd	内核日志程序

（续）

命　　令	描　　述
lash	lash已经被淘汰了，所以应该使用hush
last	显示最后登录到系统的用户列表
length	打印字符串的长度
less	查看一个或多个文件的内容
linux32	创建一个名为LINK_NAME或DIRECTORY的链接，指向TARGET
load_policy	从标准输入中加载控制台字体
loadkmap	从标准输入中加载二进制键盘转换表
logger	向系统日志写入消息
login	在系统中开始一个新的会话
logname	打印当前用户的名称
logread	显示syslogd环形缓冲区中的消息
losetup	设置和管理回环设备
lpd	SPOOLDIR必须包含设备节点或目录（或指向它们的符号链接）
lpq	行式打印机守护进程
lpr	行式打印机远端
ls	列出目录内容
lsattr	列出ext2文件系统中的文件属性
lsmod	列出当前已加载的内核模块
lzmacat	解压至标准输出
makedevs	根据设备表创建一组特殊文件
makemime	创建以MIME编码的消息
man	格式化并显示帮助手册
matchpathcon	获取默认的SELinux安全上下文
md5sum	打印或检查MD5校验和
mdev	精简版的udev实现
mesg	控制终端的写访问
microcom	从标准输入复制字节到TTY并从TTY复制字节到标准输出
mkdir	创建目录
mke2fs	创建ext2/ext3文件系统
mkfifo	创建命名管道（等同于mknod name p）
mkfs.minix	创建MINIX文件系统
mknod	创建特殊文件（块设备、字符设备或管道）
mkswap	将一个块设备设置为交换分区
mktemp	创建临时文件

（续）

命　　令	描　　述
modprobe	添加或删除内核模块
more	逐屏显示文件或标准输入的内容
mount	挂载文件系统
mountpoint	检查某个目录是否是挂载点
msh	控制磁带驱动器的操作
mv	重命名或移动文件
nameif	当网络接口处于关闭状态时对它重命名
nc	TCP/IP瑞士军刀
netstat	显示网络信息
nice	修改程序的调度优先级并运行它
nmeter	实时监测系统
nohup	运行一个忽视hangup信号的命令，且它的输出设备不是tty
nslookup	查询给定主机的IP地址
od	以确定的格式显示文件内容
openvt	在一个新的虚拟终端中启动COMMAND
parse	解析
passwd	修改用户密码
patch	对文件打补丁
pgrep	显示由正则表达式选择的进程
pidof	列出所有名称与NAME相匹配的进程的PID
ping	向网络中的主机发送ICMP ECHO_REQUEST数据包
ping6	向网络中的主机发送ICMP ECHO_REQUEST数据包
pipe_progress	将当前的根文件系统移动到PUT_OLD，并创建NEW_ROOT
pkill	向那些由正则表达式选择的进程发送信号
popmaildir	获取远端邮箱的内容，并将它们保存到本地邮件目录
poweroff	中止并关闭电源
printenv	打印所有或部分环境
printf	按格式打印参数
ps	报告进程状态
pscan	扫描一台主机并打印所有开放的端口
pwd	打印当前工作目录的完整路径
raidautorun	让内核自动搜索和启动RAID阵列
rdate	根据远程主机提供的信息获取和设置系统的日期和时间
rdev	打印根文件系统的设备节点

（续）

命　令	描　述
readahead	预读文件内容至RAM缓存中，从而后续的读文件操作不会阻塞在磁盘I/O上
readlink	显示符号链接的值
readprofile	读取内核性能检测信息
realpath	返回参数的绝对路径名
reboot	重启系统
reformime	解析一条以MIME编码的消息
renice	修改运行中进程的优先级
reset	重置屏幕
resize	修改屏幕大小
restorecon	重置文件的安全上下文
rm	删除（非链接）文件
rmdir	删除空目录
rmmod	卸载内核模块
route	编辑内核路由表
rpm	管理RPM软件包
rpm2cpio	将rmp文件转换成cpio文档
rtcwake	进入系统睡眠状态直至某个指定的唤醒时间
run-parts	运行目录中的一组脚本
runcon	在不同的安全上下文中运行程序
runlevel	报告以前和当前的运行级别
runsv	启动并监测一个服务（也可以是附加的日志服务）
runsvdir	为每个子目录启动一个runsv进程；如果存在的话就重启它
rx	使用xmodem协议获取文件
script	创建终端会话的typescript
sed	流编辑器，用于过滤和转换文本
selinuxenabled	判断SELinux是否生效
seq	打印从FIRST到LAST的数字，步进是INCREMENT
sestatus	SELinux状态工具
setarch	修改架构
setconsole	将系统控制台的输出重定向到某个设备（默认是/dev/tty）
setenforce	根据spec_file重置文件上下文
setfont	加载控制台字体
setkeycodes	设置内核中的扫描码到键盘码的映射关系

（续）

命　　令	描　　述
setlogcons	将内核输出重定向至控制台N
setsebool	修改SELinux的布尔设置
setsid	在新会话中运行PROG
setuidgid	设置账户的uid和gid
sh	打印或检查SHA1校验和
showkey	显示按下的键
slattach	将网络接口附着到串行线
sleep	延时一段指定的时间
softlimit	设置软资源限制并运行PROG
sort	对文本行进行排序
split	分割文件
start-stop-daemon	启动和终止系统守护程序
stat	显示文件（默认）或文件系统的状态
strings	显示二进制文件中的可打印字符串
stty	修改和打印终端的行设置
su	修改用户ID或成为root用户
sulogin	单用户登录
sum	计算文件的校验和并统计其中的块数量
sv	控制由监督者runsv监测的服务
svlogd	从标准输入中读取日志数据，过滤日志消息，并将数据写入一个或多个自动循环的日志中
swapoff	停止设备上的交换功能
swapon	启动设备上的交换功能
switch_root	切换到另一个文件系统，并将它作为根文件系统
sync	将所有缓存的文件系统块写入磁盘
sysctl	在运行时配置内核参数
syslogd	系统日志工具
tac	串联文件内容并按反向顺序打印
tail	在标准输出中打印每个文件的最后10行
tar	创建tar文件，并提取或列出其中的文件
taskset	设置或获取CPU的亲和性
tc	显示/操作流量控制的相关设置
tcpsvd	创建TCP套接字，绑定到ip:port，并侦听
tee	将标准输入的内容复制到每个文件和标准输出中

（续）

命　　令	描　　述
telnet	连接至Telnet服务器
telnetd	处理收到的Telnet连接请求
test	检查文件类型，比较数值等。返回退出码0/1
tftp	从TFTP服务器上下载文件，或上传文件
tftpd	根据TFTP客户端的请求传输文件
time	运行程序并统计系统资源使用情况
top	实时显示进程的活动状况
touch	更新文件的最后修改日期
tr	转换、压缩和/或删除字符
traceroute	跟踪到某个主机的路由
TRUE	返回退出码TRUE（0）
tty	打印标准输入终端的文件名
ttysize	打印标准输入终端的尺寸
tune2fs	在ext2/ext3文件系统中调整文件系统选项
udhcpc	非常小型的DHCP客户端
udhcpd	非常小型的DHCP服务器
udpsvd	创建UDP套接字，绑定到ip:port，并等待
umount	卸载文件系统
uname	打印系统信息
uncompress	解压.Z文件
unexpand	将空格转换为制表符，并写入标准输出
uniq	去除重复的行
unix2dos	转换文件格式，从UNIX到DOS
unlzma	解压文件
unzip	从ZIP文档中提取文件
uptime	显示自从上次启动以来经过的时间
usleep	暂停N微秒
uudecode	uudecode一个文件（解码）
uuencode	uuencode一个文件（编码）
vconfig	创建和删除虚拟以太网设备
vi	编辑文件
vlock	锁定一个虚拟终端
watch	周期性地执行程序
watchdog	周期性地向看门狗设备写数据

（续）

命　　令	描　　述
wc	打印每个文件中的行、单词和字节数
wget	通过HTTP或FTP获取文件
which	定位一个命令
who	显示登录的用户
whoami	显示与当前有效用户ID相关联的用户名
xargs	根据标准输入中的参数执行命令
yes	重复输出一个字符串直至被终止
zcat	解压至标准输出
zcip	管理一个ZeroConf IPv4本地链路地址

SDRAM接口注意事项

附录内容
□ SDRAM基础
□ 时钟
□ SDRAM设置
□ 小结

初看起来，对SDRAM控制器进行编程似乎很难。的确，为了满足用户对内存性能和密度的无尽需求，大量SDRAM（同步动态随机访问存储器）技术已经让人眼花缭乱了，而这同时也催生了各种各样的架构和操作模式。

我们将以AMCC PowerPC 405GP处理器为例，讨论SDRAM接口方面的注意事项。在探讨有关SDRAM接口的问题时，SDRAM芯片的用户手册也许会对你很有帮助。本附录的最后一节引用了一些芯片资料。

C.1 SDRAM 基础

要理解SDRAM的设置，必须首先理解SDRAM设备的基本工作原理。不用考虑具体的硬件设计细节，我们只需要知道SDRAM设备的组织形式是一个存储单元阵列，地址中有几个比特是行地址，另有几个比特是列地址，如图C-1所示。

内存阵列内部的电路结构相当复杂。简单来说，内存的读操作过程是这样的：先在行地址线上放置行地址，接着在列地址线上放置列地址，这样就确定了内存单元的位置。经过一段时间之后，该内存位置中存储的数据就会出现在数据总线上，可供处理器使用。

处理器先在SDRAM的地址总线上输出行地址并发出行地址选择（RAS）信号。经过一段预定义的延时之后，SDRAM电路获得了行地址，处理器再输出列地址并发出列地址选择（CAS）信号。SDRAM控制器负责将实际的物理地址转换成行地址和列地址。很多SDRAM控制器的行宽度和列宽度都是可配置的，PPC 405GP也不例外。后面你会看到在设置SDRAM控制器时必须配置该项。

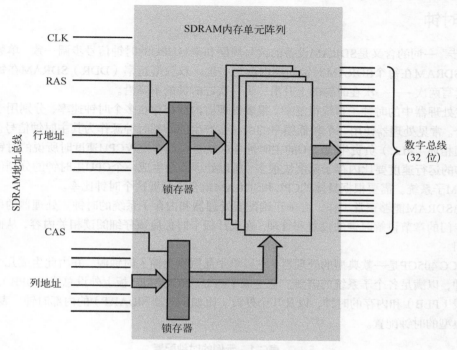

图C-1 简化的SDRAM框图

虽然这是个经过高度简化的例子，但概念是一样的。例如，突发读（burst read）操作可以一次读取4个内存位置但只输出单个RAS和CAS周期。SDRAM内部的电路会自动增加后面3个读操作的列地址，这样就避免了处理器发出4次独立的CAS周期。这只是性能优化的一个例子。理解这些操作的最佳途径是仔细研究一块真实的内存芯片。本附录的最后一节引用了一篇写得很好的数据手册。

SDRAM 刷新

SDRAM中的每个存储单元是由一个晶体管和一个电容组成的。晶体管负责提供电荷，而电容的任务则是保持（存储）内存单元的值。但是，电容中的值只能保持一段很短的时间，所以必须周期性地对电容进行充电从而维持其中的值。这是动态内存的一个重要概念，被称为SDRAM刷新。

刷新周期是一种特殊的内存周期。它不会对内存进行读写，只是执行必要的刷新周期。SDRAM控制器的一个首要任务就是保证及时地产生刷新周期，从而满足芯片的需求。

芯片厂商会指定芯片的最短刷新间隔，设计人员的职责是满足这个最低要求。通常，可以通过直接配置SDRAM控制器来选择刷新间隔。你一会就会了解到PowerPC 405GP中有一个专门用于此目的的寄存器。

C.2　时钟

"同步"一词的含义是 SDRAM 设备的读写周期和来自 CPU 的时钟信号步调一致。单数据速率（SDR）SDRAM 在每个 SDRAM 时钟周期内读写一次。双数据速率（DDR）SDRAM 在每个时钟周期内读写两次——一次在时钟的上升沿，另一次在时钟的下降沿。

现代处理器中的时钟子系统很复杂。很多处理器内部都存在多个时钟速率，分别用于系统的不同部分。常见处理器使用一个较低频率的由晶振产生的外部时钟源作为其主时钟信号。处理器内部的锁相环（PLL）负责生成 CPU 的主时钟（这就是我们在比较 CPU 速度时所说的时钟速率）。因为 CPU 的运行速度要比内存子系统快很多，所以处理器会生成一个 CPU 主时钟的分频信号提供给 SDRAM 子系统。需要根据具体的 CPU 和 SDRAM 组合来配置这个时钟比率。

要想 SDRAM 能够正常工作，必须正确配置处理器和内存子系统的时钟。处理器的用户手册中会有专门的章节讲解时钟的设置和管理。在设计板卡时你应该仔细阅读相关内容，从而正确地设置它们。

AMCC 405GP 是一款典型的处理器。它以单个晶振作为输入时钟源，并由此生成几个内部和外部时钟，以满足各个子系统的需要。它生成了 CPU、PCI 接口，板上外设总线（OPB），处理器本地总线（PLB）和内存的时钟，以及几个外设（比如定时器和 UART）的内部时钟。表 C-1 显示了一个典型的时钟配置。

表 C-1　示例的时钟配置

时　　钟	速　　率	注　　释
晶振参考时钟	33 MHz	提供给处理器的基本参考时钟
CPU 时钟	133 MHz	由处理器内部的 PLL 生成。受硬件引脚连接情况和寄存器设置的控制
PLB 时钟	66 MHz	从 CPU 时钟衍生而来，可以通过连接硬件引脚和设置寄存器对它进行配置。用于内部处理器本地总线上高速模块之间的数据交互
OPB 时钟	66 MHz	从 PLB 时钟衍生而来，可以通过设置寄存器对它进行配置。用于不需要高速连接的外设之间的内部连接
PCI 时钟	33 MHz	由 PLB 时钟衍生而来，可以通过设置寄存器对它进行配置
内存时钟	100 MHz	直接驱动 SDRAM 芯片。由 CPU 时钟衍生而来，可以通过设置寄存器对它进行配置

有关时钟设置的决定一般是在硬件设计时作出的。硬件引脚的连接情况决定了处理器在加电时的初始时钟配置。处理器内部有一些专门用于控制时钟子系统的寄存器，通过设置这些寄存器可以调整分频系数，从而控制生成的时钟频率。在这里基于 405GP 的例子中，最终的时钟配置是

由硬件引脚的连接情况和固件配置共同决定的。系统加电之后，引导加载程序负责设置初始的分频系数以及其他由寄存器配置的时钟选项。

C.3　SDRAM 设置

配置了时钟之后，下一步工作是配置SDRAM控制器。不同处理器中的控制器差别很大，但要达到的最终结果是一样的：必须提供正确的时钟和时序值，从而使SDRAM子系统能够正常和高效地工作。

和本书中的其他内容一样，必须详细了解硬件细节才能对其进行配置，对于SDRAM来说尤其如此。有关SDRAM设计的探讨超出了本附录的范围，但你需要了解一些基础知识。很多SDRAM设备厂商的数据手册中都包含了有用的技术说明。我们建议你花时间熟悉一下其中的内容。要想正确配置SDRAM子系统，你不需要拥有硬件工程师学位，但需要对它们有一定程度的了解。

下面我们看一下U-Boot引导加载程序是如何配置405GP处理器中的SDRAM控制器的。回顾一下7.4.5节，U-Boot在汇编语言启动代码中提供了一个"钩子"用于SDRAM的初始化，具体的汇编源文件是4xx系列CPU目录中的start.S。代码清单C-1显示了U-Boot源码文件.../cpu/ppc4xx/sdram.c中的sdram_init()函数。

代码清单C-1　U-Boot中针对ppc4xx的sdram_init()函数

```
01 void sdr7am_init(void)
02 {
03        ulong sdtr1;
04        ulong rtr;
05        int i;
06
07        /*
08         * 支持频率为100 MHz和133 MHz的SDRAM
09         */
10        if (get_bus_freq(0) > 100000000) {
11                /*
12                 * 133 MHz SDRAM
13                 */
14                sdtr1 = 0x01074015;
15                rtr = 0x07f00000;
16        } else {
17                /*
18                 * 默认使用   100 MHz SDRAM
19                 */
20                sdtr1 = 0x0086400d;
21                rtr = 0x05f00000;
22        }
```

```
23
24            for (i=0; i<N_MB0CF; i++) {
25                    /*
26                     * 禁用内存控制器
27                     */
28                    mtsdram0(mem_mcopt1, 0x00000000);
29
30                    /*
31                     * 设置bank 0的MB0CF
32                     */
33                    mtsdram0(mem_mb0cf, mb0cf[i].reg);
34                    mtsdram0(mem_sdtr1, sdtr1);
35                    mtsdram0(mem_rtr, rtr);
36
37                    udelay(200);
38
39                    /*
40                     * 设置内存控制器选项寄存器MCOPT1；设置DC_EN为'1'
41                     * 并设置BRD_PRF为'01'
42                     * 以实现16字节PLB突发读/预取
43                     */
44                    mtsdram0(mem_mcopt1, 0x80800000);
45
46                    udelay(10000);
47
48                    if (get_ram_size(0, mb0cf[i].size) == mb0cf[i].size) {
49                            /*
50                             * 好了，检测到大小了->所有工作都完成了
51                             */
52                            return;
53                    }
54            }
55  }
```

　　第一步动作是读取405GP处理器的硬件引脚的值，从而确定SDRAM时钟的设计值。这里，我们看到有两种时钟频率可供选择——100 MHz和133 MHz。程序根据时钟频率选择对应的常量，而这些常量将会在后面传入函数用于设置SDRAM控制器中的寄存器。

　　从第24行开始是一个for循环，用于设置5个预定义内存大小的相关参数。目前，U-Boot支持的内存bank大小为4 MB、16 MB、32 MB、64 MB或128 MB。这些数值是在数组mb0cf（定义于.../cpu/ppc4xx/sdram.c）中定义的。这个数组的每个成员将一个常量和内存大小相关联，这个常量则用于设置405GP的内存bank配置寄存器。在每个循环中：

```
for (i = 每个可能的内存bank大小，从最大的开始          ) {
          根据SDRAM的时钟速度选择时序常量；
          禁用SDRAM内存控制器；
          使用size[i]和时序constants[i]配置bank 0；
          重新启用SDRAM内存控制器；

     进行一个简单的内存测试以动态确定其大小；
        /* 这是通过get-ram-size()得到的          */
     if ( tested size == configured size )
        done;
}
```

这段简单的代码根据SDRAM的时钟速率和U-Boot中预定义的内存bank大小在SDRAM控制器中设置了正确的时序常量。通过这里的解释，你可以很容易地理解405GP参考手册中的内存bank配置值。对于64 MB大小的DRAM，内存bank控制器的设置如下：

```
Memory Bank 0 Control Register = 0x000a4001
```

PowerPC 405GP的用户手册描述了内存bank 0控制寄存器中各个字段的含义，如表C-2所示。

表C-2　405GP内存bank 0-3配置寄存器字段

字　段	值	注　释
bank地址（BA）	0x00	bank的起始内存地址
大小（SZ）	0x4	内存bank的大小——这里是64 MB
寻址模式（AM）	0x2	决定内存的组织形式，包括行地址和列地址的位数。这里，Mode 2表示行地址的位数是12，列地址的位数是9或10，最多有4个内部SDRAM bank。这些数据是由405 GP的用户手册提供的
Bank使能（BE）	0x1	bank的使能位。405GP有4个这样的内存bank配置寄存器

设计人员必须根据板卡上具体使用的内存模块来确定这个表中的数值。

让我们看一个时序的例子，以了解典型的SDRAM控制器对时序的具体要求。假设SDRAM的时钟速率是100 MHz，内存大小是64 MB，代码清单C-1中的sdram_init()函数会选择以下时序常量：

```
SDRAM Timing Register          = 0x0086400d
Refresh Timing Register        = 0x05f00000
```

PowerPC 405GP的用户手册描述了SDRAM时序寄存器的各个字段，如表C-3所示。

表C-3   405GP SDRAM时序寄存器的字段

字　　段	数　　值	注　　释
CAS延时（CASL）	0x1	SDRAM CAS延时。这个值直接来源于SDRAM芯片的规范。它代表从处理器发出read命令（CAS信号）开始到数据出现在数据总线上为止所经历的时间，以时钟周期为单位。这里的0x1代表两个时钟周期，参见405GP的用户手册
预充电命令到下一次激活（PTA）	0x1	SDRAM的预充电命令使某个行无效。相反，激活命令使某个行有效，从而允许后续的访问，比如在一个突发周期中。这个时序参数规定了预充电和激活之间的最小时间间隔，这是由SDRAM芯片决定的。正确的数值必须来自SDRAM芯片的规范。这里的0x1代表两个时钟周期，参见405GP的用户手册
读/写命令到预充电命令的最小值（CTP）	0x2	这个时序参数规定了SDRAM读或写命令和下一个预充电命令之间的最小时间间隔。正确的数值必须来自SDRAM芯片的规范。这里的0x2代表3个时钟周期，参见405GP的用户手册
SDRAM 初 始 命 令（Leadoff）	0x1	这个时序参数规定了地址或命令周期和bank选择周期之间的最小时间间隔。正确的数值必须来自SDRAM芯片的规范。这里的0x1代表两个时钟周期，参见405GP的用户手册

在代码清单C-1中，U-Boot代码配置的最后一个时序参数是刷新时序寄存器的值。这个寄存器中的一个字段决定了SDRAM控制器的刷新间隔。这个代表刷新间隔的字段会被看做是一个以SDRAM时钟频率运行的计数器。在这个例子中，我们假设SDRAM的时钟频率是100 MHz，这个寄存器的值被设置为0x05f0_0000。根据PowerPC 405GP的用户手册，可以确定每隔15.2微秒会产生一次刷新请求。和其他时序参数一样，这个值是由SDRAM芯片的规范规定的。

典型的SDRAM芯片中的每一行都需要一个刷新周期，它必须在生产商规定的最短时间内被刷新一次。在本附录最后一节中引用的芯片手册中，生产商规定必须每64毫秒刷新完毕8192行。这就需要每隔7.8微秒生成一个刷新周期，以满足这个特定设备的需求。

C.4　小结

SDRAM设备十分复杂。本附录列举了一个简单的例子，旨在帮助你了解SDRAM控制器的相关设置。SDRAM控制器的功能至关重要，因此设置必须适当。为此，唯一的方法就是深入了解规范，并掌握其中的信息。本附录引用的两篇示例文档都是很好的入手点。

补充阅读建议

"AMCC 405GP 嵌入式处理器用户手册"，AMCC 公司。
www.amcc.com/Embedded/

"同步DRAM MT48LC64M4A2 数据手册"，Micron Technology公司。
http://download.micron.com/pdf/datasheets/dram/sdram/256MSDRAM.pdf

附录 D

开源资源

本附录总结一些对嵌入式开发人员非常有用的资源，包括软件仓库、邮件列表和新闻资讯网站。

软件仓库和开发者信息

Linux开发集中在几个主要网站。下面列出最重要的几个项目网站，涉及多种硬件架构。
Linux内核及相关项目的主页
www.kernel.org

主要的内核GIT仓库
http://git.kernel.org/

MIPS相关的开发
www.linux-mips.org

ARM相关的Linux开发
www.arm.linux.org.uk

大量开源项目的集中地
http://sourceforge.net

邮件列表

成百上千个邮件列表涵盖了Linux和开源软件开发的方方面面，这里列出其中比较重要的几个。在邮件列表中提问之前，确保你熟悉提问的礼节和规范。

大多数的邮件列表都会维护可供搜索的文档。你首先应该在这里查找问题的答案，绝大多数情况下，别人已经提出并解答了你的问题。

从以下网址开始阅读，并了解怎样充分利用公共邮件列表。

Linux内核邮件列表FAQ

www.tux.org/lkml

包含各种Linux内核相关邮件列表的服务站点

http://vger.kernel.org

Linux内核邮件列表，内容非常多，而且只关注内核开发

http://vger.kernel.org/vegr-list.html#linux-kernel

Linux 新闻和开发

以下网站能够让你及时了解开源社区的最新动态。

LinuxDevice.com

www.linuxdevices.com

PowerPC新闻及其他信息

http://penguinppc.org

Linux新闻和开发

《Linux周刊》

www.lwn.net

开源法律观察和讨论

以下网站提供了与开源有关的知识产权方面的信息。

Open-Bar网站

www.open-bar.org

附录 E

简单的BDI-2000配置文件

```
;  bdiGDB configuration file for the UEI PPC 5200 Board
;  Revision 1.0
;  Revision 1.1   (Added serial port setup)
;  ------------------------------------------------------------
;  4 MB Flash (Am29DL323)
;  128 MB Micron DDR DRAM
;
[INIT]
;  init core register
WREG    MSR           0x00003002  ;MSR  : FP,ME,RI
WM32    0x80000000  0x00008000  ;MBAR : internal registers at 0x80000000
              ; Default after RESET, MBAR sits at 0x80000000
              ; because its POR value is 0x0000_8000 (!)

WSPR    311           0x80000000  ; MBAR : save internal register offset
                            ; SPR311 is the MBAR in G2_LE

WSPR    279           0x80000000  ;SPRG7: save internal memory offsetReg: 279

;  Init CDM (Clock Distribution Module)
;   Hardware Reset config {
;       ppc_pll_cfg[0..4] = 01000b
:       XLB:Core -> 1:3
:       Core:f(VCO) -> 1:2
:       XLB:f(VCO) -> 1:6
;
;       xlb_clk_sel = 0 -> XLB_CLK=f(sys) / 4 = 132 MHz
;
;       sys_pll_cfg_1 = 0 -> NOP
;       sys_pll_cfg_0 = 0 -> f(sys) = 16x SYS_XTAL_IN = 528 MHz
;   }
;
;   CDM Configuration Register
WM32    0x8000020c  0x01000101
           ; enable DDR Mode
```

```
                ; ipb_clk_sel = 1 -> XLB_CLK / 2 (ipb_clk = 66 MHz)
                ; pci_clk_sel = 01 -> IPB_CLK/2


; CS0 Flash
WM32    0x80000004  0x0000ff00  ;CS0 start = 0xff000000 - Flash memory is on CS0
WM32    0x80000008  0x0000ffff  ;CS0 stop  = 0xffffffff


; IPBI Register and Wait State Enable
WM32    0x80000054  0x00050001  ;CSE: enable CS0, disable CSBOOT,
                                ;Wait state enable\
                                ; CS2 also enabled


WM32    0x80000300  0x00045d30  ;BOOT ctrl
                ; bits 0-7: WaitP  (try 0xff)
                ; bits 8-15: WaitX  (try 0xff)
                ; bit 16: Multiplex or non-muxed (0x0 = non-muxed)
                ; bit 17: reserved (Reset value = 0x1, keep it)
                ; bit 18: Ack Active (0x0)
                ; bit 19: CE (Enable) 0x1
                ; bits 20-21: Address Size (0x11 = 25/6 bits)
                ; bits 22:23: Data size field (0x01 = 16-bits)
                ; bits 24:25: Bank bits (0x00)
                ; bits 26-27: WaitType (0x11)
                ; bits 28: Write Swap (0x0 = no swap)
                ; bits 29: Read Swap (0x0 = no swap)
                ; bit 30: Write Only (0x0 = read enable)
                ; bit 31: Read Only (0x0 = write enable)


; CS2 Logic Registers
WM32    0x80000014  0x0000e00e
WM32    0x80000018  0x0000efff


; LEDS:
;  LED1 - bits 0-7
;  LED2 - bits 8-15
;  LED3 - bits 16-23
;  LED4 - bits 24-31
;  off = 0x01
;  on  = 0x02
; mm 0xe00e2030 0x02020202 1 (all on)
; mm 0xe00e2030 0x01020102 1 (2 on, 2 off)


WM32    0x80000308  0x00045b30  ; CS2 Configuration Register
                                ; bits 0-7: WaitP  (try 0xff)
                                ; bits 8-15: WaitX  (try 0xff)
                                ; bit 16: Multiplex or non-muxed (0x0 = non-muxed)
                                ; bit 17: reserved (Reset value = 0x1, keep it)
```

```
                                  ; bit 18: Ack Active (0x0)
                                  ; bit 19: CE (Enable) 0x1
                                  ; bits 20-21: Address Size (0x10 = 24 bits)
                                  ; bits 22:23: Data size field (0x11 = 32-bits)
                                  ; bits 24:25: Bank bits (0x00)
                                  ; bits 26-27: WaitType (0x11)
                                  ; bits 28: Write Swap (0x0 = no swap)
                                  ; bits 29: Read Swap (0x0 = no swap)
                                  ; bit 30: Write Only (0x0 = read enable)
                                  ; bit 31: Read Only (0x0 = write enable)


WM32  0x80000318  0x01000000     ; Master LPC Enable


;
; init SDRAM controller
;
; For the UEI PPC 5200 Board,
;    Micron 46V32M16-75E (8 MEG x 16 x 4 banks)
;    64 MB per Chip, for a total of 128 MB
;    arranged as a single "space" (i.e 1 CS)
;    with the following configuration:
;        8 Mb x 16 x 4 banks
;        Refresh count 8K
;        Row addressing: 8K (A0..12) 13 bits
;        Column addressing: 1K (A0..9) 10 bits
;        Bank Addressing: 4 (BA0..1) 2 bits
;    Key Timing Parameters: (-75E)
;            Clockrate (CL=2) 133 MHz
;            DO Window 2.5 ns
;            Access Window: +/- 75 ns
;            DQS - DQ Skew: +0.5 ns
;            t(REFI): 7.8 us MAX
;
; Initialization Requirements (General Notes)
;  The memory Mode/Extended Mode registers must be
;  initialized during the system boot sequence. But before
;  writing to the controller Mode register, the mode_en and
;  cke bits in the Control register must be set to 1. After
;  memory initialization is complete, the Control register
;  mode_en bit should be cleared to prevent subsequent access
;  to the controller Mode register.

; SDRAM init sequence
;  1) Setup and enable chip selects
;  2) Setup config registers
;  3) Setup TAP Delay
```

```
; Setup and enable SDRAM CS
WM32    0x80000034   0x0000001a  ;SDRAM CS0, 128MB @ 0x00000000
WM32    0x80000038   0x08000000  ;SDRAM CS1, disabled @ 0x08000000


WM32    0x80000108   0x73722930 ;SDRAM Config 1 Samsung
                      ; Assume CL=2
                      ; bits 0-3: srd2rwp: in clocks (0x6)
                      ; bits 507: swt2rwp: in clocks -> Data sheet suggests
                      ;   0x3 for DDR (0x3)
                      ; bits 8-11: rd_latency -> for DDR 0x7
                      ; bits 13-15: act2rw -> 0x2
                      ; bit 16: reserved
                      ; bits 17-19: pre2act -> 0x02
                      ; bits 20-23: ref2act -> 0x09
                      ; bits 25-27: wr_latency -> for DDR 0x03
                      ; bits 28-31: Reserved


WM32    0x8000010c   0x46770000 ;SDRAM Config 2 Samsung
                      ; bits 0-3: brd2rp -> for DDR 0x4
                              ; bits 4-7: bwt2rwp -> for DDR 0x6
                              ; bits 8-11: brd2wt -> 0x6
                              ; bits 12-15: burst_length -> 0x07 (bl - 1)
                              ; bits 16-13: Reserved

; Setup initial Tap delay
WM32   0x80000204   0x18000000  ; Start in the end of the range (24 = 0x18) Samsung

WM32    0x80000104   0xf10f0f00 ;SDRAM Control (was 0xd14f0000)
                              ; bit 0: mode_en (1=write)
                              ; bit 1: cke (MEM_CLK_EN)
                              ; bit 2: ddr (DDR mode on)
                              ; bit 3: ref_en (Refresh enable)
                              ; bits 4-6: Reserved
                              ; bit 7: hi_addr (XLA[4:7] as row/col
                              ;   must be set to '1' 'cuz we need 13 RA bits
                              ;   for the Micron chip above
                              ; bit 8: reserved
                              ; bit 9: drive_rule - 0x0
                              ; bit 10-15: ref_interval, see UM 0x0f
                              ; bits 16-19: reserved
                              ; bits 20-23: dgs_oe[3:0] (not sure)
                              ;   but I think this is req'd for DDR 0xf
                              ; bits 24-28: Resv'd
                              ; bit 29: 1 = soft refresh
                              ; bit 30 1 = soft_precharge
                              ; bit 31: reserved
```

```
WM32      0x80000104    0xf10f0f02  ;SDRAM Control: precharge all
WM32      0x80000104    0xf10f0f04  ;SDRAM Control: refresh
WM32      0x80000104    0xf10f0f04  ;SDRAM Control: refresh

WM32      0x80000100    0x018d0000   ; SDRAM Mode Samsung
                                     ; bits 0-1: MEM_MBA - selects std or extended MODE reg
0x0
                                     ; bits 2-13: MEM_MA (see DDR DRAM Data sheet)
                                     ; bits 2-7: Operating Mode -> 0x0 = normal
                                     ; bits 8-10: CAS Latency (CL) -> Set to CL=2 for DDR
(0x2)
                                     ; bit 11: Burst Type: Sequential for PMC5200 -> 0x0
                                     ; bits 12-14: Set to 8 for MPC5200 -> 0x3
                                     ; bit 15: cmd = 1 for MODE REG WRITE

WM32      0x80000104    0x710f0f00  ;SDRAM Control: Lock Mode Register (was 0x514f0000)


; *********** Initialize the serial port ***********
; Pin Configuration
WM32      0x80000b00    0x00008004   ; UART1


; Reset PSC
WM8       0x80002008    0X10          ; Reset - Select MR1

WM16      0x80002004    0             ; Clock Select Register - 0 enables both Rx &
Tx Clocks
WM32      0x80002040    0             ; SICR - UART Mode
WM8       0x80002000    0x13          ; Write MR1 (default after reset)
                                      ; 8-bit, no parity
WM8       0x80002000    0x07          ; Write MR2 (after MR1) (one stop bit)

WM8       0x80002018    0x0           ; Counter/Timer Upper Reg (115.2KB)
WM8       0x8000201c    0x12          ; Counter/Timer Lower Reg (divider = 18)

; Reset and enable serial port Rx/Tx
WM8       0x80002008    0x20
WM8       0x80002008    0x30
WM8       0x80002008    0x05
;
; define maximal transfer size
TSZ4      0x80000000    0x80003FFF   ;internal registers
;
; define the valid memory map
MMAP      0x00000000    0x07FFFFFF   ;Memory range for SDRAM
MMAP      0xFF000000    0xFFFFFFFF   ;ROM space
MMAP      0xE00E0000    0xE00EFFFF   ; PowerPC Logic
MMAP      0x80000000    0x8fffffff   ; Default MBAR
MMAP      0xC0000000    0XCFFFFFFF   ; Linux Kernal
```

```
[TARGET]
CPUTYPE      5200          ;the CPU type
JTAGCLOCK    0             ;use 16 MHz JTAG clock
WORKSPACE    0x80008000    ;workspace for fast download
WAKEUP       1000          ;give reset time to complete
STARTUP      RESET
MEMDELAY     2000          ;additional memory access delay
BOOTADDR     0xfff00100
REGLIST      ALL
BREAKMODE    SOFT   ; or HARD
POWERUP      1000
WAKEUP       500
MMU          XLAT
PTBASE       0x000000f0


[HOST]
IP           192.168.1.9
FORMAT       ELF
LOAD         MANUAL        ;load code MANUAL or AUTO after reset
PROMPT       uei>


[FLASH]
CHIPTYPE     AM29BX16       ;Flash type (AM29F | AM29BX8 | AM29BX16 | I28BX8
| I28BX16)
CHIPSIZE     0x00400000    ;The size of one flash chip in bytes
BUSWIDTH     16            ;The width of the flash memory bus in bits (8 | 16 | 32)
WORKSPACE    0x80008000    ;workspace in internal SRAM
FILE         u-boot.bin
FORMAT       BIN 0xFFF00000
ERASE        0xFFF00000    ;erase a sector of flash
ERASE        0xFFF10000    ;erase a sector of flash
ERASE        0xFFF20000    ;erase a sector of flash
ERASE        0xFFF30000    ;erase a sector of flash
ERASE        0xFFF40000    ;erase a sector of flash


[REGS]
FILE         $reg5200.def
```